# 实时数字信号处理(从 MATLAB 到 C)
## ——基于 TMS320C6x DSP(第 3 版)

[美] Thad B. Welch
[美] Cameron H. G. Wright　著
[美] Michael G. Morrow

徐国江　译

北京航空航天大学出版社

**图书在版编目(CIP)数据**

实时数字信号处理：从 MATLAB 到 C：基于 TMS320C6x
DSP／(美)萨德·韦尔奇(Thad B. Welch)，(美)卡
梅隆·赖顿(Cameron H. G. Wright)，(美)迈克尔·莫
罗(Michael G. Morrow)著；徐国江译. -- 3 版. --
北京：北京航空航天大学出版社，2020.3
　　书名原文：Real-Time Digital Signal Processing
from MATLAB to C with the TMS320C6x DSPs　Third
Edition
　　ISBN 978 - 7 - 5124 - 3212 - 3

　　Ⅰ. ①实… Ⅱ. ①萨… ②卡… ③迈… ④徐… Ⅲ.
①数字信号处理 Ⅳ. ①TN911.72

中国版本图书馆 CIP 数据核字(2020)第 000542 号

**实时数字信号处理(从 MATLAB 到 C)**
**——基于 TMS320C6x DSP(第 3 版)**

〔美〕Thad B. Welch
〔美〕Cameron H. G. Wright　著
〔美〕Michael G. Morrow

徐国江　译

责任编辑　宋淑娟

\*

北京航空航天大学出版社出版发行

北京市海淀区学院路 37 号(邮编 100191)　http://www.buaapress.com.cn
发行部电话：(010)82317024　传真：(010)82328026
读者信箱：emsbook@buaacm.com.cn　邮购电话：(010)82316936
三河市华骏印务包装有限公司印装　各地书店经销

\*

开本：710×1 000　1/16　印张：29.5　字数：629 千字
2020 年 6 月第 3 版　2020 年 6 月第 1 次印刷　印数：2 000 册
ISBN 978 - 7 - 5124 - 3212 - 3　定价：89.00 元

*献给 Donna……*

*献给我的儿子 Jacob 和缅怀我深爱的妻子 Robin……*

*献给一路上那些以友谊、忠告和批评帮助我们的所有人……*

# 关于作者

**Thad B. Welch,哲学博士,专业工程师** 博伊西州立大学(Boise State University)电子和计算机工程系(Department of Electrical and Computer Engineering)教授和前主席。他曾在美国海军学院(U. S. Naval Academy,USNA)和美国空军学院(U. S. Air Force Academy,USAFA)的电子和计算机工程系任教。他是美国海军退休指挥官,2011 年首届斯宾斯(SPEN)研究员。他曾获 2001 年 ECE 杰出教育家奖(Outstanding Educator Award),2002 年 Raouf 工程教学卓越奖,1998 年、2005 年和2010 年美国工程教育学会(American Society for Engineering Education,ASEE)教育分部计算机 John A. Curtis 讲座奖(Lecture Award),2003 年 USNA 的 ECE 杰出研究员奖(Outstanding Researcher Award),以及 1997 年USAFA 的 Clements 杰出教育家奖(Outstanding Educator Award)。Welch 博士是电气和电子工程师协会(Institute of Electrical and Electronic Engineers,IEEE)信号处理学会(Signal Processing Society)信号处理教育技术委员会(Technical Committee on Signal Processing Education)的前主席和创始成员、IEEE 的高级成员,以及 ASEE、工程荣誉学会(Tau Beta Pi)和电气工程荣誉学会(Eta Kappa Nu)的成员。

**Cameron H. G. Wright,博士,专业工程师** 怀俄明大学(University of Wyoming)电子与计算机工程系(Department of Electrical and Computer Engineering)教授。他曾在美国空军学院(U. S. Air Force Academy,USAFA)的电气工程系(Department of Electrical Engineering)任教,担任教授和系副主任。他是美国空军的一名退役中校,1992 年和 1993 年因在军校教育方面的杰出贡献而获得陆军准将 R. E. Thomas 奖(Brigadier General R. E. Thomas Award)。他在 2005 年和 2008 年获得 IEEE 学生选择奖(Student Choice Award),成为年度杰出教授。他曾获得2005 年、2007 年和 2015 年怀俄明大学 Mortar Board "最佳教授"奖("Top Prof." Award),2007 年 ASEE 洛矶山区杰出教学奖(Outstanding Teaching Award),1998 年、2005 年和 2010 年 ASEE 教育分部计算机 John A. Curtis 讲座奖(Lecture Award),2011 年 Tau Beta Pi WY-A 的本科教学奖(Undergraduate Teaching Award),以及

2012 年怀俄明大学 Ellbogen 优秀课堂教学奖(Meritorious Class-room Teaching Award)。Wright 博士是 IEEE 信号处理学会(Signal Processing Society)信号处理教育技术委员会(Technical Committee on Signal Processing Education)的创始成员、IEEE 的高级成员,以及 ASEE、国家专业工程师学会(National Society of Professional Engineers)、生物医学工程学会(Biomedical Engineering Society)、SPIE 国际光学工程学会(SPIE-The International Society of Optical Engineering)、Tau Beta Pi 和 Eta Kappa Nu 的成员。

**Michael G. Morrow,电子工程硕士,专业工程师**  威斯康星大学麦迪逊分校(University of Wisconsin-Madison)电子与计算机工程系(Department of Electrical and Computer Engineering)教师。他曾是美国海军退役中尉指挥官,曾在美国海军学院(U. S. Naval Academy)电子和计算机工程系(Department of Electrical and Computer Engineering)及博伊西州立大学(Boise State University)电子与计算机工程系(Department of Electrical and Computer Engineering)任教。Morrow 先生在威斯康星大学麦迪逊分校获得 2002 年电气与计算机工程系杰出教育家奖(Outstanding Educator Award)和 2003 年 Gerald Holdridge 教学卓越奖(Teaching Excellence Award)。他是教育 DSP(eDSP)有限责任公司的创始人和总裁,该公司致力于为全球教育工作者和学生提供经济实惠的 DSP 解决方案。他是电气和电子工程师协会(Institute of Electrical and Electronic Engineers,IEEE)信号处理学会(Signal Processing Society)信号处理教育技术委员会(Technical Committee on Signal Processing Education)的成员、IEEE 的高级成员以及 ASEE 的成员。

# 译著序

这是一本在实时数字信号处理(DSP)方面非常实用的书。它从基础的核心理论讲起,再结合理论探讨具体的工程实践,用 winDSK、MATLAB 与 C 语言实现进行实践对比,循序渐进地引导读者将理论与实践进行有机结合。特别地,第 I 部分"理论基础"中各章的最后一节"问题",指引读者进行深入思考与回顾;第 II 部分"项目实践"中各章的最后一节"后继挑战",拓展读者的实践思维,增强实践能力。

本人在计算机软件行业从业多年,其间阅读了不少英文在线文档及书籍,由于深感阅读与理解英文技术资料的速度大幅落后于直接学习对应的中文资料的速度,因此拜读了很多前辈翻译的中文技术资料,受益匪浅!一直以来希望自己也能翻译一些英文技术资料,方便其他中文读者轻松地学习和理解英文技术资料,为促进知识传播尽一份微薄之力。

当自己认真翻译时,才发现比自行阅读艰难许多。自己阅读时意会即可,而真正翻译时需要能够言传,期望更准确地表达出原作者的意图,需要不断揣摩与斟酌相关字眼,同时需要结合专业术语与前人的翻译习惯来选取对应的词汇及表达方式。由于本书翻译是在工作之余进行的,时间比较仓促,加之本人水平有限,翻译过程中难免对原著有理解偏差甚至错误之处,欢迎广大读者批评指正。

在本书翻译工作启动时,刘阳丽、陈荣生、李宗衡提供了协助,翻译过程中家人给予极大的理解与支持,出版过程中剧艳婕、宋淑娟提供工作协助与稿件审校,在此一并感谢!

2020 年 4 月于广州

# 序　言

　　数字信号处理是今天使用的大多数技术的"核心"。手机使用数字信号处理来生成用于与无线网络通信的 DTMF(双音多频)音调;降噪耳机使用自适应数字信号处理来消除周围环境的噪声;数码相机使用数字信号处理将图像压缩成 JPEG 格式以便有效存储,比如在一张存储卡中存储数千张图像;数字信号处理允许播放存储在手机和 iPod 中的压缩音乐;数字信号处理甚至可以控制汽车中的防抱死制动器。这些只是我们周围世界中数字信号处理的几个例子。

　　今天有许多好的教科书可以教授数字信号处理——但是大多数都是教授理论的,也许还有一些 MATLAB® 的仿真。而本书则迈出了大胆的一步,它不仅提供了理论,还通过仿真强化了理论,并向我们展示了如何在实时应用中实际使用结果。这最后一步不是一个微不足道的步骤,这就是为什么这么多的书和课程只提供理论和仿真。凭借本书三位作者——Thad Welch、Cameron Wright 和 Michael Morrow 的综合专业知识,读者可以通过所提供的可访问路径走进应用程序的实时世界。第3版继续支持德州仪器(Texas Instruments)的 C6713 DSK 和多核 OMAP - L138 电路板。多核 OMAP - 138 芯片同时包括一个 C6784 DSP 内核和一个 ARM9 GPP 内核,使其功能非常强大,对各种用户都具有吸引力。新增功能还支持 TI LCDK(低成本开发套件)。包含自适应滤波和二阶节(SOS)的新项目的章节已添加到包括 QPSK 和 QAM 发射器和接收器的现有项目章节中。所有代码都已更新为在 CCS6.1 版上运行,并且所有 M 文件已更新为在 MATLAB 2016a 上运行。

　　我有幸曾与本书的作者合作撰写过几篇论文,因此能从他们对工程教育贡献的直接经验方面来阐述。他们更加努力地持续扩展自己的理解和能力,以合乎逻辑、直截了当的方式呈现复杂的材料。他们参加工程教育会议,主持工程教育会议,写工程教育的论文,为工程教育而活!(其中一位合著者 Thad Welch,最近被选为第一位信号处理工程网络研究员(Signal Processing Engineering Network Fellow),以表彰他的领导才能和贡献。)我很高兴能有机会以作者自己的话来告诉本书的读者:你们开始了"一趟旅程……"

Delores M. Etter,电气工程卡鲁思主席,德克萨斯州达拉斯市南卫理公会大学莱尔工程学院达尔文迪森网络安全研究所杰出研究员。

(Etter 博士,美国国家工程学院院士、IEEE 会员、美国工程教育学会会员。2005—2007 年,她担任海军助理秘书长,负责研究、开发和收购;1998—2001 年,她担任美国国防科技部副部长。她还是许多工程教科书的作者,其中包括几本 MATLAB 的教科书。)

# 前　　言

本书供需要在实时数字信号处理(DSP)方面具有简单实践经验的学生、教育工作者和工程师使用。过去,在实时 DSP 方面,理论与实践之间存在着巨大的"差距",本书使用作者已证明的方法弥补了这一差距。本书分为三个部分:理论基础(共 9章)、项目实践(共 12 章)和附录(共 10 章)。本书附带的软件包括所有必要的源代码,以及附加信息和教程材料,以帮助读者掌握实时 DSP(有关访问软件的操作指南,请参阅第 1 章)。还有一个网站支持这本书(见 http://www.rt-dsp.com/),读者可以在那里找到最新的新闻、提示、教程、勘误表、额外的材料和软件。

我们设想,如果读者是第一次接触 DSP,则他们应结合更传统的、理论性更强的信号处理教材一起使用本书。您正在阅读的这本书并不是为了教授基本的 DSP 理论,而是假设您已经了解或正在学习 DSP 理论。本书不是讲授理论,而是使用一个非常实用的、逐步引导的框架,提供实时 DSP 的实践经验,并在此过程中强化这种基本的 DSP 理论(作者称之为理论基础)[①]。该框架在每章中使用了一系列演示、练习和实践项目,首先对适用理论进行快速概述,然后使用 MATLAB® 来应用这些概念,最后在一些最新的高性能 DSP 硬件上实时运行适用程序。这些项目指导读者来为自己创建各种有趣的实时 DSP 程序。请务必查看本书的附录——有些读者评论说,这些附录让这本书很值!每个理论基础章节在该章的最后都提出一些问题,作为家庭作业或自学,检验读者对特定章节里的关键 DSP 概念的理解。如前所述,这些关键概念通常仅在书中进行简要介绍,更深入的内容期望来自读者已经阅读的或现在正与本书结合使用的、更传统的、理论性更强的教材。这是有意安排的,如果读者难以找到章节最后所提问题的解决方案,那么就基本确定了读者需要对该理论进行回顾以便充分利用本教材。

理想情况下,读者应该参加或已经参加过介绍性的 DSP(或离散时间信号和系统)的课程。然而,我们已经成功将本书的各个部分用于还没有参与过 DSP 课程的

---

[①]　在一本篇幅合理的书中以有效的方式既讲授理论又讲授实践是极不实际的。

学生作为补充理论的"及时"方法。这本书的主题覆盖范围足够广泛,同时包含本科和研究生水平的课程。期望读者对 MATLAB 和 C 编程语言有基本的了解,但也不必是这方面的专家。为了充分利用这本书,读者应该能够使用相对适中的硬件和软件工具集合。特别是,一些推荐的项目包括一台运行版本比较新的 Microsoft Windows®(例如 Windows 7 SP1/8.1/10)的标准 PC、一份 MATLAB 及其信号处理工具箱的拷贝,以及下面介绍的一块廉价的德州仪器 DSP 电路板(带软件)。其他一些杂项项目,如信号源(任何能够播放数字音乐的设备都可以正常工作,如 iPod、智能手机,甚至 CD 播放器)、扬声器(通常连接到 PC 电源的类型即可)、耳机或耳塞,以及 3.5 毫米立体声接插线(有时称为 1/8 英寸立体声唱机插头电缆)都会有用。为了以最大的灵活性处理输入和输出信号,支持 DSP 电路板的几种不同编解码器(见第 1章)使用一些常见的测试设备,如示波器、频谱分析仪和信号发生器,可以获得更大的灵活性,但我们展示了如何在需要时使用第二块便宜的 DSP 电路板甚至 PC 的声卡作为此类测试设备的廉价替代品。

　　本书中介绍并随书提供的实时软件支持德州仪器公司(TI)提供的几种相对便宜的 DSP 电路板。这些电路板包括 TI 低成本开发套件(Low Cost Development Kit,LCDK) 的 OMAP - L138 版本、LogicPD Zoom OMAP - L138 实验者套件(Experimenter Kit)和仍然可用的 TMS320C6713 DSK①。这些具有与 TMS320C6711 DSK 有限的向后兼容性,但在本书中未明确涵盖这种已终止的电路板。目前可用的电路板都是标配(或可以免费下载)一套强大的软件开发工具(Code Composer Studio™),我们在后面的章节中会大量使用这些工具。

　　第 1 版是为响应各种大学的学生和教师的许多要求而写的。当作者在各种会议上介绍本书中出现的一些概念和代码时,我们被一群试图靠他们各自的努力去"弥合理论与实践(使用实时硬件)之间的差距"的听众包围。第 1 版将我们统一的、逐步过渡的、以跨越这个"差距"的方法汇集在一个单一的来源中,被证明是相当流行的。

　　第 2 版做了更新,其中包括对更强大的 DSP 开发电路板的支持。该开发电路板当时可从德州仪器公司(TI)获得,即 LogicPD Zoom OMAP - L138 实验者套件(Experimenter Kit)。该电路板现在已不再生产,但仍在许多大学中使用。第 2 版还添加了一些其他主题(例如 PN 序列)和一些更高级的实时 DSP 项目(例如像 QPSK 和 QAM 这样的用于发射器和接收器的高阶数字通信项目),这些是第 1 版的读者所要求的。

　　第 3 版(即本书)为最新的、功能强大的廉价 DSP 开发电路板提供支持,该电路

---

　　① 首字母缩略词"DSK"代表"DSP Starter Kit"。而本书中讨论的 LCDK 和实验者套件(Experimenter Kit)电路板未被 TI 正式称为"DSK",我们选择简化讨论,并经常常所有的电路板为 DSK。这些电路板可以从授权的 TI 分销商处购买,也可以直接从 TI 购买(参见第 1.3.1 小节)。请注意,TI 提供了大量学术折扣和捐赠(也在第 1.3.1 小节中讨论)。

板目前可从德州仪器公司(TI)获得,即 OMAP - L138[①] LCDK。这个复杂但功能极其丰富的电路板是一个很好的例子,说明了为什么我们的书被如此多的工程师、教育工作者和学生使用:我们让开始使用这个电路板进行实时 DSP 变得容易,并使读者少走了许多弯路。本书所支持的 DSP 板的更详细描述见第 1 章。第 3 版还包括两个应早期版本的读者所要求的新的实时 DSP 项目(探索二阶节的使用和自适应滤波器的设计)。我们还添加了 3 个新的附录:MATLAB 提供的代码生成(Code Generation)工具介绍,如何将 LCDK 转换为便携式电池驱动设备的指南,以及本版本直接支持的 3 个 DSP 电路板的比较。在这个版本中,出版商增加了彩色印制,我们重新生成了书中的大部分图,以充分利用这一点。我们还检查并运行了(在 3 种电路板的每一种上)本书附带的所有软件。与之前的版本一样,我们吸纳了来自早期版本的许多用户的宝贵的得到高度赞赏的反馈和建议,从而使本书成为一本我们所希望的更好的书。

请注意,任何勘误、更新、其他软件和其他相关材料都将发布在由作者维护的本书网站上,网址为 http://www.rt-dsp.com。由于 DSP 硬件的更新速度比我们可以出版本书新增补版的速度更快,因此该网站将为作者提供一种方法来支持这种更新,甚至包括那些在本书当前版本出版后才推出的所选择的新 DSP 电路板。为了您的方便,本前言末尾的二维码也将带您进入该网站。出版商 CRC Press(Taylor & Francis Group 的一部分)也提供了一个安全的网页,用于访问本书的解决方案手册(Solutions Manual)等材料,允许采用本书作为其中一门或多门课程的教学资料的教授们访问,有需要请联系出版商了解详情。

从 DSP 理论到实时实现之路充满了潜在的坑洼和其他障碍,这些障碍在历史上造成了理论与实践之间众所周知的"差距"。本书提供了一种经过验证的方法,可以平滑路径、清除障碍并避免通常会遇到的挫折,帮您缩小差距。我们希望您喜欢这趟旅程……

*T.B.W.,C.H.G.W.,M.G.M.*

扫描下面的二维码以访问 http://www.rt-dsp.com 网站。

---

① OMAP - L138 同时包含 C6748 和 ARM 处理器内核,我们二者都用。

MATLAB® 是迈斯沃克软件有限公司(The MathWorks，Inc.)的商标。有关产品信息，请联系：

The MathWorks，Inc.

3 Apple Hill Drive

Natick，MA 01760 – 2098 USA

电话：508 – 647 – 7000

传真：508 – 647 – 7001

Email：info@mathworks.com

网站：www. mathworks. com

# 致　　谢

　　如果没有德州仪器公司（TI）的支持和帮助，这本书不可能完成。特别地，我们想对凯西·威克斯（Cathy Wicks）表达衷心的感谢，他在指导德州仪器公司的全球大学项目方面不遗余力，使无数的学生和教授都能负担得起 DSP。凯西的前任克里斯蒂娜·彼得森（Christina Peterson）、玛丽亚·霍（Maria Ho）和托伦斯·罗宾逊（Torrence Robinson）也为我们的努力做出了贡献，最终促成了这本书的出版。德州仪器公司对 DSP 教育的支持在业界是无与伦比的，我们非常感激这种前瞻性的企业愿景。

　　我们还要感谢 CRC Press（Taylor & Francis Group 的一部分）的 Nora Konopka 和 Kyra Lindholm，在他们的帮助和指导下完成了本书。他们的实时帮助、快速响应和永不言败的幽默感应成为其他出版商的榜样。请注意，我们以完全格式化为"可直接拍照制版"的形式向出版商提供了原稿，因此任何文稿错误都是我们的错，而不是出版商的。

　　我们要感谢罗伯特·W·科南特（Robert W. Conant）对 QPSK 数字接收机一章的宝贵贡献，以及布莱恩·L·埃文斯（Brian L. Evans）关于书中 PN 序列覆盖范围的有益建议。怀俄明大学（University of Wyoming）的罗伯特·F·库比切克（Robert F. Kubichek）也提供了许多出色的建议和反馈。

　　匿名评审员的投入和许多第 1 版、第 2 版用户的经验使得本书得到了明显的改进，他们给予我们宝贵的反馈和许多优秀的建议。

　　如果我们在这份简短的致谢中遗漏了一个与文本编写相关的"插件"，将是我们的失职。本书是用 LaTeX 排版的，这是 Leslie Lamport 开发的一个功能强大的文档准备系统，是 Donald Knuth 的 TeX 程序的一个特殊宏集合（具体来说，我们使用了 pdfLaTeX 以直接生成 PDF 文件输出，它是 Han The Thanh 创建的 pdfTeX 的变体）。LaTeX 是技术写作的理想工具，得到了 TeX 用户组（TUG）全球成员的大力支持，详情请访问 http://www.tug.org/。TeX、LaTeX 和 pdfLaTeX 在公共领域免费提供（TeX 是美国数学协会的商标）。我们使用优秀的 TeXStudio 免费软件编辑器

(见 http://texstudio. sourceforge. net/)作为 TeX 用户组(TUG)免费提供的 LaTeX 的全面的 TeX Live 分发版的前端。为了以标准 BibTeX 语法维护书目参考数据库，我们使用了免费提供且功能强大的 JabRef 程序(请参阅 http://jabref. sourceforge. net/)。所有这些程序不仅是免费的，而且可以用于多种操作系统。本书中的插图主要是用两个程序之一创建的：Canvas 和 MATLAB。Canvas 是美国 ACD 系统有限公司(ACD Systems of America, Inc.)的高端技术绘图软件包，它可以在同一个图形中创建、操作向量和位图图像，且提供了类似于将 Adobe Illustrator 和 Adobe Photoshop 组合在一个软件包中的功能。MATLAB 是由迈斯沃克软件有限公司(The MathWorks, Inc.)开发的，它是一个功能极其强大的数值计算环境和第四代编程语言，且有许多可用于各种专业领域的工具箱扩展。

# 目录

## 第 Ⅰ 部分：理论基础

# 第 II 部分：项目实践

## 第 Ⅲ 部分：附　录

# 图清单

# 表格清单

# 程序清单

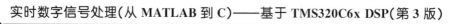

# 第Ⅰ部分：理论基础

# 第 **1** 章

## 本书介绍与组织

## 1.1 为什么您需要这本书?

如果您想了解实时(real-time)[①]数字信号处理(DSP),那么这本书可以为您节省若干小时克服挫折的时间,并帮助您躲避无数的死胡同。过去,在这一领域中"弥合从理论到实践的差距"一直是一个挑战,我们写这本书就是为了消除妨碍我们自己和学生学习这门迷人学科的障碍。当这些障碍消除后,正如本书将为您所做的那样,我们相信您会发现实时 DSP 是一个相对简单、易懂的令人兴奋的领域,而读者的预期背景及充分利用这本书所需的工具都在前言中列出了。

实时 DSP 可以说是信号处理领域中需要掌握的"最棘手"的课题之一,即使您的算法是完全有效的,但实际上,实时实现可能会遇到更多与计算机工程和软件工程原理有关的问题,而不是与信号处理理论有关的问题。虽然成为实时 DSP 方面的**专家**通常需要多年的经验和学习,但对这种技能的需求却非常高。本书正是为了让您走上成为这种专家的道路而编写的。

### 1.1.1 其他 **DSP** 书籍

有几十本书详尽透彻地讨论和解释了数字信号处理的各种理论方面。像文献[1-7]这样的主要为电气工程专业学生编写的课本,其内容都很好。对于较少的数学处理,文献[8-9]是很好的选择。已经证明,基于计算机的演示可以帮助学生更容易掌握各种 DSP 概念[10-26]。为了利用这一事实,许多书还包括软件程序,以帮助学生更清楚地理解作者试图建立联系的基本概念或数学原理。近年来,随着 MATLAB[®]已成为大多数机构工程教育不可或缺的一部分,该软件越来越多地以 MATLAB 程序的形式(通常称为 M 文件)通过随附的 CD-ROM、DVD 或万维网被提供。像文献[1,4,27]这样的教科书是包含 MATLAB 软件的综合理论 DSP 教材的流行例子。有些书的理论性虽然较差,但却提供了许多 MATLAB 演示[9,28-30],这些通常与前面

---

① 短语"实时real-time"指系统对一些外部事件或信号的响应"足够快",以允许正常工作。DVD 播放器、数字蜂窝电话、汽车防抱死制动系统和飞机数字飞行控制系统是依赖于实时 DSP 的常见例子。

列出的一个更深入的教材一起使用。最后,还有一些书籍旨在帮助读者学习如何将 MATLAB 用于 DSP 和其他技术中[31-33]。

## 1.1.2 演示与 DSP 硬件

使用 MATLAB 的静态演示非常有价值,我们在自己的课程中广泛使用它们。但是,它们通常使用以前存储的信号文件,因此不能被视为"实时"演示。一些使用 PC 声卡或数据采集卡的 MATLAB 程序具备从"真实世界"接收信号,并使用 PC 的通用 CPU 进行某些处理的有限能力,但我们发现这对于实时 DSP 教学还不够,还需要向学生介绍一些用于实时 DSP 专用硬件更常见的知识,但要尽量减少学生和教师曾经遇到过的许多挫折。

虽然还有包括讨论如何使用实时 DSP 硬件的其他书籍可供选择(如文献[34-36]),但我们发现这些书籍并不能真正满足学生的需求,这些书不能为不熟悉实时 DSP 或专业编程概念的读者提供一个平稳的过渡,而且其中许多书需要相当昂贵的 DSP 硬件来运行其所包含的程序。为了满足这种需求,我们创建了一套工具,可以通过一系列合理的步骤来学习实时 DSP,从易于使用的 winDSK8 程序开始,进展到熟悉的 MATLAB 环境,最后从便宜的 DSP 入门套件(DSK)过渡到实际的实时硬件。当这套工具被我们在各个大学的同事熟知[20-21,37-56]时,他们强烈请求我们将这套工具合并成一本书,即本书的第 1 版。第 2 版从读者的许多建议中获益,当前的第 3 版(即本书)代表了全球用户十多年来的建设性反馈结果,并结合了我们在工程教育领域的持续工作。

## 1.1.3 本书的哲学

本书设计为单独使用或与任何之前提到的 DSP 教材一起使用。本书与众不同之处在于它可以帮助读者在掌握 DSP 方面迈出下一步:我们采用一个概念,向读者展示如何轻松地从 MATLAB 中的演示发展到在实际的高性能 DSP 硬件上运行类似的实时代码。在本书出版之前,向实时 DSP 硬件转移的学习曲线对大多数学生来说过于陡峭,对大多数教师来说也过于耗时。本书以有条不紊和实践的方式解决了这些问题。

通过说明各种 DSP 原理的示例和练习来引导读者。只要有可能,我们首先从使用 winDSK8 内置功能的易于运行且不需要编程的演示开始,这些演示可以在本书支持的三种 DSP 电路板上无缝运行,并且不需要 Code Composer Studio。然后通过 MATLAB 过渡到熟悉的界面,一次一个概念地引入所需的编程思想。在解释了这些概念之后,再一步步引导读者将最初在 MATLAB 中开发的 DSP 算法转换为 C 语言,并在行业标准的 DSP 硬件上实时运行。值得注意的是,不像其他 DSP 硬件相关的书籍,本书的软件允许过渡到 DSP 硬件,而无须读者先学习汇编语言或晦涩的 C 语言代码库来实现实时示例和练习,有些例子甚至不需要 MATLAB 或 C 的知识。

最近在工程教育会议上报告了一些活动,使用非常便宜的、基于通用处理器的解决方案(如 Arduino、Raspberry PI 等)来教授一些基本的 DSP 概念。虽然这些尝试的成本很低,但由于使用了最初针对业余爱好者市场的平台,而不是使用专业级的 DSP 处理器和开发工具(像我们在本书中所做的),因此对能够实时运行的程序类型进行了很大限制,并且它们也不能为学生提供重要的"工业级"经验。

## 1.2　实时 DSP

大多数数字信号处理操作的基本假设是我们有一个希望处理的采样信号,即我们所说的**数字信号**。在教育环境中,这些信号通常被存储用于后续检索或在需要时合成。虽然这种存储或合成方法非常便于课堂演示、基于计算机的作业或家庭作业练习,但它不允许实时处理信号。当我们将实时信号处理融入课堂演示和相关的实验室练习中时,我们的学生对 DSP 感到更加兴奋,这种兴奋极大地促进了他们继续深入学习的机会。

我们使用的术语**实时处理**(real-time processing)是指特定样本的处理必须在给定的时间段内进行,否则系统将无法正常运行。在硬实时系统中,如果处理不及时,系统将失败。例如,在汽油机控制系统中,必须为下一个循环及时完成燃油喷射和点火正时的计算,否则发动机将无法工作。在软实时系统中,系统会容忍一些故障以满足实时目标并继续运行,但性能会有所下降。例如,在便携式数字音频播放器中,如果正在播放的歌曲的下一个输出样本的解码没有及时完成,则系统可以简单地重复上一个样本。只要这种情况很少发生,用户就无法察觉。尽管通用微处理器可以在许多情况下使用,但实时系统的性能要求和功率限制通常要求专门的硬件,这可能包括为信号处理(数字信号处理器或 DSP)优化的专用微处理器、可编程逻辑设备(CPLD 或 FPGA)、专用集成电路(ASIC),或者根据满足系统限制需要将它们任意或全部进行的组合。**请注意,我们现在以两种不同的方式使用了首字母缩略词"DSP"**——这在数字信号处理领域非常常见!在第一种情况下,"DSP"的意思是"数字信号处理(digital signal processing)";在第二种情况下,"DSP"指的是"数字信号处理器(digital signal processor)"。首字母缩略词 DSP 的预期用途应与使用它的上下文结合起来理解才清楚。

## 1.3　如何使用本书

本书旨在让对 DSP 理论有基本了解的人能够从熟悉的 MATLAB 环境快速过渡到在真实硬件目标上执行 DSP 操作。我们选择的 DSP 目标是高性能德州仪器公司(TI)C6000™ DSP 家族的成员,具体来说,我们选择了 TMS320C67xx 数字信号处理器系列,它支持浮点和定点操作。选择 C67xx DSK 是因为其相对便宜的购买价格、广泛的使用和与工业设计的兼容性,以及为此目标免费提供的功能丰富的软件开发工具集(称为 Code Composer Studio™)。

## 1.3.1　支持的电路板

本书支持三个非常经济实惠的开发电路板,它们都使用 C67xx 处理器,分别是:OMAP - L138 LCDK、ZOOM OMAP - L138 实验者套件(Experimenter Kit)和 TMS320C6713 DSK(通常称为 C6713 DSK)①。注意:TI 制造了两种 LCDK,即 OMAP - L138 版本和 C6748 版本。它们的价格相同,但 OMAP 版本是多核设计。要想充分利用本书,请使用 OMAP - L138 LCDK。ZOOM OMAP - L138 实验者套件已经不再生产,但仍在许多大学中使用。LCDK 和 C6713 DSK 仍然可用,可以从授权的 TI 分销商处购买,也可以直接从 TI 处购买(分别参见 http://www.ti.com/tool/tmdslcdk138 或 http://www.ti.com/tool/tmdsk6713)②。两个电路板都标配(或免费下载)的强大的软件开发套件(称为 Code Composer Studio,CCS)将在后续章节中大量使用(注意,本书假设使用 CCS 版本 6.1 或更高版本,但早期版本的 CCS 通常也能在很少更改或者无须更改的情况下工作得很好)。关于当前和许多早期版本的 CCS 的教程资料可以在本书的网站 http://www.rt-dsp.com 上找到。三种支持的电路板的照片如图 1.1～图 1.4 所示。

(与附加的 XDS - 100 仿真器盒一起显示)

**图 1.1: OMAP - L138 LCDK**

---

① 在序言中提到,首字母缩略词"DSK"代表"DSP Starter Kit",为了简化讨论,我们有时选择对所有的电路板使用术语"DSK"。

② 在撰写本书时,TI 网站上标价 OMAP - L138 LCDK 为 195 美元(加购 XDS - 100 仿真器为 79 美元),较旧但仍非常有用的 C6713 DSK 为 395 美元。

电源连接口　复位开关　引导模式与用户开关(SW1)

XDS100
仿真器盒
(连接到J6)

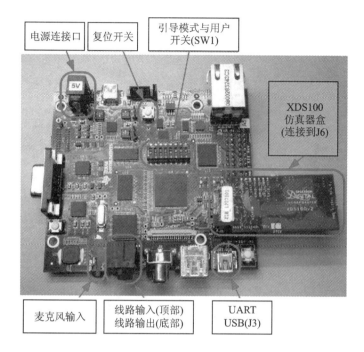

麦克风输入　线路输入(顶部)线路输出(底部)　UART USB(J3)

（在 LCDK 上读者最常需要找到的部分都做了标记）

**图 1.2：OMAP－L138 LCDK 的注释图片**

（以前由 Logic PD 为德州仪器生产）

**图 1.3：OMAP－L138 实验者套件**

(由 Spectrum Digital 为德州仪器制造)

**图 1.4: C6713 DSK**

虽然第 1 版包含了对旧的、不再可用的 C6711 和 C6211 DSK 的一些明确支持，但我们在本版中不会讨论它们(尽管与这些旧的电路板有一些有限的向后兼容性)。

OMAP-L138 是一个多核处理器，包含一个 C6748 VLIW 数字信号处理器内核和一个 ARM926EJ-S RISC 通用处理器内核。在 LCDK 上，处理器以 456 MHz 的频率运行，可提供 128 MB 的 DDR2 RAM；该电路板还需要一个 JTAG 仿真器盒，通过 USB 来提供 PC 上的 CCS 程序与 DSP 板上的处理器之间的通信[①]。最便宜的 JTAG 仿真器盒是来自 TI 的 XDS100v2，除非您正在针对其他目标处理器或者电路板进行开发，否则无须购买更高价格的模拟器。在实验者套件配置中，多核处理器以 375 MHz 的频率运行，位于一个可替换的片上系统(System-On-Chip，SOC)模块上，提供 128 MB 的 DDR RAM 和各种 I/O 功能；JTAG 仿真器是该电路板的一部分。C6713 DSK 使用单核 TMS320C6713 VLIW 数字信号处理器，运行频率为 225 MHz，内存为 16 MB；JTAG 模拟器是该电路板的一部分。有关三种电路板的更详细比较，请参阅附录 I；有关 C6713 和 C6748 处理器在某些计算机体系结构方面的更多详细信息，请参阅附录 D。

通常，实时 DSP 硬件必须与"外部"世界进行通信，这通常在输入端用模/数转换器(ADC)完成，在输出端用数/模转换器(DAC)完成。将 ADC 和 DAC 功能结合在一个设备包中的集成电路(IC)芯片平常被称为**编解码器**(codec)芯片，编解码器是

---

① JTAG 是指最初为"联合测试行为组织(Joint Test Action Group)"进行测试和调试而开发的专用接口。该接口也可用于一般的数据传输。自 1990 年以来，它已被编纂为 IEEE 标准 1149.1，并在工业中得到广泛应用。

"编码器与解码器(coder and decoder)"的首字母缩略词。本书支持几种用于所支持电路板的不同编解码器。我们主要支持每个板上所包含的编解码器,以及一些用于专门应用程序的可选插件编解码器。LCDK 和 OMAP - L138 实验者套件都包括一个高质量的立体声编解码器(TLV320AIC3106),每个样本最多可支持 32 位,最大采样频率为 96 kHz。C6713 DSK 的内置立体声编解码器(TLV320AIC23)的每个样本最多可支持 24 位,最大采样频率为 96 kHz。本书中的大多数示例都将这些编解码器配置为每个样本使用 16 位及采样频率为 48 kHz(原因显而易见),但我们包含了根据需要重新配置编解码器所需的所有代码。

## 1.3.2　主机到 DSP 电路板通信

本书中的许多演示、例子和项目都需要在 PC 主机和 DSP 的内存空间之间高速传输数据,从而绕过编解码器,一方面,这可以用两个 OMAP - L138 电路板来完成,可通过小心使用主板上包含的串行端口来实现;另一方面,C6713 DSK 不包括任何向主机传输数据和从主机传输数据的方法,除非通过 JTAG 调试器接口,而 JTAG 接口的带宽非常有限(因此速度很慢)。使用 JTAG 接口还要求提供 TI 的 Code Composer Studio(CCS)软件工具,这意味着现有的 winDSK8[42,57-59]演示软件和其他软件工具不能在"开箱即用"的 C6713 DSK 上运行,从而使教育工作者无法使用这么宝贵的教学和课堂演示资源。此外,无法将 PC 主机上的应用程序直接对接到 C6713 DSK 上,从而限制了学生使用该 DSK 创建独立、交互式项目的能力。为了解决这个问题,作者为 TMS320C6713 DSK 创建了一个小型、廉价的附加接口电路板,它使用主机端口接口(HPI)为 PC 主机应用程序将软件引导到 DSK 上,以及允许在 DSK 和 PC 主机应用程序之间传输数据[56]这两方面提供了方法。图 1.5 显示了安装在 C6713 DSK 上的这种接口电路板。我们还创建了一个软件包,使学生能够创建与 OMAP - L138 电路板或 C6713 DSK(如果 C6713 DSK 安装了 HPI 接口板)直接通信的独立的 Microsoft Windows 应用程序。

虽然两个 OMAP - L138 电路板有许多内置 I/O 选项,但 C6713 DSK 没有。为了解决这个问题,C6713 DSK 的 HPI 接口电路板提供并行端口通信、USB、RS - 232 和数字输入/输出端口,作为用户可选资源提供给 DSK 软件(如图 1.5(b)所示;更多信息请参阅 eDSP 网站[60])。使用 C6713 DSK 上的 HPI 接口电路板可以充分使用本书中出现的所有 winDSK8 特性,而 OMAP - L138 电路板不需要此附加电路板。

如上所述,OMAP - L138 板有许多内置 I/O 选项。除了一些专用的连接外,这些板还包括多个 USB 端口、一个 RJ - 45(以太网)和一个 RS - 232(串行端口)连接器。当使用 Code Composer Studio 在 LCDK 的 C6748 内核上运行 C 程序时,可使用 XDS100v2 仿真器盒上的 USB 端口(见图 1.2);在 OMAP - L138 实验者套件上使用距离 DB - 9 和 RS - 232 连接器最近的 USB"mini - B"插口。注意,这些连接器与使用两个 OMAP - L138 电路板中的任何一个运行 winDSK8 时使用的连接器都

(a) 在C7613 DSK上的HPI接口电路板俯视图

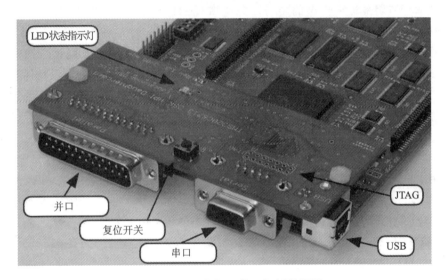

(b) 在C7613 DSK上的HPI接口电路板侧视图

**图 1.5: C6713 DSK 上的 HPI 接口电路板**

不同。当使用带 winDSK8 程序的 LCDK 时,winDSK8 使用指定为 J3 的 USB"mini-B"
插口(见图 1.2)与 DSP 电路板通信,该插口连接到电路板上的一个 UART 端口。当
使用带 winDSK8 程序的 OMAP-L138 实验者套件时,winDSK8 使用 DB-9 插口
与 DSP 电路板通信,该插口连接到电路板上的 RS-232 UART 端口。连接到
DB-9 插口,您将需要一起使用零调制解调器电缆或零调制解调器适配器,也许还
需要一个从 USB 到串行的转换器(这方面的详情请参阅图书网站)。

　　重要的是,如果没有一个简单的"一劳永逸"的程序,那么 winDSK8 将不会在两
个 OMAP-L138 电路板上运行。要想为任何一个 OMAP-L138 电路板与

winDSK8 一起使用做准备,用户必须首先使用简单易用的免费闪存编程实用程序将一些软件代码加载到 OMAP - L138 的闪存中。在图书网站上提供了完整和详细的操作指南(请查看适合您正在使用的电路板的"重新刷新(Reflashing)"说明)。此重新刷新操作只需执行一次(除非用户以后因其他目的需要重新编程闪存)。两个 OMAP - L138 电路板的开机程序的执行由每个电路板的 DIP 开关决定。当 DIP 开关处于正确位置时(同样,请参见图书网站上的操作指南),OMAP - L138 处理器的 ARM9 GPU 内核将在通电时从闪存中加载存储的 winDSK8 代码,然后 ARM9 控制 C6748 DSP 内核,并通过适当的端口实现与主机通信。在这种方式下,ARM9 的作用与主机端口接口(HPI)电路板作用于旧版 C6713 DSK 上的作用几乎相同,但却是在本地完成这些通信功能,而不需要额外的接口电路板。在这种配置中,同时使用 ARM9 内核和 C6748 内核。

如果您是 OMAP - L138 实验者套件的用户,则可能会担心许多较新的计算机,特别是笔记本电脑,不再配备串行端口,因为无处不在的 USB 接口已经取代了用户的许多 I/O 需求。如果需要与 OMAP - L138 实验者套件和 winDSK8 一起使用的特定主机没有串行端口,则使用一个便宜的 USB 到串行适配器就能工作得相当好。我们已经使用这些适配器实现了超过 900 kBaud 的传输速率(但要明白,一些旧的 USB 到串行适配器不支持如此高的速率)。

当将 winDSK8 与 C6713 DSK 一起使用时,单击主机上图形用户界面(GUI)中的按钮,启动从主机到 DSK 的相应代码下载,并在 DSK 上启动代码运行。当将 winDSK8 与 OMAP - L138 电路板一起使用时,单击主机上 GUI 中的一个按钮会向 OMAP - L138 上的 ARM9 内核发送一条短消息,告诉 ARM9 内核将相应的 winDSK8 代码从板上的闪存加载到 C6748 内核并开始运行。从用户的角度来看,在 C6713 DSK 上运行 winDSK8 和在任何一个 OMAP - L138 电路板上运行 winDSK8 的主要区别在于,前者使用 HPI 接口电路板上的 USB 连接,而后者直接使用在主体 OMAP - L138 电路板上的连接。"用户体验"非常相似,不管使用的是哪一种 DSP 硬件。

在基于课程的实验室设置中,可以根据需要将 C6713 和 OMAP - L138 电路板组合,用于本书的几乎所有方面,包括 winDSK8 演示和使用 Code Composer Studio 的 C 程序。作者在书中尽最大努力保持了全部三种电路板的兼容性和操作相似性。

## 1.3.3 过渡到实时

对于本书中的每个 DSP 概念,我们通常采用四步方法。具体来说,我们将遵循下面列出的方法:

- 简要回顾相关的 DSP 理论。
- 使用名为 winDSK8 的易用工具来说明该概念。使用 winDSK8,您无须编写一段程序即可对实时硬件进行编程和操作。

● 解释和说明如何使用 MATLAB 技术来实现这个概念(不一定是实时的,但大多数学生觉得很容易理解)。

● 提供并解释使用 DSK 及其软件开发工具实现自己的实时程序所需的 C 语言代码。

对于本书的大多数读者来说,第一步,应该只作为复习,并在整体讨论的背景下进行[①]。第二步,允许读者进一步探索概念,并促进"假设"实验不受任何编程需求的阻碍。第三步,使用 MATLAB 示例有助于增强您对基础 DSP 理论的理解。这些例子使用标准的 MATLAB 命令,偶尔需要信号处理工具箱(Signal Processing Toolbox)[②]。我们编写了经过充分注释的 MATLAB 代码,使算法清晰可见;避免了可能模糊基础概念的优化。一旦读者完成了这种非实时 DSP 体验,最后一步就是"弥合到实时操作的差距"的关键。通过本书的探讨,读者将能够自信地使用最先进的实时 DSP 硬件在 C 语言中实现相同的算法。每章最后都列出了后继挑战,读者现在应该准备好根据需要完成这些挑战。第 I 部分(理论基础)的章节结尾还提出了作为家庭作业或自学的问题。

**注意:** 我们的一些学生试图通过跳过 MATLAB 步骤而直接跳到 C 语言代码中来"节省时间"。不要这样做!事实一次又一次地证明,在 MATLAB 中首先使用算法的学生总是能得到正确工作的 C 版本。那些跳过 MATLAB 步骤的人会花费更多的时间,并且经常无法让他们的代码正常工作。别说我们没有警告您!

## 1.3.4 章节涵盖内容

本书的前 9 章涵盖了我们认为在实时操作的背景下呈现的 DSP **理论基础**(enduring fundamentals)中重要组成部分的主题。在学习这些章节时获得的经验对于为第 II 部分(项目实践)章节中介绍的实时 DSP 项目做好准备至关重要。这里需要特别提到第 III 部分附录,大多数其他 DSP 书籍都迫使您从大量的资料来源中跟踪和查找实时 DSP 所需的各种关键信息,但本书的附录(以及在图书网站上提供的补充信息)在一个单一的位置上收集了所有重要主题的精简版本,这些主题需要有效地与 DSP 硬件(如 C67xx DSK)配合使用。附录本身可能就与这本书的价值相当!

表 1.1 是支持本书软件的顶级目录结构,其中的 CCS(Code Composer Studio)是德州仪器公司的 DSP 软件开发环境。

---

① 如前言所述,如果读者是第一次接触到 DSP,那么我们期望读者将本书与更传统的、更理论化的信号处理教材一起使用。**您现在读的这本书不是为了讲授基本的 DSP 理论。**

② 信号处理工具箱(Signal Processing Toolbox)是 MATLAB 的可选产品,同样从 MathWorks 获得。您还可能希望探索适合 DSP 的图形编程环境(即来自 MathWorks 的 Simulink 和来自国家仪器 National Instruments 的 LabView)。

表 1.1：支持本书软件的顶级目录结构

| 文件或目录 | 说　明 |
|---|---|
| code | 包含存放各个章节源码的子目录 |
| code\chapter_xx\matlab | 包含第××章的 MATLAB 文件 |
| code\chapter_xx\ccs | 包含第××章的 CCS 文件 |
| code\appendix_x | 包含与附录×相关的文件 |
| code\common_code | 包含与所有 CCS 项目相关的文件 |
| code\target_configuration | 包含所有 CCS 项目的电路板设置 |
| docs | 包含补充信息 |
| test_signals | 包含练习和项目的测试信号 |
| pc_apps | 包含 winDSK8 软件 |

## 1.3.5　硬件与软件安装

本书随附的软件在图书网站(http://www.rt-dsp.com)上提供，其中包含大量有用的软件(目录结构见表 1.1)。该软件是本书不可分割的一部分，在其余章节中假设您已经下载并正确安装了它，另外还安装了 DSK 本身和 DSK 附带的软件。要想安装 DSK 硬件和软件，请按照随附的"硬件入门"指南和"软件入门"指南完成 DSK 的安装。要想安装本书附带的软件，请遵循下面概述的过程：

① 在您的浏览器上打开网址 http://www.rt-dsp.com。

② 转到网站的第 3 版部分，找到位于 http://www.rt-dsp.com/3rd_ed/3e_software.html 的操作指南文件。请注意，链接不会显示此文件；根据浏览器的需要手动键入 URL。此文件包含指导您完成下载和安装本书软件的特定说明。

③ 按照文件中的操作指南来操作。

按照操作指南来操作将会在您的计算机上以正确的目录结构安装图书软件，此目录结构对于正确使用软件很重要。

完成上述硬件和软件安装后，启动 winDSK8。**重要提示**：在开始 DSK 置信度测试之前，确保在 winDSK8 的"DSP 电路板"和"主机接口"配置面板中已为每个参数[①]选择了正确的选项。成功完成 DSK 置信度测试将是您已正确安装 DSK 的最佳标志之一。您还可以在以后使用 winDSK8 置信度测试来轻松验证 DSK 的正确操作。

为了帮助您避免挫折，我们在这里重复一些信息。请注意：在使用 LCDK 时，运行 winDSK8 使用板上标记为 J3 的 USB 连接器；但在使用 Code Composer Studio 运

---

① 您可能希望使用通信端口参数进行试验，因为可能会有多个速度或配置可用。一般来说会尝试使用与计算机和 winDSK8 一起工作的最快模式。更多的有关信息请参见 winDSK8 的"帮助(Help)"按钮。

行 C 语言代码时,则使用位于 XDS100v2 JTAG 仿真器盒上的 USB 端口(见图 1.2)。在使用 OMAP－L138 实验者套件时,运行 winDSK8 使用 RS－232 串行连接器;但在使用 Code Composer Studio 运行 C 语言代码时,则使用 RS－232 连接器旁边的 USB 端口。OMAP－L138 实验者套件上的这些连接器如图 1.3 中所示位于主板的左上角。在使用 C6713 DSK 时,运行 winDSK8 使用如图 1.5(b)中所示的 HPI 接口卡上的 USB 端口;但在使用 Code Composer Studio 运行 C 语言代码时,则使用 DSK 上的 USB 端口。在选择使用哪一个连接器时关于它们之间的重要区别,过去一直是一个常见的混淆点。

**一个小问题**:文中显示的图形描述了 winDSK8、MATLAB、Code Composer Studio 或其他软件工具的各种屏幕截图,请记住,这些工具的后继版本对于用户界面的屏幕显示可能会略有不同。对于读者来说,文中显示的给定图形如何与同一软件工具的可能的较新版本相关联应该是显而易见的。

## 1.3.6　阅读程序清单

**重要提示**:本书中的一些代码清单包括一些行,尽管我们尽了最大努力,但因这些行太长而无法放在书的页面内,而这些行仍然使用了有意义的变量和函数名。因此,在阅读程序清单时要当心那些仅因页面所限而在清单中出现换行的实例。在这种情况下,对换行的部分进行了缩进,字符"［＋］"的出现以标识换行部分的开头。"［＋］"字符**不是**程序的一部分,如果您将书中打印的清单与下载的软件存档中的实际程序文件进行比较,您将看到这个情况。请注意,对于换行部分,清单左边缘显示的行号不会递增。

**一个小问题**:文中显示的特定代码清单可能并不总是与您在下载的软件存档中找到的相关代码清单完全匹配(但应该非常相似)。这是因为本书的手稿必须在代码"定稿"之前先行"定稿",而在创建软件存档之前,代码可能还会有微小的改进。正如前言中提到的,后继还会对本书网站上的代码进行改进和更新。

# 1.4　准备开始

一旦您安装了硬件和软件并开始阅读本书的其余部分,我们建议您经常停下来并尝试书中提到的各种程序和示例。正如索福克勒斯曾经说过的那样,"必须通过做事来学习;因为虽然您认为您知道它,但是在您尝试它之前您还是不确定的"。实时 DSP 可以带来巨大的乐趣,我们希望这本书可以帮助您找到与我们一样多的乐趣⋯⋯

# 1.5 问 题

1. 描述实时 DSP 与非实时 DSP 的差别,各自举一个例子。

2. 描述硬实时系统与软实时系统的区别,各自举一个例子。

3. 本章中的首字母缩略词"DSP"的两个定义是什么?各自举一个例子。

# 第2章

# 采样和重构

## 2.1 理 论

当我们希望获得真实的世界信号以便以数字方式处理它时,我们必须首先将其从其自然模拟形式转换为更容易操作的数字形式[①],这涉及在某些瞬间及时抓取或"采样"信号。我们假设采样瞬间在时间($T_s$)上的间隔相等,以使采样频率($F_s$)等于$1/T_s$。每个单独的样本代表该瞬间信号的振幅,用来存储该振幅的每个样本的**位数**决定了我们能多么准确地表示它。更多的位意味着更好的保真度,但也意味着更大的存储和处理需求。更改位数的效果将在本章后面讨论。

### 2.1.1 选择采样频率

在采样期间可能发生的一个潜在问题称为**混叠**(aliasing),这导致样本不能正确表示原始信号。一旦混叠进入您的数据,世界上没有任何处理可以"修复"您的样本,使其恢复原始信号。为了防止混叠,ADC(模/数转换器)的采样频率$F_s$必须大于或等于模拟输入信号中包含的最大频率$f_h$的2倍[②],采样频率常常远高于$2f_h$。通常,某种形式的输入信号调节(例如模拟低通滤波器)可确保模拟输入信号中包含的最大频率小于$F_s/2$。更改采样频率的影响将在本章后面讨论。

### 2.1.2 输入/输出问题:样本或者帧?

虽然在逐个样本的基础上更容易理解DSP的理论和操作,但实际上这通常是配置数据的实际输入和输出的低效方式。正如计算机硬盘以多个字节的块传输数据而不是一次传输一个字节或一个字,许多DSP系统以称为帧的"块"传输数据。我们将在本书中讨论这两种方法,从逐个样本处理开始。第6章更详细地讨论了基于帧的

---

① 还有越来越多的信号是"天生数字化的",也就是说,它们是在计算机内部创建的。对于这些信号,每个数据点都被视为"样本"。

② 这假定为低通或基带信号。对于具有带宽 BW 的带通信号,我们发现 $F_s \geqslant 2\mathrm{BW}$,但 $F_s$ 也必须满足其他条件。有关详细信息,请参见文献[5]。

处理。

## 2.1.3　Talk-Through 概念

一个通用 DSP 系统的框图如图 2.1 所示。虽然此图显示了一个高度简化的 DSP 系统框图,但对于本次讨论,我们还可以进一步简化该图。在本书中,我们当前的目标是简单地将进入 ADC 的信号直接传递给 DAC(数/模转换器),而不执行实际的处理,此过程常规称为 talk-through,通常被用于一个 DSP 系统的第一次测试,以确定其是否工作,以及输入和输出连接是否正确,并使用户熟悉系统及其软件工具。talk-through 对于向用户展示 ADC 和 DAC 过程的潜在局限将对更复杂的应用程序产生什么样的影响也是非常宝贵的。用于 talk-through 的 DSP 算法就是简单地将样本从模/数转换器直接传送到数/模转换器。这个非常基本的操作的框图只是图 2.1 的简化版本,如图 2.2 所示。注意,talk-through 的 DSP 算法如此简单,以至于可以忽略整个 DSP 算法块。

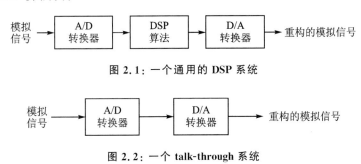

图 2.1:一个通用的 DSP 系统

图 2.2:一个 talk-through 系统

我们的目标是使来自 DAC 的重构模拟信号几乎与进入 ADC 的模拟输入信号相同。一旦实现了一个类似于图 2.2 的 talk-through 系统,就可以探索我们正在使用的硬件的一些功能和局限性。这似乎是一个微不足道的步骤,但在我们继续将更复杂的 DSP 算法结合到系统中之前,对此过程有更详细的了解是非常有帮助的。

# 2.2　winDSK 演示

## 2.2.1　启动 winDSK

如果启动 winDSK8 程序,将出现一个类似于图 2.3 的窗口。在后面的讨论中,我们不会显示 winDSK8 的主界面屏幕。在本章和后面几章中显示的辅助界面屏幕对读者来说将更感兴趣。

在继续之前,请确保在 winDSK8 的"DSP 电路板"和"主机接口"配置面板中为每个参数选择了正确的选项。这些选择是"黏性的",这样下次运行 winDSK8 时,已选项仍将会自动被选上。

**winDSK8 ver 3.0.0.0**                                                   ×

**Audio Demo Apps**                          **DSP Board Configuration**

| Talk-Thru | Vocoder | DSP: LCDK (OMAP-L138) |

| Audio Effects | Graphic Equalizer | Codec: AIC3106_16bit_McASP0 |

| K-P String | | Sample Rate: 48.0 kHz |

| Guitar Synthesizer | | Input Source: Line In |

**Filters/Communications**                   **Host Interface Configuration**

| FIR Filter | CommDSK | COM Port: COM4: |

| IIR (SOS) | CommFSK | Baud: 921600 |

| IIR (DF2) | Notch Filter | Rescan COM Ports |

**Filters/Communications**                   **System Functions**

| Oscope/Analyzer | Arbitrary Waveform | Get Board Version |

| DTMF Generator | | Load Program |

| | | Reset DSP |

| | | Host Interface Test |

| | | Confidence Test |

| Help | Quit without Saving | Save Settings and Exit |

(单击左上角的按钮将加载 Talk-Thru 应用)

**图 2.3:winDSK8 主用户界面**

## 2.2.2　Talk-Thru 应用

在 winDSK8 的 Talk-Thru 按钮上单击将启动所链接的 DSK 中的 Talk-Thru (talk-through)程序,并出现一个类似于图 2.4 的窗口。如果您有一个音频源(例如 MP3 播放器或 CD 播放器)连接到 DSK 的音频输入,以及一对扬声器(普通电源的 PC 扬声器工作正常)连接到 DSK 的音频输出,那么无论您在 MP3 或 CD 播放器上播放什么音乐,现在都应该可以听到。如果您使用 MP3 或 CD 播放器的耳机插孔 (而不是"线路输出"插孔)向 DSK 发送信号,则可能需要调整您的播放器音量以获得正确的结果。

如果您遇到困难(即没有听到音频),则请通过将扬声器直接连接到播放器来核实播放器和扬声器是否正常工作,此时,将系统音量调整到您所需的水平。当一切工作正常时,将播放机和扬声器重新连接到 DSK 上。

没有信号的另一个常见原因是使用了单声道(mono)音频电缆(audio cable)而不是立体声音频电缆。大多数小型音频设备使用 3.5 mm 立体声接插电缆(有时称为 1/8 in 立体声电话插头电缆),如图 2.5 所示,单声道电缆的迷你插头有 2 个金属

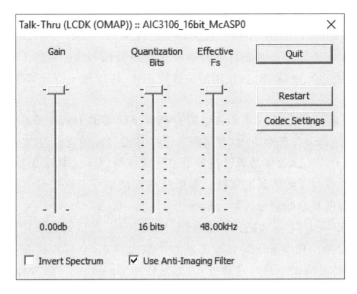

**图 2.4：winDSK8 运行 Talk-Thru 应用**

段,而立体声电缆的迷你插头有 3 个金属段。一些设备在迷你插头上使用专有的变体,如图 2.5 所示。DSK 输入和输出连接器要与图 2.5(b)所示的迷你插头类型一起使用,使用任何其他类型的迷你插头可能会导致问题。

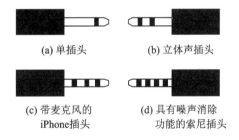

(a) 单插头　　　(b) 立体声插头

(c) 带麦克风的　　(d) 具有噪声消除
iPhone插头　　　功能的索尼插头

**图 2.5：音频迷你插头的各种类型**

如果您的输出信号听起来模糊、失真(distorted)或被剪切(基本上不是您预期的那样),则可能是 ADC 正处于过载状态。例如,OMAP - L138 板上使用的TLV320AIC3106 编解码器的最大输入电压约为 ±1 V,如果您输入的信号超出了此允许范围,则信号听起来将是模糊、失真或被剪切(clipped)的[①]。

当使用多通道模拟接口电路(Analog Interface Circuit,AIC),如 OMAP - L138 板或 C6713 DSK 板上的本地立体声编解码器时,Talk-Thru 演示应用程序将在左右通道上独立执行。

---

① ADC 如何处理这种过载情况取决于它的设计方式,最常见的结果是饱和或环绕。某些 ADC 可以编程为饱和或环绕,具体取决于用户的需求。

该应用程序允许演示三种基本效果：

① 量化(quantization)：不同位长度转换的效果可以通过音频数据的可变截断来显示，并将编解码器转换器的有效分辨率降低到最低一位。根据 DSP 理论，我们知道信号量化噪声比(SQNR)与使用的位数成正比(每增加一位分辨率，SQNR 大约增加 6 dB)。

② 频谱反转(spectral inversion)：通过选择反转频谱 Invert Spectrum 复选框，每个其他样本的符号位都会更改(与每隔一个样本乘以 1 相同)。这相当于以一半采样频率调制输入信号。效果是频谱在等于采样频率除以 4 的频率周围翻转，有效地"加扰"信号，就像收听者听到的那样。如果所得到的信号又通过具有相同操作的第 2 个 DSK，则将恢复原始信号。

③ 混叠(aliasing)：有效的采样率(或采样频率 $F_s$)可以通过使用可变抽取因子来改变[①]。一个单一样本被重复传输为整数个输出样本，会将转换器的有效采样率按该整数(比例)来降低。通过这种方式，即使使用 sigma-delta 转换器，也可以轻松演示混叠。当以降低的有效采样率操作时，修改反转频谱效果以得出关于有效 $F_s$ 的反转，而不是实际的编解码器 $F_s$ 的反转。

## 2.3 使用 Windows 实现 Talk-Through

如果您有一台个人电脑(PC)，则几乎肯定有能力录制、存储和回放声音文件。对于运行 Microsoft Windows[②] 的 PC，录制的文件通常以 .wav、.wma、.mp3、.m4a 等(具体取决于输入源、硬件和 Windows 版本)扩展名结尾。还有许多其他音频文件格式我们没有时间或者篇幅来讨论。就 *.wma 文件格式来说，这是 Microsoft 专有的压缩音频文件标准，用于与 *.mp3 文件格式竞争。*.m4a 文件格式是用于压缩音频文件的开放标准，该压缩音频文件是 *.mp3 文件格式的后续版本。较旧但更简单的 *.wav 文件格式是一种自由开放的标准，它通常包含未压缩的线性脉冲编码调制(LPCM)音频数据，类似于 CD 上编码的音频。为了达到我们的目的，更喜欢在这里处理 *.wav 文件，即使 *.wav 文件的容量更大，但未压缩的音质也更高，这样可以更好地比较 DSP 结果(例如，信号质量下降是由于您的算法，还是与文件格式的有损压缩有关？)，还可以很容易地将 *.wav 文件直接导入到 MATLAB® 中，这在使用本文时非常方便。

如果您以前没有使用过 .wav 文件，则可能会惊讶地发现，即使最新版本的 Windows 也包含许多这样的 *.wav 文件。例如，当 Windows 想提醒用户各种事件

---

① 所有被支持的编解码器都使用 sigma-delta 转换，这会在内部对信号进行过采样，这意味着简单地更改基本采样频率不一定会导致预期的混叠。

② Microsoft Windows 是微软公司(Microsoft Corporation)的注册商标。

或错误时,PC 发出的所有小声音通常都存储为 *.wav 文件。对于 Windows 的最新版本,您可以在子目录 C:\WINDOWS\MEDIA 中找到它们中的许多。双击一个 *.wav 文件名将通过 PC 的音响系统播放 WAV 文件。请注意,这实际上只是 talk-through 操作中的 DAC 的半个部分;另外半个部分,即 ADC,是已经执行了的,生成的样本存储在 WAV 文件中。

为了创建自己的 WAV 文件,您需要一个可以连接到 PC 声音输入的输入源(如麦克风或数字音频播放器)。请注意,有些电脑有单独的声卡,而其他电脑(价格较低的电脑和大多数笔记本电脑)的声卡电路集成在电脑的主要电路板(即主板)上,但它们的连接器和操作应该类似。在一台典型的 PC 上通常至少有三个声音连接器:"麦克风输入(microphone in)"、"线路输出(line out)"和"扬声器输出(speaker out)"。带有高端声卡的 PC 可能有其他连接器,如"线路输入(line in)"。大多数笔记本电脑只有两个声音连接器:"麦克风输入(microphone in)"和"耳机输出(headphones out)"。"麦克风输入(microphone in)"插孔通常用于连接输入源。

不同的声卡(或主板上的集成声卡)随附不同的支持它们的软件;使用适当的程序来确保麦克风输入设置没有静音,否则不会向 ADC 发送信号。一定要调整输入电平,这样在您录制时系统才不会饱和(使输入过载)。输入电平的状态通常由一些类型的彩色条或附近带有可调滑块控件的条指示。使用中的一种常见实现是,随着输入电平的增加,一个绿色条的长度会增加。随着输入的进一步增加,条形图的长度继续增加,但颜色变为黄色(表示警告),然后变为红色(表示出现饱和或削波)。您需要使用试错法来调整您的系统。虽然您不希望饱和(即红色条)发生(这导致信号失真),但您也不希望系统增益设置太低以至于在录制时显示很少或没有绿色(这将导致低信噪比,形成"嘈杂的"录音)。

以前版本的 Windows 操作系统附带了一个基本的录音程序,通常位于"附件(Accessories)"类别下。Windows XP 附带的录音机(Sound Recorder)程序很简单,但很有用,如图 2.6(a)所示。Windows Vista、Windows 7、Windows 8 和 Windows 8.1 中包含的录音机(Sound Recorder)程序(见图 2.6(b))对于我们的目的不是很有用,因为它只能以 *.wma 压缩文件格式保存文件。Windows 10 甚至不附带图 2.6(b) 中的基本录音程序,有一个来自 Windows 应用商店(Windows Store)的免费的应用程序作为"替代",称为语音录音机(Voice Recorder),但在本书中它也不适合我们的目的。

幸运的是,有许多免费可用的程序可以用来录制您自己的 WAV 文件(以及执行许多与音频相关的任务,如混合和编辑),其中一款突出的程序名为 Audacity®,如图 2.7 所示(有关更多的详细信息,请参见 http://www.audacityteam.org/)。虽然 Audacity 可以将录制的音频保存为十几种文件格式,但为了我们的目的,我们建议使用简单的 *.wav 文件。

要想实际录制 WAV 文件,请确定您所使用的特定程序所需的顺序,并提供输入

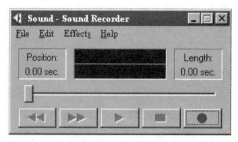

(a) 包含在Windows XP中的

(b) 包含在Windows Vista/7/8/8.1中的

图 2.6:不同版本 Windows 中包含的录音机(Sound Recorder)程序

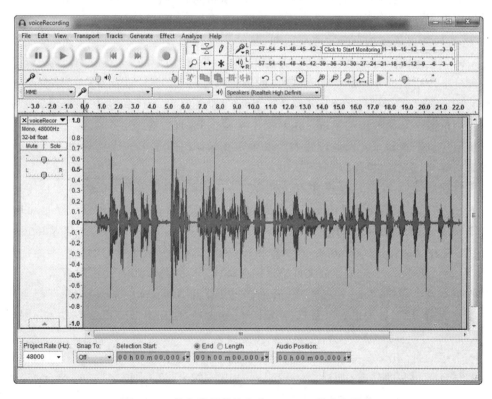

图 2.7:一款免费提供的名为 Audacity 的声音程序

源,然后开始录制。录制完 WAV 文件后,可以播放该文件,播放时既可以在录制文件的程序中播放,也可以在 Windows 资源管理器中双击该文件名(在文件保存后)来播放。

现在,已经探讨了仅使用 PC 机录制、保存和播放 WAV 文件的功能。使用某些录音程序播放还可以包含各种特殊效果,例如更改播放速度、添加回声或向后播放文件[①]。大多数录音程序中的选项还允许更改采样率和用于表示每个样本的位数,以及录音是立体声还是单声道。下面显示了这些设置的一些典型组合,以及有关声音质量的主观标签,用于未压缩的音频:

| | | | |
|---|---|---|---|
| 电话质量 | 8 位/样本 | 单声道 | 8 000 样本/秒 |
| AM 调频质量 | 8 位/样本 | 单声道 | 22 050 样本/秒 |
| FM 调频质量 | 16 位/样本 | 立体声 | 32 000 样本/秒 |
| CD 质量 | 16 位/样本 | 立体声 | 44 100 样本/秒 |
| 演播室质量 A | 16 位/样本 | 立体声 | 48 000 样本/秒 |
| 演播室质量 B | 24 位/样本 | ＋立体声＋ | 96 000 样本/秒 |

术语"＋立体声＋"表示至少两个录制频道,但通常更多。在本书的许多部分中,我们用于实时 DSP 操作的音频格式是未压缩的 LPCM(线性脉冲编码调制)、16 位/样本的立体声、48 000 样本/秒的速率,这就是上面列出的"演播室质量 A"。这些设置很方便,原因在稍后的文中会变得更加明显,但是随本书提供的软件允许用户在需要时轻松地更改为其他设置。大多数音频软件和音响系统还允许使用其他录制规范和除了默认的脉冲编码调制(PCM)以外的编码格式。

虽然声音录制程序大大简化了录制、存储和回放 WAV 文件的基本任务,但同时也受限于该程序内置的功能,以及您的 PC 声卡的 ADC 和 DAC 规格。显然,这并不是实时操作。

## 2.4　使用 MATLAB 和 Windows 实现 Talk-Through

MATLAB 有无数的数据操作函数[61]。执行如下命令:

```
help audiovideo
```

将显示与音频及视频数据操作有关的函数[②]。对于 PC 平台,下面是上面的帮助命令编辑后的结果,对 talk-through 操作来说很有趣:

```
Audio input/output objects.
  audioplayer  - Audio player object.
  audiorecorder - Audio recorder object.
```

---

① 例如,本章提到的免费程序 Audacity 就包括 42 种内置特效。
② 您可能需要为早期版本的 MATLAB 使用帮助命令 audio。对于其他音频/视频文件格式,可以在网站 http://www.mathworks.com/matlabcentral/fileexchange/上找到免费的转换器,如 mmread 和 mmwrite。

```
Audio hardware drivers.
   sound        - Play vector as sound.
   soundsc      - Autoscale and play vector as sound.

Audio file import and export.
   audioread    - Read audio samples from an audio file.
   audiowrite   - Write audio samples to an audio file.
   audioinfo    - Return information about an audio file.
```

与以前一样,可以通过键入以下命令来访问上面这些或任何单个 MATLAB 函数的帮助:

```
help functionname
```

其中,functionname 是需要帮助的 MATLAB 函数的名称,或者单击工作区屏幕中高亮显示的函数名。此外,您还可以直接从 MATLAB 菜单栏中使用下拉帮助菜单来访问许多帮助选项(见图 2.8)。

(下拉帮助菜单已打开)

**图 2.8:MATLAB 命令窗口**

鉴于这些与音频文件相关的 MATLAB 函数,我们现在将讨论一个 talk-through 问题的解决方案。我们可以使用 audioread 命令[①]导入现有的 WAV 文件,然后使用 sound 命令播放该文件。这样做的示例代码如下。

---

① audioread 函数旨在替换 MATLAB 中较旧的 wavread 函数。

**清单 2.1：使用 MATLAB 读取与播放 WAV 文件**

```
1    [Y,Fs] = audioread('c:\ windows\media\tada.wav');
     sound(Y,Fs)
```

第一个命令读取名为 tada.wav 的 WAV 文件，该文件位于 c:\windows\ media 目录中。audioread 命令的输出 Y 和 Fs 分别表示文件数据和采样频率。最后，sound 命令通过 PC 声卡以 Fs 的采样频率播放向量 Y。

如果您希望了解有关数据文件的其他详细信息，请使用如下的 audioinfo 命令：

**清单 2.2：使用 MATLAB 来获取一个 WAV 文件的详细信息**

```
myFile = audioinfo('c:\ windows\media\tada.wav');
```

这里使用的 audioinfo 命令输出一个我们选择命名为 myFile 的结构，其中包含有关数据文件 tada.wav 的各种详细信息。要想查看结构 myFile 中包含的内容，可以双击"工作区（Workspace）"子窗口中的结构名称（默认情况下，在 MATLAB 命令窗口的右上角）。如果不使用"工作区"子窗口，则可以在 MATLAB 命令行中键入 myFile，您将看到类似于如下的内容：

```
myFile =

           Filename: 'c:\windows\media\tada.wav'
  CompressionMethod: 'Uncompressed'
        NumChannels: 2
         SampleRate: 44100
       TotalSamples: 71296
           Duration: 1.6167
              Title: []
            Comment: []
             Artist: []
      BitsPerSample: 16
```

这允许您确定 tada.wav 的详细信息，例如：采样频率为 44 100 Hz，每个采样的位数为 16 位/样本，文件为立体声（2 个通道），每个通道文件包含 71 296 个采样，文件持续 1.616 7 s，文件中的数据未被压缩[①]。如果您只想播放音频文件，则只需知道采样频率，并可使用 audioread 命令获取采样频率，如前所示。audioinfo 命令仅在您想进一步了解信号如何被录制时使用。

虽然不推荐，但您可以通过执行下面显示的命令来读取和播放音频文件。

```
1    Y = audioread('c:\ windows\media\tada.wav');
     sound(Y)
```

---

① 根据您的 Windows 版本，这些值可能会有所不同。

如果执行这两个命令,则 WAV 文件将不会像以前那样发出声音,这是因为 sound 命令的默认采样频率为 8 192 Hz。将播放的采样频率从 44 100 Hz 降低到 8 192 Hz 会导致播放时间显著增加,同时 WAV 文件中的预期信息随后会失真(低得多的频率)[①]。使用以下命令可以纠正此播放速度问题:

```
sound(Y,44100)
```

虽然这个解决方案看起来很直接,但使用 audioread 命令获取正确的采样频率并在声音播放命令中包含此值要容易得多。这种 Windows 与 MATLAB 技术结合的另一个优点是可以使用录音程序创建 WAV 文件,然后可以不加修改地播放,或者离线处理并稍后播放。在 MATLAB 处理之后,结果可以使用 save 命令以 *.mat 格式存储,或者使用 audiowrite 命令[②]以 *.wav 格式存储。与任何计算机文件一样,它也可以存储在可移动介质上,比如,USB 记忆棒或 CD - R 磁盘。

## 2.4.1 只使用 MATLAB 实现 Talk-Through

有几种方法可以只使用 MATLAB 和 PC 声卡进行简单的 talk-through 操作。由于我们的目标是轻松过渡到此 DSP 算法和其他 DSP 算法的 DSP 硬件实现,因此我们将讨论限制在 MATLAB 的内置 audiorecorder 函数和 Simulink® 程序(也来自 MathWorks 公司)上。

### MATLAB 的 audiorecorder.m 函数

最新版本的 MATLAB 提供了 audiorecorder.m 函数。此函数允许在**不需要** MATLAB 的 DAQ(数据采集)工具箱的情况下使用 PC 的声卡进行声音录制和播放。图 2.9 描述了从 MATLAB 到声卡的接口。下面提供了与 audiorecorder 相关的 MATLAB 帮助的摘录,本帮助中包含了与声音录制和播放相关的完整示例。

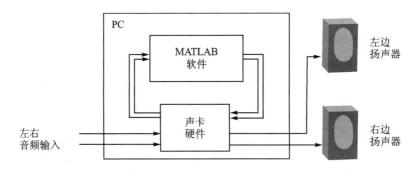

图 2.9：从 MATLAB 到 PC 声卡的接口

---

[①] 从正确的 44 100 Hz 值到默认值 8 192 Hz 的变化导致频率降低了近 5.4 倍,这时声音在某些 PC 或笔记本电脑扬声器上可能很难被听到。

[②] audiowrite 函数旨在取代 MATLAB 中较旧的 wavwrite 函数。

```
>> help audiorecorder
```

audiorecorder Audio recorder object.

　　audiorecorder creates an 8000 Hz,8-bit, 1 channel audiorecorder object.
　　A handle to the object is returned.

　　audiorecorder(Fs, NBITS,NCHANS) creates an audiorecorder object with sample rate
　　Fs in Hertz, number of bits NBITS, and number of channels NCHANS. Common sample
　　rates are 8000, 11025, 22050, 44100, 48000, and 96000 Hz. The number of bits must
　　be 8, 16, or 24. The number of channels must be 1 or 2 (mono or stereo).

　　audiorecorder(Fs, NBITS,NCHANS, ID) creates an audiorecorder object using audio
　　device identifier ID for input. If ID equals − 1 the default input device will be
　　used.

　　...

　Example：
　　Record your voice on-the-fly. Use a sample rate of 22050 Hz, 16 bits, and one chan-
　　nel. Speak into the microphone, then pause the recording. Play back what you've
　　recorded so far.
　　Record some more, then stop the recording. Finally, return the recorded data to
　　MATLAB as an int 16 array.

```
r = audiorecorder(22050, 16, 1); record(r);
              % speak into microphone...
pause(r);
p = play(r);  % listen
resume(r);    % speak again
stop(r);
p = play(r);  % listen to complete recording
mySpeech = getaudiodata(r, 'int16'); % get data as int16 array
```

See also audioplayer, audiodevinfo, audiorecorder/get, audiorecorder/set.

## Simulink

　　Simulink 是一个图形化编程和仿真工具,它补充了 MATLAB 的功能[①],并包含
大量用于 MATLAB 的建模和仿真环境工具以及块集(类似于工具箱)。此处的示例

────────────────

　　① 另一种非常流行的图形编程、仿真和数据采集工具,对 DSP 应用非常有用,是 National Instruments 公司的 LabVIEW。

使用 Simulink 的信号处理块集(Signal Processing Blockset)。如图 2.10 所示,图表看起来非常简单,但仍然提供了显著的灵活性和多功能性。

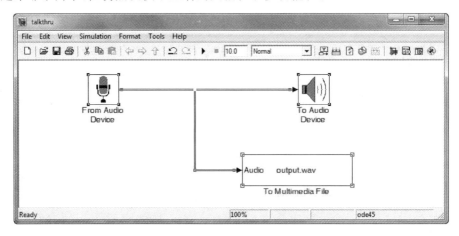

图 2.10:基于 PC 的 talk-through 系统的 Simulink 模型

通过双击**来自音频设备**的 Simulink 块,可以查看和修改该块的所有用户可调参数,这可以在图 2.11 中看到。如果开始模拟,则单击"开始模拟(Start Simulation)"工具按钮,如图 2.12 所示。这个例子是与将一个音频录制到一个 WAV 文件中所执

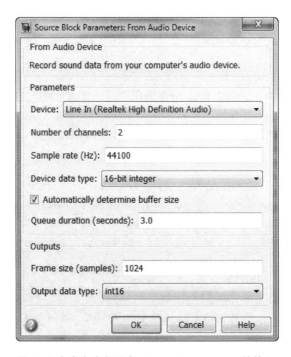

图 2.11:图 2.10 中来自音频设备(From Audio Device)的块(Block)参数

行的附加功能进行 talk-through 操作,该 WAV 文件(即 data.wav)可以随时使用 wavread 函数读回 MATLAB 中。

图 2.12:单击 Simulink 工具条上的"开始模拟(Start Simulation)"工具按钮

## 2.4.2　使用 MATLAB 和 DSK 实现 Talk-Through

在 MATLAB 中控制 DSK 并不是一项简单的任务,因此我们为您提供了一个支持库。运行此应用程序所需的文件包含在本书随附的软件中,该软件位于与附录 E 相关的 matlab 目录中。使用该 MATLAB-to-DSK 接口软件(详见附录 E),单个 MATLAB 的 M 文件允许使用 DSK 而不是 PC 声卡来构建简单的 talk-through 程序。在这个实例中,我们将从 DSK 中读取帧(即样本组)到一个 MATLAB 变量中,然后将相同的数据写回 DSK。本例中的帧大小为每个帧 500 个样本。如清单 2.3 所示,M 文件包含:初始设置阶段(第 1～8 行),然后在进入无限循环(第 12～15 行)之前读取单帧数据(第 10 行),循环中"SwapFrame"的功能用于进行实际的 talk-through 操作。这是您第一次真正的**实时**(real-time)操作!下面显示的代码是针对通过 HPI 接口电路板端口上的 USB 端口连接到 PC 的 C6713 DSK 编写的;要使用不同的 DSK(例如 OMAP - L138 电路板的某一个)和/或不同的配置,请参见附录 E 的第 E.4 节。

清单 2.3:用于 DSK 的 talk-through 的一个简单 MATLAB 的 M 文件

```
1   c6x_daq('Init', '6713_AIC23.OUT', 'DSK6713_USB_COM4');
    c6x_daq('FrameSize', 500);
3   c6x_daq('QueueSize', 2000);
    Fs = c6x_daq('SampleRate', 8000);
5   numChannels = c6x_daq('NumChannels', '1');
    c6x_daq('TriggerMode', 'Immediate');  %  disables triggering
7   c6x_daq('LoopbackOff');   % turn off the direct DSK loopback
    c6x_daq('FlushQueues');   % flush the DSK's queues
9
    data = c6x_daq('GetFrame');   % read frame to prime for SwapFrame
11
    while 1   % begin forever loop
13    c6x_daq('SwapFrame', data);   % send/receive data
    % data = data * 10;   % add gain
15  end
```

为了控制采集的样本数量,本演示为 DSK 的板载编解码器(TLV320AIC23)使用了相对较低的 8 kHz 采样频率,即使编解码器本身能够提供更高的速度。本书中的大多数其他程序使用 48 kHz 的采样频率。

为了验证数据流实际上是通过 MATLAB 传输的,可以通过删除注释符号(%)来激活无限循环中的第 14 行,这会给信号增加一个 10 的增益倍增系数。

# 2.5 使用 C 语言实现 DSK

之前的 talk-through 例子可能很容易理解,但我们需要稍微改变一下,现在是时候通过使用 C 语言代码实时进行 talk-through 来提升性能和功能了。运行此应用程序所需的文件位于本书随附软件第 2 章的 ccs\MyTalkThrough 目录中。感兴趣的主要文件是 ISRs.c,它包含中断服务例程。该文件包含必要的变量声明,并执行左右通道数据的交换。使用左右通道数据的交换,以便您实际上只需查看少数几行代码。

代码清单如下。

清单 2.4:Talk-through 声明

```
1  #define LEFT 0
   #define RIGHT 1
3
   float temp;
```

清单 2.4 解释如下:

① (行 1~2):为方便用户定义左和右。

② (行 4):声明用于允许通道交换的临时变量。

清单 2.5:交换左右通道的 talk-through 代码

```
   /* I added my routine here */
2
   temp = CodecData.channel [RIGHT];                          // R to temp
4  CodecData.channel [RIGHT] = CodecData.channel [LEFT];      // L to R
   CodecData.channel [LEFT] = temp;                           // temp to L
6
   /* end of my routine */
```

清单 2.5 解释如下:

① (行 3):将右通道数据赋给 temp 变量。

② (行 4):将左通道数据赋给右通道。

③ (行 5):将 temp 赋给左通道。

请注意,如果您使用的是 C6713 DSK,则电路板的输入电路包含一个分压器,可将输入电压电平降低 2 倍(即电压变化－6 dB)。为了抵消这种信号电平的降低,只要选择了 C6713 DSK,DSK_Support.c 文件(在本书软件的 common_code 目录中)就会自动插入＋6 dB 的输入增益。OMAP－L138 电路板上没有这种分压器。

### 现在您理解了代码……

请继续,将所有文件复制到一个单独的目录中,以便保留原始文件。在 Code Composer Studio(CCS)中打开项目并选择"全部重建(Rebuild All)"。当构建完成时,选择"加载程序(Load Program)"将二进制代码加载到 DSK 中,然后单击"运行 Run"。您的 talk-through 系统现在应该正在 DSK 上运行。请记住,DSK 的编解码器不包含用于驱动连接负载的音频功率放大器。为了获得最佳效果,请将放大扬声器与 DSK(例如,与 PC 配合使用的有源扬声器)、耳机或耳塞一起使用,以听取音频输出[①]。

# 2.6　后继挑战

考虑使用 C 编译器和 DSK 扩展您学到的知识:

① 尝试缩放传递给 DAC 的输出值(乘以输入值,例如乘以 0.3 或 1.6,等等),并考虑是否存在与此缩放相关的限制?

② 在 DSK 上实现自己的频谱反转程序。

③ 更改传递给 DAC 的每个样本的符号位,并描述这个符号位的变化将对输出信号如何发声产生怎样的影响。

④ 修改您的 talk-through 代码,使其仅输出左边或右边通道的值。

⑤ 修改您的 talk-through 代码以组合左右通道的输入,并将结果**同时**发送到左右通道的输出。请考虑是否存在与组合左右通道相关的任何限制?

⑥ 仅使用 8 个最高有效位(MSB)来减少 DAC 使用的位数。当只使用 8 个最高有效位(MSB)时,您能听到区别吗?

⑦ 仅使用 4 个最高有效位(MSB)来减少 DAC 使用的位数。当只使用 4 个最高有效位(MSB)时,您能听到区别吗?

⑧ 仅使用 2 个最高有效位(MSB)来减少 DAC 使用的位数。当只使用 2 个最高有效位(MSB)时,您能听到区别吗?

⑨仅使用最高有效位(MSB)来减少 DAC 使用的位数。当只使用最高有效位(MSB)时,您能听到区别吗?

---

① OMAP－L138 板仅提供线路输出,不提供单独的耳机输出。既然耳机(和耳塞)的阻抗和效率各不相同,那么与这些设备一起使用的线路输出的性能也会有所不同。

# 2.7 问 题

1. 给定 $F_s = 48$ kHz 的采样频率,在没有混叠时,采样的最高输入频率理论上可以达到多少?

2. 假定在简单的"talk-through"配置中,以 $F_s = 48$ kHz 的频率对具有 30 kHz 的显著频率分量的输入信号进行采样。假设不存在抗混叠滤波器,那么原始 30 kHz 分量在"talk-through"配置的输出中将出现的频率是多少?

3. 输入信号的振幅范围为 $+1 \sim -1$ V,与所使用的 ADC 的动态范围相匹配,不会发生输入信号的削波。如果每个样本均匀量化为 16 位,则此 ADC 的近似分辨率(也称为 LSB 电压)以伏特为单位是多少?

4. 输入信号的振幅范围为 $+1 \sim -1$ V,与所使用的 ADC 的动态范围相匹配,不会发生输入信号的削波,并且信号振幅在 ADC 的整个动态范围内可能相同。如果每个样本均匀量化为 16 位,那么以 dB 为单位的近似的信号量化噪声比(SQNR)是多少?假设在 ADC 设计中没有使用噪声整形或其他先进技术。

5. 本章前面提到过,改变一个输入信号中每隔一个样本的符号等同于用频率为采样频率一半的正弦波调制输入信号。请解释为什么这是正确的。

# 第 **3** 章

# FIR 数字滤波器

## 3.1　理　论

滤波是最常见的 DSP 操作之一。滤波可用于噪声抑制、信号增强、特定频率的去除或衰减，或者执行特殊操作，如微分、积分或希尔伯特（Hilbert）变换[1]。虽然这不是滤波器所有可能应用的完整列表，但它可以提醒我们滤波的重要性。

滤波器既可以在样本域又可以在频域中来考虑、设计和实现。但是，本章仅涉及以逐个样本为基础的样本域滤波器的实现。基于帧处理的样本域滤波器和频域滤波器的实现分别在第 6 章和第 7 章中讨论。

### 3.1.1　传统标记法

在许多连续时间信号和系统教材中使用的标记法[①]是将输入信号标记为 $x(t)$，将输出信号标记为 $y(t)$，将系统的冲激响应标记为 $h(t)$。这些时域的描述具有与频域对应的描述；它们是通过傅里叶（Fourier）变换获得的，被表示为 $\mathscr{F}\{\}$。$x(t)$ 的傅里叶变换是 $\mathscr{F}\{x(t)\}=X(j\omega)$；类似地，$y(t)$ 的傅里叶变换是 $Y(j\omega)$，$h(t)$ 的傅里叶变换是 $H(j\omega)$。$H(j\omega)$ 也称为系统的频率响应。将这些傅里叶变换对总结如下：

$$x(t) \overset{\mathscr{F}}{\longleftrightarrow} X(j\omega)$$
$$y(t) \overset{\mathscr{F}}{\longleftrightarrow} Y(j\omega)$$
$$h(t) \overset{\mathscr{F}}{\longleftrightarrow} H(j\omega)$$

在离散时间信号和系统教材中，最常用的标记法是将输入信号样本标记为 $x[n]$，将输出信号样本标记为 $y[n]$，将冲激响应标记为 $h[n]$。注意，离散时间冲激响应 $h[n]$ 在某些文本中称为**单位样本响应**（unit sample response）。在本书中，圆括号"（）"用于表示连续时间，方括号"[ ]"用于表示离散时间。离散时间描述（如 $x[n]$、$y[n]$ 和 $h[n]$）具有使用离散时间傅里叶变换（DTFT）获得的与频域对应的描述，我们也将其缩写为 $\mathscr{F}\{\}$。$x[n]$ 的 DTFT 是 $\mathscr{F}\{x[n]\}=X(e^{j\omega})$，$y[n]$ 的 DTFT 是

---

[①]　就像工程和科学教材所涵盖的所有学科领域一样，没有普遍认同的标准标记法。我们这里使用大多数人的标记法，但您最喜欢的书中的标记可能与此不同。

$Y(e^{j\omega})$,$h[n]$ 的 DTFT 是 $H(e^{j\omega})$。$H(e^{j\omega})$ 也被称为系统的频率响应。将这些离散时间傅里叶变换对总结如下:

$$x[n] \overset{\mathscr{F}}{\longleftrightarrow} X(e^{j\omega})$$

$$y[n] \overset{\mathscr{F}}{\longleftrightarrow} Y(e^{j\omega})$$

$$h[n] \overset{\mathscr{F}}{\longleftrightarrow} H(e^{j\omega})$$

请注意,用于连续时间的傅里叶变换与缩写 DTFT 是相同的,因为从上下文应该能够明白使用的是哪种变换。例如,如果被转换的信号或系统是离散时间信号或系统,则它将用方括号作为记号暗示出来,并因此来推断出是指 DTFT。同样有趣的事实是:由离散时间信号的 DTFT,例如 $x[n]$,可生成连续频率函数 $X(e^{j\omega})$,因为 $\omega$ 是连续变量。对连续时间和离散时间标记法的总结如图 3.1 所示。

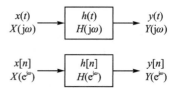

图 3.1:连续时间和离散时间标记法的总结

## 3.1.2 FIR 滤波器与 IIR 滤波器的比较

本章的标题包含首字母缩略词 FIR,它代表有限冲激响应(Finite Impulse Response)。根据定义,所有 FIR 滤波器(FIR filter)都是离散时间滤波器(不存在连续时间 FIR 滤波器)。如果我们使用单位样本(即一个值为 1 的样本)和无限数量的零值样本来激发一个 FIR 滤波器,那么我们将使用一个冲激函数(有时称为单位样本函数)的离散时间版本来激励系统。使用一个冲激来激励 $N$ 阶 FIR 滤波器将导致 $N+1$ 个输出项,之后所有剩余项的值将精确为零(因为滤波器具有 $N+1$ 个系数)。因此,冲激响应是有限的。

另一种类型的滤波器称为 IIR 滤波器,具有无限冲激响应(Infinite Impulse Response)。如果您曾经设计过模拟(即连续时间)滤波器,那么您就设计过 IIR 滤波器。想想模拟滤波器的输出,它有一个冲激的输入。在数学上,系统的输出永远不会完全衰减到(并保持在)精确的零值。IIR 滤波器既可以是连续时间的,也可以是离散时间的,在第 4 章中有更详细的讨论。

## 3.1.3 计算滤波器输出

假设滤波器系统是线性时不变(LTI)的,这允许我们使用一些强大的线性分析工具。为了计算给定连续时间输入信号的连续时间系统的输出,需要将输入信号与系统的冲激响应卷积起来。因为这涉及连续信号,所以我们使用积分(离散信号是使用求和而不是积分)。因此,为了计算输出,我们需要求卷积积分(convolution integral)的值。这是一个许多刚开始学习的学生发现神秘而望而生畏的操作(但需要习惯卷积——它将反复出现)。卷积积分的一般形式是

$$y(t) = \int_{-\infty}^{\infty} h(\tau) x(t - \tau) \, d\tau。$$

如果我们把讨论限制在可实现的信号和系统上,那么,由于因果关系(即我们不能根据尚未到达的输入来计算输出),卷积积分就变成

$$y(t) = \int_{0}^{\infty} h(\tau) x(t - \tau) \, d\tau。$$

类似地,为了计算具有离散时间输入信号的离散时间系统的输出,我们使用卷积和(convolution sum)。卷积和的一般形式是

$$y[n] = \sum_{k=-\infty}^{\infty} h[k] x[n-k]。$$

如果我们再次将讨论限制在可实现的信号和系统上,那么,由于因果关系,卷积和就变为

$$y[n] = \sum_{k=0}^{\infty} h[k] x[n-k]。$$

对于 FIR 系统,滤波器系数(filter coefficients)是组成系统冲激响应的独立项。这些 FIR 滤波器系数通常称为 $b$ 系数。在 MATLAB 中,当所有 $b$ 系数形成一个向量时,就称为 $\boldsymbol{B}$ 向量。进行变量替换(用 $b$ 代替 $h$),并记住一个 $n$ 阶 FIR 滤波器具有 $n+1$ 个系数,因此,将卷积和采用 FIR 差分方程的一般形式可表示为

$$y[n] = \sum_{k=0}^{N} b[k] x[n-k]。$$

该方程告诉我们,为了计算当前输出的值 $y[0]$,就必须执行 $\boldsymbol{B} \cdot \boldsymbol{X}$ 的点积,其中 $\boldsymbol{B} = (b[0], b[1], \cdots, b[N])$,$\boldsymbol{X}$ 表示输入的当前值和过去值,即 $\boldsymbol{X} = (x[0], x[1], \cdots, x[N])$,因此,有

$$y[0] = \sum_{k=0}^{N} b[k] x[-k]$$
$$= b[0] x[0] + b[1] x[-1] + \cdots + b[N] x[-N]。$$

与实现 FIR 差分方程相关的框图在图 3.2 中显示,这是表示 FIR 滤波器的另一种方式。图中包含 $z^{-1}$ 的块是延迟块(delay blocks),用于在块中存储一个采样周期的值。延迟块可以被认为是同步移位寄存器,其时钟与 ADC 和 DAC 的采样时钟相连,但通常只是由 DSP CPU 访问其存储单元。

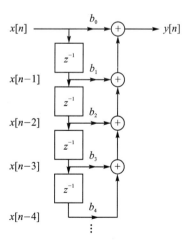

图 3.2:与实现 FIR 差分方程相关的框图

# 3.2　winDSK 演示

启动 winDSK8 应用程序,将出现主用户界面窗口。在继续之前,请先确保在 winDSK8 的"DSP 电路板(Board)"和"主机接口(Host Interface)"配置面板中为每个参数选择了正确的选项。由于这些选择是"黏性的",因此当下次运行 winDSK8 时,已选项将会自动被选择上。

## 3.2.1　图形均衡器应用

单击 winDSK8 的图形均衡器(Graphic Equalizer)工具按钮,在连接的 DSK 中运行该程序,将出现一个类似于图 3.3 的窗口。图形均衡器应用程序实现一个五段音频均衡器,如图 3.4 中的信号流所示。由于 DSK 有一个立体声编解码器,因此左右通道上都有一个独立可调节的均衡器。

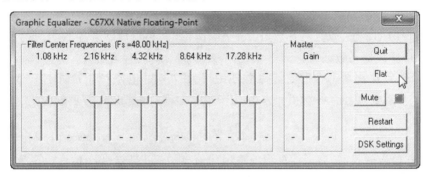

图 3.3:winDSK8 运行 Graphic Equalizer 应用

均衡器使用的五个并行运行的 FIR 滤波器是:一个低通(LP)滤波器、三个带通(BP)滤波器和一个高通(HP)滤波器。图 3.4 中的增益滑块($A_1 \sim A_5$)操作用于控制每个滤波器增益和整个系统增益的存储单元。五个 FIR 滤波器设计为高阶($N=128$)滤波器,由此产生的这些滤波器的陡峭滚降可以在图 3.5 中看到。

您可以通过多种方式体验图形均衡器滤波的效果。比如,您可以将 CD 播放器的输出连接到 DSK 的信号输入,并将 DSK 的信号输出连接到一组有源扬声器。播放一些熟悉的音乐,同时调整图形

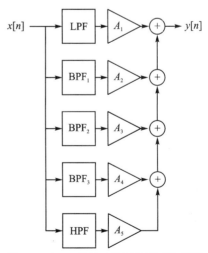

图 3.4:与 winDSK8 的五段图形均衡器
应用相关的框图

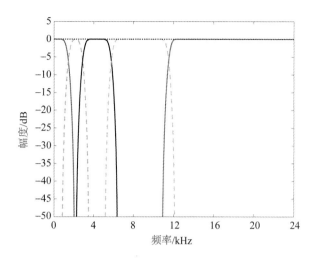

（0 dB 处的虚直线代表所有五个频段的总和）

**图 3.5：winDSK8 的五段图形均衡器应用的频率响应**

均衡器滑块控件以收听效果。一个更客观的实验是播放本书附带软件中包含的加性高斯白噪声（AWGN）的音轨（在 test_signals 目录中的播放文件 awgn.wav），该音频文件在理论上包含了所有频率。如果将 DSK 的信号输出随后连接到频谱分析仪，则可以在调整滑块控件时观察到哪个频段受到了影响以及受到多少影响。如果您没有可用的频谱分析仪，则可以使用第二个运行了 winDSK8 的 DSK 作为替代（在主屏幕上单击"示波器（Oscilloscope）"工具按钮，在下一个屏幕上选择"频谱分析仪（Spectrum Analyzer）"，然后选择"Log10"以分贝显示结果）。否则，您可以使用计算机的声卡来收集 DSK 输出的一部分。这可以通过使用 Windows 录音机、MATLAB 的数据采集（DAQ）工具箱或作为 MATLAB（版本 6.1 或更高版本）的一部分的音频记录器来完成。录制的数据可以使用 MATLAB 来分析和显示。

## 3.2.2　陷波滤波器应用

winDSK8 陷波滤波器（notch filter）应用实际上实现了一个二阶 IIR 滤波器，但我们可以使它看起来像一个 FIR 滤波器。单击"陷波滤波器（Notch Filter）"工具按钮将在连接的 DSK 中运行程序，并将出现一个类似于图 3.6 的窗口。如果将"Q 调节器（r 值）（Q Adjustment（r））"减小到零，则将滤波器的极点放在 z 平面的原点，系统的行为将类似于 FIR 滤波器（这一概念将在第 4 章中进一步讨论）。Q 调节器显示在图 3.6 的底部滑块上。另外请注意，"滤波器类型（Filter Type）"已从"带通（Bandpass）"更改为"陷波（Notch）"。与陷波滤波器的四种不同设置相关的频率响应叠加在一起，如图 3.7 所示。理想情况下，在陷波频率处存在无穷大的衰减。这就解释了为什么适当调整（调谐）的陷波滤波器可以完全消除干扰音。

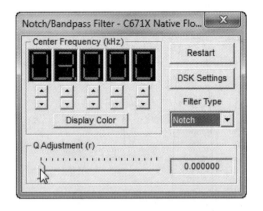

图 3.6：winDSK8 运行陷波滤波器应用($r=0$)

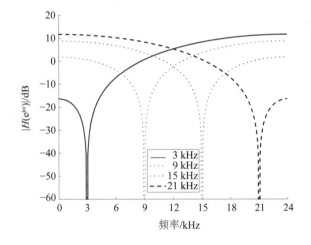

(陷波频率分别为 3、9、15 和 21 kHz)

图 3.7：四个不同的陷波滤波器的频率响应

通过在音乐信号中添加正弦信号(音调),可以听到陷波滤波器应用的效果。大多数电脑声卡都会为您做这个求和。您需要使用声卡的混频器控件进行实验,以准确确定特定系统的响应方式。大多数系统都能通过在计算机上播放声音文件或 CD,将外部音频信号(例如来自便携式音乐播放器或函数发生器)与内部音频信号相加。在本例中,一个音频信号(通常是外部源)是音调,另一个是音乐。通过声卡的"线路输入"或"麦克风输入"连接器注入外部信号,然后,声卡的"线路输出"或"耳机输出"连接到 DSK 的信号输入。和以前一样,DSK 的信号输出连接到一组有源扬声器。如果函数发生器不可用,则可以使用随本书附带的软件中 test_signals 目录下的某个音频测试音调( * . wav 文件),并用第二个外部 CD 播放器播放它们,或将文件传输到便携式音乐播放器。您还可以在 MATLAB 中轻松创建自己的音频测试音调,然后将它们保存为音频文件,并以同样的方式在外部 CD 或音乐播放器上播放

（这一概念将在第 5 章中进一步讨论）。

当陷波滤波器的中心频率等于注入音调的频率时,您将听到音调声音从扬声器中消失。

### 3.2.3 音频效果应用

winDSK8 的音频效果应用包含了 FIR 和 IIR 的应用。单击"音频效果(Audio Effects)"工具按钮将程序载入 DSP 核心,并将出现一个类似于图 3.8 的窗口。镶边和合唱效果都是用 FIR 滤波器实现的,因此它们为本章提供了很好的实例。

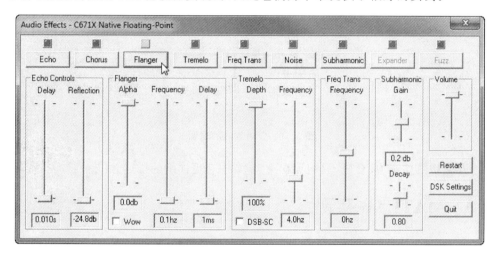

图 3.8：winDSK8 运行音频效果(Audio Effects)应用

镶边(Flanger)效果的框图如图 3.9 所示,其中 $\alpha$ 是比例因子;$\beta[n]$ 是周期性变化的延迟,并由以下公式描述为

$$\beta[n] = \frac{R}{2}\left[1 - \cos(\omega_0 n)\right]。$$

式中,$R$ 是样本延迟的最大数目,$\omega_0$ 是一些低频率。在 winDSK8 中,可以使用音频效果窗口中"镶边器(Flanger)"区域内

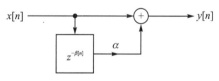

图 3.9：镶边效果的框图

包含的"Alpha"滑块调整 $\alpha$,使用"频率(Frequency)"滑块调整 $\omega_0$,使用"延迟(Delay)"滑块调整 $R$(见图 3.8)。因此,延迟时间 $\beta[n]$ 从最小值 0 到最大值 $R$ 呈正弦曲线变化。镶边是音乐家(尤其是吉他手)经常使用的一种特殊的声音效果,听起来好像是乐器在频率尺度上的一种上上下下快速变化的声音。关于这个效果和其他特殊效果的更多信息,请参见第 10 章。

另一种音乐特效——合唱(Chorus)效果的框图如图 3.10 所示。为了产生合唱效果,将三个单独的法兰信号与原始信号相加。对于合适的合唱效果,$\beta$ 和 $\alpha$ 中的每一个都应该是相互独立的。

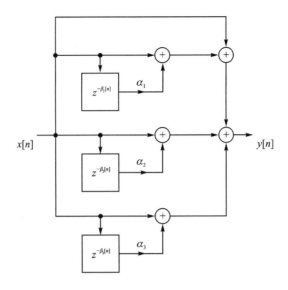

图 3.10: 合唱效果的框图

音频特效如镶边、合唱、混响等在第 10 章中有更详细的描述。

## 3.3 MATLAB 实现

MATLAB 有许多方法可以执行滤波操作。在本章中,我们将仅讨论其中两个。第一个是内置滤波器功能,第二个是构建自己的例程来执行 FIR 滤波操作。内置功能使我们几乎可以立即滤波信号,但在使用 DSP 硬件进行实时滤波方面几乎没让我们有任何准备。

## 3.3.1 内置方法

如前所述,MATLAB 有一个名为 filter.m 的内置函数。该函数可用于实现 FIR 滤波器(仅使用分子($B$)系数)和 IIR 滤波器(同时使用分母($A$)和分子($B$)系数)。下面提供了与 filter 命令相关联的联机帮助的前几行。通过键入以下命令行,可以从命令行获得此帮助和任何其他 MATLAB 帮助:

```
help MATLAB function or command name
In the case of the filter command,
>> help filter


FILTER One-dimensional digital filter.
    Y = FILTER(B,A,X) filters the data in vector X with the
    filter described by vectors A and B to create the filtered
```

data Y. The filter is a "Direct Form II Transposed" implementation of the standard difference equation:

$$a(1) * y(n) = b(1) * x(n) + b(2) * x(n-1) + \ldots + b(nb+1) * x(n-nb)$$
$$- a(2) * y(n-1) - \ldots - a(na+1) * y(n-na)$$

注意,在 MATLAB 的 filter 命令的差分方程讨论中,**A** 和 **B** 系数向量的索引从 1 开始,而不是从 0 开始。MATLAB 不允许索引值等于零。虽然这看起来只是一个小小的不便,但在 MATLAB 算法的开发过程中,不正确的向量索引导致了大量错误。在我们的类中,通常创建另一个向量,例如 **n**,它由第一个元素等于零的整数组成(即 **n** = 0:15 创建 **n** = (0,1,2,3,…,15)),并使用这个 **n** 向量"欺骗"MATLAB,使其在绘制图轴之类的时候从零开始计数。有关此技术的示例,请参见下面给出的代码。

下面显示的 MATLAB 代码将使用向量 **B** 中的 FIR 滤波器系数对输入向量 **x** 进行滤波。请注意,输入向量 **x** 采用**零**填充(第 6 行)以刷新滤波器。该技术与 MATLAB 的 filter 命令的直接实现略有不同,其对于 $M$ 个输入值,将存在 $M$ 个输出值。我们的技术假设输入向量的前面和后面跟着大量的零,这意味着滤波器最初处于静止状态(没有初始条件),并且在滤波操作结束时将放松或刷新任何剩余值。

清单 3.1:简单的 MATLAB FIR 滤波器例子

```
1   % Simulation inputs
    x = [1 2 3 0 1 -3 4 1];                      % input vector x
3   B = [0.25 0.25 0.25 0.25];                   % FIR filter coefficients B

5   % Calculated terms
    PaddedX = [x zeros(1, length(B) - 1)];       % zero pad x to flush filter
7   n = 0:(length(x) + length(B) - 2);           % plotting index for the output
    y = filter(B, 1, PaddedX);                   % performs the convolution
9
    % Simulation outputs
11  stem(n, y)                                    % output plot generation
    ylabel('output values')
13  xlabel('sample number')
```

该实例的输出如下:

```
y =
  Columns 1   through 8
    0.2500   0.7500   1.5000   1.5000   1.5000   0.2500   0.5000   0.7500
  Column 9
    0.5000   1.2500   0.2500
```

实例的火柴棍图(stem plot)如图 3.11 所示。

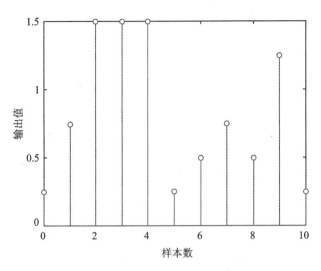

**图 3.11：使用 B 滤波 x 的火柴棍图**

在这个例子中,滤波了 8 个输入样本,结果一次性全部返回。注意,当 8 个元素的向量 **x** 被 4 个元素的向量 **B** 滤波时,返回了 11 个元素(8+4-1=11)。这是一般结果的一个例子,说明由 **x** 和 **B** 的卷积(滤波)产生的序列长度 $L$ 是

$$L = 长度(\mathbf{x}) + 长度(\mathbf{B}) - 1。$$

与该滤波器相关的 FIR 滤波器系数是 **B** = (0.25, 0.25, 0.25, 0.25)。由于滤波器有 4 个系数,因此这是一个三阶滤波器(即 $N=3$)。在这种情况下的滤波效果是最近的 4 个输入样本(即当前样本和前三个样本)的平均值。这种类型的滤波器称为移动平均(MA)滤波器,是一种低通 FIR 滤波器。图 3.12 显示了对于 48 kHz 的采样频率,与 $N=3, 7, 15$ 和 31 阶的 MA 滤波器相关的频率响应。

图 3.12 所示的所有 MA 滤波器的 0 Hz(直流 DC)增益均为 1(等于 0 dB)。为了确保任何 FIR 滤波器的 DC 增益为 0 dB,冲激响应 $h[n]$ 的和必须为 1。对于用 $h[n]$ 描述的因果系统,通过调用 $z$ 变换可以快速显示 DC 响应与冲激响应之间的关系,即

$$H(z) = \sum_{n=0}^{\infty} h[n] z^{-n}。$$

要想将 $H(z)$ 转换为频率响应 $H(e^{jw})$,需要进行 $z = e^{jw}$ 变量替换[①],替换为

$$H(e^{jw}) = \sum_{n=0}^{\infty} h[n] (e^{jw})^{-n}。$$

为了评估 $N$ 阶 FIR 滤波器的 DC 响应,设置 $\omega = 0$ 并使求和的上限等于 $N$,结果为

$$H(e^{jw})\big|_{\omega=0} = H(1) = \sum_{n=0}^{N} h[n] (1)^{-n} = \sum_{n=0}^{N} h[n]。$$

---

① 表达式 $e^{jw}$ 可以被认为是大小为 1 且角度为 $\omega$ 的向量。

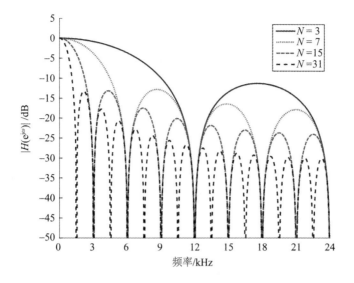

（阶数为 3,7,15,31）

**图 3.12：MA 滤波器的频率响应幅度**

这一关系解释了为什么当 $N=3$ 时，与 MA 滤波器相关的 4 个 $h[n]$ 项中的每一项都被定义为 $1/4=0.25$。同样，对于 $N=31$，$h[n]$ 项中的每一项将为 $1/32=0.03125$，以确保 DC 响应等于 1（即 0 dB）。

## 一个真实的滤波例子

有无限数量的数据集或进程可以被滤波。例如，如果我们想知道一个股市收盘价的 4 天或 32 天平均值怎么办？如果对收盘价进行滤波，则可以消除大部分的日常市场变化。用于处理收盘价的滤波器的截止频率[①]将控制剩余的变化量。如图 3.12 所示，对于 MA 滤波器，截止频率与滤波器的阶数成反比关系。图 3.13 显示了 2001 日历年纳斯达克（NASDAQ）综合指数的滤波和未滤波收盘值。

图 3.13 中的上图绘制了原始数据及使用 4 项（3 阶）和 32 项（31 阶）MA 滤波器对原始数据进行过滤的结果，该子图是使用 MATLAB 函数 filtfilt 创建的，该函数的功能实现了零相位的正向和反向滤波器（这里是零群延迟）。这种消除群延迟的正向/反向技术不能用于实时滤波，除非采用一些基于帧的"技巧"（基于帧的方法将在后面的章节中讨论）。有关 MATLAB 函数 filtfilt 的其他信息，请在 MATLAB 命令提示符下键入 help filtfilt。

图 3.13 中的下图使用 MATLAB 函数 filter 绘制了原始数据及使用 4 项（3 阶）和 32 项（31 阶）MA 滤波器对原始数据进行滤波的结果。由于可实现的 MA 滤波器

---

① 滤波器"截止频率"的一个常见定义是当输出功率下降到最大输出电平功率的一半（即 $-3$ dB）时。注意：如果功率降到 0.5，那么电压降到 0.707 1，所有其他条件都相同。其他的特性，如通带中的纹波、阻带中的衰减、过渡带的宽度和相位响应，在滤波器的设计中也很重要，但在这个简单的例子中没有提到。

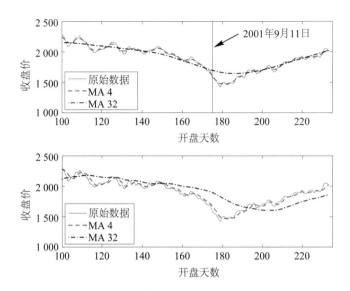

(上图是使用 MATLAB 函数 filtfilt 生成的,下图是使用 MATLAB 函数 filter 生成的)

**图 3.13:纳斯达克(NASDAQ)综合指数的滤波和未滤波收盘价(2001 年)**

具有非零群延迟,因此滤波后的数据滞后于原始数据的时间量等于群延迟 $tt_D$ 乘以采样周期 $T_s$。在非实时应用中,这种由于滤波器群延迟引起的时间延迟可以在后处理中消除。

## 3.3.2　创建您自己的滤波器算法

前面的例子帮助我们使用基于 MATLAB 的滤波,但是内置函数 filter.m 对于我们使用 DSP 硬件去执行实时 FIR 滤波几乎没有用。下一个 MATLAB 示例更紧密地实现了实时过程所需的算法,此代码将根据当前的输入值和前三个输入值去计算单个输出值。

**清单 3.2:为实时处理调整的 MATLAB FIR 滤波器**

```
1   %   This m-file is used to convolve x[n] and B[n] without
    %   using the MATLAB filter command. This is one of the first
3   %   steps toward being able to implement a real-time FIR
    %   filter in DSP hardware.
5   %
    %   In sample-by-sample filtering, you are only trying to
7   %   accomplish two things,

9   %   1.   Calculate the current output value, y(0), based on
    %        just having received a new input sample, x(0).
11  %   2.   Setup for the arrival of the next input sample.
```

```
13   %   This is a BRUTE FORCE approach!
     %
15

     %   Simulation inputs
17   x = [1 2 3 0];              %   input x = [x(0) x(-1) x(-2) x(-3)]
     N = 3;                      %   order of the filter = length(B) - 1
19   B = [0.25 0.25 0.25 0.25];  %   FIR filter coefficients B

21   %   Calculated terms
     y = 0;                      %   initializes the output value y(0)
23   for i = 1:N+1               %   performs the dot product of B and x
         y = y B(i) * x(i);
25   end

27   for i = N: -1:1             %   shift stored x samples to the right so
         x(i+1) = x(i);          %   the next x value, x(0), can be placed
29   end                         %   in x(1)

31   %   Simulation outputs
     x                           %   notice that x(1) = x(2)
33   y                           %   average of the last four input values
```

来自该 FIR 移动平均滤波器程序的输入和输出向量如下所示。请注意,4 个输入样本产生单个输出样本,正如三阶滤波器所预期的那样。此外,向量 $x$ 的显示版本显示了将值移动到"右边"以便为下一个样本腾出空间的效果,如下面所讨论的那样。

```
x =
    1    1    2    3
y =
    1.5000
```

关于这个例子的一些项目需要做如下讨论:

① 尽管 MATLAB 可以仅根据向量 $B$ 的长度(即 $N=$ 长度($B$)−1)来确定滤波器阶数(filter order),但却声明了滤波器阶数 $N$(第 18 行)。声明滤波器阶数 $N$ 和 FIR 滤波器系数 $B$(第 19 行)增加了我们将从 MATLAB 代码派生的 C/C++ 代码的可移植性。增加的代码可移植性也可以被认为是减少的机器依赖性,其通常是受欢迎的代码属性。

② 仅存储了 4 个 $x$ 值(第 17 行)。FIR 滤波仅仅涉及 $N + 1$ 项的点积。由于

在该例中 $N=3$,因此仅需要 4 个 $x$ 项。

③ 这个例子被称为"暴力"方法,它主要基于 $x$ 向量(第 27~29 行)中存储的 $x$ 的值的移动,为下一个覆盖 $x(0)$ 值的样本腾出空间。这种不必要的操作浪费了算法其他部分可能需要的资源。由于我们的最终目标是在 DSP 硬件中实现高效的实时性,因此下一节将讨论更优雅和高效的解决方案。

# 3.4　使用 C 语言的 DSK 实现

随着我们向高效的实时编程(efficient real-time programming)过渡,需要对 MATLAB 思想过程进行一些修改:

① 语义变化是必需的,因为在 MATLAB 中 **B** 通常称为向量,但在 C/C++编程语言中,**B** 称为数组。

② 在 MATLAB 向量中不存在的零内存索引值**确实**存在于 C/C++程序设计语言中,它通常被用在数组记号中。

③ DSP 硬件必须实时处理来自模/数转换器(ADC)的数据。因此,在开始算法过程之前,我们不能等待所有消息样本被接收。

④ 实时 DSP 本质上是一个中断驱动的过程,输入样本只能使用中断服务例程(ISR)进行处理。鉴于这一观察结果,DSP 程序员有责任确保满足与定期采样相关的时间要求。更直截了当地说,如果在另一个输入样本到达之前您没有完成算法的计算,那么您没有满足实时计划,您的系统将失败。这就导致了这样的评论:"正确的答案,如果迟到了,就是错误的!"

⑤ 即使 DSP 硬件具有惊人的处理能力,也不应浪费这种能力。

⑥ 输入和输出 ISR 并**没有**神奇的联系!除非您对设备进行编程,否则 DSP 硬件不会产生任何东西。

⑦ ADC 和数/模转换器(DAC)的数字部分本质上是整数。无论 ADC 的输入范围是什么,模拟输入电压都映射为一个整数值。对于使用有符号二进制补码表示的 16 位转换器,可能的整数值范围为+32 767~-32 768。

⑧ 为了清楚和可理解,可以将变量的声明和赋值(例如 FIR 滤波器系数)移动到.c 和.h 文件中。

## 3.4.1　采用 C 语言的暴力 FIR 滤波:第一部分

第一个版本,我们将继续采用暴力方法在 C 语言中研究 FIR 滤波器的实现代码,类似于上一个 MATLAB 实例。这第一种方法的目的是可理解性,它是以效率为代价的。

运行此应用程序所需的文件位于第 3 章的 ccs\FIRrevA 目录中。感兴趣的主要文件是 FIRmono_ISRs.c,它包含中断服务例程。该文件包含必要的变量声明并执行实际的 FIR 滤波操作。如果您使用 FIRstereo_ISRs. c,则为了允许使用立体声编解码器(例如 OMAP - L138 电路板和 C6713 DSK 上的本机编解码器),程序实现独立的左右通道滤波器。但是,为了清楚起见,下面将仅讨论左声道(如单声道模式中所使用的)。在下面的代码示例中,$N$ 是滤波器阶数,$B$ 数组保存 FIR 滤波器系数,xLeft 数组同时保存当前输入值($x[0]$)和过去输入值($x[-1]$、$x[-2]$ 和 $x[-3]$)。变量 yLeft 是滤波器的当前输出值 $y[0]$。整数 $i$ 用作 for 循环中的索引计数器[①]。

**清单 3.3:暴力 FIR 滤波器声明**

```
1   # define N 3

3   float B [N + 1] = {0.25, 0. 25, 0.25, 0.25 };
    float xLeft[N + 1];
5   float yLeft;

7   Int32 i;
```

下面显示的代码是中断服务例程 Codec_ISR 的一部分,用于执行实际的滤波操作。将输入样本值从适当的 ADC 寄存器移动到 CodecDataIn. Channel[LEFT] 以及将处理后的样本从 CodecDataOut. Channel[LEFT] 移动到相应的 DAC 寄存器的程序指令不在此处显示。滤波操作中涉及的 5 个主要步骤将在代码清单之后讨论。

**清单 3.4:用于实时的暴力 FIR 滤波**

```
1   /* I added my routine here */
    xLeft[0] = CodecDataIn. Channel[LEFT];    // current input value
3   yLeft = 0;                   // initialize the output value

5   for (i = 0; i<= N; i ++){   // x is length N + 1
        yLeft += xLeft[i] * B[i];  // perform the dot-product
7   }

9   for (i = N; i>0; i-- ) {
        xLeft[i] = xLeft[i - 1];    // shift for the next input
11  }

13  CodecDataOut. Channel[LEFT] = yLeft;  // output the value
    /* end of my routine */
```

---

① **注意**:为了帮助我们的代码在 CCS 的这个及未来版本上按预期运行,以及获得一些平台独立性,我们分别使用特定的声明,如 Int32 和 Uint32,用于有符号和无符号的 32 位整数。其他声明(如 Int16 和 Uint8)的含义应该也清楚了。

## 暴力 FIR 滤波涉及的 5 个实时步骤

清单 3.4 解释如下：

①（第 2 行）：来自编解码器的 ADC 端的最新样本被赋予当前输入数组元素 xLeft[0]。

②（第 3 行）：这个滤波器的当前输出被命名为 yleft。由于在计算滤波器的每个输出值时将使用相同的变量,因此在执行每个点积之前,必须将其重新初始化为零。

③（第 5～7 行）：这 3 行代码执行 $x$ 和 $B$ 的点积,等效操作为

$$yLeft = xLeft[0]B[0] + xLeft[-1]B[1] + xLeft[-2]B[2] + xLeft[-3]B[3].$$

④（第 9～11 行）：这 3 行代码将 $x$ 数组中的所有值右移一个元素,等效操作为

$$xLeft[2] \rightarrow xLeft[3]$$
$$xLeft[1] \rightarrow xLeft[2]$$
$$xLeft[0] \rightarrow xLeft[1]。$$

右移完成后,下一个传入样本 $x[0]$ 可以写入 xLeft[0]存储单元,而不会丢失信息。另外请注意,xLeft[3]被 xLeft[2]覆盖。您可能希望执行 xLeft[3]→xLeft[4]等操作,但没有 xLeft[4]或更高索引值的元素,因为 xLeft 只包含 4 个元素。总之,"旧"的 xLeft[3]不再需要,因此将被覆盖。

⑤（第 13 行）：这一行代码通过将点积的结果 yLeft 传输到 CodecDataOut. Channel[LEFT]变量以传输到编解码器的 DAC 端来完成筛选操作。

## 现在您理解了代码……

请继续,将所有文件复制到一个单独的目录中。在 CCS 中打开项目并"全部重建(Rebuild All)"。构建完成后,"加载程序(Load Program)"到 DSK 中并单击"运行(Run)"按钮。您的 FIR LP 滤波器现在正在 DSK 上运行。请记住,此程序通常用于音频滤波,因此体验滤波器效果的一个好方法是收听未滤波的和已滤波的音乐[①]。图 3.14 显示了一种方法,可以收听原始(未滤波的)音乐和已滤波的音乐以进行比较。这种技术确实需要第二套扬声器,但它比仅使用一套扬声器和来回更改连接更方便。请记住,DSK 不包含用音频功率放大器驱动连接的负载。为了获得最佳效果,请使用放大了的扬声器(例如与 PC 一起使用的有源扬声器)或 DSK 附带的耳机。

---

① 您可能需要增加滤波器阶数才能真正听到滤波输出的差异。通过设置 $N=31$ 并使 $B$ 的所有值等于 $1/32=0.031\ 25$ 来尝试 31 阶的 MA 滤波器。

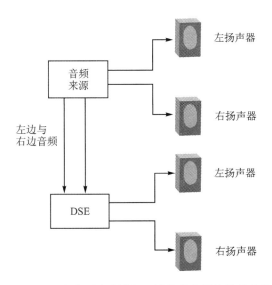

左扬声器

右扬声器

左扬声器

右扬声器

**图 3.14：一个收听未滤波与已滤波的音频信号的方法**

## 3.4.2　采用 C 语言的暴力 FIR 滤波：第二部分

第 3.4.1 小节介绍了 FIR 滤波的一种暴力(brute-force)方法。虽然这一实施过程简单易懂,但它存在两个主要问题:

① 常规地,FIR 滤波器使用比前一例子中讨论的 4 阶滤波器高得多的阶数。大多数滤波器还需要多个数值精度的数字才能准确指定 **B** 系数,这些事实使得 **B** 系数的手动输入非常不方便。

② 暴力 FIR 滤波部分(之前讨论过)涉及的 5 个实时步骤中的第 4 步在每次点积操作后将 $x$ 数组中的所有值右移一个元素。这种"手工"移位是对 DSK 计算资源的一种非常低效的使用。

这些问题将在后面的章节中讨论。

下面代码显示的数组 $B[N+1]$ 的声明仅代表初始化 30 阶 FIR 滤波器(显然不是简单的 MA 滤波器)所需的前 12 行代码,该滤波器是用 MATLAB 的 FDATool 设计的,然后从 MATLAB 的 FDATool 中导出(此设计工具的预览参见图 3.15)。FDATool 将在第 4 章中详细讨论。

```
    float B[N + 1] = {
2   { - 0.031913481327},    /* h[0] */
    {0.000000000000},       /* h[1] */
4   { - 0.026040505746},    /* h[2] */
    { - 0.000000000000},    /* h[3] */
6   { - 0.037325855883},    /* h[4] */
    {0.000000000000},       /* h[5] */
```

```
 8    {- 0.053114839831},    /* h[6] */
      {- 0.000000000000},    /* h[7] */
10    {- 0.076709627018},    /* h[8] */
      {0.000000000000},      /* h[9] */
12    {- 0.116853446730},    /* h[10] */
```

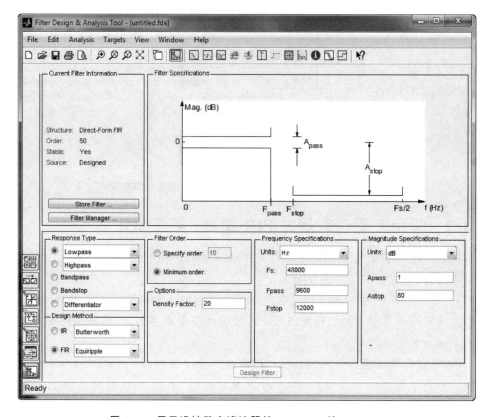

图 3.15：用于设计数字滤波器的 MATLAB 的 FDATool

您真的想手动输入所有这些系数值吗？那么对于 200 阶滤波器或者更高阶的滤波器呢？假设您有时间和倾向这样做,您真的相信您可以输入这些系数而不会出现打字错误吗？

如果您使用 MATLAB 设计 FIR 滤波器,这个问题的解决方案可能是将系数从MATLAB 窗口复制并粘贴到 C 程序编辑器屏幕[1]。一个更好的解决方案是使用单个 MATLAB 脚本文件创建用于 CCS 项目的一个 coeff. h 和一个 coeff. c 文件[2]。这

---

[1]　这里假设您已使用过诸如 firpm、FDATool 或 SPTool 之类的 MATLAB 工具来设计滤波器。使用MATLAB 中的帮助文件来探索这些命令,后面的章节将进一步讨论它们。

[2]　最近版本的 MATLAB 信号处理工具箱(Signal Processing Toolbox)图形用户界面 FDATool 通过"Targets→Generate C header"操作包含类似功能,但感觉这不像我们的技术那样容易理解其结果。

个脚本文件名为 FIR_DUMP2C.m，可以在本书软件的附录 E\MatlabExports 目录中找到。与此文件相关的 MATLAB 帮助如下所示：

```
>> help FIR_dump2c

function FIR_DUMP2C(filcname, varname, coeffs, FIR_length)

Dumps FIR filter coefficients to file in C language format in forward
order. Then "cd" to the desired directory PRIOR to execution.
This will provide for increased C code portability.
e.g., FIR_dump2c('coeff', 'B', filt1.tf.num, length(filt1.tf.num))
Arguments: filename    - File to write coefficients, no extension
           varname     - Name to be assigned to coefficient array
           coeffs      - Vector with FIR filter coefficients
           FIR_length  - Length of array desired
```

此帮助输出讨论了 MATLAB 的 cd 函数，该函数是使用 MATLAB 桌面工具栏中的当前目录（Current Directory）字段的替代方法。或者，您可以允许 M 文件 FIR_dump2c 在当前目录中创建两个文件（coeff.h 和 coeff.c），然后使用像 Windows 资源管理器之类的程序将文件移动到 CCS 项目。一旦这些文件位于 CCS 项目的目录中，您必须将文件添加到项目中。请注意，附录 A 包含一个简短的教程，可帮助您开始使用 CCS 的基础知识。除了将两个文件（coeff.h 和 coeff.c）添加到项目中之外，还有一行 C 语言代码

```
#include coeff.h
```

也必须被添加到 FIRmono_ISRs.c 或 FIRstereo_ISRs.c 文件中。一个 coeff.h 文件的例子如下：

清单 3.5：一个 coeff.h 文件的例子

```
1  /* coeff.h                              */
   /* FIR filter coefficients              */
3  /* exported by MATLAB using FIR_DUMP2C  */

5  #define N 30

7  extern float B[ ];
```

在 coeff.h 文件中，第 5 行用于定义滤波器阶数（而不是过滤长度！），第 7 行允许在另一个文件中定义 **B** 系数。在当前示例中，系数在 coeff.c 文件中定义。

一旦您熟悉了这些程序和一些 MATLAB 滤波器设计技术，就可以非常容易地设计、实现和运行 FIR 滤波器了。

**现在您理解了代码……**

运行此应用程序所需的文件位于第 3 章 ccs\FIRrevB 目录中。请继续,将所有文件复制到一个单独的目录中。在 CCS 中打开项目并"全部重建(Rebuild All)"。一旦构建完成,"加载程序(Load Program)"到 DSK 中并单击"运行(Run)"按钮。您的 FIR 过滤器现在正在 DSK 上运行。

## 3.4.3　环形缓冲 FIR 滤波

如前所述,在每次点积操作之后将 $x$ 数组中的所有值向右移动一个元素是对 DSK 的计算资源的非常低效的使用。需要执行此移位是基于物理内存是线性的假设。给定线性存储器,每个存储单元进行固有静态标记,这种对值的移位看起来是绝对需要的。

图 3.16 显示了滤波器 $x$ 输入的线性存储器模型。正如预期的那样,为了缓冲 $x$ 数组中的 $N+1$ 个元素,这里有标记为 $x[0],x[-1],\cdots,x[-N]$ 的存储单元。但这里还有一个 $x[-(N+1)]$,虽然此位置未声明过,但它在物理上确实存在,任何超出其声明边界去访问 $x$ 数组的尝试,将导致在任何后续计算中检索和使用到**其他不明内容**(something),这个索引错误的结果可能是灾难性的(例如运行时错误),或者是更细微的(例如,程序继续运行,但给出的结果不准确)。无论如何,必须不惜一切代价避免这种类型的索引错误。

| $x[0]$ | $x[-1]$ | $x[-2]$ | $x[-3]$ | $\cdots$ | $x[-N]$ | $x[-(N+1)]$ |
|---|---|---|---|---|---|---|

**图 3.16:带静态存储单元标记的线性存储器概念**

线性存储器范例的替代方案是将数组视为环形存储器(circular memory)。如图 3.17 所示,环形存储器概念将"超出"标记为 $x[-N]$ 存储单元的下一个存储单元折回到标记为 $x[0]$ 的存储单元。由于该环形存储器的目的是存储或缓冲 $x$,因此该概念通常被称为环形缓冲(circular buffering)。

如果不使用静态存储单元标记,则可以使用指针指向刚刚到达的最新样本 $x[0]$,并将其插入包含最旧样本 $x[-N]$ 的存储单元,该最旧样本不再需要,然后一个环形缓冲区就创建了。由于指针始终指向最近的样本值,因此不需要对 $x$ 值进行物理移位。随着指针前进,缓冲区中最旧的样本将被最新的样本替换,这个过程可以无限期地继续下去。将下一个样本插入缓冲区的结果如图 3.18 所示。

要想实现环形缓冲区,必须建立指向数组 xLeft 的指针。创建此指针所需的 C 语言代码如下所示:

```
1   float xLeft[N+1], * pLeft = xLeft;
```

环形缓冲 FIR 滤波器代码的其余部分如下所示,带有解释性注释。请注意,正确使用前置或后置的增量和减量命令(如代码中所示)对于获得正确的操作非常重要。

清单 3.6：使用一个环形缓冲区的 FIR 滤波器

```
 1   * pLeft = CodecDataIn.Channel[LEFT];      // store LEFT input value

 3   output = 0;                               // set up for LEFT channel
     p = pLeft;                                // save current sample pointer update
 5   if ( ++ pLeft > &xLeft[N])                // pointer,wrap if necessary and
         pLef = xLeft;                         // store
 7   for (i = 0; i <= N; i++) {                // do LEFT channel FIR
         output += ( * p--) * B[i];           // multiply and accumulate
 9       if (p < &xLeft[0])                    // check for pointer wrap around
             p = &xLeft[N];                    
11   }
     CodecDataOut.Channel[LEFT] = output;     // store filtered value
```

运行此应用程序所需的文件位于第 3 章的 ccs\FIRrevD 目录中[①]。请继续，将所有文件复制到一个单独的目录中，在 CCS 中打开项目并"全部重建（Rebuild All）"。一旦构建完成，"加载程序（Load Program）"到 DSK 中并单击"运行（Run）"按钮。您的 FIR 过滤器现在正在 DSK 上运行。

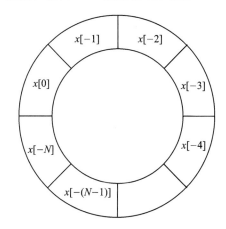

图 3.17：带静态存储单元标记的
环形缓冲区概念

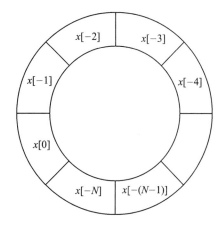

（滞后于图 3.17 一个采样时间）

图 3.18：带动态存储单元标记的环形缓冲区概念

# 3.5　后继挑战

考虑扩展您所学的知识：

① 更改与 FIRrevA 代码关联的 **B** 系数，并验证随着附加项添加到移动平均滤

---

① 我们没有提到第 3 章中 ccs\FIRrevC 目录下的代码，就当它是一个奖励。

波器,LP 滤波器的截止频率将降低(见图 3.12)。当您增加滤波器阶数时,不要忘记缩放每个滤波器系数,使它们的总和为 1(即 DC 响应等于 0 dB)。

② 实现 FIR 滤波器的方法有很多种。本章中的大多数例子仅仅使用直接 I 型(DF-I)技术,研究并实现其他形式,例如直接 II 型(DF-II)、直接 II 型转置、格子结构、二阶节(SOS),等等。

③ 通常,FIR 滤波器系数具有偶数或奇数对称性。开发一种利用这种对称性的算法,将降低对滤波器系数的存储要求。

④ 一些 FIR 滤波器,例如,以 $F_s/4$ 为中心对称的希尔伯特变换滤波器(带通滤波器),在滤波器系数中包含大量的零值。开发一种可利用如下事实优点的算法:不需要计算那些涉及乘以零的项。

⑤ 探索 MATLAB 中提供的一些 FIR 滤波器设计工具(例如 firpm、SPTool 和 FDATool)。通过键入 help signal 可以找到信号处理工具箱中包含的功能的完整列表。工具箱功能按类别分组。您正在寻找 FIR 滤波器设计标题(在最近的版本中,通过单击更高级别的标题"数字滤波器(Digital Filters)"来找到)。使用本书软件中的 FIR_dump2c 函数导出滤波器系数。使用 FIRrevB 代码实现您的设计。

⑥ 在下一个输入样本到达之前,DSK 可以完成的计算数量是有限制的。设计和实现一个越来越高阶的低通滤波器,使用 FIRrevB 代码(编译为"调试(DEBUG)"构建),直到滤波器的输出声音失真或完全听不到为止,这表明您不再满足您的实时计划的可能迹象中的其中两个。FIRrevD 代码(循环缓冲)是否能够在失败之前实现比 FIRrevB 代码(暴力)更高阶的滤波器?

⑦ 重复前面的挑战,但将代码编译为"发布(RELEASE)"构建。在实时计划失败之前,您应该能够使用更高的滤波器阶数,因为编译器使用了大量的优化。

# 3.6 问 题

1. 就极点和零点的 $z$ 平面图而言,FIR 滤波器稳定所需的条件是什么?

2. 一个 41 阶的 FIR 滤波器有多少滤波器系数?

3. 10 阶 FIR 滤波器的转移函数中有多少个极点和零点?

4. 只有 FIR 滤波器才能表现出真正的线性相位,但并非所有 FIR 滤波器都具有线性相位。FIR 滤波器具有线性相位响应的具体要求是什么?

5. "群延迟"一词的含义是什么?为什么它对于诸如通信信号的音频信号处理和相敏解调等应用特别重要?

6. 群延迟和相位响应之间有什么关系?

7. 当采样频率 $F_s = 48$ kHz 时,一个 20 阶线性相位 FIR 滤波器的群延迟(以秒为单位)是多少?

# 第 **4** 章

# IIR 数字滤波器

## 4.1 理 论

鉴于 FIR 滤波器的简单性和稳定性,您为什么要考虑使用 IIR 滤波器呢？这一问题多年来一直在 DSP 文献中的许多文章、论文和书籍章节中争论着。对于 FIR 和 IIR 问题的简短回答可以归结为两个要点:

① 有大量的模拟滤波器设计知识,如第 3 章所述,这些模拟滤波器本质上都是 IIR。有时我们应该利用这些丰富的设计信息。

② 为了满足某些滤波器设计规范,可能需要非常高阶的 FIR 滤波器。然而,我们通常可以实现能够满足这种滤波器规范的低阶(有时**更低阶**)IIR 滤波器。

离散时间 IIR 滤波器设计利用了数十年的模拟(连续时间)滤波器的设计发现和进步,并且提供了比等效执行 FIR 滤波器通常要求更低的复杂度(低阶)的实现。由于认识到 IIR 滤波器在某些实时 DSP 系统中起着至关重要的作用,因此我们在下面将简要介绍 IIR 数字滤波器是如何进行典型设计的。

在大多数情况下,模拟滤波器(analog filter)是创建数字(即离散时间)IIR 滤波器的基础。作为解释为什么模拟滤波器是 IIR 的一个例子,我们来研究一个简单的 RC 模拟滤波器。一阶模拟滤波器可以用一个电阻 $R$ 和电容 $C$ 构成。如果电路的输出被认为是电容器上的电压,那么就产生了一个低通(LP)滤波器。图 4.1 显示了该电路的原理图。同样地,如果输出被视为电阻上的电压,则电路实现高通(HP)滤波器。

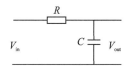

(配置输入和输出得到低通滤波器)

**图 4.1:连续时间(模拟)一阶 RC 滤波器的原理图**

使用分压和电容器的阻抗为 $Z_c = 1/SC$ 的事实,该一阶 RC LP 滤波器的转移函数是

$$H(S) = \frac{\dfrac{1}{SC}}{R + \dfrac{1}{SC}} = \frac{1}{SRC + 1} = \frac{\dfrac{1}{RC}}{S + \dfrac{1}{RC}}。$$

由于连续时间系统的冲激响应和转移函数是拉普拉斯(Laplace)变换对

$$h(t) \overset{\mathscr{L}}{\longleftrightarrow} H(S),$$

因此,该滤波器的冲激响应 $h(t)$ 可以通过对 $H(S)$ 进行拉普拉斯逆变换得到,即 $h(t)=\mathscr{L}^{-1}\{H(S)\}$,这导致

$$h(t) = \frac{1}{RC} e^{-\frac{t}{RC}} u(t),$$

其中 $u(t)$ 是单位阶跃函数。对于这个系统,当 $t$ 变得很大(即 $t \to \infty$)时,冲激响应 $h(t)$ 变得很小——但是 $h(t)$ 实际达到并保持为零仍然需要无限的时间。因此,这个一阶 LP 滤波器是 IIR 滤波器的一个例子,因为它的冲激响应持续了无限长的时间。这种行为的一个例子可以在图 4.2 中看到。在本例中,$RC$ 时间常数($\tau=RC$)为 1 ms;一个工程经验法则表明,在大约 5 个时间常数之后,系统已达到其最终或稳态值。注意在图 4.2 中,**显示** 5 ms 时的冲激响应值约为零。但图 4.3 在半对数图上绘制了相同的冲激响应,一直到 500 ms。从这个新图上我们可以清楚地看到,系统的冲激响应实际上**从未**达到并保持为零值,因此必须将其归类为 IIR 滤波器。我们急于说明,实际上讲,冲激响应在 5 个时间常数后很快就会衰减到足够低的值(通常低于我们测量设备的"噪声基底(noise floor)"),因此工程经验法则是有用的。

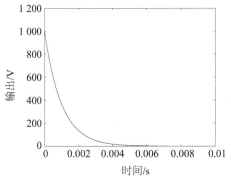

$(R=1\,000\ \Omega,C=1\ \mu F)$

**图 4.2:** 与图 4.1 中一阶模拟低通滤波器相关的冲激响应线性图

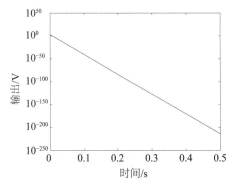

**图 4.3:** 图 4.2 中一阶模拟低通滤波器的冲激响应的半对数图

关于模拟滤波器讲了太多——这是一本 DSP 书！IIR 数字滤波器通常采用经过验证的模拟滤波器设计来进行改变后的创建,并使用下面列出的三种主要技术之一:

**冲激不变方法(impulse invariance method)**:这些方法基于这样一个理念,我们可以设计一个具有冲激响应 $h[n]$ 的离散时间滤波器,该冲激响应 $h[n]$ 是模拟(连续时间)滤波器的冲激响应 $h_c(t)$ 的缩放和采样版本[2]。使用这些技术,离散时间滤波器的冲激响应变成

$$h[n] = T_s h_c[nT_s]$$

其中 $T_s$ 是采样周期,$h_c[nT_s]$ 是与原始模拟滤波器相关的连续时间冲激响应的采样(即离散时间)版本。由于现实迫使我们只有一个有限的持续时间 $h[n]$,因此永远不能真正地对 $h_c(t)$ 的整个无限持续时间进行采样。

**双线性变换方法(bilinear transformation method)**:这些方法采用连续时间转移函数 $H_c(S)$,并用离散时间的独立变换变量 $z$ 替换其自变量 $S$,以产生离散时间转移函数 $H(z)$。这种转换可以使用变量替换来完成,即

$$S = \frac{2}{T_s}\left(\frac{1-z^{-1}}{1+z^{-1}}\right),$$

这样就得到了转移函数

$$H(z) = H_c\left(\frac{2}{T_s}\left(\frac{1-z^{-1}}{1+z^{-1}}\right)\right),$$

其中 $T_s$ 是采样周期,$H_c$ 是连续时间转移函数。注意,即使 $z$ 用作离散时间函数的变换变量,变量 $z$ 本身在整个 $z$ 平面上也是连续的。

**优化方法(optimization method)**:这些方法基于使用迭代数值技术来优化滤波器的性能,这些技术将(我们希望!)收敛到接近所述滤波器规范的设计。

在本书中,我们假设您正在使用 MATLAB® 中的 SPTool 或 FDATool 等软件工具的辅助来设计数字滤波器。软件使用前面提到的方法之一来达到 IIR 数字滤波器系数的事实可能或可能不是您感兴趣的。如果需要,请参阅理论性更强的 DSP 教材的相应章节,来了解有关滤波器设计的更多详细信息。

在工程设计中几乎总是这样,在某些领域表现良好的系统,在其他领域通常却表现不佳。对于 IIR 滤波器,我们特别关注两个问题:

● **稳定性**:由于一个 IIR 设计总是涉及反馈,因此系统可能变得不稳定。对于实时(有因果关系的)系统,我们可以通过将极点保持在单位圆内(极点的直径小于 1)来在数学上确保稳定性,正如在 $z$ 平面上绘制的那样。作为提醒,极点是分母多项式的根,零点是系统转移函数 $H(z)$ 的分子多项式的根。转移函数通常采用以下形式:

$$H(z) = \frac{Y(z)}{X(z)} = \frac{b_0 + b_1 z^{-1} + b_2 z^{-2} + b_3 z^{-3} + \cdots}{1 + a_1 z^{-1} + a_2 z^{-2} + a_3 z^{-3} + \cdots}。$$

● **相位响应**:对称(或反对称)FIR 滤波器显示了线性相位响应,而 IIR 滤波器

不(也不能!)显示真正的线性相位。不同的 IIR 滤波器设计技术可以得到对线性相位响应的不同程度的近似结果,但无法完全实现线性相位响应。根据应用的情况,具有线性相位(即恒定群延迟)可能对基于 DSP 滤波操作的正确使用至关重要。如果是,建议使用对称(或反对称)FIR 滤波器。

总之,IIR 滤波器可以利用已知的模拟滤波器设计,并以低于 FIR 滤波器的阶数满足陡峭的要求(尤其是幅度响应)。但是如果设计者不小心的话,IIR 滤波器会受到不稳定性的影响,而且它们的相位响应永远都不会是真正线性的。有时,IIR 滤波器正是您的 DSP 应用所需要的,所以让我们进一步探讨它们。

## 4.2　winDSK 演示:陷波滤波器应用

启动 winDSK8 应用程序,将出现主用户界面窗口。在继续之前,请先确保在 winDSK8 的"DSP 电路板(Board)"和"主机接口(Host Interface)"配置面板中为每个参数选择了正确的选项。winDSK8 陷波滤波器应用程序实现了二阶 IIR 滤波器。单击"陷波滤波器(Notch Filter)"工具按钮将在连接的 DSK 中运行程序,并将出现类似于图 4.4 的窗口。

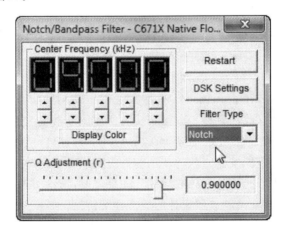

**图 4.4:** winDSK8 运行陷波滤波器(Notch Filter)应用($r = 0.9$)

在第 3 章中,我们减小了 Q 调节器(由滤波器转移函数中变量 $r$ 的值决定),直到它达到零。这将把滤波器的极点放在 $z$ 平面的原点,DSK 表现得好像正在运行一个 FIR 滤波器。在本部分,我们将增加 Q 调节器(通过增加 $|r|$),使极点远离原点并接近单位圆,此调整(通过陷波/带通滤波器(Notch/Bandpass Filter)窗口底部的滑块来控制)如图 4.4 所示。另请注意,在本演示中"滤波器类型(Filter Type)"被选择为"陷波(Notch)",而不是"带通(Bandpass)";陷波滤波器也可以称为带阻滤波器。随着陷波滤波器的极点接近单位圆(即 $|r| \rightarrow 1.0$),它们逐渐增加了陷波的"陡度"。但是,和所有 IIR 滤波器一样,稳定性是一个问题:如果 $r = 1.0$,那么极点在单位圆

上,滤波器将不稳定(即它往往会出现振荡)①。

为了向您展示移动极点对陷波滤波器幅度响应的影响,我们保持恒定的陷波频率而仅仅改变$|r|$。从理论上讲,在精确的陷波频率处存在无限量的衰减(实际上它是一个非常大但有限的衰减量,但是它太大了以至于我们可以将其视为无限衰减)。这解释了为什么适当调整(调谐)过的陷波滤波器可以为了所有的实际目的而完全消除干扰音。与$|r|$的四个不同设置相关的陷波滤波器的频率响应被重叠起来,如图 4.5 所示。

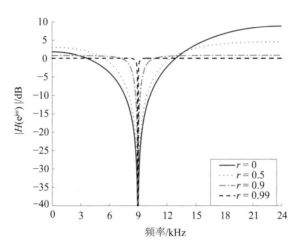

(陷波频率为 9 kHz,$r$ 值分别为 0、0.5、0.9 和 0.99)

**图 4.5:四个不同的陷波滤波器的频率响应**

通过对比图 4.5 中显示的频率响应,来说明将一个 IIR 滤波器的极点移动至接近于单位圆时的两种结果:

① 当$|r| \to 1.0$时,滤波器的最大增益(无缩放)接近于 1(0 dB)。对于$|r|$的任何值,通过包括一个必须乘以**所有**$b$系数的乘法比例因子,最大增益可能总是被**强制**为 1(0 dB),但我们希望避免这一额外的步骤。记住,如果 DSP 算法产生的输出值超过 DAC 的数值范围,那么它的过量增益可能会导致严重的问题。

② 当$|r| \to 1.0$时,滤波器的$Q$值(即陷波的陡度)急剧增加。同时,当极点接近单位圆时,具有显著非零值的滤波器的冲激响应部分的长度增加②,这表明滤波器需要更多的时间才能有效地达到稳态条件(这是正确的,没有免费的午餐!);并且,如前所述,如果我们允许$|r| = 1.0$(或更精确地说$|r| \geqslant 1.0$),那么滤波器将不稳定。

---

① 实际上,winDSK8 中的陷波滤波器应用是一种特殊情况,其单位圆上的极点(由设置$r = 1.0$决定)被在单位圆上完全相同位置的零点所抵消,因此不会产生振荡(假设系数量化没有"移动"极点或零点)。但是,如果极点移动到单位圆外,则滤波器将不稳定。

② 回想一下,虽然 FIR 滤波器的冲激响应等于滤波器系数,但对于 IIR 滤波器则不是这种情况。在该示例中,如果极点接近单位圆,则二阶 IIR 滤波器的非平凡冲激响应的值可能非常大。

要想听到陷波滤波器应用的效果,请按照我们在第 3 章中描述的类似方式为音乐信号添加正弦信号(音调),大多数支持计算机声卡的软件程序都会为您执行此求和。您将需要使用音频混频器程序控件进行实验,以准确确定特定系统的响应方式。大多数系统能够通过在计算机上播放声音文件或 CD,来将外部音频信号(例如来自便携式音乐播放器或函数发生器)与内部音频信号相加。在该示例中,一个音频信号(通常是外部源)是音调,而另一个是音乐。通过声卡的“线路输入”或“麦克风输入”连接器注入外部信号。然后,声卡的“线路输出”或“耳机输出”连接到 DSK 的信号输入。和以前一样,DSK 信号输出连接到一组有源扬声器。如果函数发生器不可用,则可以使用本书附带软件中目录 test_signals 下的某个音频测试音调(∗.wav),并使用第二个外部 CD 播放器播放它们或将文件传输到便携式音乐播放器。您还可以在 MATLAB 中轻松创建自己的音频测试音调,然后将它们保存为音频文件,并以相同的方式在外部 CD 或音乐播放器上播放(这一概念将在第 5 章中进一步讨论)。

当陷波滤波器的中心频率等于注入音调的频率时,您将听到音调声音从扬声器中消失。

# 4.3　MATLAB 实现

## 4.3.1　滤波器设计与分析

在 MATLAB 中设计滤波器后,离散时间差分方程通常以两个向量的形式给出:$B$(分子系数)和 $A$(分母系数)。在给定这两个向量后,MATLAB 可以使用几种不同的工具箱功能来快速分析和绘制滤波器的性能。要在 MATLAB 信号处理工具箱(Signal Processing Toolbox)中查找帮助,请键入 help signal,然后单击“数字滤波器(Digital Filters)”以查看有关该子主题的更多信息。与输入此命令和鼠标单击相关的结果的被编辑过的版本如下所示:

```
>> help signal

   Signal Processing Toolbox

      ...

   Filter analysis
      abs           - Magnitude
      angle         - Phase angle
      filternorm    - Compute the 2-norm or inf-norm of a digital filter
      freqz         - Z-transform frequency response
      fvtool        - Filter Visualization Tool
      grpdelay      - Group delay
      impz          - Discrete impulse response
      phasedelay    - Phase delay of a digital filter
```

| phasez | – Digital filter phase response (unwrapped) |
| stepz | – Digital filter step response |
| unwrap | – Unwrap phase angle |
| zerophase | – Zero-phase response of a real filter |
| zplane | – Discrete pole-zero plot |

这里特别感兴趣的是频率响应图、冲激响应图、极/零点图和群延迟图。

## 创建一张冲激响应图

与 FIR 滤波器不同，IIR 滤波器的滤波器系数**不是**构成系统冲激响应的独立项，而必须迭代计算 IIR 滤波器的冲激响应。MATLAB 命令 impz 可以大大简化此过程。例如，如果我们使用 butter 命令（对于巴特沃斯（Butterworth）滤波器）来设计滤波器并希望检查冲激响应，那么就需要使用类似于下面的代码来创建冲激响应图：

```
   [B, A] = butter (4, 0.25);
2  impz (B, A, 10, 48000);
```

在第 1 行中，我们设计了一个截止频率为 $0.25F_s/2$ 的 4 阶巴特沃斯低通滤波器。在第 2 行代码中，我们使用 impz 的 4 个参数变体来确定滤波器的冲激响应，其中 **B** 和 **A** 分别是分子和分母系数向量，10 是计算和绘制冲激响应所需的点数，48 000 是与滤波器一起使用的采样频率。由于我们包含了采样频率（第 4 个输入参数），因此结果图的水平轴将以时间为单位。如果我们省略了第 4 个参数（采样频率），则水平轴将以样本为单位（即样本数 $n$）。如果我们进一步省去第 3 个参数（要计算的点数），那么算法将为我们确定要评估和绘制的样本数。请试试看！

我们本来可以使用命令 SPTool(Signal Processing Tool，信号处理工具)而不是使用命令行来执行 butter 命令，SPTool 启动了一个图形用户界面（GUI），如图 4.6 所示，其中，它允许我们设计数字滤波器[1]。要想设计新的数字滤波器，请单击 SPTool GUI 中间栏中的"新建（New）"按钮，这将在 FDATool GUI 上产生结果，如图 4.7 所示，在这里我们显示已经使用该 GUI 设计好的巴特沃斯滤波器[2]。请注意，此工具默认以称为"二阶节"的形式设计此特定滤波器，这将在本章后面详细讨论。要想使用 impz 程序，我们需要使用 FDATool 来转换成单节（"编辑→转换为单节（Edit→Convert to Single Section）"），并将滤波器系数导出到工作区（"文件→导出（File→Export）"），然后调用 impz(Num, Den)，这里假设您保留了分子和分母系数向量的默认名称，而不是我们上面使用的 **B** 和 **A**[3]。使用这个版本的 impz 命令将产生如图 4.8(a)所示的图。

---

① 我们在此提供的使用特定 MATLAB 工具的描述可能在使用更高版本的 MATLAB 时需要进行修改，但整体技术应该类似。

② 请注意，您可以通过在 MATLAB 命令行输入 fdatool 直接调用 FDATool。

③ 您还可以导出二阶节，然后使用 sos2tf 或某个 MATLAB 中相关的转换命令。

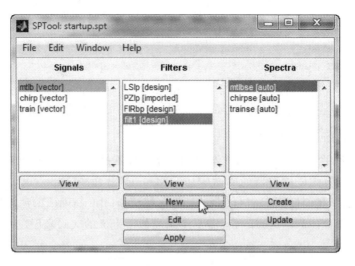

图 4.6：与 SPTool 相关的 GUI

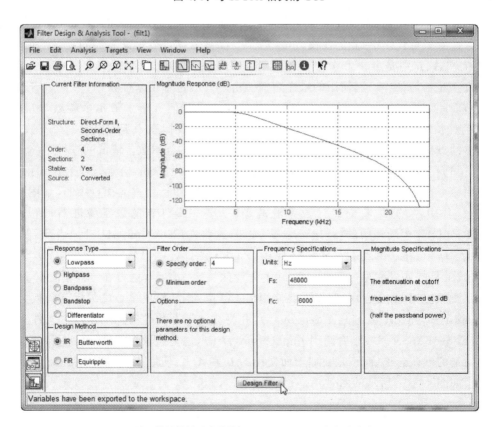

（显示巴特沃斯低通滤波器（Butterworth LPF）的幅度响应）

图 4.7：与 MATLAB 的 FDATool 相关的 GUI

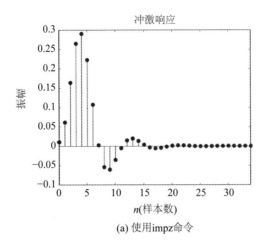

(a) 使用impz命令

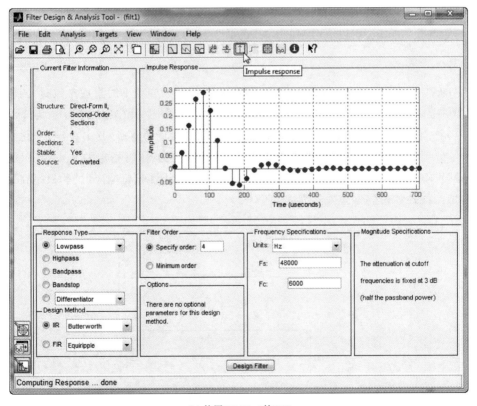

(b) 使用FDATool的GUI

（截止频率为 $0.25F_s/2$）

**图 4.8：与 4 阶巴特沃斯低通滤波器相关的冲激响应图**

虽然命令行使用诸如 impz 之类的工具仍然非常有用,但可以直接从 FDATool GUI 获得相同的信息。设计了过滤器之后,您可以使用"分析(Analysis)"下拉菜单或单击 GUI 顶部附近所需的工具按钮,如单击 FDATool 中的"冲激响应(Impulse response)"工具按钮,结果如图 4.8(b)所示,请比较图 4.8 中的两个图。以类似的一键式方式,FDATool 可以显示滤波器的幅度、相位、群延迟、相位延迟、阶跃响应、零极点图和其他有用信息的图。请探索这种多功能工具的各种功能。

我们将展示使用单个命令行工具的更多示例,但是如果您愿意,可以直接从 FDATool 完成类似的任务。命令行工具的优点包括对生成的图(字体大小、线条粗细等)进行更直接的控制,以及容易将各种操作合并到自己的 M 文件中[①]。因此,投入时间学习命令行工具是很好的花销。如果您希望对图进行更多的控制,但仍然使用 FDATool,则请使用"视图→滤波器可视化工具(View→Filter Visualization Tool)"来调用另一个 GUI,可以从中仅导出绘图。

### 创建一个频率响应图

绘制频率响应图可以使用 MATLAB 的命令 freqz 完成,下面是使用此命令的例子:

```
freqz (B, A);
```

所得的频率响应图如图 4.9 所示。在不向 freqz 指定采样频率的附加参数时,图中的频率轴显示为以 $\pi$ 为单位的归一化弧度频率,因此 $x$ 轴上最右边的值显示为 1 的地方是归一化弧度频率等于 $\pi$ 的位置,这相当于频率等于 $F_s/2$。其中,当归一化轴等于 $0.25$ 时 $f=0.25F_s/2$,这是我们在早些时候设计滤波器时指定的截止频率(滤波器幅度响应降低 3 dB)。请注意这个 IIR 滤波器的非线性相位响应(虽然只是在通带中,但与线性相位的偏差并不太大)。

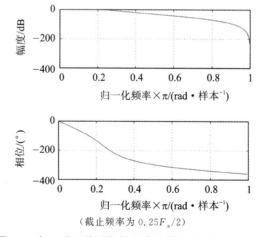

（截止频率为 $0.25F_s/2$）

**图 4.9:与 4 阶巴特沃斯低通滤波器相关的频率响应图**

---

① FDATool 是一个简单的 GUI 外壳,可为您调用这些完全相同的命令行工具。

### 创建一个极/零点图

在 $z$ 平面上绘制极点和零点的位置可以使用 MATLAB 的命令 zplane 来完成。下面是使用此命令的例子：

```
1  zplane (B, A);
```

得到的极/零点图如图 4.10 所示。在滤波器设计中，极点和零点的位置对于单位圆非常重要，设计者可能会非常依赖于诸如由 zplane 产生的绘图，但有些情况下这样的图可能会产生误导。MATLAB 命令 zplane 调用另一个名为 zplaneplot 的函数，该函数实际上创建了极/零点图，包括在 $z$ 平面上绘制单位圆，这也是 FDATool 创建极/零点图的方法。在我们讨论的这一点上，如果我们暂且从 IIR 滤波器设计中脱离出来而转向关于 zplaneplot 的简短讨论，那么可能对许多读者是有用的。

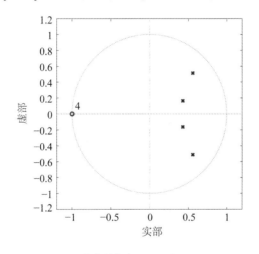

（截止频率为 $0.25F_s/2$）

**图 4.10：4 阶巴特沃斯低通滤波器的极/零点图**

zplaneplot 的原始版本仅仅使用了 70 个点来形成单位圆，由于 MATLAB 作图在很大程度上是在点之间绘制直线，因此会产生 69 边的多边形。如果您的极点和/或零点非常靠近单位圆，则这种绘制圆形或圆弧的"刻面的（faceted）"方法可能还不够。通过本文作者（或许可能是其他人）反馈给 MathWorks 公司之后，zplaneplot 的修改版本会测试极点和零点与单位圆有多接近，并在需要时使用多于 70 的点。此版本的 zplaneplot 最多可以使用 50 000 个点来构建单位圆，这看起来可能已经足够。不幸的是，后继直到 MATLAB 2010b 的所有版本，绘制极点和零点非常靠近单位圆的问题继续存在。对于 MATLAB 2011a 及更高版本，MathWorks 公司再次修改了 zplaneplot，解决了该问题。我们也注意到，从 MATLAB 2016a 来看，zplaneplot 在这方面已经更加完善。

为了让那些使用 2011a 版本之前的 MATLAB 读者受益，我们讨论了一个简单的修复方法。例如,假设特定滤波器设计的极点位置包括由 $0.998\ 446\ 047\ 456\ 247\pm$ j0.045 491 015 143 694 描述的共轭对,这显然非常接近单位圆,如果极点在单位圆上或之外,我们的滤波器设计将不稳定。我们可以手动计算幅度(例如使用 MATLAB 的 abs()命令),我们会发现结果是 0.999 481 836 823 364,所以滤波器应该是稳定的(忽略可能的系数量化问题,在本章后面讨论)。但大多数人只需看看极/零点图,放大看看极点是否在单位圆之外。该共轭极对的增强极/零点图如图 4.11 所示。特别地,要注意底部放大的绘图。"×"左边的虚线被认为是由 zplaneplot 例程绘制的单位圆,"×"右边的实线是更精确绘制的单位圆(正如我们自己的 ucf 例程绘制的那样),整个圆使用了 100 000 个点。在这种情况下,设计人员可能会被 zplaneplot 误导,认为稳定的过滤器是不稳定的。

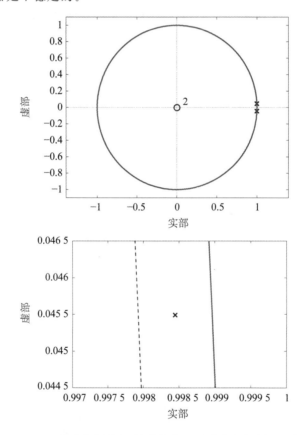

(上部分为整个图,下部分为对上面极点的放大图)

**图 4.11:极点在 0.998 446 047 456 247±j0.045 491 015 143 694 的极/零点图**

对这个问题有两个容易的解决方案:

- 推荐的方案:使用本书软件附带的 ucf 函数(在第 4 章的 matlab 目录中)来纠正此问题。总的来说,ucf 通过使用白线覆盖原始单位圆来擦除初始的单位圆,然后绘制更精确的单位圆(accurate unit circle)。名称 ucf 代表"单位圆修复器(unit circle fixer)",它可以被更新到您自己的规格,而不会引起任何 MATLAB 工具箱功能方面的问题。

● 不推荐的方案:编辑确定点数的 MATLAB 的 M 文件 zplaneplot。最初时,编辑的行在第 85～94 行范围内,查看您自己的版本以获取确切的行号。zplaneplot. m 部分的代码如下所示:

```
     closest = min(1 - [abs(z(:)); abs(p(:))]);
86   points = 1/2e8/closest;
     if points < 70
88       points = 70;
     elseif points > 50000
90       points = 50000;
     elseif isempty(points)
92       points = 70;
     end
94   theta = linspace(0, 2 * pi, points);
```

第 85 行确定极点和零点与单位圆有多近。第 86～93 行确定绘制单位圆需要多少个点数。第 94 行的 linspace 命令创建了一个 theta 变量,它由 0～$2\pi$ 之间均匀间隔的 points 个元素的值组成。将 points 的值更改为更大的整数(例如 100 000)会导致更多的点用于绘制单位圆,更多的点允许绘制的多边形更接近于一个圆。但是,**不推荐**使用这种方法,因为它修改了 MathWorks 公司提供给您的 MATLAB 工具箱的功能。修改这段代码和其他那些您花钱给其他人开发和维护的代码是一个坏主意,这至少有 4 个不同的原因:

① 如果您认为生产代码有错误,那么您应该提交一个正式的请求来纠正代码。这可能会让其他人从您的努力中获益。

② 如果您真的修改了 MATLAB 代码,则接收和安装工具箱的下一次更新将总是覆盖您创建的更新功能,并且您的所有修改都将丢失。

③ 在遥远的将来您还能记住曾经做过的事情的机会非常小,您需要在安装新版本的工具箱后重新发现整个单位圆的绘图问题。

④ 您可能会破坏工具箱的功能,使其不再起作用甚至更糟:您可能认为该功能正在运行,但它实际上返回了不准确的结果。

如果每次您不可避免地遇到别人的软件问题时都请记住这些想法,那么从长远来看,您的问题就会减少。现在我们回到 IIR 滤波器设计的讨论。

## 创建一个群延迟图

绘制群延迟图可以使用 MATLAB 的 grpdelay 命令来完成,下面是使用此命令的例子:

```
grpdelay(B,A);
```

结果图如图 4.12 所示。请注意,群延迟**不是**常数,这是由此滤波器的非线性相位响应所致。

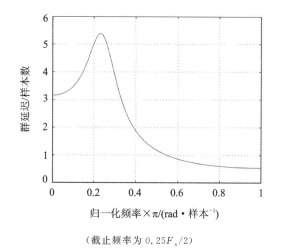

(截止频率为 $0.25 F_s/2$)

**图 4.12:与 4 阶巴特沃斯低通滤波器相关的群延迟图**

## 使用 FDATool 和 FVTool

正如我们已经暗示的那样,MATLAB 环境及其信号处理工具箱(Signal Processing Toolbox)为设计数字滤波器提供了更多工具。例如,您可以使用 MATLAB 的 FDATool,即滤波器设计和分析工具(Filter Design and Analysis Tool)来设计滤波器。如前面图 4.7 和图 4.8(b)所示,FDATool 中有几个软件按钮,允许您不仅可以指定和设计滤波器,还可以查看多个滤波器的分析图。从 FDATool 导出的滤波器系数正好是向量(默认情况下)。

最后,无论您如何设计滤波器,都可以使用 MATLAB 的 FVTool(Filter Visualization Tool,过滤器可视化工具)来分析滤波器,这可以通过使用 FDATool 的"视图(View)"下拉菜单或直接调用 FVTool 来操作:

```
1  fvtool(B,A);
```

如图 4.13 所示,FVTool 中有几个软件按钮,允许您查看许多滤波器的分析图,我们已经在图上用标签和箭头进行了注释。在该图中,选择了滤波器的群延迟(请将图 4.13 与图 4.12 进行比较)。

虽然是在 IIR 滤波器的背景下讨论了所有 MATLAB 的命令和工具,但它们都可以很容易地用于 FIR 滤波器,主要区别在于所有 FIR 滤波器的"向量(vector)"**A** 都等于标量值 1。

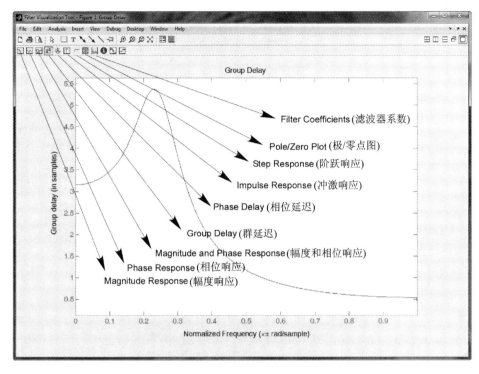

图 4.13：带注释的 FVTool 滤波器视图程序 GUI

## 4.3.2　IIR 滤波器标记法

IIR 滤波器比 FIR 滤波器更复杂，设计师在实现它们时必须做出各种选择。本章的其余部分将主要关注与 IIR 滤波器有关的实现问题。回想一下，与因果的 IIR 滤波器相关的广义差分方程（difference equation）是

$$\sum_{k=0}^{M} a[k] y[n-k] = \sum_{k=0}^{N} b[k] x[n-k]$$

或者以输出变量的形式为

$$a[0] y[n] = -\sum_{k=1}^{M} a[k] y[n-k] + \sum_{k=0}^{N} b[k] x[n-k] 。$$

$a[0]$ 项，即 $y[n]$ 的系数通常归一化为 1。实际上，MATLAB 在几乎所有的计算之前都对 $a[0]$ 系数进行了归一化，归一化的结果为

$$y[n] = -\sum_{k=1}^{M} a[k] y[n-k] + \sum_{k=0}^{N} b[k] x[n-k] ,$$

这里，其余的 $a[k]$ 和 $b[k]$ 的每一项均按 $a[0]$ 进行缩放。我们选择不重命名上述公式中归一化版本的系数，因为大多数 DSP 书籍都是以这种形式来描述 IIR 滤波器的差分方程的。

另一种方法是,可以将 IIR 滤波器的差分方程转换为 $z$ 域中的转移函数

$$H(z) = \frac{b_0 + b_1 z^{-1} + b_2 z^{-2} + \cdots + b_N z^{-N}}{1 + a_1 z^{-1} + a_2 z^{-2} + \cdots + a_M z^{-M}}。$$

如果我们使用像第 3 章那样类似的过滤器实现标记法,那么转移函数就变成了

$$H(z) = \frac{b[0] + b[1] z^{-1} + b[2] z^{-2} + \cdots + b[N] z^{-N}}{1 + a[1] z^{-1} + a[2] z^{-2} + \cdots + a[M] z^{-M}}。$$

注意,$a$ 的项数($M+1$)与 $b$ 的项数($N+1$)通常不相等,这就是为什么在转移函数多项式中用 $M$ 表示分母的阶数,用 $N$ 表示分子的阶数。

要想计算 $y[0]$(IIR 滤波器的当前输出值),我们必须执行两个操作:

① 计算 $\boldsymbol{B} \cdot \boldsymbol{x}$ 点积,这里 $\boldsymbol{B} = (b[0], b[1], \cdots, b[N])$,$\boldsymbol{x} = (x[0], x[-1], \cdots, x[-N])$(输入信号的当前值与过去值)。

② 计算 $\boldsymbol{A} \cdot \boldsymbol{y}$ 点积,这里 $\boldsymbol{A} = (a[0], a[1], \cdots, a[N])$,$\boldsymbol{y} = \{y[0], y[-1], \cdots, y[-N]\}$(输出信号的当前值与过去值)。

特别地,

$$y[0] = -a[1]y[-1] - a[2]y[-2] - \cdots - a[M]y[-M] +$$
$$b[0]x[0] + b[1]x[-1] + \cdots + b[N]x[-N]。$$

请注意,$\boldsymbol{A} \cdot \boldsymbol{y}$ 项实际上只是部分点积,因为不需要 $a[0]y[0]$ 项,也因此未被计算。

### 4.3.3　框　图

通常,工程师使用框图(block diagram)来帮助理解有关实现的问题和信号流。与实现此 IIR 滤波器相关的标准框图形式之一如图 4.14 所示。包含 $z^{-1}$ 的块是延

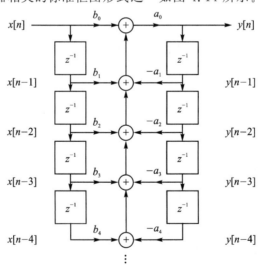

($a_0$ 通常归一化为 $1.0$)

图 4.14:与 IIR 滤波器的 DF-I 实现相关的框图

迟模块,其将一个采样周期的输入存储到块中。延迟模块可以被认为是同步移位寄存器,其时钟与 ADC 和 DAC 的采样时钟相关联,但通常只是被 DSP 的 CPU 访问的存储单元。这种形式称为直接Ⅰ型(direct form Ⅰ,DF－Ⅰ),是标准差分方程最直接的实现。或者,可以使用单个求和节点来更精确地将差分方程实现为单个方程,这可以在图 4.15 中看到。

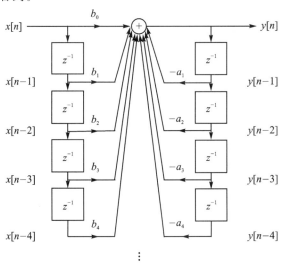

(系数 $a_0$ 未显示(假定为 1.0))

**图 4.15:与 IIR 滤波器的 DF－Ⅰ 实现相关的框图(使用一个求和节点)**

另一种变体如图 4.16 所示,它被称为直接Ⅱ型(direct form Ⅱ,DF－Ⅱ),并通过反转前馈和反馈项的顺序以及组合延迟元件来实现。该形式仅需要 DF－Ⅰ 一半的存储器元件,因此将是更有效的实现。图 4.16 所示的直接Ⅱ型(DF－Ⅱ)的微小变动版本称为直接Ⅱ型转置(direct form II transpose,DF－Ⅱt),如图 4.17 所示。转置版本源于线性信号流图的理论,提供完全相同的输出,但通常可以使用更少的加法操作,因此比直接Ⅱ型(DF－Ⅱ)版本稍微有效些。在 MATLAB 中,如果您键入 help filter,将看到默认情况下过滤器功能实现了直接Ⅱ型转置(DF－Ⅱt)版本。

图 4.18 称为两个二阶节(SOS)的级联,其中每个 SOS 都实现为 DF－Ⅱ。二阶节也被一些作者称为"双二次(biquads)"或"双二次节(biquadratic sections)"。高阶滤波器可以拆分为多个一阶或二阶的项,然后可以将它们相乘(级联)在一起。二阶项优于高阶项,因为实系数可用于精确描述复共轭对的位置,这个经常被遗忘的事实来自代数的基本定理。与其他实现相比,使用级联 SOS 的系数量化效应的问题更少。MATLAB 确实为各种实现提供了各种各样的用于转换的 M 文件,特别感兴趣的是 tf2sos(转移函数到二阶节)和 zp2sos(零极点到二阶节)。可以使用 help signal 找到 MATLAB 的转换例程的完整列表;单击 Linear Systems 标题,可以查看在 Linear systems transformations 下列出的功能。

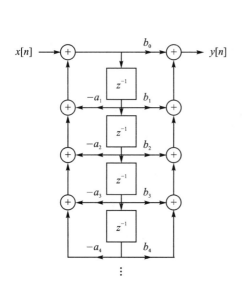

（系数 $a_0$ 未显示(假定为 1.0)）

**图 4.16：与 IIR 滤波器的 DF - II 实现相关的框图**

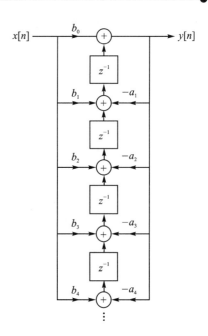

（系数 $a_0$ 未显示(假定为 1.0)）

**图 4.17：与 IIR 滤波器的 DF - II 转置实现相关的框图**

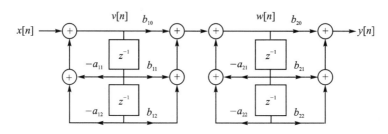

（显示了两个 SOS,每一个都是 DF - II 型）

**图 4.18：与 IIR 滤波器的二阶节(SOS)实现相关的框图**

　　我们将要提到的最后的框图是并行形式的,如图 4.19 所示。我们在这个图中只显示了一阶分子($b$)项,因为这通常是并行分解完成后的结果。MATLAB 的信号处理工具箱目前没有可转换为并行形式的 M 文件,我们已经编写了这样一个 M 文件,并将其包含在第 4 章的 matlab 目录中。遵照 MATLAB 的命名约定,我们的 M 文件命名为 filt2par,这个 M 文件将滤波器系数的分子和分母向量转换为并行形式。

　　总共有几十个实现框图,我们在这里只选择了一些最常见的形式进行讨论。每种形式都有优点和缺点,我们不会详述这个主题;但是,将使用一个设计实例来帮助解释其中的一些问题。与此例子相关的 MATLAB 代码也可以在第 4 章的 matlab

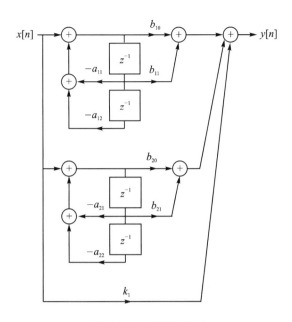

（系数 $k_1$ 是总体增益因子）

**图 4.19：与 IIR 滤波器并行实现相关的框图**

目录中找到。M 文件名为 ellipticExample，顾名思义，它设计并实现了一个椭圆滤波器。ellipticExample 的 M 文件将生成与 DF-Ⅰ/DF-Ⅱ、SOS 和并行实现相关的滤波器系数、极/零点图和频率响应。如果使用单精度的 DF-Ⅰ 或 DF-Ⅱ 技术来实现，则细心选择的该 4 阶滤波器会使滤波器变得不稳定。IIR 滤波器中的不稳定性通常由有限精度算术（即系数量化）的结果引起，使得极点移动到单位圆之外。这可以在图 4.20 中看到，其中较小的圆圈（零点）和对应的×值（极点）代表滤波器的零点和极点的正确位置，较大的圆和对应的×值是当使用直接形式算术时的零点和极点的结束位置，系数被表示为 16 位定点整数。因为较大的×极点之一在单位圆之外，如果滤波器实现为直接Ⅰ型或直接Ⅱ型，并使用 16 位来表示每个系数，则该滤波器将是不稳定的。任何在 MATLAB 或实时代码中实现这种滤波器的尝试都会产生不符合要求的结果，只需更改为 SOS 实现即可解决此问题。当然，单位圆外的**零点**不会以任何方式影响稳定性。

本书的软件包含一个有用的基于 MATLAB 的工具，可帮助评估与 DF-Ⅰ、DF-Ⅱ 和 SOS 相关的实现效果。该工具是一组 MATLAB 的 M 文件，可通过 qfilt 的 GUI 来控制这些文件，如图 4.21 所示。该 GUI 不仅用于评估有限精度的算术效果，还用于在 TI 的 TMS320C31 DSK 上实现量化系数 FIR 或 IIR 滤波器。没有连接到主机 PC 的 C31 DSK 只会阻止您加载和运行 DSK 上显示的滤波器，而您将能够使用该程序的所有其他功能。在我们推出 qfilt 程序多年后，MathWorks 公司发布了许多工具和工具箱（例如，当与固定点工具箱（Fixed Point Toolbox）一起使用

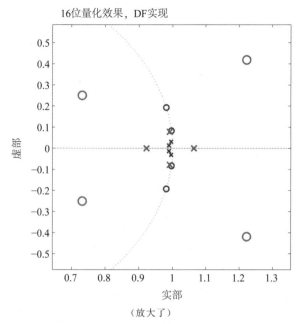

（放大了）

**图 4.20：与用直接形式技术实现的 4 阶椭圆滤波器相关的极/零点图**

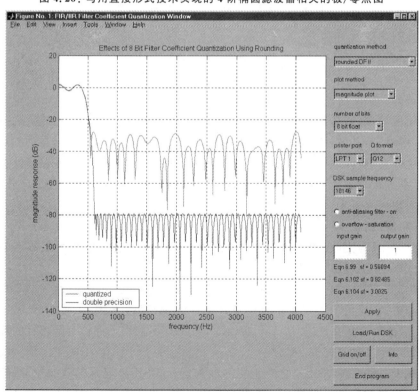

**图 4.21：评估低通滤波器性能的 qfilt GUI**

时,信号处理工具箱中的 FDATool)来处理相同的有限精度效果。他们还引入了一系列工具箱和块集,允许您在选择的 TI 硬件目标上通过 CCS 在 Simulink 中运行一部分工作。您可能希望自己从 MathWorks 公司去研究这些最新的工具。

您可能会实现不稳定的滤波器,它可能听起来类似于音频反馈(使麦克风太靠近扬声器)。但大多数的时候听起来好像没有插入扬声器,因为 DSP 算法的输出迅速增长以至于达到数字不能再在 DSP 硬件中表示的程度。使用 CCS 监视窗口来解决此错误和其他逻辑编程错误可能是一种非常高效的技术。虽然 MATLAB 允许,但评估和绘制不稳定系统的频率响应是没有意义的,因为 freqz 命令所基于的 DFT 操作并未针对不稳定系统进行定义。

如果您运行 ellipticExample 的 M 文件,那么滤波器系数将在 MATLAB 工作区中被提供,生成的转移函数(四舍五入过)如下所示:

$$H_{DF}(z) = \frac{0.000\,996 - 0.003\,9z^{-1} + 0.005\,9z^{-2} - 0.003\,9z^{-3} + 0.000\,996z^{-4}}{1 - 3.97z^{-1} + 5.909z^{-2} - 3.911z^{-3} + 0.971z^{-4}}$$

$$H_{SOS}(z) = \frac{0.001\,01 - 0.001\,95z^{-1} + 0.001\,01z^{-2}}{1 - 1.99z^{-1} + z^{-2}} \cdot \frac{1 - 1.98z^{-1} + 0.978z^{-2}}{1 - 1.99z^{-1} + 0.992z^{-2}}$$

$$H_{parallel}(z) = \frac{-0.003\,85 + 0.003\,60z^{-1}}{1 - 1.99z^{-1} + 0.992z^{-2}} + \frac{0.003\,82 - 0.003\,48z^{-1}}{1 - 1.98z^{-1} + 0.978z^{-2}}$$

在图 4.22～图 4.25 中,我们分别带滤波器系数显示了 DF - I、DF - II、SOS 和并行实现的框图。为了显示紧凑些,图中的系数值也四舍五入到三位有效数字。在每个图中实现了相同的滤波器,但是每一种实现又具有其自身的优点和缺点。

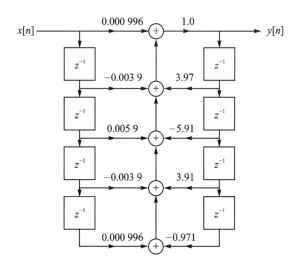

图 4.22:4 阶椭圆滤波器的直接 I 型(DF - I)实现框图

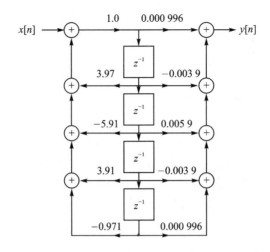

图 4.23:4 阶椭圆滤波器的直接 II 型(DF - II)实现框图

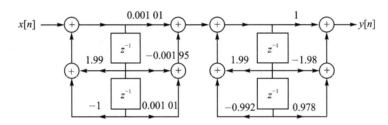

图 4.24:4 阶椭圆滤波器的二阶节(SOS)实现框图

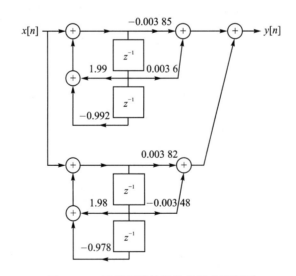

图 4.25:4 阶椭圆滤波器的并行实现框图

## 4.3.4 内置方法

如第 3 章所述，MATLAB 有一个内置函数 filter.m，可以用来实现 FIR 滤波器（只使用分子（$B$）系数，并设置 $A=1$）和 IIR 滤波器（同时使用分子（$B$）和分母（$A$）系数）。下面显示与 filter 命令相关联的联机帮助的前几行：

```
>> help filter
```

```
FILTER One-dimensional digital filter.
    Y = FILTER(B,A,X) filters the data in vector X with the
    filter described by vectors A and B to create the filtered
    data Y. The filter is a "Direct Form II Transposed"
    implementation of the standard difference equation：
```

$$a(1) * y(n) = b(1) * x(n) + b(2) * x(n-1) + \ldots + b(nb+1) * x(n-nb)$$
$$- a(2) * y(n-1) - \ldots - a(na+1) * y(n-na)$$

这个函数对于快速实现滤波器而言非常有用，它只需要您进行最少量的编程。

## 4.3.5 创建您自己的滤波器算法

在下一个 MATLAB 例子中，我们尝试实现一个一阶 IIR 陷波滤波器（这与 winDSK8 中实现的陷波滤波器**不同**），我们希望滤波器的零点在 $z=1$ 处时，极点在 $z=0.9$ 处。与此极/零点图相关的转移函数是

$$H(z) = \frac{1-z^{-1}}{1-0.9z^{-1}}$$

以及差分方程为

$$y[n] = 0.9y[n-1] + x[n] - x[n-1]。$$

我们将使用单位冲激作为系统的输入。如果我们计算无限数量的输出项，那么我们将确定系统的冲激响应。从差分方程中手动计算一些项有助于理解这个过程：

① 将列按下面所示标记：

$$n \quad y[n] \quad y[n-1] \quad x[n] \quad x[n-1]$$

② 填入 $n=0$ 时的行信息：

| $n$ | $y[n]$ | $y[n-1]$ | $x[n]$ | $x[n-1]$ |
|---|---|---|---|---|
| 0 | | 0 | 1 | 0 |

③ 计算 $y[0]$ 项：

| $n$ | $y[n]$ | $y[n-1]$ | $x[n]$ | $x[n-1]$ |
|---|---|---|---|---|
| 0 | 1 | 0 | 1 | 0 |

④ 填入 $n=1$ 时的行信息。注意，存储值"向下向右"流动：

| $n$ | $y[n]$ | $y[n-1]$ | $x[n]$ | $x[n-1]$ |
|-----|--------|----------|--------|----------|
| 0 | 1 | 0 | 1 | 0 |
| 1 | 1 | 1 | 0 | 1 |

⑤ 计算 $y[1]$ 项：

| $n$ | $y[n]$ | $y[n-1]$ | $x[n]$ | $x[n-1]$ |
|-----|--------|----------|--------|----------|
| 0 | 1 | 0 | 1 | 0 |
| 1 | $-0.1$ | 1 | 0 | 1 |

⑥ 继续此过程,直到您计算出所需的所有项。

下面列出的 MATLAB 代码仅计算 $y[1]$ 项。此代码更紧密地实现了实时过程所需的算法。虽然仅仅只计算一个项似乎很奇怪,但您必须记住,这**恰好**是"逐个样本(sample-by-sample)"处理的工作原理。

清单 4.1:简单的 MATLAB IIR 滤波器例子

```
1    % begin simulation

3    % Simulation inputs
     x = [0   1];              % input vector x = x[0]  x[-1]
5    y = [1   1];              % output vector y = y[0]  y[-1]
     B = [1   -1];             % numerator coefficients
7    A = [1   -0.9];           % denominator coefficients

9    % Calculated terms
     y(1) = -A(2) * y(2) + B(1) * x(1) + B(2) * x(2);
11   x(2) = x(1);              % shift x[0] into x[-1]
     y(2) = y(1);              % shift y[0] into y[-1]
13
     % Simulation outputs
15   x                         % notice that x(1) = x(2)
     y                         % notice that y(1) = y(2)
17
     % end simulation
```

与手动计算一样,您应该发现输出值为 $-0.1$。总之,输入(接收)ISR 为该算法提供了一个新的样本,该算法计算出新的输出值,并为下一个样本的到达做准备,最后,该算法将新的输出值提供给输出(发送)ISR,以便将其转换回模拟值。请注意,对于低阶滤波器,输出值的实际计算可能是一**行**代码!

# 4.4 使用 C 语言的 DSK 实现

## 4.4.1 暴力 FIR 滤波

这个版本的 IIR 的实现代码与上一个 MATLAB 的例子类似,采用了暴力方法。这种方法的目的是可理解性,是以牺牲效率为代价的。

运行此应用程序所需的文件在第 4 章的 ccs\IIRrevA 目录中。感兴趣的主要文件是 IIR_mono_ISRs. c 中断服务例程,此文件包含必要的变量声明并执行实际的 IIR 滤波操作。为了允许使用立体声编解码器(例如 OMAP - L138 电路板和 C6713 DSK 上的本机编解码器),该程序可以轻松实现独立的左右通道滤波器(请参见第 3 章查看 FIRmono_ISRs. c 和 FIRstereo_ISRs. c 之间的区别)。但是,为了清晰起见,下面只讨论左通道的单声道版本。在下面所示的代码中,$N$ 是滤波器阶数,$B$ 数组包含滤波器的分子系数,$A$ 数组包含滤波器的分母系数,$x$ 数组包含当前输入值 $x[0]$ 和 $x$ 的过去值(即该滤波器的 $x[-1]$),$y$ 数组包含该滤波器的当前输出值 $y[0]$ 和 $y$ 的过去值(即该滤波器的 $y[-1]$)。

清单 4.2:暴力 IIR 滤波器声明

```
   #define N 1                          // filter order
2
   float B[N+1] = {1.0, -1.0};         // numerator filter coefficients
4  float A[N+1] = {1.0, -0.9};         // denominator filter coefficients
   float x[N +1];                       // input values
6  float y[N +1];                       // output values
```

下面显示的代码执行实际的滤波操作,操作中涉及的四个主要步骤将在代码清单的后面讨论。

清单 4.3:用于实时的暴力 IIR 滤波

```
   /* I added my routine here */
2  x[0] = CodecDataIn. Channel [LEFT]; // current input value

4  y[0] = -A[1] * y[1] + B[0] * x[0] + B[1] x[1]; // calc. the output

6  x[1] = x[0];        // setup for the next input
   y[1] = y[0];        // setup for the next input
8
   CodecDataOut. Channel [LEFT] = y[0]; // output the result
10 /* end of my routine */
```

### 暴力 IIR 滤波涉及的四个实时步骤

清单 4.3 解释如下：

① (第 2 行)：该代码从接收 ISR 接收下一个样本,并将其指定给当前的输入数组元素 $x[0]$。

②(第 4 行)：该代码计算差分方程输出的单个值 $y[0]$。

③(第 6~7 行)：这两行代码将 **x** 和 **y** 数组中的值向右移动一个元素。其等效操作是

$$x[0] \rightarrow x[1]$$
$$y[0] \rightarrow y[1]。$$

向右移位完成后,下一个到来的输入样本 $x[0]$ 可以写入 $x[0]$ 存储单元而不会丢失信息。

④ (第 9 行)：这行代码通过将滤波操作结果 $y[0]$ 传送到 CodecDataOut. Channel [LEFT] 变量,以便通过传输 ISR 传送到编解码器的 DAC 端来完成滤波操作。

### 现在您理解了代码……

请继续,将所有文件复制到一个单独的目录中。在 CCS 中打开项目并"全部重建(Rebuild All)",构建完成后,"加载程序(Load Program)"到 DSK 中并单击"运行(Run)"按钮。IIR HP 滤波器(实际上是一个直流阻塞滤波器)现在正在 DSK 上运行。请记住,此程序通常用于音频滤波,因此体验滤波器效果的一个好方法是同时收听未滤波和已滤波的音乐[①]。

## 4. 4. 2　更高效的 IIR 滤波

使处理器物理地移动 **x** 和 **y** 值的位置,为下一个样本腾出空间(上面代码的第 6 行和第 7 行),这是非常低效的。对于上面的特定例子,它具有如此低的滤波器阶数,这样做不需要花费太多时间。但对于高阶滤波器来说,这是个坏主意。回看第 3.4.3 小节,回顾一下如何为 FIR 滤波器去实现循环缓冲区的思想;还是那个同样的思想,使用相同的指针技术,可以应用于 IIR 滤波器。这里不直接向您给出代码,而是作为下面的后继挑战之一,留待自己去实现。

## 4. 5　后继挑战

考虑扩展您所学的知识：

① 我们只讨论了 IIR 滤波的暴力方法。与第 3 章讨论类似,研究并实现与 MATLAB 导出的系数文件(coeff. c 和 coeff. h)一起使用的代码版本。将您的解决

---

① 您可能需要将 $A[1]$ 的值从 $-0.9$ 调整为 $-0.7$ 甚至 $-0.5$,才能很好地听到效果。

方案放在名为 IIRrevB 的目录中，并使用本书软件中的 IIR_dump2c 函数导出该程序的滤波器系数。

② 有几十种不同的方法来实现 IIR 滤波器。本章中的大多数例子仅使用了直接 I 型（DF - I）技术，请研究并实现其他形式的滤波器，如 DF - II、DF - II 转置、格子结构、平行形式和二阶节等。

③ 探索 MATLAB 中提供的 IIR 滤波器的设计工具（例如 butter、cheby1、cheby2、SPTool 和 FDATool）。通过输入 help signal 可以找到信号处理工具箱中包含的函数功能的完整列表。工具箱函数按类别分组，您正在查找的是 IIR 滤波器设计（IIR filter design）标题。使用本书软件中的 IIR_dump2c 函数导出滤波系数，使用前面第一个挑战中创建的 IIRrevB 代码实现您的设计。

④ 创建一个使用循环缓冲区的 IIR 滤波器例程。您可能希望回顾在第 3 章中与 FIRrevD 代码相关的讨论（参见第 3.4.3 小节）。

# 4.6　问　题

1. 就极点和零点的 $z$ 平面图而言，IIR 滤波器稳定所需的条件是什么？

2. IIR 滤波器能否呈现真正的线性相位？为什么能或者为什么不能？

3. 一些传统的模拟滤波器设计通常适用于数字滤波器，包括 Butterworth、Chebychev、Elliptic 和 Bessel。从相位线性度、给定滤波器阶数的截止锐度和通带中的纹波方面比较这四个滤波器。

4. 在使用 16 位定点处理器实现 IIR 滤波器时，与使用浮点处理器相比，设计人员需要密切关注什么？

5. 关于滤波器系数量化（主要是由于使用定点处理器），对 IIR 滤波器响应的一般影响是什么？

6. 关于滤波器系数量化（主要是由于使用定点处理器），哪种实现通常最好：直接 I 型、直接 II 型或级联二阶节？并解释原因。

# 第 **5** 章

# 周期信号的生成

## 5.1 理　论

许多有趣和有用的信号都可以用 DSP 来生成,一些 DSP 生成信号的应用包括但不限于:

- **报警信号**:如不同的电话铃声、蜂鸣器消息警报、呼叫等待音和应急警报系统,这是应急广播系统音的替代品;
- **系统信令**:如电话拨号音(DTMF)和来电显示(caller ID)音;
- **振荡器**:如正弦波和/或余弦波,通常用于产生各种通信信号;
- **伪噪声**:如用于扩频方法(如卫星通信、Wi-Fi 等)和其他用途的特殊信号。

为了保持本章的合理长度,我们只讨论周期信号的生成。我们首先回顾周期信号如何表示为离散时间信号,然后过渡到如何通过 DSP 来生成此类信号。伪噪声(PN)序列是一类特殊的周期信号,用于许多目的,但由于它们是如此不同,因此在本章末尾的单独章节中对它们进行了介绍。

### 5.1.1 DSP 中的周期信号

周期信号有一个基本时间段,通常称为周期。在这个周期内,整个信号被定义,随后的每个周期信号都会重复。对于连续时间信号,基本周期 $T_0$ 是完全定义信号所需的最少时间,我们将看到相关的基频是 $f_0 = 1/T_0$。周期信号可以包含多个频率,但只能包含一个基频。最简单的周期信号是正弦信号,因为它只包含一个频率。以正弦波为例,基本周期的概念意味着正弦必须满足方程

$$\sin(2\pi f_0 t + \phi) = \sin(2\pi f_0 t + 2\pi f_0 T_0 + \phi) = \sin(2\pi f_0 (t + T_0) + \phi),$$

这里是正弦的频率(Hz),$t$ 是时间(s)变量,$\phi$ 是一些随机相位(rad),$T_0$ 是周期[①]。由于 $T_0$ 是 $2\pi$ 弧度的一个完整周期,所以 $2\pi f_0 T_0 \equiv 2\pi$。

这意味着,正如我们前面提到的,$f_0 = 1/T_0$。请注意,$T_0$ 必须是正数和实数。虽然这似乎是一个微不足道的讨论,但是在从连续时间变为离散时间的表示时,它被

---

① 如果您更喜欢使用角频率,那么简单地用 $\omega_0$ 代替 $2\pi f_0$ 即可。

证明是有用的。

对于我们的正弦波的离散时间版本,我们每隔 $T_s$ 秒采样一次(回忆一下 $T_s = 1/F_s$),因此我们用 $nT_s$ 替换变量 $t$,其中 $n = 0,1,2,\cdots$ 指无论获得多少样本数。离散时间信号的周期 $N$ 将以**样本数**为单位来表示,在正弦波的情况下,例子必须满足方程

$$\sin\left[2\pi f_0 n T_s + \phi\right] = \sin\left[2\pi \frac{f_0}{F_s} n + \phi\right]$$

$$= \sin\left[2\pi \frac{f_0}{F_s} n + 2\pi \frac{f_0}{F_s} N + \phi\right]$$

$$= \sin\left[2\pi \frac{f_0}{F_s}(n + N) + \phi\right],$$

其中,值 $2\pi(f_0/F_s)$ 是归一化离散角频率(弧度/样本)。如果离散时间信号是周期性的,那么对于某些整数 $N$,样本 $n$ 的值必须等于样本 $n + N$ 的值,这意味着 $2\pi(f_0/F_s)N \equiv 2\pi k$,其中 $k$ 是另一个任意整数。重新排列此方程会得到

$$\frac{N}{k} = \frac{F_s}{f_0}。$$

既然 $N$ 和 $k$ 都必须是整数,那么 $F_s/f_0$ 的比率也必须是有理的,这样,离散时间信号才是周期性的。在这种情况下,$k$ 表示由周期性离散时间信号的 $N$ 个样本跨越的连续时间信号的周期数。如果 $N$ 和 $k$ 没有整数值来求解等式 $N/k = F_s/f_0$,那么信号的采样版本就不是周期性的。采样过程的这一结果就是许多连续时间信号虽然是周期性的,但却**不会**产生周期性离散时间信号的原因。

定义离散时间信号的信息不必是唯一的,我们可以从任何一点开始定义一个信号周期。为了帮助理解这个概念,图 5.1 显示了连续时间和离散时间 1 kHz 正弦信号的部分。图(a)部分显示了连续时间正弦信号,其中水平轴(时间轴)标记在图的顶部。另外,还示出了周期($T = 1$ ms)。要想计算此信号的采样的、离散时间版本的周期,我们必须求解

$$\frac{N}{k} = \frac{F_s}{f_0} = \frac{48\,000}{1\,000}。$$

很明显,解是 $N = 48$ 和 $k = 1$。图(b)部分显示了前 48 个样本(即 $n = 0,1,2,\cdots,47$),它们是从 $t = 0$ 开始的 1 kHz 正弦信号($F_s = 48$ kHz)的离散时间(采样的)版本。非常重要的是要认识到图(b)部分中 $n = 47$ 的最后一个样本值**不**等于 $n = 0$ 的值。相反,**下一个样本**(当 $n = 48$ 时)值等于 $n = 0$ 时的值。如果提供了完整的离散时间周期,则可以通过复制所选时间段中的信息来产生"连续的"信号。这一概念在图(c)部分进行说明,这里复制了 48 个连续样本,并将其连在一起形成两个完整周期。重复这个串联过程将允许您生成任意长度的信号版本。图(d)~(f)部分是相同信号的例子,其中信号是通过分别在 $n = 20$、30 和 40 个样本处开启采样过程来定义的,同时提

供了下一个 $N = 48$ 的信号样本。

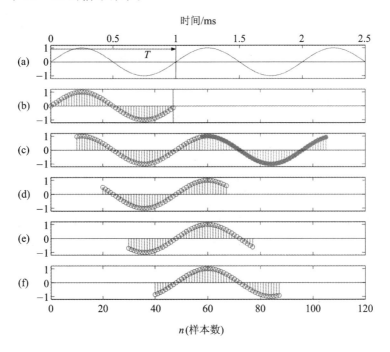

((a) 1 kHz 连续时间正弦信号。(b)~(f)以 48 kHz 采样的 1 kHz 正弦信号。

(b) 开始于 $n = 0$ 的一个周期。(c) 演示采样正弦信号的周期性本质。

(d)~(f)分别在 $n = 20$、30 和 40 个样本处开始的采样/显示)

**图 5.1:连续时间和离散时间正弦信号**

## 5.1.2 信号生成

为了将讨论限制在合理的长度,我们将只讨论以下生成正弦信号的技术:

- **直接数字合成器(Direct Digital Synthesizer,DDS)**:这些技术可以使用带 sin()或 cos()三角函数调用的相位累加器或使用表查找系统。
- **特殊情况**:这包括 $f = F_s/2$,$f = F_s/4$ 的正弦和余弦,以及其他产生合理 $N$ 值的频率。
- **数字谐振器(digital resonator)**:这种技术使用脉冲激励的二阶 IIR 滤波器,其中复杂的共轭极对被放置在单位圆上。
- **脉冲调制器(IM)**:这项技术是基于使用缩放脉冲周期性地激励一个 FIR 滤波器。脉冲调制常用于数字通信发射器,在第 18 章中将进一步讨论。

在继续举例之前,我们将讨论这些信号生成技术的理论。

## 直接数字合成器

在您的许多数学、物理和工程课上,可能已熟悉绘制确定性波形,如

$$w(t) = A\sin(2\pi f t)$$

其中,$A$ 是波形的振幅,$f$ 是期望的输出频率,$t$ 表示时间变量。

像在实时硬件中实现的那样,DDS 思想是从将 $w(t)$ 转换为一个离散时间过程开始的。这个转换是通过用 $nT_s$ 替换 $t$ 来完成的,其中 $n$ 是整数,$T_s$ 是采样周期。因此,$w(t)$ 变成 $w[nT_s]$,等同于 $A\sin[2\pi f nT_s]$,请记住 $T_s = 1/F_s$,其中 $F_s$ 是采样频率。重新排列正弦函数的参数后得出

$$w[n] = A\sin[2\pi f n T_s] = A\sin\left[n\left(2\pi\frac{f}{F_s}\right)\right] = A\sin[n\phi_{\text{inc}}],$$

其中,我们已经使用了用 $w[n]$ 代替 $w[nT_s]$ 的通用标记法,因为 $T_s$ 是默认的。值 $\phi_{\text{inc}} = 2\pi f/F_s$ 称为相位增量。相位累加器可用于在每个采样周期将相位增量添加到相位累加器的前一个值上。相位累加器由模运算符保持在 $0\sim 2\pi$ 的区间内。由于实时处理可以无限期地运行,因此需要模运算来防止相位累加器溢出。最后,可以计算相位累加器的 $\sin()$ 值,该值可提供作为系统的输出,该过程的框图如图 5.2 所示。请注意,由于每次调用(在此示例中,每隔 $T_s = 1/F_s$ 秒或 48 000 次/秒)输入 ISR 时 $\phi_{\text{inc}}$ 都被添加到相位累加器,因此值 $n$ 永远不会出现在算法中。

**图 5.2:与正弦信号生成相关的框图**

$\sin()$ 运算符的参数 $n\phi_{\text{inc}}$ 是一个线性递增函数,其斜率取决于所需的输出频率。为了说明这一点,图 5.3 将累积相位作为 4 个不同频率的时间函数绘制出来。图 5.4 绘制了图 5.3 中仅在 1 kHz 情况下的采样($F_s = 48$ kHz)版本。图 5.5 扩展了图 5.4 的一部分并添加了额外的标签。为了防止混叠,每个周期至少需要 2 个采样,这一限制要求 $\phi_{\text{inc}} \leq \pi$。最后,图 5.6 说明了模运算对相位累加器值的影响。

## 特殊情况

如果您希望所生成信号的特征(频率和相位)不会随时间变化,那么您可能根本不需要相位累加器。接下来是一些特殊情况:

① 具有 $f = \dfrac{F_s}{2}$ 的正弦和余弦信号。将 $f = \dfrac{F_s}{2}$ 代入 $\phi_{\text{inc}}$ 的方程,得到

$$\phi_{\text{inc}} = 2\pi\left(\frac{f}{F_s}\right)\bigg|_{f=\frac{F_s}{2}} = \pi。$$

这是 $\phi_{\text{inc}}$ 的混叠限制,其结果是

$$w[n] = A\sin(n\phi_{\text{inc}})\bigg|_{(\phi_{\text{inc}}=\pi)} = A\sin(n\pi) = 0。$$

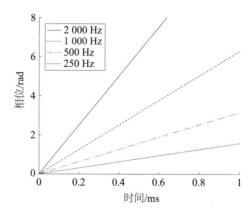

图 5.3：4 个不同频率的累积相位

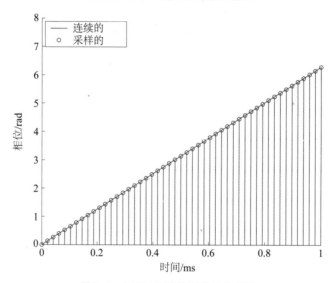

图 5.4：1 kHz 正弦信号的累积相位

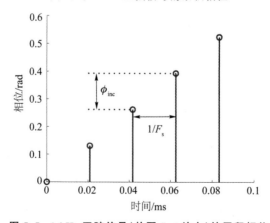

图 5.5：1 kHz 正弦信号(从图 5.4 放大)的累积相位

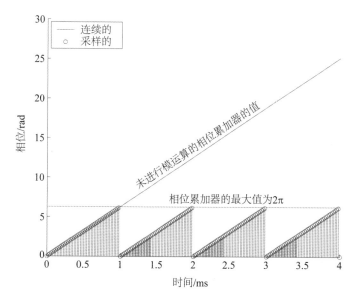

**图 5.6:应用 2π 模数的 1 kHz 正弦信号的累积相位**

如果信号发生器的输出始终为 0,那么它几乎没有用处。但是,余弦版本的结果为

$$w[n] = A\cos(n\phi_{inc})\Big|_{(\phi_{inc}=\pi)} = A\cos(n\pi) = A, -A, A, -A\cdots.$$

这意味着通过简单地生成 $A, -A, \cdots$ 这些无论多少信号,都可以创建频率为 $F_s/2$ 的余弦波形。用于生成这些或其他信号值所需的 CPU 资源是无关紧要的。请注意,对于 $f = F_s/2, N = 2$(每个周期 2 个样本)。

② 具有 $f = \dfrac{F_s}{4}$ 的正弦和余弦信号。将 $f = \dfrac{F_s}{4}$ 代入 $\phi_{inc}$ 的方程,得到

$$\phi_{inc} = 2\pi\left(\frac{f}{F_s}\right)\Big|_{f=\frac{F_s}{4}} = \frac{\pi}{2}。$$

这可得出

$$w[n] = A\sin(n\phi_{inc})\Big|_{(\phi_{inc}=\frac{\pi}{2})} = A\sin\left(n\frac{\pi}{2}\right) = 0, A, 0, -A, \cdots$$

和

$$w[n] = A\cos(n\phi_{inc})\Big|_{(\phi_{inc}=\frac{\pi}{2})} = A\cos\left(n\frac{\pi}{2}\right) = A, 0, -A, 0, \cdots$$

这意味着可以通过简单地分别生成 $0, A, 0, -A, \cdots$ 或者 $A, 0, -A, 0, \cdots$ 来创建频率为 $\dfrac{F_s}{4}$ 的正弦或余弦波形。与在 $\dfrac{F_s}{2}$ 中一样,生成这些或其他重复值所需的 CPU 资源是无关紧要的。请注意,对于 $f = \dfrac{F_s}{4}, N = 4$(每个周期 4 个样本)。

③ 具有其他频率的正弦和余弦信号,使得 N 值合理。根据我们在第 5.1 节中讨论的 $k=1$,我们简单地将 $F_s$ 除以所需的频率 $f$ 以得到 N。表 5.1 显示了几种可能的频率和 N 的对应值。

表 5.1: 直接数字合成器(DDS)频率的一些特殊情况

| $F_s$ 比率 | N | 频率/Hz | $F_s$ 比率 | N | 频率/Hz |
|---|---|---|---|---|---|
| $F_s/2$ | 2 | 24 000 | $F_s/12$ | 12 | 4 000 |
| $F_s/3$ | 3 | 16 000 | $F_s/15$ | 15 | 3 200 |
| $F_s/4$ | 4 | 12 000 | $F_s/16$ | 16 | 3 000 |
| $F_s/5$ | 5 | 9 600 | $F_s/20$ | 20 | 2 400 |
| $F_s/6$ | 6 | 8 000 | $\vdots$ | $\vdots$ | $\vdots$ |
| $F_s/8$ | 8 | 6 000 | $F_s/N$ | N | 48 000/N |
| $F_s/10$ | 10 | 4 800 | | | |

注:右列显示的频率值假定 $F_s=48$ kHz。

表 5.1 右列中的所有条目都是基于 $F_s=48$ kHz 的。例如,要想生成 4 800 Hz 的余弦波形,我们只需计算序列的前 10 个值,这些值基于 $N=10$ 和 $\phi_{inc}=\dfrac{\pi}{5}$。确切地说,我们将需要进行如下求值:

$$w[n]=A\cos\left(\frac{\pi}{5}n\right), \quad n=0,1,\cdots,9$$

这些值可以通过实时程序(即在 StartUp.c 中)或使用离线工具(如手持计算器、电子表格程序或 MATLAB®)进行一次性计算。连续重复所有 10 个值(以适当的顺序),每隔采样时间 $T_s=\dfrac{1}{48\ 000}$ 秒一个值,将产生所需的 4 800 Hz 的信号。

## 数字谐振器

数字谐振器(digital resonator)技术是基于这样一个理念:如果您参考任何 z 变换表,就会发现一个类似条目:

$$[r^n\sin(\omega_0 n)]u[n] \overset{z}{\longleftrightarrow} \frac{r\sin(\omega_0)z^{-1}}{1-[2r\cos(\omega_0)]z^{-1}+r^2z^{-2}}。$$

假设 $r=1$(相当于将极点放在单位圆上),则该方程简化为

$$[\sin(\omega_0 n)]u[n] \overset{z}{\longleftrightarrow} \frac{\sin(\omega_0)z^{-1}}{1-[2\cos(\omega_0)]z^{-1}+z^{-2}}。$$

这个变换对意味着,如果您用冲激来激励这个系统,则该系统的输出将是一个正弦波。系统的差分方程可以从转移函数确定为

$$H(z)=\frac{Y(z)}{X(z)}=\frac{\sin(\omega_0)z^{-1}}{1-[2\cos(\omega_0)]z^{-1}+z^{-2}}。$$

交叉相乘,采用逆 $z$ 变换,将项重新排列成标准形式,得到差分方程

$$y[n] = \sin(\omega_0)x[n-1] + 2\cos(\omega_0)y[n-1] - y[n-2]。$$

因此,为了产生一个数字频率 $\omega_0 = 2\pi f_0 / F_s$ 的正弦波,我们需要用冲激去激励这个二阶 IIR 滤波器。为了找出极点和零点的位置,我们将转移函数转化为 $z$ 的正幂,然后对转移函数进行因子化。这可得到

$$\frac{\sin(\omega_0)z^{-1}}{1-[2\cos(\omega_0)]z^{-1}+z^{-2}} = \frac{\sin(\omega_0)z^{-1}}{1-[2\cos(\omega_0)]z^{-1}+z^{-2}} \cdot \frac{z^2}{z^2}$$

$$= \frac{\sin(\omega_0)z}{z^2 - [2\cos(\omega_0)]z + 1}。$$

分子项在原点显示一个零。对于分母,我们应用二次方程

$$\frac{2\cos(\omega_0) \pm \sqrt{[2\cos(\omega_0)]^2 - 4(1)(1)}}{2(1)} = \cos(\omega_0) \pm \sqrt{\cos^2(\omega_0) - 1},$$

其中,使用三角恒等式

$$\sin^2(\omega_0) + \cos^2(\omega_0) = 1,$$

所以

$$\cos^2(\omega_0) - 1 = -\sin^2(\omega_0),$$

可以简化为

$$\cos(\omega_0) \pm \sqrt{-\sin^2(\omega_0)} = \cos(\omega_0) \pm j\sin(\omega_0) = e^{\pm j\omega_0}。$$

上述这个矩形和极坐标形式的结果应被视为表明复共轭极点位于频率为 $\pm\omega_0$ 的单位圆上。这充其量是一个略微稳定的系统(它以 $\omega_0$ 的恒定频率振荡),一些作者会称之为不稳定系统。实际上,它是"故意不稳定的",在那些明显稳定的系统和明显不稳定的系统之间,振荡器和谐振器肯定处于很好的分界上。虽然系统在输出不随输入变化的意义上是不稳定的,但在输出频率保持不变的意义上是稳定的。

现在我们将使用单位冲激作为系统的输入,并计算出前几个输出项。手工计算差分方程的几个项是非常有帮助的,不仅有助于理解这个过程,而且对我们的实时算法的开发也有很大的帮助。记住,差分方程是

$$y[n] = \sin(\omega_0)x[n-1] + 2\cos(\omega_0)y[n-1] - y[n-2]。$$

① 将列按下面所示标记:

| $n$ | $y[n]$ | $y[n-1]$ | $y[n-2]$ | $x[n]$ | $x[n-1]$ |
|---|---|---|---|---|---|

② 填入 $n=0$ 时的**静止**行信息:

| $n$ | $y[n]$ | $y[n-1]$ | $y[n-2]$ | $x[n]$ | $x[n-1]$ |
|---|---|---|---|---|---|
| 0 | | 0 | 0 | 1 | 0 |

③ 计算 $y[0]$ 项:

| $n$ | $y[n]$ | $y[n-1]$ | $y[n-2]$ | $x[n]$ | $x[n-1]$ |
|---|---|---|---|---|---|
| 0 | 0 | 0 | 0 | 1 | 0 |

④ 填入 $n=1$ 时的行信息。注意,存储的 $y$ 值与 $x$ 值"向下向右"流动:

| $n$ | $y[n]$ | $y[n-1]$ | $y[n-2]$ | $x[n]$ | $x[n-1]$ |
|-----|--------|----------|----------|--------|----------|
| 1 | 0 | 0 | 0 | 1 |

⑤ 计算 $y[1]$ 项：

| $n$ | $y[n]$ | $y[n-1]$ | $y[n-2]$ | $x[n]$ | $x[n-1]$ |
|-----|--------|----------|----------|--------|----------|
| 1 | $\sin(\omega_0)$ | 0 | 0 | 0 | 1 |

⑥ 填入 $n=2$ 时的行信息：

| $n$ | $y[n]$ | $y[n-1]$ | $y[n-2]$ | $x[n]$ | $x[n-1]$ |
|-----|--------|----------|----------|--------|----------|
| 2 | | $\sin(\omega_0)$ | 0 | 0 | 0 |

我们在 $n=2$ 的初始条件下准备计算 $y[2]$。对于我们来说,这是一个很好的地方,可以暂停并再次提起我们将在本章后面讨论的实时 C 语言数字谐振器的想法。剩余时间的差分方程(即 $n \geqslant 2$)现在简化为

$$y[n] = 2\cos(\omega_0)y[n-1] - y[n-2]$$

因为,从这一点开始,所有 $x[n-1]$ 项都将等于零。

注意,脉冲调制器(IM)技术通常用于数字通信发射器中。因此,我们将讨论推迟到第 18 章,其中包括一个数字发射器项目。

# 5.2 winDSK 演示

启动 winDSK8 应用程序,将出现主用户界面窗口。在继续之前,请先确保在 winDSK8 的"DSP 电路板(Board)"和"主机接口(Host Interface)"配置面板中为每个参数选择了正确的选项。

## 5.2.1 任意波形

单击 winDSK8 的"任意波形(Arbitrary Waveform)"工具按钮将在连接的 DSK 中运行该程序,并将出现一个类似于图 5.7 的窗口。任意波形程序以介于 1 Hz 和所用编解码器上限之间的频率生成正弦波、方波和三角波。对于多通道编解码器,每个输出通道都能够同时独立操作。显示界面显示当前选定频道的设置,如图中频道号显示部分所示。如果所选频率超过编解码器的能力,那么频率显示部分将变为红色,并且 DSK 频率将不会被更新。作为一个任意波形发生器(arbitrary waveform generator),该程序可以从文本文件中为每个通道加载多达 2 000 000 个样本值(取决于 DSK 版本),在此模式下,文件中的样本值将重复用作系统输出,这些值将自动缩放以适应 ADC 的范围。在 winDSK8 的安装中包含一个名为 chirp. asc 的样本波形文件,该文件包含一个 2 500 个样本的 chirp 波形,并可以通过应用程序来播放[①]。

---

① chirp 通常是指一种短时信号,频率随时间单调地(向上或向下)扫描。chirp 可以有线性扫描或对数扫描,并用于各种雷达、声呐和通信应用。

任意波形发生器也可以用作噪声发生器,此外,它还支持单步操作。

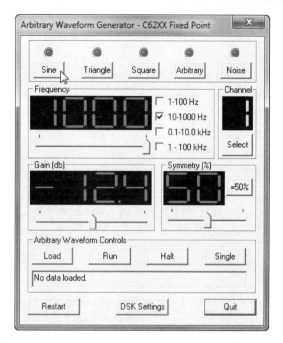

**图 5.7:winDSK8 运行任意波形(Arbitrary Waveform)应用**

在"正弦(Sine)"模式下选择任意波形发生器将在 DSK 中运行一个程序,该程序与前面关于周期信号生成的讨论中给出的例子最相似。当然,方波和三角波也是周期信号。

## 5.2.2 双音多频(DTMF)

信号也可以使用 winDSK8 来创建,由两个预定义的正弦信号混合在一起。

单击 winDSK8 的"双音多频(DTMF)"工具按钮将在所连接的 DSK 中加载并运行该程序,默认情况下会出现一个类似于图 5.8(a)的 12 键小键盘窗口。单击"使用16 个键(Use 16 keys)"按钮将添加第四列到键盘显示上,如图 5.8(b)所示。

该应用程序生成电话公司定义的标准双音多频(DTMF)信号,这些信号由两个不同频率的正弦信号加在一起组成,只要您拨打现代电话,就会生成与您在电话键盘上按下的按键相对应(或与存储为自动拨号选项的电话号码相对应)的 DTMF 音。DTMF 标准规定音调必须持续至少 40 ms,并且音调之间至少有 50 ms 的"静音时间"。此外,DTMF 音调的速率不得超过 10 字符/秒[62]。

通过单击"拨号(Dial)"按钮,可在 winDSK8 的 DTMF 应用上使用快速拨号功能,它根据您在"快速拨号(Speed Dial)"文本框中键入的号码自动生成 DTMF 序列。对于此选项,只能生成包括字符 0~9、#、* 的标准 12 键的按键音对,忽略任何其

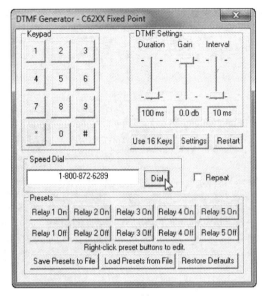

(a) 12键

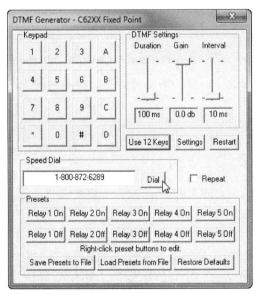

(b) 16键

**图 5.8：winDSK8 运行 DTMF 应用**

他字符。可以使用 DTMF 应用窗口右上角的滑块控件来调整音调的持续时间和音量(即增益)以及音调之间的静音间隔。

　　如果您正在使用 DSK 上的立体声编解码器,则两个通道都使用相同的信号驱动。如上所述,可以选择 12 键或 16 键的键盘。在 16 键模式中,可以生成所有 16 个标准化音调对。通过检查图 5.9 可以确定为任何给定的按键生成的两个频率。

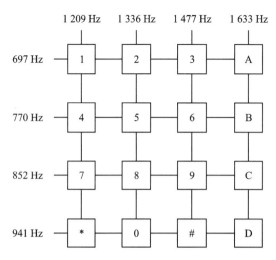

图 5.9：DTMF 的频率

# 5.3 MATLAB 实现

MATLAB 有许多生成正弦信号的方法。但是,我们将重点介绍三种技术,它们可以帮助我们为实际使用 DSP 硬件进行实时信号生成做准备。

## 5.3.1 直接数字合成器技术

在该技术中,MATLAB 被用于实现相位累加器过程。下面显示了一个演示此技术的代码清单。

清单 5.1：MATLAB 实现相位累加器信号生成

```
    % Simulation inputs
2   A = 32000;                      % signal's amplitude
    f = 1000;                       % signal's frequency
4   phaseAccumulator = 0;           % signal's initial phase
    Fs = 48000;                     % system's sample frequency
6   numberOfTerms = 50;             % calculate this number of terms

8   % Calculated and output terms
    phaseIncrement = 2 * pi * f/Fs; % calculate the phase increment
10
    for i = 1: numberOfTerms
12      % ISR's algorithm begins here
            phaseAccumulator = phaseAccumulator + phaseIncrement;
14          phaseAccumulator = mod (phaseAccumulator, 2 * pi);
```

```
            output = A * sin (phaseAccumulator)
16      % ISR's algorithm ends here
    end
```

关于这个清单的一些项需要讨论如下：

① 变量初始化部分(第 2~6 行)。记住,正弦和余弦函数被限制在±1 范围内,需要振幅比例因子 $A$,否则 DAC 的输出仅使用+32 767~−32 768 整个范围内的一小部分。

② 对于恒定的输出频率,相位增量的计算(第 9 行)只需要完成一次。相位增量的计算值**必须**是小于或等于 π 的值,否则会发生信号混叠。

③ 生成正弦信号的实际算法只需要三行代码(第 13~15 行),在一个"for"循环中,每次新样本到达时都会模拟执行在 C 语言中对 ISR 的调用。每次调用"ISR"时,这些代码行完成以下三个任务:

ⓐ 第 13 行:将相位增量值加到相位累加器。

ⓑ 第 14 行:执行对 2π 的模运算,以使相位累加器保持在 0~2π 的范围内。

ⓒ 第 15 行:通过将相位累加器值进行正弦运算后以 $A$ 进行缩放来计算系统的输出值。

这三行代码可以组合在一起,但这样做会导致代码不易被理解。

## 5.3.2  表查找技术

本小节说明了如何使用 MATLAB 实现表查找技术,这是一种生成离散时间信号的非常有效的方法。在该技术中,我们通过存储预定义信号值的向量进行重复循环。我们将再次使用"for"循环来模拟在采样频率下的 ISR 执行。每次调用"ISR"时,都会从表中读取一个新的信号值。

清单 5.2:MATLAB 实现基于表查找的信号生成

```
1   % Simulation inputs
    signal = [32000  0  −32000  0];       % cosine signal values (Fs/4 case)
3   index = 1;                            % used to lookup the signal value
    numberOfTerms = 20;                   % calculate this number of terms
5
    % Calculated and output terms
7   N = length (signal);                  % signal period

9   for i = 1: numberOfTerms
        % ISR's algorithm begins here
11          if (index >= (N + 1))
                index = 1;
13          end
```

```
              output = signal (index)
15            index = index + 1;
      % ISR's algorithm ends here
17  end
```

关于这个清单的一些项需要讨论如下：

① 变量初始化部分（第 2~4 行）。这些代码行建立 signal 变量，该变量存储输出信号所需的值和用于访问 signal 的不同存储位置的整数变量 index。

② 确定周期（第 7 行）。这一行代码基于变量 signal 的长度来确定信号的周期。

③ 产生正弦信号的实际算法只需要 5 行代码（第 11~15 行）。每次调用 ISR 时，这些代码行都会完成以下三个任务：

ⓐ 第 11~13 行：执行对 $N$ 的模运算，使 index 保持在 1~$N$ 的范围内。记住，与 C/C++ 不同，MATLAB 的数组索引是从 1 开始，而不是从 0 开始的。

ⓑ 第 14 行：通过选择 signal 的适当 index 来计算系统的输出值。

ⓒ 第 15 行：增加整数变量 index 的值。

# 5.4  使用 C 语言的 DSK 实现

请注意，本节中的例子可能要求您更改项目中的 ISR 文件以更改代码的操作。**重要提示**：在任何给定时刻，您必须只有**一个** ISR 文件作为项目的一部分被加载。要想从使用一个 ISR 文件切换到另一个，请右击左侧项目窗口中的当前 ISR 文件，然后选择"从项目中删除（Remove from Project）"。在 Code Composer Studio 窗口顶部，选择"项目（Project）"→"将文件添加到项目（Add Files to Project）"菜单项，然后选择新的 ISR 文件，再单击"全部重建（Rebuild All）"（或"增量构建（Incremental Build）"）按钮。一旦构建完成后，将"加载程序（Load Program）"（或"重新加载程序（Reload Program）"）到 DSK 中，然后单击"运行（Run）"按钮。这时您已在使用新的 ISR 文件了。

## 5.4.1  直接数字合成器技术

这个版本的直接数字合成器技术非常类似于 DDS 的 MATLAB 实例。这第一种方法的意图是便于理解，但通常是以牺牲效率为代价的。

运行此应用程序所需的文件位于第 5 章的 ccs\sigGen 目录中。感兴趣的主要文件是 sinGenerator_ISRs.c，它包含中断服务例程；请确保这是项目中包含的唯一 ISR 文件。该文件包含必要的变量声明，并执行实际的正弦信号生成。但是，与本书中包含的所有 Code Composer Studio 项目一样，您应该养成检查项目中如 StartUp.c 等其他文件的习惯，以确保了解程序的完整工作方式。

如果您正在使用 DSK 上的某个立体声编解码器，那么该程序可以为左右通道实现两个独立的正弦信号发生器。为了清晰起见,这个实例程序将只包含一个单相位累加器,但是该相位将用于为左通道生成一个正弦波,为右通道生成一个余弦波。

在下面的代码中,A、fDesired 和 phase(第 1～3 行)分别是信号的振幅、频率和相位。请记住,16 位 DAC 的范围为 +32 767～−32 768。变量 phase 不仅设置信号的初始相位,还将用作相位累加器。定义的 π(第 5 行的 pi)和系统的采样频率(第 8 行的 fs)允许我们计算在第 6 行声明了的相位增量。

**清单 5.3:与正弦信号生成相关的变量声明**

```
1   float A = 32000;        /* signal's amplitude */
    float fDesired = 1000;  /* signal's frequency */
3   float phase = 0;        /* signal's initial phase */

5   float pi = 3.1415927;   /* value of pi */
    float phaseIncrement;   /* incremental phase */
7

    Int32 fs = 48000;       /* sample frequency */
```

下面显示的代码执行实际的信号生成操作,此操作涉及的四个主要步骤将在下面的代码清单中讨论。

**清单 5.4:与正弦信号生成相关的算法**

```
    /* algorithm begins here */
2   phaseIncrement = 2 * pi * fDesired/fs;
    phase += phaseIncrement;                          // calculate the next phase
4
    if (phase >= 2 * pi) phase -= 2 * pi;             // modulus 2 * pi operation
6
    CodecDataOut.Channel[LEFT] = A * sinf (phase);    // scaled L output
8   CodecDataOut.Channel[RIGHT] = A * cosf (phase);   // scaled R output
    /* algorithm ends here */
```

## 基于 DDS 的信号生成涉及的四个实时步骤

清单 5.4 解释如下:

①(第 2 行):此代码计算每次调用 ISR 时的相位增量。这将允许我们在程序执行期间根据需要**更改**信号的频率。

②(第 3 行):此代码将相位增量加到相位的当前值。

③(第 5 行):该代码执行 $2\pi$ 模运算的等效操作。为了防止信号混叠,相位**增量**必须小于或等于 π。在最大增量值为 π 的情况下,模运算可以简化为一个测试与 $2\pi$ 的减法。每一个完整的周期都要"从头开始"减去 $2\pi$。这个方法比使用模运算更有效。

④（第 7～8 行）：这两行代码计算正弦和余弦值，将这些值按 $A$ 缩放，然后将结果写入 DAC。

如果您不确定为什么在 DDS 代码中必须包含 math.h 头文件，那么您可能需要参考附录 H，特别是 H.3 这一节。

### 现在您理解了代码……

请继续，将所有文件复制到一个单独的目录中。在 CCS 中打开项目并"全部重建（Rebuild All）"，构建完成后，"加载程序（Load Program）"到 DSK 中并单击"运行（Run）"按钮。您的 1 kHz 正弦信号发生器现在正在 DSK 上运行。

## 5.4.2 表查找技术

这个版本的表查找技术非常类似于 MATLAB 的表查找实例。运行此应用程序所需的文件与之前文件所在的位置相同，在第 5 章的 ccs\sigGen 目录中。这次感兴趣的主要文件是 sinGenerator_ ISRs1.c，它包含中断服务例程；从项目中移除以前的 ISR 文件，然后添加本文件。此文件包含必要的变量声明，并执行实际的正弦信号生成。

为了允许使用立体声编解码器（例如 C6713 或 OMAP－L138 电路板上的板载编解码器），该程序实现独立的左右通道正弦信号发生器。为了清晰起见，这个实例程序将只生成 $f = F_s/4 = 12$ kHz 的信号，但将向左通道输出一个正弦波，向右通道输出一个余弦波。

在下面显示的代码中，$N$（第 1 行）是信号的周期，signalCos（第 3 行）和 signalSin（第 4 行）分别存储余弦和正弦波形的表格值，index（第 5 行）是一个用于对存储于表格中的值进行循环操作的整数。

清单 5.5：与正弦信号生成相关的变量声明

```
1   #define N 4              // signal period for f = Fs/4

3   Int32 signalCos[N] = {32000, 0, - 32000, 0};  // cos waveform
    Int32 signalSin[N] = {0, 32000, 0, - 32000};  // sin waveform
5   Int32 index = 0;              /* signal's indexing variable */
```

下面显示的代码执行实际的信号生成操作，该操作涉及的三个主要步骤将在代码清单下面讨论。

清单 5.6：与正弦信号生成相关的算法

```
1   /* algorithm begins here */
    if (index == N) index = 0;
3
    CodecDataOut.Channel[LEFT] = signalCos[index];   // cos output
5   CodecDataOut.Channel[RIGHT] = signalSin[index];  // sin output
```

```
7   index ++ ;
    /* algorithm ends here */
```

### 基于表查找的信号生成所涉及的三个实时步骤

清单 5.6 解释如下:

① (第 2 行):此代码执行模运算,并将变量 index 保持在 0~3 之间。

② (第 4~5 行):该代码输出余弦和正弦表格中的下一个值。请注意,信号的振幅值包含在 signalCos 和 signalSin 数组中。

③ (第 7 行):此代码增加 index 值(加 1)。

### 现在您理解了代码……

请继续,将所有文件复制到一个单独的目录中。在 CCS 中打开项目并"全部重建(Rebuild All)",构建完成后,"加载程序(Load Program)"到 DSK 中并单击"运行(Run)"按钮。您的 12 kHz($F_s$/4)余弦和正弦信号发生器现在正在 DSK 上运行。

## 5.4.3 带表创建的表查找技术

这个版本的表查找技术添加了一个表创建例程。虽然这稍微增加了代码的大小,但它使您不需要特殊的表长度或者不需要 $f_0$ 与 $F_s$ 之间的特定比率。注意,表创建例程只需要在启动时运行一次,因此实时操作不会受到影响。运行此应用程序所需的文件在第 5 章的 ccs\sigGenTable 目录中。在前面的实例中,我们只详细查看了 ISR 文件。对于本例,有两个感兴趣的文件:StartUp. c 和 tableBasedSinGenerator_ISRs. c。文件 StartUp. c 包含没有绑定到任何中断的代码,因此对于只运行一次的创建表值的代码来说,它是合适的位置。文件 tableBasedSinGenerator_ISRs. c 包含中断服务例程。这些文件包含生成和填充表的例程,以及执行实际正弦信号生成所需的变量声明和例程。

为了允许使用立体声编解码器(例如 C6713 DSK 或 OMAP-L138 电路板上的板载编解码器),该程序可以实现独立的左右通道正弦信号发生器。为了清晰起见,这个示例程序将只生成一个 6 kHz 的正弦波,它在左右通道上都能被听到。

在下面显示的代码中,NumTableEntries(第 2 行)定义了表的大小[①],desiredFreq(第 4 行)是所需的输出频率,SineTable(第 5 行)是将要用正弦值填充的数组(即表)。FillSineTable 函数(第 7~13 行)仅由 StartUp. c 文件调用一次,在 DSK 完成初始化之后立即执行此函数调用,这种一次性的计算可以避免重复调用代价较大的三角函数 sinf()计算。

---

① 使用较大的 NumTableEntries 值可生成较大的查找表,通常,较大的查找表可生成更"纯"的正弦信号和更小的谐波失真。请尝试试验不同大小的查找表。

清单 5.7：与基于表的正弦信号生成相关的变量声明和表创建

```
   /* declared at file scope for visibility */
2  #define NumTableEntries 100

4  float desiredFreq = 6000.0;
   float SineTable[NumTableEntries];
6
   void FillSineTable()
8  {
       Int32 i;
10
       for (i = 0; i < NumTableEntries; i++)  // fill table values
12         SineTable[i] = sinf (i * (float) (6.283185307/NumTableEntries));
   }
```

下面显示的代码执行实际的信号生成操作,此操作涉及的四个主要步骤将在代码清单后讨论。

清单 5.8：与基于表的正弦信号生成相关的算法

```
1  /* ISR's algorithm begins here */
   index += desiredFreq;                // calculate the next phase
3  if (index >= GetSampleFreq())        // keep phase between 0 - 2 * pi
       index -= GetSampleFreq();
5
   sine = SineTable[(Int32)(index/GetSampleFreq() * NumTableEntries)];
7  CodecData.Channel[LEFT] = 32767 * sine; // scale the result
   CodecData.Channel[RIGHT] = CodecData.Channel[LEFT];
9  /* ISR's algorithm ends here */
```

## 基于带表创建的表查找信号生成所涉及的四个实时步骤

清单 5.8 解释如下：

① (第 2 行)：此代码操作等效于将相位增量添加到相位累加器。

② (第 3~4 行)：此代码执行模运算并保持 index 在 0 和采样频率之间(通常, $F_s = 48$ kHz)。请注意,在这些行和第 6 行中使用函数 GetSampleFreq(),这是一个非常简单的函数调用,它返回一个等于您为 DSK 选择的采样频率的浮点值。使用函数调用而不是对数字进行硬编码会使代码更具可移植性。

③ (第 6 行)：此代码计算表索引的下一个浮点值,并将此数值转换为整数,然后使用它访问所需的 SineTable 数组中的表值的位置。

④ (第 7~8 行)：此代码缩放表的输出(正弦)并将结果输出到左通道和右通道。

**现在您理解了代码……**

请继续,将所有文件复制到一个单独的目录中。在 CCS 中打开项目并"全部重建(Rebuild All)",构建完成后,"加载程序(Load Program)"到 DSK 中并单击"运行(Run)"按钮。您的 6 kHz 正弦信号发生器现在正在 DSK 上运行。

# 5.4.4 数字谐振器技术

数字谐振器技术实现了一种二阶 IIR 滤波器,其初始条件非常特殊,存储在 $y[n-1]$ 和 $y[n-2]$ 存储单元中。您可能想参考本章前面给出的有关数字谐振器理论讨论的内容。我们使用该方法的意图是便于理解,这可能以牺牲效率为代价。

运行此应用程序所需的文件位于第 5 章的 ccs\sigGen 目录中,该目录包含本章前两个 C 语言实例的文件。这次感兴趣的主要文件是 resonator_ISRs.c,它包含中断服务例程;从项目中删除任何其他 ISR 文件并添加此文件。此文件包含必要的变量声明,并执行实际的正弦信号生成。

如果您正在使用 DSK 上的某个立体声编解码器,则该程序可以实现独立的左右通道正弦发生器。为了清晰起见,这个实例程序只生成一个正弦波,但同时将正弦波输出到左右通道。

在下面显示的代码中,fDesired 和 A(第 1~2 行)分别是信号的频率和振幅。请记住,16 位 DAC 的范围是 +32 767~−32 768。定义的 π(第 4 行的 pi)和系统的采样频率(第 8 行的 fs)将允许我们计算第 5 行声明的数字频率 theta。最后,$y[3]$ 声明当前和过去输出值的存储变量。实现二阶差分方程只需要三个项。

**清单 5.9:与数字谐振器相关的变量声明**

```
1   float fDesired = 1000;      // your desired signal frequency
    float A = 32000;           // your desired signal amplitude
3
    float pi = 3.1415927;      // value of pi
5   float theta;               // the digital frequency
    float y[3] = {0, 1, 0};    // the last 3 output values.
7
    Int32 fs = 48000;          // sample frequency
```

下面显示的代码使用数字谐振器技术执行实际的信号生成操作,此操作涉及的四个主要步骤将在代码清单后讨论。

**清单 5.10:与数字谐振器相关的算法**

```
    /* algorithm begins here */
2   theta = 2 * pi * fDesired/fs;    //calculate digital frequency

4   y[0] = 2 * cosf (theta) * y[1] - y[2];    // calculate the output
```

```
    y[2] = y[1];        // prepare for the next ISR
 6  y[1] = y[0];        // prepare for the next ISR

 8  CodecDataOut.Channel[LEFT] = A * sinf (theta) * y[0];  // scale
    CodecDataOut.Channel[RIGHT] = CodecDataOut.Channel[LEFT];
10  /* algorithm ends here */
```

### 基于数字谐振器的信号生成所涉及的四个实时步骤

清单 5.10 解释如下：

① （第 2 行）：此代码计算数字频率。该项需要同时作为比例因子和过滤系数的输入参数。

② （第 4 行）：此代码通过执行系统的差分方程来计算当前的输出值。

③ （第 5~6 行）：这两行代码将 $y$ 数组中的值右移一个元素。其等效操作为

$$y[1] \rightarrow y[2]$$
$$y[0] \rightarrow y[1]。$$

④ （第 8~9 行）：这两行代码对滤波器的输出进行缩放，以达到 $A$ 的振幅，然后将结果值发送到左右两个输出通道。

### 现在您理解了代码……

请继续，将所有文件复制到一个单独的目录中。在 CCS 中打开项目并"全部重建（Rebuild All）"，构建完成后，"加载程序（Load Program）"到 DSK 中并单击"运行（Run）"按钮。您的 1 kHz 正弦信号发生器现在正在 DSK 上运行。

# 5.5　伪噪声序列

如今有许多应用领域使用称为伪噪声（PN）序列的特殊周期信号[①]，例如，依赖 PN 序列的应用包括蜂窝（移动）电话和基站、GPS 导航系统、无线互联网（Wi-Fi）通信、蓝牙通信协议、卫星通信发射器和接收器、深空探测器、卫星电视发射器和接收器、车库开门器、无线（住宅）电话、数据扰频器、抖动发生器、定时恢复模块、系统同步模块、噪声发生器、音乐厅均衡器，等等，这个清单可以持续不断地列下去。希望您能意识到，PN 序列的主题很重要！

上面列出的所有应用程序都使用某种形式的实时 DSP 来生成、处理或操作 PN 序列，这就是本书中出现该主题的原因。由于 PN 序列与其他信号非常不同，因此这里我们在单独的小节中介绍它们，但只介绍主要的思想。因空间限制，不允许我们详细讨论这个引人入胜的主题，所以我们将向您介绍一些优秀的文献。由于 PN 序列的使用是一种称为"扩频"的数字通信形式的核心，因此任何一本好的数字通信书籍，

---

① 请注意，术语"PN 代码"通常与术语"PN 序列"通用。

比如文献[63-67],都将涵盖比我们这里所能包括的更多的 PN 序列理论方面的内容。对于一本超越理论的更具实践性和更有用的书,我们强烈推荐狄克逊(Dixon)的书[68]。虽然我们不愿意推荐网页作为参考(因为它们可以在没有警告的情况下进行更改),但在撰写本书时,New Wave Instruments 网站提供了有关 PN 序列的优秀的在线资源[69]。请注意,下面的大部分讨论假定 PN 序列的主要应用是扩频(SS)通信,但它也适用于这些特殊周期信号的任何使用。

为什么它们被称为 PN 序列?虽然 PN 序列只是一个代表二进制 1 和 0 的符号序列(通常称为"码片(chip)"),但乍一看,序列似乎只是随机噪声,而它确实具有随机噪声的许多特征。但是,如果您知道"秘密",那么每个 PN 序列都是确定性的,可以相对容易地从信号中生成、预测或提取。请注意,按照惯例,我们在术语上进行区分,即数据由位(bit)组成,而 PN 序列由"码片"组成。"码片"的持续时间几乎总是比位的持续时间短得多,因此 PN 序列的带宽(即频谱)比仅仅是数据的带宽要大得多。

在扩频通信中,PN 序列以各种方式用于调制数据,因此极大地"扩展"了数据的频谱。这有许多优点,例如,对于给定的发射器输出功率,扩展带宽会降低任何特定频率的能量,通常使之接近于明显的噪声水平,致使如果您不知道 SS 信号在那里[①],就难以检测到它。但是通过使用一个"知道"正确 PN 序列的接收器,来自 SS 信号的数据就可以很容易地被"从噪声中拉出"并恢复。SS 通信的其他优点包括更强的抗噪声干扰或抗电波干扰的能力,在多路径环境中更好的性能,以及多个用户(每个用户都有自己的"PN 序列")同时共享相同频段的能力(称为码分多址(Code Division Multiple Access,CDMA)技术)。PN 序列还支持精确的测距和定时测量(例如 GPS),并允许在嘈杂环境中实现稳健的数据同步。我们希望前面的讨论激起了您的兴趣,激发了您对 PN 序列有更多了解的渴望。

## 5.5.1 理　论

介绍 PN 序列的最简单方法是在一种称为移位寄存器的有限状态机(finite state machine)的上下文中。考虑带有反馈的广义 $r$ 级移位寄存器发生器(SRG),如图 5.10 所示。每一级包含(或将其状态存储为)1 或 0,我们将其称为码片[②]。

每一次时钟滴答作响,第 $n$ 级的内容就会"向右"移动到第 $(n+1)$ 级。第 1 级的新内容由反馈路径决定,图 5.10 中是 $(r-1)$ 级和 $r$ 级内容的模 2 加法(相当于异或二进制逻辑运算)的结果。由于反馈路径中的运算是线性的,所以有时称为线性反馈移位寄存器(LFSR)。非线性反馈移位寄存器在理论上很有趣,但在实际应用中并

---

　　① 虽然扩频技术从偶然的观察者角度可以提供一定程度的隐私,但它们本身并不是一种安全的通信技术。对于安全通信,必须使用诸如数据加密等其他技术。

　　② **重要提示**:$r$ 级移位寄存器可以用硬件实现(例如每个级可以是 D 触发器),或者用软件实现(其中每个"级"可以只是单个存储单元,或者更常见的是每个"级"只是一个 $r$ 位宽的存储单元或 CPU 寄存器的一位)。

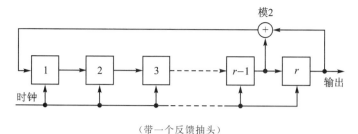

图 5.10：一个 $r$ 级的简单移位寄存器发生器

不普遍。这里讨论的所有移位寄存器都是 LFSR。最后一个阶段（即阶段 R）总是反馈回来，并且一个或多个其他级可以组合到模 2 加法中，以在时钟滴答时为 1 级生成新的值。以这种方式连接给定级的输出通常称为"反馈抽头"。如果仔细选择反馈抽头，则输出将有 $N=2^r-1$ 个时钟周期，因此输出序列的长度为 $N$。这种 PN 序列输出被称为"最大长度序列"（或者更常见地称为 M 序列），它具有使其非常有用的特殊属性。请注意，"全零状态"是 SRG 的禁止状态（为什么？）。除非另有说明，否则本讨论的其余部分将仅限于 M 序列，同时我们在此处书写短语"PN 序列"时，指的是 M 序列。

　　一个特定 SRG 的例子如图 5.11 所示。该 SRG 只有 3 级，并且有来自第 1 级的反馈抽头。描述 SRG 配置的一种简洁的方法是 $[3,1]_s$，可使用 Dixon[68] 中的标记法①。第一个数字是级数 $r$，随后的数字定义了从中获取反馈抽头的级。这里的"$s$"下标表示使用"简单移位寄存器发生器（Simple Shift Register Generator）"或 SSRG（有时称为

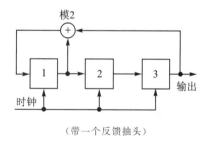

（带一个反馈抽头）

图 5.11：一个 3 级的简单移位寄存器发生器

"斐波那契（Fibonacci）"实现），与另一种称为"模块化移位寄存器发生器（Modular Shift Register Generator）"或 MSRG（有时称为"伽罗瓦（Galois）"实现）的类型正好相反。图 5.10 和图 5.11 都描述了 SSRG。

　　图 5.12 显示了一个通用的 $r$ 级模块化移位寄存器发生器（MSRG），在这种情况下，每个"级（stage）"都包括一位（bit）（或更确切地说，一个码片）的存储位置和一个模 2 加法的异或门。然而，由于级的模块化形式和消除了主反馈路径中的逻辑门，使得 MSRG 更适合硬件实现；但是 SSRG 更容易理解，并且更经常是教科书中讨论的版本。图 5.13 显示了一个 3 级 MSRG，带有进入第 2 级的反馈抽头。再次使用 Dixon 中的标记法来描述这种 MSRG 配置，这是一种简洁的方法，标记为 $[3,2]_m$。图 5.11 中的 SSRG（指定为 $[3,1]_s$）和图 5.13 中的 MSRG（指定为 $[3,2]_m$）将输出相

---

① 另一种紧凑的方法是多项式表示[63,65]。

同的 PN 序列,这说明了斐波那契实现(Fibonacci implementation)(即 SSRG)和伽罗瓦(Galois)实现(即 MSRG)之间的关系:$[r, n, p, q, \cdots]_s$ 等于 $[r, n-r, p-r, q-r, \cdots]_m$。一些参考资料作者选择颠倒图 5.10 所示的 SSRG 中的级数顺序,从而为 Fibonacci 或 Galois 实现生成相同的反馈列表(例子参见文献[69])。我们在这里提到的所有这些,都是为了警告读者要特别注意给定参考源中对于如何列出反馈抽头所使用的标记法,特别是当需要特定的 PN 序列时。参考资料源如文献[68, 69]提供了大量的表格,列出了使用 SSRG 和 MSRG 的有效 M 序列的反馈抽头[1]。

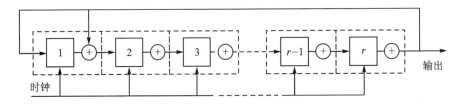

(带有一个反馈抽头)

**图 5.12:一个 r 级的模块化移位寄存器发生器**

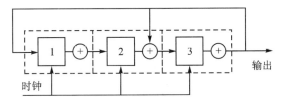

(带一个反馈抽头)

**图 5.13:一个 3 级的模块化移位寄存器发生器**

举个例子,让我们接着说图 5.11 所示的 $[3,1]_s$ SSRG 的输出。回顾一下,每个级的内容都是二进制 1 或 0,并且模 2 加法只是异或二进制逻辑运算,从所有级包含 a 1(即"全 1 状态(all ones state)")开始并计算输出,直至看到它重复。您应该会发现重复输出为 1 1 1 0 1 0 0,如图 5.14 所示。输出取自第 3 级,并在 $N=2^3-1=7$ 个时钟周期后重复,因此 PN 序列的长度是 $N=7$ 个码片,这是一个最大长度的 PN 序列。请注意,"全 0 状态(all zeros state)"永远不会发生,并且如前所述是禁止状态[2]。在实际使用中,PN 序列通常转换为 $\pm1$,如图 5.14 右下方所示。虽然这个特定的 SRG 级数太少,对于非凡的应用没有用,但它的简单性使其非常适合于首次接触这一概念的人。

如前所述,图 5.11 的 SSRG(指定为 $[3,1]_s$)和图 5.13 的 MSRG(指定为 $[3,2]_m$)将输出相同的 PN 序列。但是,对于相同的初始状态(通常称为"种子

---

① 有限域(Galois 域)数学可用于推导 M 序列的反馈抽头,但这可以是冗长乏味的,超出了本文的范围。

② 为了实现稳健的操作,真实的 PN 序列发生器包括检测"全 0 状态"以及从中恢复的能力。

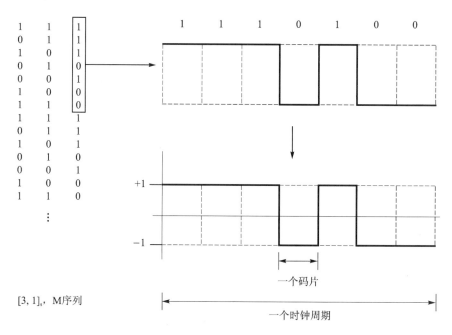

[3, 1]$_s$ M序列

一个码片

一个时钟周期

（左边：3 个级的全部内容。右上：输出码片。右下：码片的对拓信号(antipodal signal)转换）

**图 5.14：一个 3 级的简单移位寄存器发生器的输出**

(seed)"状态），序列将从序列中的不同点开始。您应该确认，如果您以"全 1 状态"作为种子状态的开始，那么图 5.13 中的[3,2]$_m$ MSRG 将提供 1 0 1 0 0 1 1 的重复输出，这是相同的输出序列，但被移动了两个位置。要想获得与图 5.14 右侧所示的相同输出，您需要以 0 0 1 的种子状态开始[3,2]$_m$。

最大长度 PN 序列具有许多有价值的属性(见文献[64，p.371]以获得简明的总结)，其中最重要的一个特性是它们的相关特性。回想一下，一个真正随机过程的归一化(按序列长度)自相关只在零偏移点处有一个等于 1.0 的单峰，在其他地方基本上为零。最大长度 PN 序列的归一化自相关在零点偏移点处也将有一个等于 1.0 的峰值，并将在该峰值两侧的 ± $T_c$($T_c$ 是一个码片的持续时间)处线性下降到非常低的常量值(等于 $-1/N$)。由于 PN 序列是周期性的，因此最大长度 PN 序列的归一化自相关也将具有相同的等于 1.0 的峰值，其间距偏移量等于 $NT_c$。最大长度 PN 序列的归一化自相关图如图 5.15 所示。事实上，任何时间偏移量超过 $T_c$ 整数值的 ±$0.5T_c$ 都会导致非常低的等于 $-1/N$ 的常数自相关，这对于 CDMA、测距、同步和其他应用程序来说是一个很有价值的特性。请注意，对于非常长的序列，$-1/N$ 项约为零，自相关峰间隔太远，看起来非常像随机噪声。例如，IS - 95 2G 蜂窝电话标准使用 15 级 SRG，因此使用的 M 序列长度为 32 767 个码片。

我们需要对图 5.15 做一些说明。从本质上讲，所有的教材都显示了与图 5.15 相似的最大长度 PN 序列。然而，我们所看到的教科书超过一半都没有提到图中所

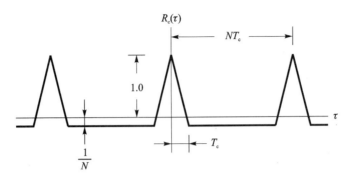

图 5.15：一个长度 $N=7$ 的最大长度 PN 序列的归一化自相关

示的结果后面的两个假设。一个假设是 PN 序列中的码片值不是 1 和 0，而是对拓对
（antipodal pair）+1 和 -1；另一个关键假设是所执行的操作是循环相关（circular
correlation），而不是更常见的线性相关。循环相关与线性相关的不同结果将在本章
后面的 MATLAB 演示中显示。现在，您只需要接受图 5.15 的结果即可。

　　由于我们有自相关 $R_c(\tau)$，维纳-辛钦（Wiener - Khintchine）定理告诉我们，PN
序列的功率谱密度（PSD）是简单的 $\mathscr{F}\{R_c(\tau)\}$，即自相关输出的傅里叶（Fourier）变
换。在显示结果之前，我们应该能够预测 PSD 的某些方面。由于 $R_c(\tau)$ 是周期性
的，因此其频谱应该是离散的，基频等于 $R_c(\tau)$ 周期的倒数。离散分量的包络线应遵
循 $R_c(\tau)$ 的一个周期的基本形状的傅里叶（Fourier）变换形状，这是一个三角形脉冲。
三角形脉冲的傅里叶变换是 sinc 的平方。$R_c(\tau)$ 的 PSD 通常称为 $S_c(f)$，如图 5.16

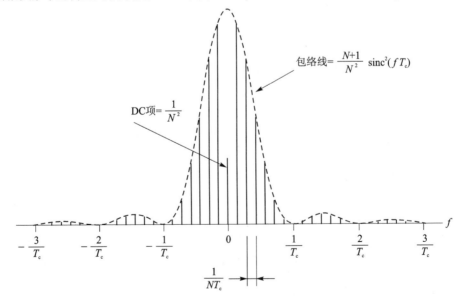

图 5.16：一个长度 $N=7$ 的最大长度 PN 序列的 PSD

所示。我们对图 5.16 的预测是正确的,包括在这个 $N=7$ 的例子中,离散分量的基频 $1/(NT_c)$ 是在 $1/T_c$ 时包络线第一个零点的频率的 $1/7$,这是因为 PN 序列的周期比一个码片的周期长 $N=7$ 倍。

除了 PN 序列的自相关属性外,我们还经常关注互相关属性,即当一个 PN 序列与不同的 PN 序列相关时的属性。理想情况下,我们希望互相关尽可能接近于零。这一点尤其重要,举例来说,在 CDMA 系统中,如在 IS－95(2G)和 CDMA2000(3G)蜂窝电话系统中,低互相关允许多个用户同时共享同一频段而不相互干扰。但并非所有的 PN 序列对都具有低的互相关,因此在为此类应用分配 PN 序列时必须非常小心。当找不到合适的 M 序列时,工程师们就转向替代序列,例如金(Gold)码(由两个或多个 M 序列形成的非最大长度 PN 序列)或巴克(Barker)码(根本不是PN 序列,而是长度为 2、3、4、5、7、11 或 13 的硬编码序列;不存在其他巴克码)。金码广泛应用于从深空探测到 CDMA 蜂窝电话系统的应用中,$N=11$ 的巴克码是IEEE 802.11 无线互联网(Wi-Fi)数字通信标准的一部分。

## 5.5.2 winDSK 演示

winDSK8 程序不提供包含 PN 序列的任何功能。

## 5.5.3 MATLAB 实现

使用 MATLAB 探索 PN 序列的各个方面并根据需要生成 PN 序列相对容易,但我们会在适当的地方指出一些潜在的陷阱。请读者注意,通信工具箱(Communications Toolbox)(用于 MATLAB)和通信模块组(Communications Blockset)(用于 Simulink)中内置了 PN 序列发生器,但正如我们在前面章节中所述的那样,在您已编写了自己的一些代码并熟悉了特定主题的基础知识之前,请避免使用这些工具。xor 逻辑函数现在内置在 MATLAB 中,可以方便地生成 PN 序列。程序 pngen.m和 pngen2.m 包含在本书的软件中,它们根据 SSRG 反馈规范生成 PN 序列。

让我们来探索一些 PN 序列的自相关属性。MATLAB 程序 pn_corr.m 被包含在本书的软件中,它提供了一种简便的方法来进行探索。多个序列被硬编码到程序中,同时包括有效和无效的 M 序列。只须取消对您希望使用的序列对(等长)的注释,然后运行程序即可。自相关和互相关都很容易实现,程序说明了循环与线性相关的区别。pn_corr.m 程序的关键部分如清单 5.11 所示。

清单 5.11:PN 序列的循环和线性相关的 MATLAB 实现

```
    N = length(seq1);
2
    % Convert to +/-1
4   seqn1 = (2 * seq1) - 1;
```

```
         seqn2 = (2 * seq2) - 1;
 6
         % Set up correlation with three periods of the PN sequence
 8   tmp1 = [seqn1 seqn1 seqn1];

10   % Time domain method for circular correlation of seq1 and seq2.
     % Could also use frequency domain method with no zero padding
12   for index = 1:2 * N + 1;
         tmp2 = [zeros (1, index - 1) seqn2 zeros (1,2 * N - index + 1)];
14       cor (index) = sum(tmp1. * tmp2)/N;
     end ;
16   n = 0:2 * N;

18   % % frequency domain method of circular correlation
     % % uncomment and use this instead if desired
20   % S1 = fft(seqn1);
     % S2 = fft(seqn2);
22   % cor = ifft(S1. * conj(S2));

24   % standard linear correlation in MATLAB
     lincor = xcorr(seqn1, seqn2)/N;
26   nn = 0:2 * N - 2;
```

注意,程序显示了执行循环相关的时域方法(第 12～15 行)和频域方法(第 20～22 行),以及使用内置于 MATLAB 信号处理工具箱(Signal Processing Toolbox)中的 xcorr 执行线性相关(第 25 行)。图 5.17 显示了图 5.14 所示 PN 序列自相关的两种相关方法。观察到图 5.15 的理论化自相关仅在使用循环自相关时获得。为了清晰起见,PN 序列的码片如图 5.17 所示,为 MATLAB 条形图,实际的 PN 序列如图 5.14 所示。如果刚接触 PN 序列的人只是使用了 MATLAB 中的 xcorr 命令就希望得到类似于图 5.15 的结果,那么当他们没有得到那个结果时,他们可能会感到困惑。我们希望这个简短的例子能消除任何这种困惑,我们不会浪费空间来显示任何进一步的线性相关结果。

$[3,1]_s$(来自图 5.14)和 $[3,2]_s$ 的互相关在图 5.18 中显示。注意,在这种情况下,没有峰值等于 1.0。由 $[5,2]_s$ 指定的 31 个码片的最大长度 PN 序列的自相关如图 5.19 所示,最大长度 PN 序列 $[5,3]_s$ 和 $[5,4,3,2]_s$ 的互相关如图 5.20 所示。作为相关性属性的最后一个例子,图 5.21 显示了一个**不是最大长度** PN 序列的序列自相关。请注意,虽然在零偏移和偏移量等于 $NT_c$ 倍数时的峰值为 1.0,但是类似于最大长度 PN 序列,在其他偏移量处不存在高度期望的低自相关。请将图 5.21 与图 5.19 进行比较。

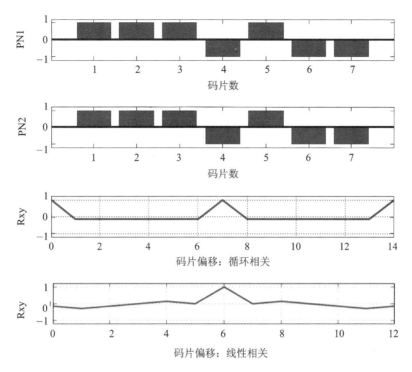

（从下往上第二部分：循环自相关；最下面部分：线性自相关）

图 5.17：使用 MATLAB 的一个长度 N＝7 的最大长度 PN 序列自相关

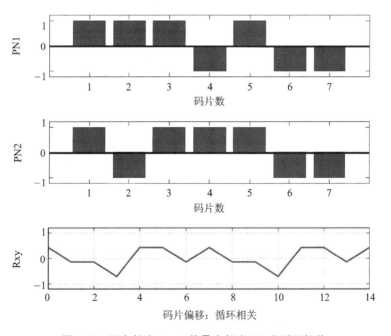

图 5.18：两个长度 N＝7 的最大长度 PN 序列互相关

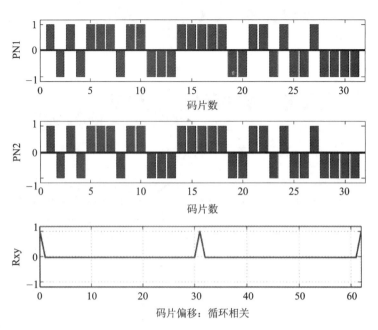

图 5.19：一个长度 $N=31$ 的最大长度 PN 序列自相关

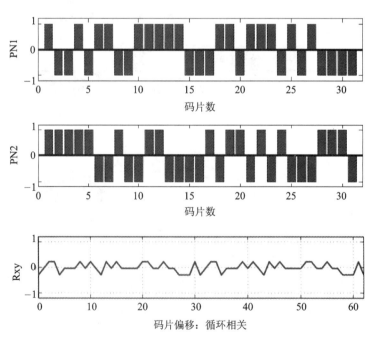

图 5.20：两个长度 $N=31$ 的最大长度 PN 序列互相关

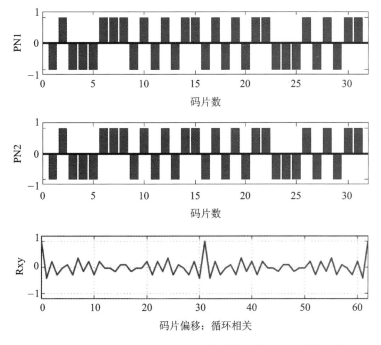

图 5.21：一个长度 $N=31$ 的非有效最大长度 PN 序列自相关

　　使用 MATLAB 探索 PN 序列的频谱属性也存在一些潜在的缺陷[1]。对于一个 PN 序列,使用传统的频谱分析工具(如 MATLAB 中的 psd 或 pwelch 命令)尝试观察 PSD 通常无法提供令人满意的结果,会产生一个与图 5.16 几乎没有相似之处的图,FFT 的频率分辨率对此负有部分责任[2],它部分取决于提供给 FFT 的数据点的数量。虽然试图通过使用 PN 序列的许多副本串联在一起成为一个单行向量作为 FFT 的输入来绕开这个问题,但是没有太大的改进。

　　解决这个问题的一种方法是“欺骗”MATLAB,使其“以为”输入的是一个遵循所需 PN 序列模式的连续波形。我们可以通过为 MATLAB 每个码片提供多个数据点来实现这一点,能够提供非常好的输出效果的合理数字是每个码片 20 个数据点。这项技术是在程序 pn_spec.m 中开发的,该程序包含在图书软件中,它生成了一个非常好的 PN 序列的 PSD 图,如图 5.22 所示。尤其是,请将图 5.22(a)与图 5.16 进行比较。在这个 $N=7$ 的例子中,这两个图都表明离散分量的基频是包络第一个零的频率的 $1/7$,这是因为 PN 序列的周期比一个码片的周期长 $N=7$ 倍。

　　我们在 MATLAB 中提供了程序,用于探索 PN 序列的相关属性和频谱属性,以及为给定的一套反馈抽头产生任何所需的 PN 序列。虽然在文中和 MATLAB 程序

---

① 频谱分析在第 9 章中有更详细的介绍。

② FFT 将在第 8 章中详细介绍。

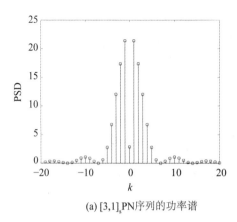

(a) $[3,1]_s$PN序列的功率谱

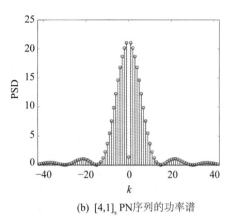

(b) $[4,1]_s$ PN序列的功率谱

**图 5.22：使用 pn_spec.m 估算的功率谱密度**

中提供了一些例子,但请回想一下,用于生成有效最大长度 PN 序列的大量反馈抽头的表格可在其他诸如文献[68]的书籍或诸如文献[69]的在线资源中获得。

两个 PN 序列生成程序中更通用的是 pngen2.m,它可以接受$[r,n,p,q,\cdots]_s$格式的任意数量的反馈抽头,这是我们在本章中使用过的格式。抽头以行向量格式作为输入 **fb** 提供给 pngen2.m,同时 pngen2.m 的输出就是由这些反馈抽头指定的 PN 序列。如果您正在生成长代码,那么请确保在调用 pngen2.m 的命令行末尾使用分号,以防止输出填满屏幕并减慢程序执行速度。pngen2.m 代码的关键部分在代码清单 5.12 中给出。

**清单 5.12：生成一套给定反馈抽头的 PN 序列的 MATLAB 程序**

```
      % perform one cycle of code generation
2   for i = 1: N
          output(i) = shift_reg(r);
4         if (ntaps > 2)  % multiple feedback taps
              feedback = shift_reg(fb(2));
6             for j = 3: ntaps
                  feedback = xor (shift_reg(fb(j)), feedback);
8             end
              feedback = xor (shift_reg(r), feedback);
10        else  % only one feeback tap
              feedback = xor (shift_reg(r), shift_reg(fb(2)));
12        end
          % perform brute force shift
14        shift_reg(2: r) = shift_reg(1: r-1);
          shift_reg(1) = feedback;
16  end
```

级的数量是 $r$，并且程序使用向量 **fb** 来确定从哪个级执行异或运算。请注意，PN 序列的完整周期是在程序退出并提供输出之前生成的，因此需要修改此代码以实现实时方法。也就是说，实时方法将在每个时钟"滴答"时输出所需 PN 序列的单个码片，并且在无论需要多少周期的情况下都保持继续运行。

在继续之前应该注意的是，为了简化代码，我们提供的 PN 序列生成程序以一种暴力方式实现移位寄存器。例如，shift_reg 变量是长度为 $r$ 的内存数组，这是非常浪费的，因为移位寄存器的每个级只需要存储单个位的二进制值。当然可以使用更优雅的技术。

## 5.5.4 使用 C 语言的 DSK 实现

本章是一个相当长的章节，篇幅有限制约了我们在这里所能展示的在 DSK 上实时生成 PN 序列的内容。我们将只展示一种在 DSK 上实时生成 PN 序列的方法，并提供一些有关如何使用它的基本建议。

要回答的首要问题之一可能是"您真的需要实时生成 PN 序列吗？"如果所需的序列不长，那么将它存储在内存中会更有效（这种方法确实只是一个查找表的实现方法）。对于 Barker 序列而言总是如此，它不是通过一个 SRG 生成的，并且长度总是相对较短。但是对于较长的 PN 序列，将它们存储在内存中变得不切实际，并且使用 DSP 软件的 SRG 实现来生成它们会更有效。

### 实时的考虑因素

按照我们在前面章节中使用的相同方法，您可以小心修改"去向量化"的 MATLAB 代码，以获得将在 DSK 上实时运行的 C 语言代码的初始版本。例如，查看清单 5.12，您将首先删除外部 for 循环以转换为逐个样本（或者在这种情况下，逐个码片）方式。在代码的较前面部分，您已经在内存中声明了一个足够大小的整数变量来保存 shift_reg（即至少有 $r$ 位）和 **fb** 的适当变量。output 只需要单个位，因为 PN 序列的每个码片将实时单独输出。请注意，通过在移位寄存器的 C 语言代码中使用适当大小的无符号整数变量（例如 Uint32 用于最多 32 级的 SRG），您可以利用高效的 shift-right 命令。然后，可以使用代码清单 5.12 中的基本方法，以逐个码片为基础输出给定的 PN 序列（由 **fb** 定义的反馈抽头确定）。在使用这种"暴力"方法后，下一步就是实现更优雅的技术。

如果您打算将 PN 序列作为使用一个或多个 DSK 的实时程序的一部分，并在这些 DSK 上通过编解码器进行输入和输出，那么请不要忽略这样一个事实：如果 PN 序列（或由其调制的数据）通过编解码器，则采样定理施加的 $F_s/2$ 带宽限制也适用于 PN 序列。因此，在实时 PN 序列生成代码中加入某种约束"码片速率" $1/T_c$，使其保持在采样定理限制范围内的方法，可能是明智的。

这就提出了如何提供包含实时 PN 序列的输出的问题。虽然可以使用 PN 序列来修改（即"扩展（spread）"或"去扩展（de-spread）"）输入数据作为所需的 DSP 算法的一部分,并通过编解码器输出结果,但我们认识到有些用户可能只希望访问 PN 序列本身。因此,我们使用 WriteDigitalOutputs 函数(参见本书软件的 common_code 目录中的 LCDK_Support_DSP. c、OMAPL138_Support_DSP. c 或者 DSK6713_Support. c)将实时 PN 序列用作电路板的数字输出。注意,与 LCDK 或 C6713 DSK 相比,OMAP‑L138 实验者套件(Experimenter Kit)上的 WriteDigitalOutputs 函数的行为稍有不同。在 LCDK 和 C6713 DSK 上,WriteDigitalOutputs 将 4 个位 0~3 (其中位 0 是 LSB)发送到电路板上的 4 个用户 LED(分别为 LED 1~LED 4),在这些电路板上的引脚很容易访问。在 OMAP‑L138 实验者工具包中,写入电路板的 LED 涉及相对较慢的 $I^2C$ 接口。为了避免这种减速,OMAP‑L138 实验者套件的 WriteDigitalOutputs 将信号发送到 LCD 的 J15 连接器上的 4 个数字输出引脚上。具体来说,4 个位 0~3(其中位 0 是 LSB)分别发送到 J15 连接器的引脚 6~9。连接器的引脚 1、5 和 10 处是接地的。对于所有 3 个电路板,WriteDigitalOutputs 允许用户根据需要连接(例如使用测试探针夹)到数字输出信号。

### 生成一个实时 PN 序列

我们给出了一个使用 DSK 实时生成 PN 序列的 C 语言代码示例。运行此应用程序所需的文件在第 5 章的 ccs\PN 目录中提供。感兴趣的主要文件是 ISRs_LFSR. c,它包含各种声明和中断服务例程以执行 PN 序列生成算法。在编写该程序时,生成的 PN 序列不会以任何方式修改输入数据。数据样本从编解码器中获得,并输出到编解码器中,不做任何修改(即简单的"talk-through")。如上文所述,PN 序列是作为数字输出来发送的。读者可以根据需要用 PN 序列自由修改输入数据。

代码声明部分的摘录如清单 5.13 所示。

**清单 5.13:PN 发生器代码的声明**

```
       // implementing Galois 16-bit LFSR x^16 + x^14 + x^13 + x^11 + 1
   2   # define LFSR_LENGTH          16
       # define LFSR_BIT_MASK        ((1 << LFSR_LENGTH) − 1)
   4   # define LFSR_XOR_MASK        (((1 << 16) | (1 << 14) | (1 << 13) |
       [+] (1 << 11)) >> 1)
       # define LFSR_SEED_VALUE      3
   6
       // reduce LFSR update rate to Fs/DIVIDE_BY_N
   8   # define DIVIDE_BY_N          10

  10   Uint32 LSFR_reg = LFSR_SEED_VALUE;
```

清单 5.13 解释如下:

① (第 1 行):注意 SRG 将是一个 Galois 实现,它对如何指定反馈抽头有启示作用。

② (第 2 行)：声明 SRG 有 16 个级。

③ (第 3 行)：在 ISR 中使用此掩码将 SRG 设置为第 1 行指定的级数。

④ (第 4 行)：您可以在此指定要生成的 PN 序列的反馈抽头。在这种情况下，要生成的 PN 序列将是 $[16,14,13,11]_m$，其产生长度为 65 535 个码片的最大长度序列。您只需更改此行和第 2 行即可指定最多 32 级的任何 PN 序列。

⑤ (第 5 行)：确定 SRG 的"种子状态(seed state)"。这里使用何值都没关系，只要不是零即可。

⑥ (第 8 行)：与编解码器的采样频率相比，码片速率减慢的因子。

⑦ (第 10 行)：此 32 位无符号整数 LFSR_reg 是存储 SRG 各级的位置。

代码算法部分的摘录如清单 5.14 所示。

**清单 5.14：PN 发生器代码的算法**

```
     interrupt void Codec_ISR()
2    {
         /* add any local variables here */
4        Uint8 lsb;
         static Int32 divide_by_n = 0;              // used to slow PN rate
6
         if (CheckForOverrun())                     // overrun error occurred
8            return ;                               // so serial port is reset

10       CodecDataIn.UINT = ReadCodecData();        // get input data

12       /* add your code starting here */

14       if ( -- divide_by_n <= 0) {                // wait for counter to expire
             divide_by_n = DIVIDE_BY_N;             // reset counter
16           LSFR_reg &= LFSR_BIT_MASK;             // mask LFSR to desired length
             lsb = LSFR_reg & 1;                    // store state of LS bit
18           LSFR_reg >>= 1;                        // shift LFSR right
             if (lsb)
20               LSFR_reg ^= LFSR_XOR_MASK;         // XOR only if LSB was 1

22           WriteDigitalOutputs(LSFR_reg);         // write LS four bits to
             [+] digital outputs
         }
24
     CodecDataOut.UINT = CodecDataIn.UINT;          // just do talk-
         [+] through
26
     /* end your code here */
28
         WriteCodecData(CodecDataOut.UINT);         // send output data
30   }
```

清单 5.14 解释如下:

①(第 4 行):将 lsb 变量声明为 8 位无符号整数。虽然该变量仅用于存储单个位(LFSR_reg 的最低有效位(LSB)),但 8 位存储单元通常是最小的独立可寻址单元。这可能是一个提醒读者的好时机,布尔变量类型 bool 不是 C 语言的一部分,而是 C++语言的一部分。请注意,我们通常以这样的方式可视化一个寄存器:MSB 在最左边,LSB 在最右边;因此,LFSR_reg 的 LSB 是 SRG 的 $r$ 级所在的位置,也是从 SRG 获取输出的位置。

②(第 5 行):与清单 5.13 的第 8 行结合使用,相对于编解码器的采样频率来说,实现码片速率的降低。如果必须通过编解码器输出 PN 序列(或由 PN 序列修改的数据),则需要这样做。

③(第 7~8 行):检查 DSK 是否由于 McASP(在 OMAP 上)或 McBSP(在 C6713 上)的超限而停止,如果是,则根据需要重置端口。

④(第 10 行):从编解码器获取输入样本(左右通道一起)。

⑤(第 14 行):对 divide_by_n 计数器进行预递减,并且只有在计数器"完成"时才执行 PN 序列生成算法。这根据需要有效地减慢了 PN 序列的码片速率。

⑥(第 15 行):重置 divide_by_n 计数器。

⑦(第 16 行):使用位掩码和逻辑"与"运算,仅保留 LFSR_reg 的一部分,尤其是实现 SRG 所需级数的最低有效部分。这将强制 LFSR_reg 的未使用的"高"位为 0,从而确保在默认情况下将 0 移动到 LFSR_reg 的 MSB 中。

⑧(第 17 行):只将 LFSR_reg 的最低有效位保存到变量 lsb 中。

⑨(第 18 行):在 SRG 上执行右移操作。

⑩(第 19~20 行):使用指定的反馈抽头实现等效的 Galois LFSR。

⑪(第 22 行):将最低有效的 4 位写入数字输出引脚。虽然 LFSR_reg 的长度为 32 位,但 WriteDigitalOutputs 函数将只发送输入参数的最低有效 4 位作为输出。在大多数情况下,读者只对一位感兴趣,即 LSB,按照惯例,它构成 SRG 的输出。对于 LCDK 或 C6713 DSK,LSB 位于 LED 1 处;对于 OMAP - L138 实验者套件(Experimenter Kit),LSB 将在 J15 连接器的引脚 6 处。

⑫(第 25 行和第 29 行):将第 10 行中获得的输入样本通过"talk-through"操作发送回编解码器。

### 现在您理解了代码……

请继续,将所有文件复制到一个单独的目录中。在 CCS 中打开项目并"全部重建(Rebuild All)",构建完成后,"加载程序(Load Program)"到 DSK 中并单击"运行(Run)"按钮。您的 PN 序列发生器现在正在 DSK 上实时运行。假设采样频率设置为 48 kHz,则除以 10 将得到每秒 4 800 个码片的码片速率。

### 例子结果

假设您的实时 PN 序列生成项目正在运行,并且您可以访问适当的测试和测量设备①,您应该能够在时域和频域中观察产生的 PN 序列。图 5.23 显示了时域中 PN 序列$[16,14,13,11]_m$ 的一个例子。为了清晰起见,仅示出了 20 ms,对于该每秒 4 800 个码片的 PN 序列,相当于有 96 个码片。如果我们试图显示所有 65 535 个码片的一个完整周期(持续时间超过 13.6 s),那么码片就会紧密地堆积在一起,显示将毫无意义。请注意,这是单级数字输出,向对拓码片序列(antipodal chip sequence)的转换在这里没有被实现。

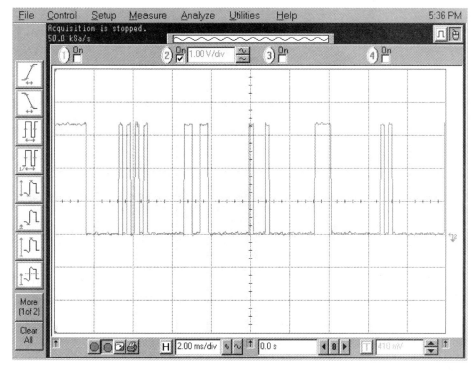

(它使用 16 级 SRG 来生成 65 535 码片长的 PN 序列。为了清晰起见,只显示 96 个码片)

**图 5.23:DSK 的时域显示**

频域中的 PN 序列的示例如图 5.24 所示。注意,形状遵循 sinc 的平方,如预期的那样,该每秒 4 800 码片的 PN 序列的第一个零点在 4.8 kHz 处。

我们生成的 PN 序列被用一个因子 10 减慢到每秒 4 800 个码片的速度。如果我们将 divide_by_n 因子设置为 1,我们将获得每秒 48 000 个码片的 PN 序列。只要我们是直接从数字输出而不是从编解码器 DAC 获取 PN 序列,这仍然是可以接受的。如果您需要更快的芯片速率怎么办?您可以通过取消您项目中 DSP_Config. h 文件里注释的 ♯ define SampleRateSetting,轻松地将编解码器的采样频率更改为 96 kHz,并获得每秒 96 000 个码片的 PN 序列,而无须修改其他代码。如果您需要

---

① 或者,您可以使用空闲的 DSK 运行 winDSK8,并选择示波器功能或频谱分析仪功能。

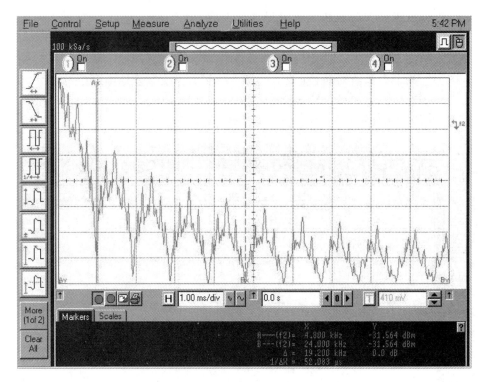

(它使用 16 级 SRG 来生成 65 535 码片长的 PN 序列。注意,第一个零点在 4.8 kHz 处)

**图 5.24:DSK 的频域显示**

比这更快的码片速率怎么办?您可以使用定时器中断,轻松获取低兆赫兹范围内的速率,而不是使用编解码器中断。或者,您可以禁用中断并将 PN 序列生成算法放在 main.c 循环中,并获得数十兆赫兹的码片速率。

### 使用实时的 PN 序列

可以以多种方式使用在 DSK 上实时生成的 PN 序列。例如,DSK 可以用于测量房间声频响应的源信号(房间声学均衡的第一步,有时称为"数字房间校正(digital room correction)")。或者您的兴趣可能更多地偏向于通信应用程序,在这种情况下,您可能需要参考数字通信书籍,比如从文献[63-68]中获取一些想法。例如,DSK 可以将扩展(和/或解扩)信号提供给另一个充当 BPSK 或 QPSK 调制器或解调器的 DSK(参见第 18~21 章,了解在 DSK 上实现这些数字通信方法的项目)以创建扩频通信系统;然而,如果您将自己局限于板载编解码器和音频频率,那么这种应用的带宽是一个挑战。产生 PN 序列的 DSK 可以为简单的 CDMA 演示提供基础……您可以充分想象一下。

# 5.6 后继挑战

考虑扩展您所学的知识：

① 本章讨论的基于三角函数调用的技术使用了单精度变量(float)，设计并实现了实时程序的双精度变量(double)版本。这种高精度技术有哪些优点和缺点？

② 创建一个 DTMF 信号发生器，用于创建与您的电话号码相关的音调：

ⓐ 考虑通过在 ISR 中嵌入电话号码来启动该过程。以后您总是可以添加更复杂的编码技术。

ⓑ 确保您的系统将可以使用任何电话号码。

ⓒ 确保您的系统将处理括号、空格和短画线字符。

ⓓ 确保您的系统允许用户定义的音调持续时间和音调间隔。

ⓔ 确保您的系统能够重复拨号。

③ 表查找技术实际上只需要定义表的 1/4，因为正弦和余弦函数是对称函数（0～2π 表中只有 1/4 是唯一的）。设计并实现利用这种对称性的实时程序。

④ 修改 PN 序列发生器，以检测禁止的"全 0 状态"的意外情况，并从中恢复。

⑤ 修改 PN 序列发生器，以生成比编解码器采样频率更快的码片速率。

# 5.7 问 题

1. 如果在您的实时 C 语言代码中使用了如 sinf() 等的三角函数调用，那么当 math.h 头文件未被包含在程序中时会发生什么？

2. 描述对正弦曲线生成的数字谐振器形式的系数量化（或仅指所指系数的低精度）的影响。

3. 比较和对比正弦曲线生成的 DDS、数字谐振器和查找表方法。

4. 哪个更适合于任意波形的生成：DDS、数字谐振器或查找表方法？

5. "谐波失真(harmonic distortion)"这一主题将以何种方式适用于正弦曲线的生成？

6. "互调失真(intermodulation distortion)"这一主题将以何种方式适用于 DTMF 的生成？

7. 为什么用于生成 PN 序列的 SRG 禁止"全 0 状态"？

8. 手动计算一个 $[3,1]_s$ 的 PN 序列的自相关；同时显示线性自相关和循环自相关，并比较结果。

# 第 **6** 章

# 基于帧的 DSP

## 6.1 理 论

本书中直到此时之前的讨论通常假设实时处理是在逐个样本的基础上完成的,也就是说,一个输入样本 $x(t)$ 由编解码器的 ADC 部分转换为数字形式 $x[n]$,并传送到 DSK 的 CPU 以进行任何所需的处理;然后将处理后的样本 $y[n]$ 传送到编解码器的 DAC 部分,转换回模拟形式 $y(t)$,并发送给一个输出设备(例如一个扬声器)。以这种方式处理数据具有两个明显的优点:首先,这种方式使 DSP 算法更容易理解,也更容易编程;其次,对逐个样本的处理还可以通过在每个样本都可用时立即对其进行操作来最小化系统延迟。然而,对逐个样本的处理具有严重的缺点,并且不常用于许多类型的商业代码中。

### 6.1.1 基于样本的 DSP 的缺点

实时的基于样本的 DSP 的一个含义是,所有处理必须在样本间隔时间内完成。对于许多复杂的 DSP 算法,如果不可能的话,这就变得困难了,特别是对于快速采样率。例如,如果我们使用本书中经常使用的 $F_s = 48$ kHz 的采样频率,那么我们只能用 $T_s = 1/(48 \times 10^3) = 20.83(\mu s)$ 来处理左右通道样本(假定是立体声操作),或者用 10.42 $\mu s$ 来处理每个样本。给定 LCDK 的 456 MHz 时钟频率(每个时钟周期为 2.193 ns),这意味着每个样本大约有 4 752 个时钟周期[①]。请注意,当我们评估可用的时钟周期时,我们还必须包括在此时间段内的所有"开销",例如与编解码器传输、内存访问、指令和数据缓存延迟相关的开销,以及其他不可避免的因素。虽然如此多的时钟周期似乎足够多,但具有许多内存传输的复杂算法可能很容易超过这个数字。当然,如果我们使用预先存储的数据来执行**非实时** DSP,那么这个限制就不存在了。但本书的重点是如何有效地执行实时 DSP。

---

① OMAP – L138 实验者套件运行的时钟频率为 300 MHz,即每个时钟周期为 3.333 ns。C6713 DSK 运行的时钟频率为 225 MHz,即每个时钟周期为 4.444 ns。更慢的时钟频率意味着用于处理每个样本的时钟周期更短。

实时的基于样本的 DSP 的另一个含义似乎相当明显,即在任意给定的时刻只有一个新样本可用于进行处理(一些先前的样本通常也可用)。某些类别的 DSP 算法,例如许多使用 FFT(快速傅里叶变换)的实现,在任意给定的时刻都需要(或具备之后能执行得更好)某些连续范围的新样本可用,这对于基于样本的 DSP 来说显然是不可能的[①]。实时的基于样本的 DSP 的第二个含义是,处理器必须响应来自作为数据源和接收器的设备(例如编解码器)的每个中断,以便执行所需的数据传输。这样做意味着当前处理被中断,处理器的状态被保留,控制被转移到适当的中断服务程序并被执行;然后处理器状态必须被恢复并在中断点重新开始执行。在此过程中,还会出现其他低效问题,例如管道刷新和缓存丢失。此开销表示丢失了处理时间,并且可能显著降低 DSP 的整体性能。为了减轻处理器的这种负担,通常将称为直接存储器存取(DMA)控制器的专用硬件组件作为外围元件包含于 DSP 设备自身中。一旦 DMA 控制器被编程为响应正在提供数据或接收数据的设备,它将自动执行所需的到存储缓冲区去或从存储缓冲区来的传输,而无须处理器介入。当缓冲区被填满或清空时,DMA 控制器会中断 DSP,这使得 DSP 免于执行重复数据传输的普通任务,并且一旦数据缓冲区可用,就可以将其资源集中在计算密集型的处理上。为了使该过程有效,缓冲器通常被设计为包含数百或数千个样本。在出现这些情形中的一种或两种的情况下,我们需要一种处理信号的替代方法,称之为基于帧的(frame-based)DSP。

## 6.1.2 什么是帧?

"帧(frame)"是我们用来描述一组连续样本的名称,其他一些资料可能使用术语"块(block)"或"包(packet)",而不是"帧",但它们的含义本质上是相同的。为了实现基于帧的 DSP,我们必须采集 $N$ 个样本,并在这一点上开始帧的处理。有关基于样本处理和基于帧处理的图形比较,请参见图 6.1。

多少个样本构成一个帧呢?样本数量是 2 的幂(即 $N = 2^n$)的帧大小是常见的,没有**必须**使用的特定数量,因此,可根据几个因素来选择帧大小,例如要使用的 DSP 算法、ADC 的速度和效率、存储器传输所需的开销、其他硬件限制以及 DSP 系统的性能。最后要考虑的因素取决于以下事实:无论 DSP 获得什么结果,都不能以比采样整个数据帧更快的速度来获得新的"更新后的"结果。

例如,假设我们将基于某信号的 FFT 以图形方式显示该信号的频谱,那么 FFT 需要一个一次可用的数据帧。如果我们假设采样频率为 $F_s = 48$ kHz(因此,$T_s = 1/(48 \times 10^3) = 20.83 (\mu s)$)且帧大小为 2 048 个样本,那么频谱显示的更新速度不会超过 $2\,048 \times 20.83\ \mu s = 42.66$ ms,相当于每秒 23.44 次显示更新。在世界各地,标准

---

① 请注意,还有其他类别的 DSP 算法,例如主动噪声消除(active noise cancelation),通常需要逐个样本地处理以尽快更新自适应算法。

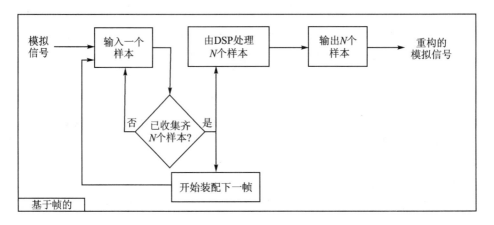

（注意，一些系统可能不需要像这里显示的那样，将输入或输出转换自/到模拟信号）

**图 6.1：通用的基于样本与通用的基于帧的处理系统比较**

清晰度电视视频(含较旧的模拟格式和较新的数字格式)每秒更新 25 或 30 帧(取决于所在国家/地区)，影院中显示的电影通常每秒更新 24 帧，因此可能令人满意[①]。注意，这个例子中的含义是我们现在有了 42.66 ms，或者对 LCDK 来说超过 1 940 万个时钟周期来处理数据！如果我们将帧大小加倍，则将获得 2 倍的处理数据的时间，但我们最快只能更新一半的频谱显示，这或许不能被用户接受。因此，随着帧大小的增加，我们有更多的时间来处理数据，但系统输出的响应时间变得更慢。帧大小是需要进行的许多工程设计的折中之一。如果系统输出的帧被发送到 DAC，那么它们将在给定的采样频率 $F_s$ 下逐个样本地转换为模拟信号。为了正确操作，输出的下一帧必须在转换当前帧的最后一个样本时可用，例如，如果我们正在进行音频处理，那么这一要求将确保从听众的角度来说，在音乐中间没有"间隙"，并且其输出听起来与使用基于样本的处理没有什么不同。当然，存在等于帧周期的时滞或等待时间，但是听众不易察觉。

大多数实时 DSP，比如 CD 和 DVD 播放机(DVD player)、电话系统(包括有线和无线蜂窝)、互联网通信和数字电视(如 HDTV)都实现了一种基于帧的处理形式。例如，CD 播放机(CD player)使用由 6 个采样周期(6 个左声道采样，6 个右声道采

---

[①] 各种各样的"技巧"经常被用来提高可见屏幕的更新率，这样，人类的视觉系统就不会察觉到闪烁的图像。大多数电视标准允许每帧有两个交错场(尽管这与渐进式扫描相比有其他缺点)，一些高端电视显示器内部将帧速率重新格式化为更高的频率，而电影放映机通常使用光源斩波器来提供更高帧速率的假象。

样,交替)组成的数据帧[70],每个样本是 2 字节(16 位),所以初始帧的长度是
24 字节①。

# 6.2 winDSK 演示

为了保持代码的简单性,winDSK8 中提供的大多数功能都是以基于样本的程序
实现的。但是,示波器(Oscilloscope)功能是一个例外,它必须通过 I/O 接口来传输
信息,以便在 PC 的视频屏幕上实时显示。由于在 I/O 口传输和视频屏幕渲染中都
存在显著的时间开销,因此使用了基于帧的处理。事实上,直接写入视频屏幕所导致
的开销会使逐个样本视频传输变得不切实际。winDSK8 这一部分使用的实际帧大
小为每个通道 512 个样本。

如果您尚未尝试过 winDSK8 的示波器功能,那么请单击 winDSK8 主界面的
"Oscope/Analyzer"工具按钮立即尝试,该功能的主要用户界面窗口如图 6.2 所示。
请注意,在 winDSK8 中,"示波器(Oscilloscope)"功能在左上角的下拉菜单中进行选
择。该功能可以提供时域(time domain)(即示波器(Oscilloscope))或频域(即频谱
分析仪(Spectrum Analyzer))显示。在某些 DSP 教材中,"时域"称为"样本域(sample
domain)"。使用示波器功能的时域示例如图 6.3 所示。

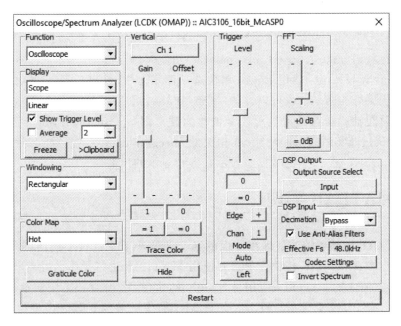

图 6.2: winDSK8 的示波器(Oscilloscope)功能的主用户界面窗口

---

① 包括纠错和调制的额外的 DSP 步骤将其扩展到每帧 73.5 字节(588 位),这是实际存储在 CD 上的数量。

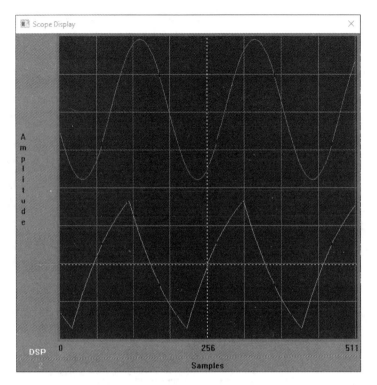

图 6.3：winDSK8 的示波器(Oscilloscope)功能的双通道时域显示例子

当选择频谱分析仪(Spectrum Analyzer)功能时,可通过对 512 个样本数据块执行 FFT 来计算频域值。使用 Log10 单位选项而不是"线性(Linear)"选项通常可以为频谱提供更好的结果。也可以尝试"瀑布(Waterfall)"选项,这会在显示上添加一个移动的时间轴。瀑布频谱显示通常被称为频谱图(spectrogram),如果您在 MAT-LAB 中尝试过非实时频谱图功能(或相关的 specgramdemo),您可能会觉得这很熟悉。在 winDSK8 中,最新的数据将显示在瀑布显示的顶部[1]。

# 6.3 MATLAB 实现

MATLAB 中基于帧的处理在前面的第 2.4.2 小节中进行了说明,其中每帧包含 500 个样本,帧从 DSK 传输到 PC,并使用 MATLAB 进行操作。另一个通常使用基于帧处理的 MATLAB 相关应用是 Simulink,这在第 2.4.1 小节中演示过,其中使用了每个含有 1 024 个样本的帧。事实上,对于那些根据 Simulink 模型为 C6x 型的目标 DSP 生成代码的 MATLAB 工具箱来说,我们发现实际生成的代码对输入流和输出流使用了双缓冲方案,或者说总共使用了四个缓冲区。我们在下一节中解释的

---

[1] 如果您感兴趣的话就会知道,这类似于美国核潜艇上典型的声呐系统提供的读数类型。

基于三重缓冲的基于帧的方法实际上是一种更有效的技术,因为它只需要三个缓冲区而不是四个来实现相同的效果。

# 6.4 使用 C 语言的 DSK 实现

**重要提示**:如第1章所述,对于本书(尤其是本节)中的一些代码清单中包括的一些行,尽管我们尽了最大努力,但这些行太长仍无法放进书的页面内,并且我们仍然要使用这些有意义的变量和函数名。因此,我们提醒您,在所有程序清单中出现换行时仅仅是因为页面的原因,字符"[+]"的出现用以标识换行部分的开头,对于换行的部分,清单左边缘显示的行号不会递增。

**注意**,对于实时过程,只要系统运行,ADC 就不会停止采集样本。当采集到 $N$ 个样本时,它们被传输以便于 DSP 进行处理,并且无任何中断地开始新帧的采集。如图6.1所示,基于帧的处理需要一些手段来确定何时已获取到 $N$ 个样本。一种常见的技术是在相关的 ISR 中加入一个计数器和一个标志。

## 6.4.1 三重缓冲

对于实时的基于帧的处理,我们在任意给定时刻至少需要三个内存缓冲区:一个用于将新样本填充到帧,一个用于通过 DSP 处理帧,另一个用于将已处理过样本的帧发送到输出,我们分别称它们为缓冲区 A、缓冲区 B 和缓冲区 C。下面通过跟随一个帧在系统中传输来说明这个基本的过程。一个暴力方法将使用缓冲区 A 填充输入帧以存储来自 ADC 的样本,然后将缓冲区 A 的内容复制到缓冲区 B 进行处理(释放缓冲区 A 用于下一帧),处理之后将缓冲区 B 的内容复制到缓冲区 C,缓冲区 C 的内容被发送到 DAC,以此类推……但这种技术**相当**无效率。所有内存传输都会导致相当大的开销。

实现实时的基于帧的处理最有效的方法是使用一种称为"三重缓冲(triple buffering)"的技术。还有一种相关的方法称为"乒乓缓冲区(ping pong buffers)",它使用四个缓冲区(两个用于输入,两个用于输出),但在这里我们关注的是更有效的三重缓冲方法。在这种技术中,不需要复制缓冲区内容。我们所要做的就是定义三个指针,用于输入、处理和输出缓冲区内存单元的地址。当输入缓冲区填满时,我们只是更改指针,而不是物理复制任何缓冲区内容。可视化该流程的最佳方法是使用图片,图6.4显示了更新指针的典型顺序。我们可以把它看作是循环缓冲的一种变化(在第3章中第一次讨论过),但在这种情况下,它是通过帧而不是样本进行循环的。

为了实现三重缓冲,我们使用单个 ISR 来同时执行数据的输入和输出,并跟踪帧填充和处理的状态。ISR 的输入部分是从 ADC 输入样本并填充输入缓冲区,ISR 的输出部分是从输出缓冲区发送样本到 DAC,并且主程序在不被 ISR 中断的情况下运行处理缓冲区上所需的任何算法。ISR 必须负责跟踪何时收集好了一个完整的

初始条件(所有三个缓冲区都填充为0)

指针 pInput ⟶ 缓冲区 A

指针 pProcess ⟶ 缓冲区 B

指针 pOutput ⟶ 缓冲区 C

时间进程

| 指针 | T0 | T1 | T2 | T3 | T4 | 以此类推…… |
|---|---|---|---|---|---|---|
| pInput | 缓冲区A | 缓冲区C | 缓冲区B | 缓冲区A | 缓冲区C | 以此类推…… |
| pProcess | 缓冲区B | 缓冲区A | 缓冲区C | 缓冲区B | 缓冲区A | 以此类推…… |
| pOutput | 缓冲区C | 缓冲区B | 缓冲区A | 缓冲区C | 缓冲区B | 以此类推…… |

注意: 1. 每个时间块都是用样本填充一帧所需的时间量。
2. 时间T0:缓冲区A正在填充,缓冲区B和C仍然填充零。
3. 时间T1:缓冲区C正在填充,缓冲区A正在处理,缓冲区B全部为零。
4. 时间T2:缓冲区A发送到DAC时出现第一个实际输出。
5. 只要程序运行,相同的模式就会以如上所示进行重复。

图 6.4: 三重缓冲的图形化表示

帧,并设置一个标志,以便主程序可以更新缓冲区的指针分配。ISR 还检查缓冲区处理是否已及时"完成",否则可能在用户不知情的情况下发生错误输出。

## 6.4.2　一个基于帧的 DSP 例子

我们将保持 DSP 算法非常简单,这样就不会混淆要点:向您介绍基于帧的处理。第 7 章将给出一个更现实的例子。由于本节的主要目的是向您展示如何以称为帧的样本"块(blocks)"方式来输入、处理和输出数据,因此只要实际处理不超过实时计划,我们所做的处理就无关紧要。假设我们简单地使左通道的输出为左通道输入和右通道输入之和($L+R$),并使右通道的输出为左通道输入和右通道输入之差($L-R$),在第 6 章的 ccs\Frame 目录中给出了用基于帧的代码实现的这个简单程序的一个例子。一定要检查这个目录中的完整代码清单,以了解程序的完整工作[①]。这里我们仅仅指出一些要点,主程序(main.c)是很基本的,如下所示:

清单 6.1: 使用 ISR 的简单的基于帧处理的主程序

```
     # include "DSK_Config.h"
2    # include "frames.h"

4    int main() {
          //initialize all buffers to 0
```

_____

① 请务必同时查看 common_code 目录中的 DSK_Support.c 文件,以了解多个程序共享的初始化函数。

```
6        ZeroBuffers();

8        // initialize DSK for selected codec
         DSK_Init(CodecType, TimerDivider);
10

         // main loop here, process buffer when ready
12       while(1) {
             if (IsBufferReady()) // process buffers in background
14               ProcessBuffer();
         }
16   }
```

虽然该程序在许多方面类似于先前实现的基于样本处理的示例中使用的主程序,但是存在一些显著差异。例如,在第 6 行中,我们确保在程序进行之前将所有三个缓冲区的内容设置为零[①]。在第 12 行中,我们进入一个连续 while 循环,类似于基于样本处理所做的那样,只有在此实例中 while 循环是不空的:在第 13 行我们首先测试缓冲区是否已满,当它已满时,第 14 行则在完整缓冲区中处理样本。

该程序真正的"料"在 ISRs.c 文件中,它包含中断服务程序。该文件的第一部分包含各种声明,如下所示:

清单 6.2:"ISRs.c"文件中的声明

```
     # define LEFT 0
2    # define RIGHT

4    volatile union {
       Uint32 UINT;
6      Int16 Channel[2];
     } CodecDataIn, CodecDataOut;

8

10   /* add any global variables here */
     // frame buffer declarations
12   # define BUFFER_LENGTH       96000   // buffer length in samples
     # define NUM_CHANNELS        2       // supports stereo audio
14   # define NUM_BUFFERS         3       // don't change
     # define INITIAL_FILL_INDEX  0       // start filling this buffer
16   # define INITIAL_DUMP_INDEX  1       // start dumping this buffer
```

---

① 虽然许多现代编译器将新创建的缓冲区或变量的内容设置为零,但依赖该功能可能并不明智。

```
18    // allocate buffers in external SDRAM
      #pragma DATA_SECTION(buffer, "CE0");
20    volatile float buffer[NUM_BUFFERS][2][BUFFER_LENGTH];
      // there are 3 buffers in use at all times, one being filled,
22    // one being operated on, and one being emptied
      // fill_index --> buffer being filled by the ADC
24    // dump_index --> buffer being written to the DAC
      // ready_index --> buffer ready for processing
26    Uint8 buffer_ready = 0, over_run = 0, ready_index = 2;
```

请注意,从第 4 行到第 7 行继续我们以前的技术,即有效地将左右 16 位样本引入作为单个 32 位无符号整数,但仍允许通过将 CodecDataIn 和 CodecDataOut 都声明为联合体来单独操作左右通道。第 12 行和第 13 行指定了用于帧的缓冲区的维度:在这个例子中,每帧的长度为 192 000 个样本,包括来自左通道的 96 000 个样本和来自右通道的 96 000 个样本;第 14 行指定将有三个此大小的相同缓冲区。第 15 行和第 16 行指定三个缓冲区中的哪一个将在开始时作为输入缓冲区,哪一个将在开始时作为输出缓冲区。第 20 行是为所有三个缓冲区分配内存空间的实际声明,第 19 行的编译器编译指令确保外部 SDRAM 内存空间用于这些缓冲区[①]。第 26 行建立变量来指示缓冲区何时满,是否已经存在缓冲区溢出(即当前处理缓冲区上的 DSP 操作在当前输入缓冲区需要成为新的处理缓冲区之前没有完成),以及用于确定下一个开始填充输入样本的缓冲区的索引值。

中断服务例程 Codec_ISR 将来自 ADC 的输入样本传送到适当的输入缓冲器。该例程的输入部分如下所示:

清单 6.3:"ISRs.c"文件中的中断服务例程的输入部分

```
    interrupt void Codec_ISR() {
2   static Uint8 fill_index = INITIAL_FILL_INDEX;   // for fill buffer
    static Uint8 dump_index = INITIAL_DUMP_INDEX;   // for dump buffer
4   static Uint32 sample_count = 0;   // current sample count in buffer

6   if (CheckForOverrun())     // overrun error occurred (halted DSP)
      return;                  // so serial port is reset to recover
8
    CodecDataIn.UINT = ReadCodecData();     // get input data samples
10
    // store input in buffer
```

---

① 除非缓冲区非常小,否则它们通常无法容纳于 DSP 芯片上的 RAM 空间中。稍后我们将再次看到这一点。

```
12    buffer[fill_index][LEFT][sample_count] = CodecDataIn.Channel[
          [ + ]LEFT];
      buffer[fill_index][RIGHT][sample_count] = CodecDataIn.Channel[
          [ + ]RIGHT];
```

第 2 行中的变量 fill_index 用于选择哪个缓冲区作为当前输入缓冲区,第 4 行中的变量 sample_count 用作计数器以确定缓冲区何时被填满。正如我们在前面的章节中所看到的,将这些变量声明为“静态(static)”允许在 ISR 调用之间保持它们的值。请记住,在输入缓冲区填满之前,会多次调用此 ISR(在此实现中为 96 000 次),并且处理例程 ProcessBuffer 用所有这些时间(减去专用于任何其他 ISR 的简短时间)来完成其工作。第 9 行从 ADC 中输入新样本。第 12 行和第 13 行将新样本传输到当前输入缓冲区中的适当位置。

现在我们已经看到了输入缓冲区是如何填充的,那么 ProcessBuffer 函数看起来是什么样的呢? 如前所述,我们展示了一个非常简单的例子,即形成左右通道之和与之差,这只是为了说明如何操纵缓冲区的值。

**清单 6.4:“ISRs. c”文件中的 ProcessBuffer 的简化版**

```
1     ProcessBuffer() {
          Uint32 i;
3         float * pL = buffer[ready_index][LEFT];
          float * pR = buffer[ready_index][RIGHT];
5         float temp;

7     /* addition and subtraction */
          for (i = 0; i < BUFFER_LENGTH; i ++){
9             temp = * pL;
              * pL = temp + * pR;   // left = L + R
11            * pR = temp - * pR;   // right = L - R
              pL ++ ;
13            pR ++ ;
          }
15
          buffer_ready = 0;
17    }
```

关于 ProcessBuffer 函数,需要特别注意两件事:第一,缓冲区中的所有值(左通道的 96 000 个样本和右通道的 96 000 个样本)都在该函数完成之前进行处理(尽管它被 ISR 中断了多次);第二,当处理完成时,变量 buffer_ready 被设置为 0,这样,程序的其余部分就会知道这个函数已经正确完成。

如何将处理过的样本发送到输出? 当缓冲区更改时,当前处理缓冲区将成为新的输出缓冲区,该输出缓冲区由下面所示的 ISR 的 Codec_ISR 中的一部分发送到 DAC。

清单 6.5："ISRs. c"文件中的中断服务例程的输出部分

```
 1    // bound output data before packing
      // use saturation of SPINT to limit to 16-bits
 3    CodecDataOut. Channel[LEFT] = _spint(buffer[dump_index][LEFT][
          [+]sample_count] * 65536) >> 16;
      CodecDataOut. Channel[RIGHT] = _spint(buffer[dump_index][RIGHT][
          [+]sample_count] * 65536) >> 16;
 5
      // update sample count and swap buffers when filled
 7    if ( ++ sample_count >= BUFFER_LENGTH) {
          sample_count = 0;
 9        ready_index = fill_index;
          if ( ++ fill_index >= NUM_BUFFERS)
11            fill_index = 0;
          if ( ++ dump_index >= NUM_BUFFERS)
13            dump_index = 0;
          if (buffer_ready == 1)   // set a flag if buffer isn't
              [+]processed in time
15            over_run = 1;
          buffer_ready = 1;
17    }

19    WriteCodecData(CodecDataOut.UINT);   // send output data to port
      }
```

在第 3 行和第 4 行中,通过编译器内部函数(compiler intrinsic function)_spint 将处理的样本限定在有符号 16 位数字的允许范围内,这比不得不执行的这种与最大正值和最小负值进行的双重比较要快。第 3 行和第 4 行还将处理过的样本从缓冲区传输到相应的 CodecDataOut 变量。第 7～17 行包含在当前输入缓冲区满时更改为下一个缓冲区的逻辑,并确定处理缓冲区是否准备就绪并可以切换。请注意,如果处理缓冲区**未就绪**(由第 16 行中的 buffer_ready[①] 等于 1 表示),那么程序仍将切换缓冲区,但 over_run 标志指示已发生此错误情况。缓冲区溢出意味着您没有满足实时计划,这意味着必须以某种方式使 ProcessBuffer 函数更快,实际的 DSP 算法是在 ProcessBuffer 函数中实现的。

请注意,每次 ISR 中断 CPU 时,都会有一些时间"丢失",这是可能用于主算法的时间。如果我们能够减少这些中断的数量和持续时间,就可以获得更高的编程效

---

① 回想一下,在 ProcessBuffer 函数结束时,buffer_ready 标志被设置为 0,表示处理已完成。

率和为主算法获得时间。实现这一目标的一种非常优雅的方法是利用被称为直接存储器存取(Direct Memory Access)的技术,这在本章的前面提到过。

## 6.4.3 使用直接存储器存取(DMA)

直接存储器存取(Direct Memory Access,DMA)是一种将数据从一个存储单元传输到另一个存储单元的机制,不需要任何 CPU 干预或者让 CPU 参与工作。实质上,DMA 硬件包含一个控制器单元,该控制器单元可以独立于 CPU 去执行内存传输操作,一次传输一个位置或多个块。一旦 DMA 硬件配置了初始的源和目标存储单元,以及要执行的传输数量,它就可以自己运行,而无须"打扰"CPU。由于将数据从内存缓冲区传输到编解码器(或者反过来)本质上是一种内存传输,因此我们可以通过将这些任务委托给 DMA 硬件而不是使用 CPU 来执行此类内存传输操作,以显著减少 CPU 中断。

为了用 DMA 实现三重缓冲,我们的程序必须首先初始化和配置 DMA 硬件。C6x DSK 文档称此硬件为"EDMA",其中"E"表示增强,因为它比典型的 DMA 硬件具有更多的功能。有关 C6x EDMA 的完整描述,请参阅 TMS320C6000 的外设参考指南(*TMS320C6000 Peripherals Reference Guide*)[71]。在这里,我们只使用EDMA功能的一个子集。

在使用 DMA 时,我们不能忽略的一个考虑因素是需要保持输入和输出同步。虽然我们获得了不需要 CPU 来执行内存传输的优势,但是我们必须认识到,CPU 因此不会知道这些传输何时发生和有多快,除非我们包含某种类型的代码以确保同步。如果没有这样的代码,这三个缓冲区可能会相互"步调不一",从而导致不可预测的行为。幸运的是,EDMA 硬件能够配置和监视"事件",这些事件的行为方式在很多方面与中断对 CPU 的作用一样,这给了我们一个保持三个缓冲区同步的灵活方法,并使我们能够通过根据需要交换缓冲区指针来实现三重缓冲方案,所有这些都只有最短的 CPU 中断时间。因此,CPU 的时间几乎可以完全花在正在执行的任何 DSP 算法上。该技术是实现实时 DSP 程序的最有效方法之一。

在下一个示例程序中,我们只在一个重要方面修改了前面的示例:现在,我们从编解码器的 ADC 端获取输入,并使用 EDMA 硬件将输出发送到编解码器的 DAC 端,而不是让 CPU 在 ISR 内进行输出。本 EDMA 程序在第 6 章的 ccs\Frame_EDMA_6713 子目录中给出。**我们这里显示的所有代码都是针对 C6713 DSK 的**;针对 OMAP‑L138 电路板的代码与此代码非常相似,并在 ccs\Frame_EDMA_6748 目录中提供。请使用适合您的硬件的代码。一定要检查相应目录中的完整代码清单,以理解程序的完整工作。这里我们仅仅指出一些亮点,主程序(main.c)依然是非常基本的,如下所示,与清单 6.1 只有一些细微的区别(参见第 10 行和第 13 行)。

清单 6.6：使用 EDMA 的基于帧处理的主程序

```
    # include "DSP_Config.h"
2   # include "frames.h"

4   int main()
    {
6       // initialize all buffers to 0
        ZeroBuffers();
8
        //initialize EDMA controller
10      EDMA_Init();

12      // initialize DSP for EDMA operation
        DSP_Init_EDMA();
14
        // call to StartUp not needed here
16
        // main loop here, process buffer when ready
18      while(1) {
            if(IsBufferReady()) // process buffers in background
20              ProcessBuffer();
        }
22  }
```

ZeroBuffers 和 IsBufferReady 函数与前面介绍的非 EDMA 版本相比没有变化。但是,初始化例程、单个 ISR 例程(由 EDMA "事件"触发)和 ProcessBuffer 函数都与我们之前提出的不同,因此我们需要检查这些不同之处。因为我们正在改变分配中断的方式,所以还将使用一个不同的文件来分配中断向量;也就是说,我们将使用 vectors_EDMA.asm 而不是 vectors.asm。为了应对变化,我们还将定义不同的缓冲区大小。请注意,与我们之前的 Code Composer Studio 项目一样,DSK 初始化函数的 EDMA 版本可以在文件 DSK_Support.c 中找到。该文件位于 common_code 目录中,这也是中断向量文件所在的位置。EDMA 版本的其他文件位于第 6 章的 ccs\Frame_EDMA_6713 子目录中。

我们从如下所示文件 ISRs.c 的 EDMA 版本中的声明开始,因为这些声明与非 EDMA 版本的有所不同。

清单 6.7：EDMA 版本的"ISRs.c"文件中的声明

```
    # include "DSP_Config.h"
2   # include "math.h"
    # include "frames.h"
```

```
4
        // frame buffer declarations
6   # define BUFFER_COUNT 1024      // buffer length per channel
    # define BUFFER_LENGTH BUFFER_COUNT * 2    // two channels
8   # define NUM_BUFFERS  3      // don't change this!

10  # pragma DATA_SECTION(buffer, "CE0 ");  // put buffers in SDRAM
    Int16 buffer[NUM_BUFFERS][BUFFER_LENGTH];
12  // 3 buffers used at all times, one being filled from the McBSP,
    // one being operated on, and one being emptied to the McBSP
14  // ready_index --> buffer ready for processing
    volatile Int16 buffer_ready = 0, over_run = 0, ready_index = 0;
```

注意，在这个 EDMA 版本的声明中，第 11 行中的数据缓冲区声明为 Int16 类型，我们将其定义为 16 位有符号整数。在过去的所有代码中，我们使用了 float 类型的缓冲区来利用浮点数提供的易用性和灵活性；这里我们将继续这样做，在处理之前，将这些缓冲区中的值转换为 float 类型。为什么要执行额外的转换步骤？回想一下，来自编解码器的 ADC（或输出到编解码器的 DAC）的样本都是整数。在非 EDMA 代码中，编解码器和缓冲区之间的数值传输由 CPU 执行，CPU 负责浮点和整数数据类型之间的必要转换。但是，在 EDMA 代码中，编解码器和缓冲区之间的传输是在没有任何 CPU 参与的情况下执行的，因此实际上这是一种"无脑"传输，不能进行任何数据类型转换。这样的转换需要 CPU，因此我们将必要的从整数到浮点（然后再次转回整数）的转换移动到 ProcessBuffer 函数中，正如后面将展示的那样。

第 6 行和第 7 行中指定的帧大小为每帧 1 024 个样本（1 024 个左通道样本和 1 024 个右通道样本）。之前，我们以单个 32 位传输操作有效地移动了左右通道样本（每个 16 位），但是通过声明联合（union），我们能够单独操作这两个通道，这里我们通过观察数据类型 Uint32 是 Int16 长度的 2 倍来完成类似的创举，您将看到 EDMA 硬件初始化为传输 Uint32 数据类型。

我们现在讨论 EDMA_ISR，它是实际实现三重缓冲方案的函数（即允许指针地址在必要时进行更改）。在非 EDMA 程序中，这个任务由清单 6.5 中的 Codec_ISR 函数执行。EDMA_ ISR 包含在第 6 章的 ccs\Frame_EDMA_6713 子目录中的 ISRs.c 文件中，如下所示。此代码比清单 6.5 中的代码更简单、更快捷。

**清单 6.8：使用 EDMA 硬件实现三重缓冲的函数**

```
1   interrupt void EDMA_ISR() {
        *(volatile Uint32 *) CIPR = 0xf000;  // clear all McBSP events
3       if ( ++ ready_index >= NUM_BUFFERS)  // update buffer index
            ready_index = 0;
5       if (buffer_ready == 1)  // if buffer isn't processed in time
```

```
          over_run = 1;
7         buffer_ready = 1;    // mark buffer as ready for processing
      }
```

请注意,在非 EDMA 版本中,ISR 是由为每个样本生成的中断触发的。在 EDMA 版本中,类似 ISR 的"事件"仅在样本的整个帧传输完时发生。此事件触发一个中断,该中断导致中断服务例程 EDMA_ISR 运行。因此,在本例中,当帧大小(每个通道)为 1 024 时,EDMA_ISR 的调用频率比 Codec_ISR 在非 EDMA 程序中的调用频率低 1 024 倍。使用 EDMA 事件允许我们保持所有缓冲区同步,就像非 EDMA 版本一样。

虽然我们仍然使用此处显示的 EDMA 版本的中断服务程序,但 EDMA_ISR 是一个非常短且快速的例程,可以最大限度地减少 CPU 的中断。重要的是,在此重申一下,为了将适当中断的向量(由 EDMA 事件触发的 INT8)映射到 EDMA_ISR 函数的适当地址,该程序的 Code Composer Studio 项目必须包含文件 vectors_EDMA. asm(在 common_code 目录中为您提供),而**不是**像我们以前使用 CPU ISR 的程序中的文件 vectors.as 那样。

由于此 EDMA 程序的 DSK 初始化与以前的程序略有不同,因此我们将在下面显示初始化函数:

**清单 6.9:使用 EDMA 时初始化 DSK 的函数**

```
     void DSP_Init_EDMA() {
2        CSR = 0x100;                  // disable all interrupts
         IER = 0;
4
         Init_6713PLL();
6        Init_AIC23(CodecType);        // initialize codec using McBSP0

8        IER |= 0x0102;                // enable EDMA interrupt (INT8)
         ICR = 0xffff;                 // clear all pending interrupts
10       CSR |= 1;                     // set GIE
     }
```

与之前使用的非 EDMA 版本相比,该版本的主要区别在于第 8 行,其中我们为 EDMA 硬件启用中断 8(而不是使用中断 11 和 12,就像之前对 McBSP 中断那样)。您可能想要亲自验证 vectors_EDMA. asm 将中断 8 映射到 EDMA_ISR 函数。

我们需要讨论的下一个函数 EDMA_Init 牵涉更多,它包含在 ISRs. c 文件中,该文件位于第 6 章的 ccs\Frame_EDMA_6713 子目录下,如下所示:

清单 6.10：初始化 EDMA 硬件的函数

```
 1   void EDMA_Init() {
         EDMA_params * param;
 3
         // McBSP tx event params
 5       param = (EDMA_params * )(EVENTE_PARAMS);
         param -> options = 0x211E0002;
 7       param -> source = (Uint32)(&buffer[2][0]);
         param -> count = (0 << 16) + (BUFFER_COUNT);
 9       param -> dest = 0x34000000;
         param -> reload_link = (BUFFER_COUNT << 16) + (EVENTN_PARAMS &
             [+]0xFFFF);
11
         // set up first tx link param
13       param = (EDMA_params * ) EVENTN_PARAMS;
         param -> options = 0x211E0002;
15       param -> source = (Uint32)(&buffer[0][0]);
         param -> count = (0 << 16) + (BUFFER_COUNT);
17       param -> dest = 0x34000000;
         param -> reload_link = (BUFFER_COUNT << 16) + (EVENTO_PARAMS &
             [+]0xFFFF);
19
         // set up second tx link param
21       param = (EDMA_params * ) EVENTO_PARAMS;
         param -> options = 0x211E0002;
23       param -> source = (Uint32)(&buffer[1][0]);
         param -> count = (0 << 16) + (BUFFER_COUNT);
25       param -> dest = 0x34000000;
         param -> reload_link = (BUFFER_COUNT << 16) + (EVENTP_PARAMS &
             [+] 0xFFFF);
27
         // set up third tx link param
29       param = (EDMA_params * ) EVENTP_PARAMS;
         param -> options = 0x211E0002;
31       param -> source = (Uint32)(&buffer[2][0]);
         param -> count = (0 << 16) + (BUFFER_COUNT);
33       param -> dest = 0x34000000;
         param -> reload_link = (BUFFER_COUNT << 16) + (EVENTN_PARAMS &
             [+]0xFFFF);
35
```

```
37      // McBSP rx event params
        param = (EDMA_params * )(EVENTF_PARAMS);
39      param -> options = 0x203F0002;
        param -> source = 0x34000000;
41      param -> count = (0 << 16) + (BUFFER_COUNT);
        param -> dest = (Uint32)(&buffer[1][0]);
43      param -> reload_link = (BUFFER_COUNT << 16) + (EVENTQ_PARAMS &
        [+]0xFFFF);

45      // set up first rx link param
        param = (EDMA_params * ) EVENTQ_PARAMS;
47      param -> options = 0x203F0002;
        param -> source = 0x34000000;
49      param -> count = (0 << 16) + (BUFFER_COUNT);
        param -> dest = (Uint32)(&buffer[2][0]);
51      param -> reload_link = (BUFFER_COUNT << 16) + (EVENTR_PARAMS &
        [+]0xFFFF);

53      // set up second rx link param
        param = (EDMA_params * ) EVENTR_PARAMS;
55      param -> options = 0 x203F0002;
        param -> source = 0x34000000;
57      param -> count = (0 << 16) + (BUFFER_COUNT);
        param -> dest = (Uint32)(&buffer[0][0]);
59      param -> reload_link = (BUFFER_COUNT << 16) + (EVENTS_PARAMS &
        [+]0xFFFF);

61      // set up third rx link param
        param = (EDMA_params * ) EVENTS_PARAMS;
63      param -> options = 0x203F0002;
        param -> source = 0x34000000;
65      param -> count = (0 << 16) + (BUFFER_COUNT);
        param -> dest = (Uint32)(&buffer[1][0]);
67      param -> reload_link = (BUFFER_COUNT << 16) + (EVENTQ_PARAMS &
        [+]0xFFFF);

69      *(volatile Uint32 * ) ECR = 0xf000;    // clear all McBSP events
        *(volatile Uint32 * ) EER = 0xC000;
71      *(volatile Uint32 * ) CIER = 0x8000;    // interrupt on rx reload
        [+]only
    }
```

要想完全理解这个 EDMA_Init 函数的作用,您应该读一下描述如何使用 EDMA 的 TI 的文档——《TMS320C6000 外设参考指南》(*TMS320C6000 Peripherals Reference Guide*)[71],并查看 common_code 中的头文件 c6x11dsk.h,它包含 DSK 的各种定义。如果您对 C 语言中的结构和指针有点生疏,现在可能是自己重温的好时机! EDMA_Init 函数只运行一次,它是我们指定各种必要参数的地方,例如源地址、目标地址和每次 DMA 传输的元素数。此函数还设置链接,以便实现三重缓冲方案。为了简洁起见,它仅详细描述了传输(即输出)功能的概要,接收(即输入)功能操作与此类似。

请记住,我们仍然像以前一样处理三个缓冲区。函数 EDMA_Init 设置两个 EDMA 通道,一个用于 McBSP 发射器,另一个用于 McBSP 接收器。EDMA 的每个通道都有一个专用于它的"事件"(如前所述,这种关系与 CPU 和中断线之间的关系非常相似)。每个 EDMA 传输都由参数 RAM 块中设置的值控制,设置这些 RAM 块是 EDMA_Init 的主要目的。第一块代码(第 5～10 行)设置了适当的参数。清单中给出的参数值为由 BUFFER_COUNT(在 ISRs.c 中定义)指定个数的元素(每个元素本身都是 32 位无符号整数)配置事件,并将它们传输到 buffer[2]①,初始缓冲区被指定用于输出。代码编写的是:当它完成传输时,会自动用存储于参数 RAM 中的 EVENTN_PARAMS 中的信息重新配置通道(这是由第 10 行的 reload_link 字段完成的)。在从第 13 行开始的下一个代码块中设置 EVENTN,该代码块将 EDMA 配置为使用 buffer[0],并在通道结束时使用存储在 EVENTO_PARAMS 中的信息重新配置通道。EVENTO_PARAMS(从第 21 行开始)随后将导致 EDMA 传输使用 buffer[1],并在通道完成时使用存储在 EVENTP_PARAMS 中的信息重新配置通道。EVENTP_PARAMS(从第 29 行开始)随后将导致 EDMA 传输使用 buffer[2],并在通道完成时使用存储在 EVENTN_PARAMS 中的信息重新配置通道,这实际上是一个返回到初始缓冲区的循环。只要程序运行,按顺序使用三个缓冲区的这一循环就将持续进行。这说明了一个要点:对于基本上为零的 CPU 开销,我们可以获得自动 n 路(在本例中是 3 路)缓冲。接收通道(见第 37～67 行)以相同的方式工作,但它以不同的缓冲区(buffer[1])开始,因此我们可以保持输入和输出的传输是在不同的缓冲区上工作。

EDMA_Init 的最后几行不容忽视。第 69 行清除了所有 McBSP 事件(尽管我们只使用了两个事件——发送和接收,我们也可以清除所有事件)。第 70 行在事件启用寄存器中设置适当的值。最后,第 71 行是关键行,在该行它设置了通道中断启用寄存器,以便当服务于 McBSP 接收操作的特定 EDMA 通道完成传输帧时产生 EDMA "事件",这意味着仅当每次输入帧缓冲区已满时才触发事件。

最后,我们展示 ProcessBuffer 函数,针对 EDMA 版本的程序对该函数进行了修

---

① 回想一下 &buffer[2][0]是 buffer[2]的第一个元素的地址。

改。该函数是实现了实际的 DSP 算法。您将注意到的第一件事是,这个版本的 ProcessBuffer 比清单 6.4 中的非 EDMA 版本的函数长得多,这是因为需要对缓冲区中的数据执行类型转换(我们还在清单中包括其他简单例子)。

清单 6.11: EDMA 版本的"ISRs. c"文件中的 ProcessBuffer 函数简化版

```
     void ProcessBuffer()  {
2        Int16 * pBuf = buffer [ready_index];
         staticf loat Left[BUFFER_COUNT], Right[BUFFER_COUNT];
4        float * pL = Left, * pR = Right;
         Int32 i;
6        float temp;

8        WriteDigitalOutputs (0);   // set digital outputs low for time
             [ + ] measurement

10       for (i = 0; i < BUFFER_COUNT; i ++ ) {// extract data to float
             [ + ]buffers
             * pR ++ = * pBuf ++;
12           * pL ++ = * pBuf ++;
         }
14
         pL = Left;  // reinitialize pointers
16       pR = Right;

18   /* gain
         for(i = 0; i < BUFFER_COUNT; i ++ ){
20           * pL ++ * = 0.5;
             * pR ++ * = 2.0;
22       } * /

24   /* zero out left channel
         for(i = 0; i < BUFFER_COUNT; i ++ ){
26           * pL = 0.0;
             pL ++;
28       } * /

30   /* zero out right channel
         for(i = 0; i < BUFFER_COUNT; i ++ ){
32           * pR = 0.0;
             pR ++;
34       }    * /
```

```
36    / * reverb on right channel
          for(i = 0; i < BUFFER_COUNT - 4; i++){
38            * pR = * pR + (0.9 * pR[2]) + (0.45 * pR[4]);
              pR++;
40        }
     * /

42

     / * addition and subtraction * /
44       for (i = 0; i < BUFFER_COUNT; i++ ) {
              temp = * pL;
46            * pL = temp + * pR;    // left = L + R
              * pR = temp - * pR;    // right = L - R
48            pL++;
              pR++;
50        }

52   / * add a sinusoid
          for(i = 0; i < BUFFER_COUNT; i++){
54            * pL = * pL + 1024 * sinf(0.5 * i);
              pL++;
56        }
     * /

58

     / * AM modulation
60       for(i = 0; i < BUFFER_COUNT; i++){
              * pR = * pL * * pR * (1/32768.0);  // right = L * R
62            * pL = * pL +  * pR;  // left = L * (1 + R)
              pL++;
64            pR++;
          }
66   * /


68       pBuf = buffer[ready_index];
         pL = Left;
70       pR = Right;


72       for (i = 0; i < BUFFER_COUNT; i++ ) { // pack into buffer after
             [ + ]bounding
             * pBuf++ = _spint ( * pR++  * 65536) >> 16;
74           * pBuf++ = _spint ( * pL++  * 65536) >> 16;
         }
```

```
76
        pBuf = buffer[ready_index];
78
        WriteDigitalOutputs (1);   // set digital output bit 0 high for
            [ + ]time measurement
80
        buffer_ready = 0;   // signal we are done
82   }
```

这段代码中包含了许多简单的 DSP 算法的例子,除了一个以外,其他的都被注释掉了。您可以看到,实际的 DSP 算法是在第 44～50 行中实现的,它就是与左右通道的加、减相同的示例。

在第 2 行中声明了一个指针,该指针被设置为数据类型是 Int16 的帧缓冲区的地址,该缓冲区先前是使用 EDMA 填充的,现在被指定为准备用于进行处理。第 3 行声明了两个浮点缓冲区,在转换为浮点后用于包含左右帧数据。第 4 行声明了指针,这些指针将用于处理帧中的各个样本(浮点格式)。第 8 行和第 79 行仅用于代码开发期间的测试和评估的目的。从 Int16 到 float 的实际转换发生在第 10～13 行,C 编译器确保当 CPU 将 * pBuf 指向的整数值传入 * pR 指向的右通道和 * pL 指向的左通道的浮点位置时,将进行适当的转换。请注意,传输和转换按第一个右声道然后左声道交替,这是数据首先存储在 EDMA 缓冲区中的顺序。这里,我们可能也使用过从 Int16 到 float 的"映射"的其他方法,但没有任何优势,我们更喜欢这种方法。虽然以这种方式从一个缓冲区转移到另一个缓冲区也许看起来效率低下,但事实上它非常快。EDMA 传输实现的对 CPU 的节省远远超过了此缓冲区传输所需的 CPU 时间。

第 15 行和第 16 行将适当的指针设置回左右通道浮点值数组的第一个元素,然后可以开始实际的 DSP 算法。同样地,第 68～70 行在 DSP 算法完成后重置适当的指针。为了将现在"已处理"的浮点值转换回适合 EDMA 传输给编解码器的整数值,第 72～75 行中的代码通过内部 _spint 函数来使用边界检查(好主意)。第 77 行在第 72～75 行执行完打包操作后重置 * pBuf 指针。

# 6.5　基于帧处理的总结

本章已向您介绍了思考如何实现 DSP 程序的一种新方法。虽然前面章节中的逐个样本处理通常更容易理解,但是有很多理由可以考虑基于帧的处理。首先,基于帧的处理的速度和效率,特别是当使用 EDMA 传输时,无法使用逐个样本处理进行匹配。其次,某些 DSP 算法要求一次可以获得连续的"新"样本块,这对于逐个样本处理是不可能的。

基于帧的处理的缺点是代码复杂性稍高,而且时间延迟等于 $NT_s$,其中 $N$ 是帧的大小,$T_s = 1/F_s$ 是样本之间的时间。虽然延迟是不可避免的,但是代码的复杂性不应该阻止您。大多数用户可以修改本章中给出的示例代码来创建一个基于帧的程序的"框架",在这个框架中,他们只需要调整帧的大小和在 ProcessBuffer 函数中执行的操作,就可以生成他们自己的自定义程序。请记住,几乎每个 DSP 教材都在逐个样本的基础上讨论理论,但大多数生产性实时 DSP 代码都是在逐帧的基础上编写的。因此,强烈建议理解基于帧的处理。

下一章将介绍基于帧的 DSP 程序,这些程序比本章中使用的简单的 $L + R$ 和 $L - R$ 更复杂(也更有用)。

# 6.6  后继挑战

考虑扩展您所学的知识:

① 用您选择的其他操作来替换 ProcessBuffer 中左右通道的加法和减法,同时使用中断驱动版本和 EDMA 版本的程序来尝试。

② 对三重缓冲程序的非 EDMA 版本不做任何其他更改,增加缓冲区的大小,直到处理不再"跟上"实时计划。

③ 对三重缓冲程序的 EDMA 版本不做任何其他更改,增加缓冲区的大小,直到处理不再"跟上"实时计划。这与非 EDMA 版本的发现有什么不同吗?

④ 如果您已(或者愿意去)熟悉 Code Composer Studio 的分析器功能,那么您可以使用它来衡量程序的 EDMA 版本与非 EDMA 版本相比在程序速度上的增加。

⑤ 某些算法实现了一种"重叠和添加"处理,其中处理帧的某些部分与前一帧的某些部分组合在一起。您将如何使用自己的代码实现这样的处理?

# 6.7  问  题

1. 请描述基于样本的 DSP 和基于帧的 DSP 之间的区别。

2. 与基于样本的处理相比,使用基于帧的处理减少了哪些类型的"开销"?

3. 有哪些实际考虑有助于确定特定 DSP 算法的帧大小?

4. 假设基于帧的处理用于向视频屏幕提供视觉数据,并假设采样频率为 $F_s = 48\ kHz$,屏幕更新必须至少每秒 60 帧,忽略开销损失的时间,则可用于支持所需显示速率的最大帧大小是多少?

5. 本章中使用的首字母缩略词"DMA"和"EDMA"的定义是什么?

6. 请描述 DSP 算法的非 DMA 实现与使用 DMA 的 DSP 实现之间的区别。

# 第7章

# 使用帧的数字滤波器

## 7.1 理　论

如第 6 章所述,使用基于帧的处理大大提高了 DSP 程序的效率。执行信号处理算法的 CPU 只在帧的末尾而不是在每个样本上发生中断。在本章中,我们将展示如何将帧用于时域数字滤波,类似于我们在第 3 章中讨论的滤波器。

回想一下,数字滤波器的时域实现涉及滤波器差分方程的迭代计算。本章唯一的变化是,我们将在处理我们的样本时,一次一个帧地处理,而不是一次一个样本地处理。为了简单起见,我们将把讨论限制在 FIR 滤波器上,但是 IIR 滤波器可以用本质上相同的方式通过帧实现。

## 7.2 winDSK 演示

winDSK8 程序不提供对应的功能,winDSK8 中的所有滤波都是逐个样本完成的,以保持代码的简洁。

## 7.3 MATLAB 实现

MATLAB® 中的基于帧的滤波可以使用数据获取工具箱(Data Acquistion Toolbox)等资源,或者使用 Simulink® 或本书中包含的 MATLAB-to-DSK 接口软件来完成,其中数据获取工具箱与 Simulink® 两者都可从 MathWorks 获得。实例见第 2.4.1 小节和第 2.4.2 小节,详情见附录 E。

## 7.4 使用 C 语言的 DSK 实现

为了在 DSK 上演示基于帧的数字滤波,我们提供了一个 C 语言程序来实现类似于第 3 章中所示的 FIR 滤波器的滤波器。然而,在讨论 C 语言代码之前,理解以基于帧的方式实现一个 FIR 滤波器所需的过程是很重要的。

## 7.4.1 理解针对帧的 FIR 过程

使用三重缓冲 EDMA 传输的帧进行 I/O 将使程序比第 3 章中讨论的基于样本的版本更高效、更快。然而,该程序在任何给定时间都将获得一个固定大小的样本帧,这使得帧"边缘"处的滤波器卷积变得复杂。从第 3 章回忆一下,数字滤波器的输出 $y[n]$ 是通过对输入 $x[n]$ 与滤波器的冲激响应 $h[n]$ 进行离散时间卷积来计算的。当写为 FIR 滤波器的差分方程时,分子值 $b[n]$ 等于冲激响应 $h[n]$。做这个替换($b$ 代表 $h$),记住 $K$ 阶的 FIR 滤波器具有 $K+1$ 个系数,卷积和成为 FIR 差分方程的一般形式,即

$$y[n] = \sum_{k=0}^{K} b[k] x[n-k], \quad n=0,1,2,\cdots,N-1,$$

其中,$N$ 表示 $x[n]$ 的长度,$K+1$ 表示 $b[n]$ 的长度[①]。该方程告诉我们,若要计算整个帧的滤波器输出值,则需要"滑动"滤波器系数"穿过"滤波器输入的整个帧,且逐点乘积并求和,如上述方程所示。图 7.1 描述了这一过程,可以看出帧的"边缘"存在潜在问题。

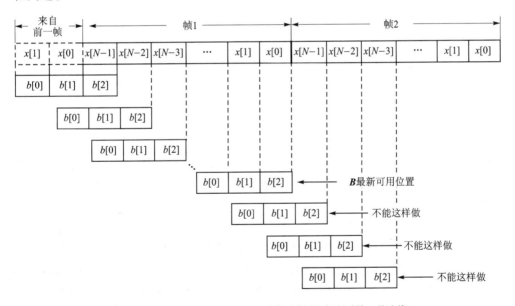

(注意,如果没有一些编程"技巧",$b$ 系数不能"滑动"超过帧 1 的边缘)

**图 7.1:使用基于帧的方法实现二阶 FIR 滤波器**

在任何给定的时间,只有一帧输入数据可用。在图 7.1 中,帧 2 中的值还不可用,并且从前一帧来的、在帧 1 左侧显示的值现在将"消失",除非我们使用一些编程

---

[①] 字母 $K$、$N$、$M$ 等没什么神奇之处。有时 $N$ 用于表示输入数据的长度,就像这里一样;其他时候 $N$ 可能代表滤波器的阶数。讨论的上下文会解释字母代表什么。

"技巧"来保留这些值。如果忽略帧的"边缘",那么将忽略该数据帧的滤波器的初始和最终条件,并且将无法正确地实现滤波器。对于音频应用,忽略这些"边缘"问题的结果会是:在输出中听到以帧速率发生的,像一种独特的"点击"或"弹出"的噪声。

## 7.4.2　如何避免"边缘"问题

如何解决这个问题呢?我们创建了一个足够大的缓冲区,可以同时包含当前输入数据的帧,还可以容纳来自前一帧的必要边缘值。在图 7.1 中,这意味着一个数组,它包含标记为"来自前一帧"的值和标记为"帧 1"的值。我们从最左边的元素(第一个"来自前一帧"元素)开始"滑动"滤波器,直到滤波器的右边缘到达帧 1 的末尾,在图中用一条粗黑线表示。因为还没有帧 2 的数据,所以我们不能再进一步了。在当前帧(帧 1)被传输出去并且下一帧(帧 2)进来覆盖它之前,我们将帧 1 的右边缘值复制到标记为"来自前一帧"的位置,下一帧值存储在其余位置,因此我们有效地"保存了"来自前一帧的值,这样就消除了边缘效应(edge effects),如实际的 C 语言代码所示。

## 7.4.3　C 语言代码解释

作为一个说明性例子,我们将向您展示一个实现简单低通 FIR 滤波器的程序,该低通 FIR 滤波器提供与第 3 章中讨论的 FIR 滤波器类似的输出结果。但将使用基于帧处理的方法来获得输出,并以这样的方式编写程序来避免上面讨论的"边缘"问题,从而避免了输出中的相关"点击"或"弹出"噪声。在阅读程序清单之前,您可能想要回看一眼图 7.1。

将这种实现为基于帧的代码的 C 语言程序可以在第 7 章的 ccs\FiltFrame 目录中找到。一定要检查这个目录中的完整代码清单,以理解程序的完整工作[①]。这里我们简单地指出一些要点。下面的讨论假设您已经阅读并熟悉了第 6 章中给出的基于帧的处理说明。

实际上,您可以使用 MATLAB 或其他滤波器设计程序来确定滤波器系数。要想轻松使用 MATLAB 中滤波器设计工具生成的 FIR 滤波器系数,您可以使用名为 fir_dump2c. m 的脚本文件,该文件位于附录 E 的 MatlabExports 目录中(在同一目录中还有 IIR 滤波器的其他脚本文件)。如第 3 章所述,该脚本创建了您的 C 语言程序所需两个文件,通常名为 coeff. h 和 coeff. c。这些文件定义了 $N$,用于表示滤波器的阶数;定义了 $B[N+1]$,用于表示滤波器系数的数组。

我们提供的程序利用了 DSK 的 EDMA 功能。此 C 语言代码几乎与第 6 章中描述的基于帧的 C 语言代码的 EDMA 版本相同。唯一的区别是需要在项目中包括 coeff. h 和 coeff. c,以及下面描述的对 ISRs. c 文件中 ProcessBuffer()例程的更改。

---

①　还可以在 common_code 目录下的 DSK_Support. c 文件中查找多个程序共享的初始化函数。

第 3 章讨论了 coeff. h 和 coeff. c 的内容。ProcessBuffer( )例程的代码如清单 7.1 所示。

清单 7.1：实现一个基于帧的 FIR 滤波器的 ProcessBuffer( )例程

```
     void ProcessBuffer() {
2          Int16 * pBuf = buffer[ready_index];
           // extra buffer room for convolution "edge effects"
4          // N is filter order from coeff.h
           static float Left[BUFFER_COUNT + N] = {0};
6          static float Right[BUFFER_COUNT + N] = {0};
           float * pL = Left, * pR = Right;
8          float yLeft, yRight;
           Int32 i, j, k;
10
           // offset pointers to start filling after N elements
12         pR += N;
           pL += N;
14
           // extract data to float buffers
16         for (i = 0; i < BUFFER_COUNT; i ++) {
           // order is important here: must go right first then left
18             * pR ++ = * pBuf ++;
               * pL ++ = * pBuf ++;
20         }

22         // reinitialize pointer before FOR loop
           pBuf = buffer[ready_index];
24
           /////////////////////////////////////////////
26  // Implement FIR filter
    // Ensure COEFF.C is part of project
28  /////////////////////////////////////////////
           for (i = 0; i < BUFFER_COUNT; i ++) {
30             yLeft = 0;              // initialize the L output value
               yRight = 0;             // initialize the R output value
32
               for (j = 0, k = i + N; j <= N; j ++, k --) {
34                 yLeft += Left[k] * B[j];     // perform the L dot-product
                   yRight += Right[k] * B[j];   // perform the R dot-product
36             }

38             // pack into buffer after bounding (first right then left)
```

```
           * pBuf ++ = _spint(yRight * 65536) >> 1 6;
40         * pBuf ++ = _spint(yLeft * 65536) >> 1 6;
       }

42

       // save end values at end of buffer array for next pass
44     // by placing at beginning of buffer array
       for (i = BUFFER_COUNT, j = 0; i < BUFFER_COUNT + N; i ++, j ++ ) {
46         Left[j] = Left[i];
           Right[j] = Right[i];
48     }

50 //////// end of FIR routine ///////////

52     // reinitialize pointer
       pBuf = buffer[ready_index];
54

       buffer_ready = 0;   // signal we are done
56 }
```

与第 6 章中 EDMA 的代码不同的关键代码部分如下：

① (第 5~6 行)将数组声明为 BUFFER_COUNT+N, 这为需要保存的边缘值留出了足够的空间；

② (第 12~13 行)向前移动指针, 以便输入的数据不会覆盖上一帧的边缘值；

③ (第 33~36 行)使用不同的数组索引值在帧上正确地实现卷积；

④ (第 45~48 行)将当前帧的边缘值复制到缓冲区的开头, 以便在下一帧进入时可用。

**现在您理解了代码……**

请继续, 将所有文件复制到一个单独的目录中。如果您希望使用 MATLAB 设计自己的 FIR 滤波器, 而不是使用提供的滤波器(简单的低通滤波器), 请使用脚本文件 fir_dump2c. m, 该文件可在附录 E 的 MatlabExports 目录中找到, 并已在第 3 章中进行了首次讨论。在继续之前, 请将创建的 coeff. h 和 coeff. c 的任何新版本复制到项目目录中。当准备好后, 在 CCS 中打开项目并"全部重建(Rebuild All)", 构建完成后, "加载程序(Load Program)"到 DSK 中并单击"运行(Run)"按钮, 您的基于帧的 FIR 滤波器现在正在 DSK 上运行。

# 7.5 后继挑战

考虑扩展您所学的知识：

① 将基于样本的 FIR 代码与基于帧的 FIR 代码进行比较, 您预测哪一个可以

实时处理高阶滤波器？尝试使用高阶滤波器让基于样本的 FIR 代码打破实时计划，然后再使用基于帧的代码尝试相同的滤波器。

② 许多 FIR 滤波器在系数上表现出某种形式的对称性，以确保线性相位响应，例如，$b[0]=b[N-1]$、$b[1]=b[N-2]$、$b[2]=b[N-3]$，等等。修改本章中提供的代码以利用这种对称性。

③ 除了对称性之外，一些 FIR 滤波器还表现出零值系数的规律（例如每隔一个值），修改本章提供的代码以利用这一事实。

④ 本章演示了使用帧的 FIR 滤波器，请使用帧实现 IIR 滤波器。

# 7.6 问 题

1. 假设使用帧实现 $N=30$ 阶的 FIR 滤波器。假设采样频率为 $F_s=48$ kHz，帧大小为 1 024（每个通道），并由 C 语言代码中的 BUFFER_COUNT 定义。如果不通过增加左右缓冲区的大小来避免本章所述的"边缘效应"，那么在输出中每秒会听到多少次"点击"或"弹出"噪声（由于边缘效应）？

2. 假设使用帧实现 $N=30$ 阶的 FIR 滤波器。假设采样频率为 $F_s=48$ kHz，帧大小为 1 024（每个通道），并由 C 语言代码中的 BUFFER_COUNT 定义。进一步假设，通过根据需要增加左右缓冲区的大小避免了本章所述的"边缘效应"，但程序员忽略了在新帧数据到达之前将缓冲区的结束值复制到缓冲区开始的步骤，那么输出将会每秒出错多少次？出错多长时间？

3. 假设采样频率为 $F_s=48$ kHz，帧大小为 1 024（每个通道），并由基于帧的方法的 C 语言代码中的 BUFFER_COUNT 定义。试比较 DSP 使用基于帧的方法和使用逐个样本的方法来实现 FIR 滤波器（在左右通道上）的时间。请忽略您答案中的开销。

# 第 **8** 章

# 快速傅里叶变换

## 8.1 理 论

快速傅里叶变换(Fast Fourier Transform,FFT)正如它的名字所说的,是计算机计算傅里叶(Fourier)变换的一种快速方法,特别是离散傅里叶变换(Discrete Fourier Transform,DFT)。Cooley 和 Tukey 于 1965 年引入的 FFT 算法引起了信号处理领域的革命,对工程和应用科学产生了巨大影响[1]。这一章绝不是关于 FFT 的论文,尽管我们将只涉及几个要点,但还是很长的一章,我们鼓励您完整地阅读它。有关 FFT 的更多详细信息,请参见文献[2,4,72]。

一个快速进行 DFT 计算的方法有很多优点。我们将在第 9 章中看到它如何用于实际的频谱分析。在本章中,我们将研究如何使用 FFT 来有效地实现数字滤波器。

### 8.1.1 定义 FFT

在继续讨论 FFT 的这个应用之前,我们首先需要简要讨论 DFT 和 FFT 如何变得更快。对于 $k=0,1,\cdots,N-1$ 的 $N$ 点,DFT 定义为

$$X[k] = \sum_{n=0}^{N-1} x[n] e^{-j2\pi kn/N} = \sum_{n=0}^{N-1} x[n] W_N^{kn},$$

其中"旋转因子"记号 $W_N = \exp\left(-j\dfrac{2\pi}{N}\right)$ 通常用于更紧凑的形式。该方程对于 FFT 是相同的,我们只是使用一种有效的编程方法来实现它。逆向 DFT 或 FFT 由下面公式定义:

$$x[n] = \frac{1}{N}\sum_{n=0}^{N-1} X[k] e^{j2\pi kn/N} = \frac{1}{N}\sum_{n=0}^{N-1} X[k] W_N^{-kn}。$$

有些书可能会将 $1/N$ 因子显示为 FFT 定义的一部分,而不是逆 FFT 定义,有些甚至在两个定义中都显示 $1/\sqrt{N}$ 因子。定义的所有这三种形式都是正确的,因为 $1/N$ 只是确保可逆性的一个比例因子。

## 8.1.2　旋转因子

快速傅里叶变换和逆向快速傅里叶变换(IFFT)的唯一区别是被 $N$ 除和旋转因子的负幂,因此,两者都可以使用相同的基本算法。注意,$W_N$ 的整数幂形成一个周期性的数字序列,周期为 $N$,也就是说,$W_N^n = W_N^{n+N}$。因为在 DFT 和 FFT 的定义中,$W_N^{kn}$ 中的 $k$ 和 $n$ 始终是整数,相同的一套旋转因子反复出现。例如,在 2 点 FFT 中,对于任何正 $k$ 值的仅有的两个旋转因子是

$$W_2^0 = \exp\left[-\mathrm{j}\,\frac{2\pi(0)}{2}\right] = 1,$$

$$W_2^1 = \exp\left[-\mathrm{j}\,\frac{2\pi(1)}{2}\right] = -1。$$

同样,对于 4 点 FFT,对于 $k$ 的所有正值,仅有的 4 个旋转因子是 $W_4^0 = 1$,$W_4^1 = -\mathrm{j}$,$W_4^2 = -1$,$W_4^3 = \mathrm{j}$。为了使其直观可视化,我们可以在一个圆上绘制 $W_N^n$(类似于 $z$ 平面上的单位圆)。图 8.1 显示了给定 $k$ 的任何正值的 8 点 FFT 的所有旋转因子点的位置,这可以被认为是向量沿着单位圆顺时针旋转,实际频率中旋转因子的间距总是 $F_s/N$,其中 $F_s$ 是采样频率[1]。对于 IFFT 中使用的 $W_N^{-kn}$,向量将**逆**时针旋转,$W_8^{-1} = W_8^7$,$W_8^{-2} = W_8^6$,$\cdots$,$W_8^{-7} = W_8^1$。我们利用旋转因子的周期性来实现 FFT。

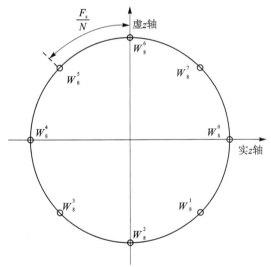

**图 8.1：DFT 或 FFT 的旋转因子点的位置**

## 8.1.3　FFT 处理

Cooley 和 Tukey 开发的 FFT 背后的主要思想是:当 DFT 的长度 $N$ 不是素数

---

① 请注意,可能对 FFT 或 DFT 而言,$F_s/N$ 是最佳的频率分辨率。

时,计算可以分解为若干较短长度的 DFT。所有较短长度的 DFT 所需的乘法和加法总数小于单个全长 DFT 所需的数目。然后,这些较短长度的 DFT 中的每一个都可以进一步分解为若干甚至更短的 DFT,以此类推,直至最终的 DFT 的长度是 $N$ 的一个素数因子。

然后以正常方式计算这些最短的 DFT。可以使用相反的顺序,从最小的 DFT 开始并构建(重新组合)成较大的 DFT 以获得相同的节省长度。对于 radix-2 FFT (一种常见类型),FFT 的长度必须是 2 的幂。例如,如果 $N=8$,FFT 会将其分解为两个 4 点 FFT,每个 4 点 FFT 分解为 2 个 2 点 FFT(总共 4 个 2 点 FFT),然后计算完成。或者它可以执行 4 个 2 点 DFT,使用这些结果计算 2 个 4 点 DFT,以得到最终结果。前一种方法称为频率抽取(decimation-in-frequency),后一种方法称为时间抽取(decimation-in-time)。通过对中间结果进行适当的求和与重用,并利用旋转因子的周期性,与"暴力"DFT 相比,FFT 能以惊人的效率提升而被执行。计算 $N$ 点 DFT 所需的复数数学运算的数量与 $N^2$ 成比例;对于相同的 $N$ 点 radix-2 FFT,它将与 $N\log_2 N$ 成比例。因此,对于 512 点的例子,DFT 将需要大约 262 144 次的复数数学运算,而 FFT 将仅需要 4 608 次运算——速度比 DFT 快超过 50 倍! 对于较大的 DFT,此差异甚至更引人注目。FFT 在典型计算机上提供的经验加速在图 8.2 中以图形方式显示。从图中可以注意到,FFT 可以在 $N=2^{20}=1\ 048\ 576$ 个数据点上执行 DFT,在相同的时间内,"暴力"DFT 大概处理 $N=2^7=128$ 个数据点。这是一个 8 192 的加速因子,它说明了 FFT 被如此广泛使用的原因。

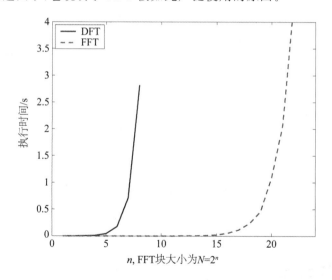

(绘制的数据是桌面工作站的平均经验计时结果。
具体的执行时间并不重要,只为了比较 DFT 和 FFT)

**图 8.2:"暴力"DFT 与市售 radix-2 FFT 例程比较的相对计算时间**

显示快速傅里叶变换算法的传统的方法是使用"蝴蝶图(butterfly diagrams)"，它描述了分解、中间求和与旋转因子的应用。图 8.3、图 8.4 和图 8.5 显示了 2 点、4 点和 8 点的时间抽取 FFT。通过这些小蝴蝶图来手动探索 FFT 是**非常**有益的，直到您感觉到正在发生的事情为止。

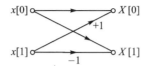

（未标记的任何分支的增益为 +1）

**图 8.3**：$N=2$ 的时间抽取 radix-2 FFT 的蝴蝶图

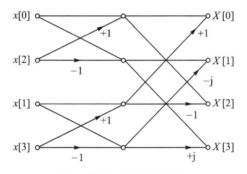

（未标记的任何分支的增益为 +1）

**图 8.4**：$N=4$ 的时间抽取 radix-2 FFT 的蝴蝶图

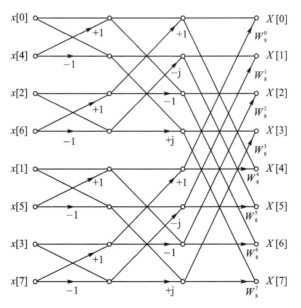

（未标记的任何分支的增益为 +1）

**图 8.5**：$N=8$ 的时间抽取 radix-2 FFT 的蝴蝶图

## 8.1.4 位反转寻址

蝴蝶图上左侧输入值的顺序对您来说可能很奇怪。为了说明计算机对时间抽取 FFT 进行蝶形运算的最有效方法,输入值的顺序必须重新排列成所谓的位反转寻址 (bit-reversed addressing)。您知道,如果索引用二进制形式表示,且要寻址(或索引) $N = 2^n$ FFT 输入数组的 $N$ 个值,那么需要 $n$ 个位。对于位反转寻址,输入端数据数组元素的二进制索引号从左到右反转。例如,在图 8.5 中,您可能期望第 2 个输入元素是 $x[1]$。如果索引表示为 3 位二进制数,则为 $x[001]$。反转索引的位得到 $x[100]$,用十进制标记为 $x[4]$,这是位反转寻址中实际的第 2 个输入元素。时间抽取 FFT 的对偶是频率抽取 FFT。在频率抽取 FFT 的蝶形中,唯一区别是蝶形部分的顺序是颠倒的,旋转因子交换位置,输出值而不是输入值以位反转的顺序出现。两者之间没有本质上的优势,选择哪种执行方式通常是任意的。

当我们在蝶形的输入或输出端使用位反转寻址时,我们可以执行所谓的"就地"计算,这意味着与保存输入数据相同的内存数组来保存输出数据。位反转寻址确保输出值不会覆盖任何输入数据元素,直到不再需要它进行任何更多的 FFT 计算为止。

## 8.1.5 使用 FFT 进行滤波

随着滤波器的阶数增加,计算与每个输入样本相关的输出值所需的时间也增加。正如我们在第 7 章中看到的那样,基于帧的过滤通过减少将样本传入和传出 DSP CPU 所需的时间,有助于提高过滤操作的整体效率。然而,我们仍在计算时域卷积。如果我们也可以利用 FFT 来执行卷积的**等价**操作,那么就可以节省更多的时间,从而实现更长(更高阶)的滤波器。以这种方式使用 FFT 通常被称为快速卷积(fast convolution)。

像这样的频域技术扩展了在第 3 章中首次介绍的概念。我们知道,滤波方程实际上就是卷积积分

$$y(t) = \int_0^\infty h(\tau) x(t - \tau) \mathrm{d}\tau。$$

如果我们对卷积积分进行傅里叶(Fourier)变换,则得到

$$Y(\mathrm{j}\omega) = H(\mathrm{j}\omega) X(\mathrm{j}\omega)。$$

请注意,时域的原始卷积运算已经转换为频域的乘法运算。同样,卷积积分的离散时间版本(卷积和)是

$$y[n] = \sum_{m=0}^{M-1} h[m] x[n-m], \quad n = 0, 1, 2, \cdots, N-1,$$

其中,在这种情况下,$M$ 是滤波器的长度(因此,滤波器阶数是 $M-1$),$N$ 是数据的

长度①。卷积和的 FFT 是

$$Y[k] = H[k]X[k]。$$

请再次注意,离散时间域中的卷积运算已转换为离散频率域中的乘法运算。

我们可能期望回到时域中计算数字滤波器的输出,可以使用 IFFT 并计算

$$y[k] = \text{IFFT}\{Y[k]\}$$
$$= \text{IFFT}\{H[k]X[k]\}$$
$$= \text{IFFT}\{\text{FFT}\{h[n]\}\text{FFT}\{x[n]\}\}。$$

使用这种方法,我们将取滤波器冲激响应 $h[n]$ 的 FFT,并将结果乘以输入信号 $x[n]$ 的 FFT,然后,我们将取该乘积的逆 FFT。正如我们将在下面看到的那样,这种方法需要稍加修改以避免循环卷积的影响,但在其他情况下将会工作得非常有效。随着 $h[n]$ 和 $x[n]$ 长度的增加,将会出现某个点,这之后快速卷积(fast convolution)的频域转换技术比传统的时域卷积方法需要更少的数学运算。对于常量系数滤波器(非时变),由于滤波器冲激响应的变换只须计算一次,从而可以获得节省出来的额外时间。

## 8.1.6　避免循环卷积

记住,对于离散时间系统,基于变换的方法导致了**循环**卷积(circular convolution)而不是**线性**卷积,我们必须同时对 $h[n]$ 和 $x[n]$ 进行零填充。当两个序列 $h[n]$ 和 $x[n]$ 被适当填充时,在频域中因乘法而产生的两个循环卷积提供了与在时域中 $h[n]$ 和 $x[n]$ 的线性卷积完全相同的结果。没有这种填充,循环卷积就**不**等于线性卷积,这可以在下面的 MATLAB® 清单中看到。

**清单 8.1:一个比较线性卷积与循环卷积的 MATLAB 清单**

```
    % Simulation inputs
2   h = [1 2 3 2 1];             % impulse response declaration
    x = [1 3 −2 4 −3];           % input term declaration
4
    % Calculated and output terms
6   y = conv(h, x)
    yLength = length(y)
8   circularConvolutionResult = ifft(fft(h).* fft(x))
    circularConvolutionResultLength = length(circularConvolutionResult)
```

在该清单中,第 2 行声明了四阶滤波器的冲激响应 $h[n]$;而第 3 行声明了输入序列 $x[n]$,它将被滤波器"处理"。第 6 行使用 MATLAB 的内置 conv() 命令执行线性卷积,第 7 行确定卷积结果的长度。第 8 行执行**循环**卷积(通过使用 FFT、逐点乘法和 IFFT),第 9 行确定所得序列的长度。MATLAB 命令窗口的结果类似于:

---

① 如前所述,在 DSP 教材中,在某些上下文中使用 $N$ 等字母作为滤波器阶数,在其他上下文中使用 $N$ 作为滤波器长度是常见的做法。从讨论的性质来看,读者应该清楚使用的是哪一个定义。

```
y = 1   5   7   11   6   5   -3   -2   -3
yLength = 9
circularConvolutionResult = 6.0000   2.0000   5.0000   8.0000   6.0000
circularConvolutionResultLength = 5。
```

此时,需要观察两个非常重要的结果:

① 两个处理的输出 $y$ 和 circularConvolutionResult 不是相同的序列。

② 结果序列 $y$ 和 circularConvolutionResult 不具有相同的长度。

如前所述,零填充(有时也称为填充)可以将循环卷积转换为等效的线性卷积。要想完成这项任务,我们必须:

① 确保 $h[n]$ 和 $x[n]$ 的填充长度相同。

② 调整 $h[n]$ 和 $x[n]$ 的填充长度,使其至少等于序列 $h[n]$ 和 $x[n]$ 线性卷积结果的长度,并由下式得出:

$$N + M - 1,$$

其中,$N$ 是 $x[n]$ 未被填充的长度,$M$ 是 $h[n]$ 未被填充的长度。在前面的 MATLAB 代码清单输出中,$N = 5$,$M = 5$。因此:

$$N + M - 1 = 5 + 5 - 1 = 9。$$

注意,这个结果 9 是线性卷积的长度 yLength,之前由 MATLAB 计算出来。因此,要将循环卷积转换为等效的线性卷积,我们必须将 $h[n]$ 和 $x[n]$ 填充到至少 9 的长度。完成此任务的已更新完的 MATLAB 代码清单如下所示:

**清单 8.2:一个演示如何将循环卷积转换为等效的线性卷积的 MATLAB 清单**

```
1   % Simulation inputs
    format short g          % set format to short g
3   h = [1 2 3 2 1];        % impulse response declaration
    x = [1 3 -2 4 -3];      % input term declaration

5
    hZeroPad = [h zeros (1, 4)];
7   xZeroPad = [x zeros (1, 4)];

9   % Calculated and output terms
    y = conv (h, x)
11  yLength = length (y)
    circularConvolutionResult = ifft (fft(hZeroPad) .* fft(xZeroPad));
13  circularConvolutionResult = real (circularConvolutionResult)
    circularConvolutionResultLength = length (circularConvolutionResult)
```

在此清单中,第 2 行更改显示格式以抑制尾随零,而第 6 行和第 7 行通过在原始序列上附加 4 个零来填充 $h[n]$ 和 $h[n]$。MATLAB 命令窗口的结果类似于:

```
y = 1    5    7    11    6    5    -3    -2    -3
yLength = 9
circularConvolutionResult = 1    5    7    11    6    5    -3    -2    -3
circularConvolutionResultLength = 9。
```

请注意,这两种技术的结果是相同的,因此长度也是相同的。您是否还注意到在清单的第 13 行中添加了 MATLAB 命令 real 以从答案中删除不需要的虚项? 因为我们知道两个实值序列的卷积,即 $h[n]$ 和 $x[n]$,是另一个实值序列,而这些虚项是由于在变换过程中数值精度有限而产生数值"噪声"的结果。由于滤波器输出的虚部应为零,因此产生的虚噪声应该被忽略。

注意,填充也可以应 FFT 的要求来驱动。对于 radix-2 FFT,输入数组长度必须是 2 的幂。在上面的例子中,如果我们使用一个 radix-2 FFT,那么将需要填充 $M$ 和 $N$,使得它们的填充长度 $L$ 是下一个 2 的较高次幂,即 $L \geqslant (N+M-1)$。在上面的例子中,$N+M-1=9$,所以我们需要填充到 $L=16$。一个时域卷积需要大约 $NM$ 次运算,但是使用 $L$ 点 radix-2 FFT 的快速卷积需要大约 $8L\log_2 L + 4L$ 次运算[62]。

## 8.1.7 实时快速卷积

上面开发的技术对于滤波短长度或中等长度的序列很有效,但是对于非常长的序列滤波又如何呢? 对于常见的几乎无限长度序列(序列的输入可能持续几天或几个月)的实时系统该怎么办呢? 我们需要找到上面描述的快速卷积的变体来执行滤波操作,因为我们不希望在处理之前将所有输入样本存储在内存中。此外,在我们开始实际的滤波操作之前,与收集长序列所有样本相关联的等待或延迟会破坏实时 DSP 的意图。

因此,为了滤波非常长的信号序列,我们必须将信号分割成较短长度的序列。我们可以单独滤波,然后重新组合成原始信号的完整的、已滤波的版本。已经开发了许多技术来执行此操作,但是我们将讨论限制在两个最常见的技术上:重叠相加(overlap-add)和重叠保留(overlap-save)技术。在我们对这两种技术的简要讨论中,将只对 $h[n]$ 和 $x[n]$ 使用短输入序列,希望这样可以提高所需处理的可理解性,但这些技术适用于非常长的数据序列。

### 重叠相加

在图 8.6 中,$x[n]$ 是一个 30 点序列,已填充到 36 个点($0 \leqslant n \leqslant 35$)上,以便为所有子图提供统一的 $x$ 轴标记。在这个例子中,我们希望将 $x[n]$ 与图 8.7 所示的六阶低通滤波器的冲激响应 $h[n]$ 进行卷积。显然,$h[n]$ 的长度是 $M=7$。图 8.6 中的第 2 个($x_0[n]$)、第 3 个($x_1[n]$)和第 4 个($x_2[n]$)子图将 $x[n]$ 分成 3 个非重叠段,每段为 10 个样本长度($N=10$)。该分区长度($N=10$ 个样本)是基于期望使用 16 点的 FFT 来选择的。请记住,卷积运算的输出长度等于 $L=N+M-1$。对于本实例,总长度为 $L=16$,滤波器长度为 $M=7$,因此我们的数据长度必须为 $N=10$ 个样本。

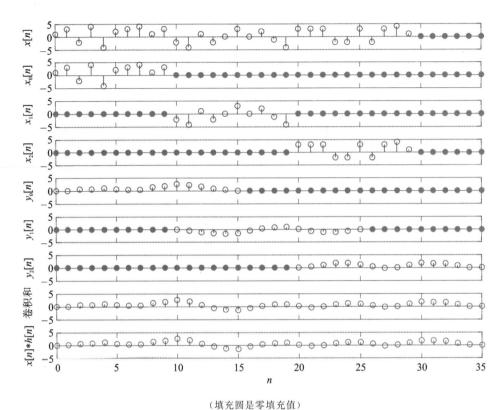

(填充圆是零填充值)

图 8.6：重叠相加快速卷积处理

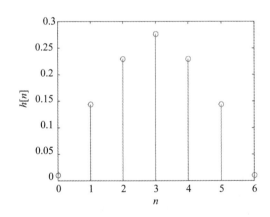

图 8.7：与重叠相加快速卷积处理中使用的低通滤波器相关的冲激响应

图 8.6 中的第 5 个($y_0[n]$)、第 6 个($y_1[n]$)和第 7 个($y_2[n]$)子图显示了对 $x_0[n]$、$x_1[n]$ 和 $x_2[n]$ 与 $h[n]$ 的基于变换的滤波操作(使用 FFT 和 IFFT 的快速卷积)的结果。注意，使用 $h[n]$ 对 10 个样本序列的 $x_0[n]$ 进行滤波，得到 16 个样本序列 $y_0[n]$。$y_0[n]$ 的最后 6 个样本与 $y_1[n]$ 的前 6 个样本重叠。类似地，$y_1[n]$ 的最后

6 个样本与 $y_2[n]$ 的前 6 个样本重叠。要想获得滤波器的正确输出,必须在将这些样本发送到 DSP 系统的输出设备**之前**相加重叠区域(因此名称为"重叠相加 (overlap-add)")。图 8.6 中最后的那个子图用于比较,它是使用传统时域卷积的系统输出。最后的两个子图表明,基于变换的技术和传统的卷积和技术会返回相同的结果。

## 重叠保留

在图 8.8 中,$x[n]$ 再次是 36 点输入序列。在这个实例中,我们希望将 $x[n]$ 与之前的相同的六阶低通滤波器的冲激响应进行卷积,如图 8.7 所示;因此,$h[n]$ 的长度是 $M=7$。图 8.8 中的第 2 个($x_0[n]$)、第 3 个($x_1[n]$)和第 4 个($x_2[n]$)子图将 $x[n]$ 分割为 3 个**重叠**段,每个段的长度为 16 个样本,重叠长度为 6 个样本。该分区长度是基于期望使用 16 点的 FFT 来选择的。图 8.8 中的第 5 个($y_0[n]$)、第 6 个($y_1[n]$)和第 7 个($y_2[n]$)子图显示了对 $x_0[n]$、$x_1[n]$ 和 $x_2[n]$ 与 $h[n]$ 的基于变换的滤波操作的结果。$y_0[n]$、$y_1[n]$ 和 $y_2[n]$ 的前 6 个样本($M-1=6$,这是 LP 滤波器的阶数)不准确,也未被使用。为了表明这一事实,在这些值上绘制了大大的×。

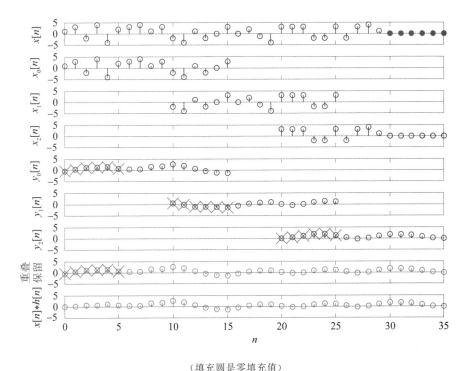

(填充圆是零填充值)

**图 8.8:重叠保留快速卷积处理**

为了获得滤波器的输出,$y_0[n]$、$y_1[n]$ 和 $y_2[n]$ 中那些**没有**被绘制为大×的部分被连接了起来。图 8.8 中最后的子图用于比较,它是使用传统时域卷积的系统输出。最后的两个子图表明,除了滤波器的初始瞬态外,基于变换的技术和传统卷积会返回相同的结果。

总之,**重叠**和**相加**技术没有输入的重叠,但是必须相加输出段的重叠部分以获得正确的结果。**重叠**和**保留**技术重叠输入段,然后丢弃输出段的重叠区域,无缝地"拼接"其余部分。这两种技术都允许对长时间输入序列进行实时滤波,即使使用的是高阶滤波器。

# 8.2　winDSK 演示

在 winDSK8 中没有快速卷积的例子。

# 8.3　MATLAB 实现

有许多方法可以使用 MATLAB 演示 FFT,快速卷积的基本例子如清单 8.2 第 12 行所示。可以在 MATLAB 中模拟实时 DSP 的重叠技术,但由于本章已经相当冗长,因此我们更倾向于继续,转到 C 语言代码。

# 8.4　使用 C 语言实现

在本章中讨论几个新的概念,即 FFT 及其逆、快速卷积和实时快速卷积的两种重叠方法。我们试图在一个章节中详细介绍这些内容是不明智的。因此,选择在这里集中精力帮助您熟悉 FFT 算法,其他概念,包括实时实现,留待后续练习。如果您理解了下面的 FFT 代码实例,自己就不难实现它们。

为了确保正确理解并实现 FFT 算法,可以使用工作站或笔记本电脑的 CPU(即通常连接到 DSK 的主机 PC)非实时地测试它,并将输出与已知的正确输出值进行比较。实现 FFT 算法的 C 程序可以在第 8 章的 fft_example 目录中找到。它绝不是一个完全优化的 FFT 例程,但对于理解这些概念很有用,因为它倾向于在主机 PC 而不是 DSK 上编译和运行,所以这次不会使用 CCS 作为编译器。

fft_example 目录中的代码是直截了当的 C 语言编程。我们在代码中加入了一个普通"技巧": 由于 FFT 必须能够处理复数(complex numbers),而 C 语言不直接支持复数,因此我们使用如下的一个结构:

清单 8.3: 一个在 C 语言中实现复数的结构

```
   typedef struct {
2      float real, imag;
   } COMPLEX;
```

上面使用的 float 数据类型对于 DSP CPU 来说是很典型的,如果不需要 double 数据类型的完全精度,就可以节省内存并提高速度,所以我们在这里继续这个练习。如果只想在 PC 或其他通用处理器上实现这个 FFT,就可能会在结构上使用 double 数据类型。

通过函数 init_W() 计算旋转因子。回想一下,旋转因子是 $W_N^n = \exp\left(-j\dfrac{2\pi n}{N}\right)$。利用复分析中非常有用的欧拉公式(Euler's formula)

$$e^{jx} = \cos x + j\sin x,$$

函数 init_W() 可以使用复数指数的三角等价物,以易于分离旋转因子的实部和虚部,这与上面为复数定义的结构非常吻合。函数 init_W() 如下所示,它只运行一次,并存储指定长度 FFT 所需的所有旋转因子。

清单 8.4:计算复数旋转因子的函数

```
1   void init_W (int N, COMPLEX * W)
    {
3       int n;
        float a = 2.0 * PI/N;
5
        for (n = 0; n < N; n++) {
7           W[n].real = (float) cos(- n * a);
            W[n].imag = (float) sin(- n * a);
9       }
    }
```

在清单 8.4 中,N 是 FFT 的长度,PI 在程序的早期被定义,W 是一个复数的全局数组。您应该清楚,函数 init_W() 创建了 $W_N^n$ 所需的所有复数。

用于 FFT 的实际 N 点蝶形运算由下面显示的代码执行,这是从 fft_c() 函数中提取的。

清单 8.5:执行 FFT 蝶形运算的 C 语言代码

```
    // perform fft butterfly
2   Windex = 1;
    for (len = n/2; len > 0; len/= 2) {
4       Wptr = W;
        for (j = 0; j < len; j++) {
6           u = * Wptr;
            for (i = j; i < n; i = i + 2 * len) {
8               temp.real = x [i].real + x [i + len].real;
                temp.imag = x [i].imag + x [i + len].imag;
10              tm.real = x [i].real - x [i + len .real;
```

```
           tm.imag = x[i].imag − x[i+len].imag;
12             x[i+len.real = tm.real * u.real − tm.imag * u.imag;
               x[i+len.imag = tm.real * u.imag + tm.imag * u.real;
14             x[i] = temp;
           }
16         Wptr = Wptr + Windex;
           }
18     Windex = 2 * Windex;
       }
```

输入数据位于数组 $x$ 中,该数组是由前面讨论的结构所定义的复数数据类型元素组成的,并通过指针 $u$ 访问旋转因子;变量 len 用于将数据集连续拆分为两部分(见清单 8.5 的第 3 行);其余的行只执行蝶形操作所需的加法和乘法运算。您应该使用少量的数据元素(如 $N=8$)并通过这段代码来完成工作,同时经常回顾适当的蝶形图(见图 8.5)。

最后,由于来自蝶形的数据是按位反转寻址的顺序,因此需要通过"还原"数组 $x$ 的元素来将数据重新排序为"正常"顺序。数组 $x$ 现在包含 FFT 结果,而不是输入数据。这一过程是通过下面显示的代码完成的。

清单 8.6:一个从位反转寻址到正常排序的"还原"顺序例程

```
1   // rearrange data by bit reversed addressing
    // this step must occur after the fft butterfly
3   j = 0;
    for (i = 1; i < (n−1); i++) {
5       k = n/2;
        while (k <= j) {
7           j −= k;
            k / = 2;
9       }
        j += k;
11      if (i < j) {
            temp = x[j];
13          x[j] = x[i];
            x[i] = temp;
15      }
        }
```

## 现在您理解了代码……

请继续,将所有项目文件复制到一个单独的目录中。请注意,这是一个非常简单的程序,没有任何实时要求,因此项目非常小。准备好后,在与主机 PC 的 CPU 相匹配的对应 C 语言编程环境①中打开项目,并编译(或构建)整个项目。一旦构建完成后,在主机 PC 上运行程序,可以在编程环境提供的 StdIO 窗口中看到输出②。

为了尽可能简单,输入数据被硬编码到程序文件中,即 $x = \{0,1,2,3,4,5,6,7,$ $0,0,0,0,0,0,0,0\}$。这意味着您将计算 16 点 FFT。基于对傅里叶(Fourier)变换的基本知识,我们可以很容易地预测关于该数据的 FFT 结果的一些事情:① 由于输入数据的平均值非零,因此频域 DC(或零赫兹)值也将是非零;② 由于有 16 个输入值,因此应该有 16 个输出值(尽管输出将包含 16 个复数);③ 由于输入数据是实数,因此输出数据将关于 $F_s/2$ 点对称。虽然您可以自由更改输入数据或修改代码以接受输入数据作为传递给函数的参数,但我们以这种方式编写它,以便您可以轻松验证算法的正确性。该代码也更接近于您可实时地实现这一点,那时输入将来自预定义的内存缓冲区。您现在需要做的就是将 DSK 上运行的 C 代码的输出与以下 MATLAB 命令的结果进行比较。

**清单 8.7:用于确认 FFT 正确性的 MATLAB 命令**

```
  x = [0 1 2 3 4 5 6 7 0 0 0 0 0 0 0 0];
2 X = transpose(fft(x))
```

我们在第 2 行中使用了转置运算符,以便将输出作为一列进行排列③。MATLAB 命令窗口的结果应类似于:

```
X =

  28.0000
  -9.1371   -20.1094i
  -4.0000    +9.6569i
   2.3801    -5.9864i
  -4.0000    +4.0000i
   3.2768    -2.6727i
  -4.0000    +1.6569i
   3.4802    -0.7956i
  -4.0000
   3.4802    +0.7956i
  -4.0000    -1.6569i
   3.2768    +2.6727i
  -4.0000    -4.0000i
   2.3801    +5.9864i
```

---

① 可以使用 C 或 C++的各种编程环境中的任何一个,如 Microsoft Visual C/C++、GCC、LCC、MinGW 等。

② 在本例中,我们使用主机 PC 主要是因为通过 StdIO 获得输出并将 FFT 结果显示在 PC 上很容易,但在 DSK 上却不容易。

③ 请注意,如果我们使用第 2 行末尾的素数字符(')作为转置操作的快捷方式,就会得到共轭(或厄米特(Hermitian))转置。非共轭转置的快捷方式是"点素数(dot prime)"(.')字符对。

```
    -4.0000   -9.6569i
    -9.1371   +20.1094i
```

当通过主机 PC 上的 C 代码运行时,这些数字应与 FFT 的输出完全相同。我们的算法不仅运行正常,而且还验证了对 FFT 结果的预测:DC 值非零(28.000 0),有 16 个输出值,并且 $F_s/2$ 值的两侧都有对称性( $F_s/2$ 值是 $X[8]=-4.000$ 0)。您可以随意尝试其他输入数据集,并将 MATLAB 中的结果与 FFT 的结果进行比较。一旦您对算法和代码感到满意,就可以开始考虑如何在 DSK 上实时运行它。

使用 FFT 并解释其结果比我们在这里所能讨论的空间要多很多。我们将在第 9 章的频谱分析背景下重新讨论这个主题。

# 8.5 后继挑战

考虑扩展您所学的知识:

① 修改本章中给出的非实时 FFT 代码,以便放入 ProcessBuffer 函数内并在 DSK 上运行。扩展它以创建和测试使用实时快速卷积的、基于帧实现的重叠相加过滤器。

② 修改本章中给出的非实时 FFT 代码,以便放入 ProcessBuffer 函数内并在 DSK 上运行(这可作为上一个挑战的一部分,如果您还没有完成的话)。扩展它以创建和测试使用实时快速卷积的、基于帧实现的重叠保留过滤器。

③ 确定一个特定的滤波情况,其中重叠相加或重叠保留比本书前面讨论的某个滤波技术更快。

④ 使用快速卷积方法实现希尔伯特(Hilbert)变换滤波器。

# 8.6 问 题

1. 给定输入数据长度为 4 096 的值,比较用于评估 DFT 与 radix-2 FFT 所需的复数数学运算的近似数。

2. 如果您使用的是 radix-2 FFT 和 $F_s=48$ kHz 的采样频率,那么实现大约 50 Hz 的频率分辨率所需的最小输入数据长度是多少?假设没有对数据使用平滑窗口,并且数据长度必须是 2 的幂。

3. 如果在实数输入信号上使用快速卷积(即没有虚数值),那么为什么逆 FFT 的结果通常包含非虚数值?

4. 假设您将要与 FFT 一起使用快速卷积来滤波 50 个样本的 $x[n]$ 和一个 19 阶 FIR 低通滤波器 $h[n]$,又假设已经存储了 $x[n]$ 的 50 个样本,则不需要使用诸如重叠相加或重叠保留之类的实时技术。您需要对 $x[n]$、$h[n]$ 或者两者进行零填充来避免循环卷积的影响吗?如果是,则请指定在必要时必须添加到各自中的零的**最少**

个数。

5. 下图①是 20 点 FFT 输出的幅度谱图,其中采样频率为 $F_s = 8 \text{ kHz}$。根据幅度谱,您可以推断出提供给 FFT 的输入信号有哪些具体内容吗?

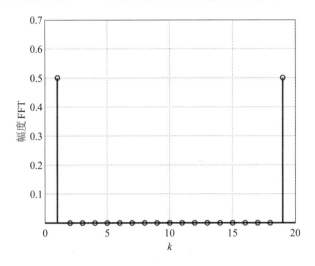

---

① 原书未对此图编号,为了与原书内容保持一致,此图亦不编号。本书后面出现的类似情况同理。(编者注)

# 第**9**章

# 频谱分析与窗口化

## 9.1 理　论

如第 8 章所述,快速傅里叶变换(Fast Fourier Transform,FFT)允许我们将离散时间信号从样本(即时间)域变换到频域。查看信号的频率内容是非常有用的,通常也是必要的,并且测试设备制造商在市场上出售数千美元的频谱分析仪来执行此任务。几乎任何从事例如通信或音频系统工作(比如:卫星上/下行链路、蜂窝电话网络、无线电/电视台、家庭影院或任何高端音响系统)的工程师或技术人员都**必须**能够分析信号的频域表示。我们将探索如何应用一些基本的 DSP 算法来实现相同的目的,而不是使用专用的频谱分析仪。

频谱分析与估计是信号处理中的一个非常广泛的课题,在这里只会触及它的表面。如果想了解更多关于它的信息,有很多很好的文献可以在不同的细节层面上涵盖这个主题(例如参见文献[1-2,27,73-75])。注意,频谱估计可以分为非参数方法和参数方法。通过使用 FFT,我们使用了一种非参数方法,这种方法对某些特殊类型的信号不是最优的,但是它非常容易使用,并且可以有效地计算。由于这个原因,基于 FFT 的谱分析是目前最常用的技术。数字示波器和频谱分析仪通常实现了一种基于 FFT 的频谱分析。参数化方法(例如那些使用 ARMA、MUSIC 或 ESPIRIT模型的)可能更为复杂,但对它们的讨论远远超出了本书的范围。

### 9.1.1 信号的功率谱

我们在本章中的目标是获得给定信号的功率与频率的分布,这被称为功率谱(power spectrum)。回想一下,一个 FFT 的输出值是复数,我们在这里只关注功率谱的幅度,而不关心相位。虽然相位响应对某些应用程序可能很重要,但我们在这里并不继续讨论它,以保持讨论的合理长度。

如果提供离散时间信号 $x[n]$ 作为 FFT 的输入,则输出为 $X[k]$,即 $\text{FFT}\{x[n]\}=X[k]$。回想一下,正如时域中 $n$ 的每个增量等于信号中 $T_s=1/F_s$ 秒的差值,频域中 $k$ 的每个增量等于 $\Delta f=F_s/N$ 的差值,其中 $N$ 是 FFT 的长度。$\Delta f$ 的值称为频谱的频率分辨率(frequency resolution)。如果 $x[n]$ 最初是电压对时间信号或电流对时间信号,那么得到的 $X[k]$ 将分别是电压对频率或电流对频率。因此,为了获得归一化的功率谱(即归一化为 $1\ \Omega$ 的阻抗),我们正好使用关系式

$$|X[k]|^2 = (X[k]_{\text{real}})^2 + (X[k]_{\text{imaginary}})^2,$$

这将产生功率与频率的平方幅度。

对于如何解释基于 FFT 的功率谱结果的例子,让我们回想一下关于 FFT 的一些事情。FFT(就像 DFT 一样)将以复数形式输出与所提供的输入数据点相同数量的数据点。如果输入信号为实数,那么输出幅度将关于 $F_s/2$ 点对称。如果 $N$ 是偶数,则 $F_s/2$ 是在 $k=N/2$ 处;如果 $N$ 是奇数,则 $F_s/2$ 在 $N/2$ 任何一边的两个 $k$ 值中间,因为 $k$ 是一个整数。从 $k=0$ 到 $k=\lfloor N/2 \rfloor$,我们将 $k$ 的值解释为对应于 $f = k\Delta f = kF_s/N$ 的值,其中 $\lfloor \cdot \rfloor$ 是向下取整运算符。在 $k=\lfloor N/2 \rfloor$ 点之外,$k$ 值对应于负频率,我们将其解释为 $f = -[(N-k)\Delta f] = -[(N-k)F_s/N]$。现在,让我们继续看例子。

假设信号 $x(t)$ 在 $F_s = 48\ \text{kHz}$ 下采样 2 秒,则将获得 96 000 个数据点,使得 $x[n]$ 在 $0 \leqslant n \leqslant 95\ 999$ 范围上。如果取一个相当大的 $x[n]$ 的 FFT,例如,仅前 $N = 65\ 536$ 个数据点的 $\text{FFT}\{x[n]\}$[①],那么将建立在 $0 \leqslant k \leqslant 65\ 535$ 范围上的 $X[k]$。在这种情况下,$\Delta f \approx 0.732\ \text{Hz}$。如果该 FFT 的平方幅度在 $k=100$ 时显示出显著的尖峰(同时在 $k=N-100=65\ 436$ 时显示负频率分量),则意味着信号在 $f \approx 732\ \text{Hz}$ 时具有显著的功率。如果采用大小更合理的 FFT,例如 $N=4\ 096$,则 $\Delta f \approx 11.7\ \text{Hz}$。如果该 FFT 的平方幅度在 $k=100$ 时显示出显著的尖峰(同时在 $k=N-100=3\ 996$ 时显示负频率分量),则意味着信号在 $f \approx 1\ 170\ \text{Hz}$ 时具有显著的功率,而不像以前那样是 732 Hz。因此,只改变 FFT 的长度就改变了频率分辨率 $\Delta f$,从而改变了解释 FFT 结果的方式。

对于实时光谱分析,我们需要保持足够小的 FFT,原因有两个:

① 一个大的 FFT 可能需要太长的时间来计算,以满足实时计划。

② 一个大的 FFT 可能需要太长时间来呈现结果(即使它可以实时计算),这可能会超过期望的响应时间,并且可能对包含快速变化频率内容的信号没有很好的响应。

如上所述,一方面,大的 FFT 会导致比我们可能需要的频率分辨率大得多的频率分辨率(也就是说,其中 $\Delta f$ 非常小):如上面第一个例子中,小于 1 Hz 的 7/10 的分辨率可能是致命的。另一方面,如果我们为 $N$ 选择一个**太小**的值,那么虽然可以快速计算 FFT,但是频率分辨率 $\Delta f$ 太粗糙而没有用处。与大多数工程权衡一样,"最佳"的 FFT 大小的选择并不明确。

总的来说,对于实时频谱分析,您将编写一个基于帧的程序(因为 FFT 一次需要多个样本),该程序连续计算每个新数据帧的 FFT,并提供功率谱输出,以在 PC 显示

---

① 这假设了一个非适应的 radix-2 FFT,它要求 $N$ 是 2 的幂。

器上展示。然而,这并不那么简单。

结果表明,为了对信号的功率谱进行更准确的估计,有时最好在计算中增加一些步骤。例如,Welch 周期图是一种非常流行的用 FFT 计算功率谱的方法,它在每帧数据上使用平滑窗口(如下所述),对多帧数据的功率谱进行平均,并在相连两帧数据之间重叠一定的百分比(通常为 50%)。进一步讨论这些更精细的点将超出本书的范围,请参见文献[27]以获得非常清晰的讨论。

## 9.1.2 窗口化需要

在许多情况下,我们需要对每帧数据应用一个平滑窗口,以从 FFT 中获得最佳结果。如果我们不将平滑窗口应用于数据,那么实际上我们应用了一个**矩形窗口**,其在整个长度上的值为常数值 1。

这为什么是真的呢?据 FFT "所知",所有数据持续无限长的时间,以周期等于给定数据的持续时间进行无限重复。当我们只呈现转换的有限长度的数据(因为我们们必须这样)时,这与呈现一个无限长度的数据相同,该数据已经与具有等于 1 的常数值的有限长度窗口相乘,一个形象化的例子如图 9.1 所示。我们为什么会关心这个问题?回想一下,时域中的乘法等效于频域中的卷积(convolution)。因此,信号的频谱与窗口的频谱有效地卷积,**总是**存在某种窗口——即使它是无意的矩形窗口。矩形窗口的频谱看起来是什么样的呢?

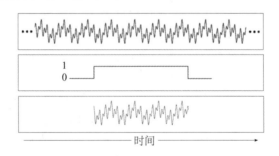

(顶部:一个持续无限时间的信号。中间:一个有限持续时间的矩形窗口。

底部:将无限信号与矩形窗口相乘的结果是一个有限持续时间的信号)

**图 9.1:应用矩形窗口的时域效果**

矩形窗口就像一个单个的矩形脉冲(有时称为"矩形函数(rect function)"),它在某个有限的时间区域内的值为 1,在其他地方的值为 0。您可以从信号与系统课程中回忆起,如果对一个矩形脉冲进行傅里叶(Fourier)变换,那么得到的频谱是一个 sinc 函数,该函数定义为 $\text{sinc}(x) = \sin(\pi x)/(\pi x)$。傅里叶理论的另一个有用的内容是倒数扩散特性,它告诉我们,在这种情况下,矩形脉冲越宽,sinc 波瓣的宽度越窄。从这个意义上说,"更宽"的矩形脉冲相当于一个值为 $N$ 的矩形窗口(即一个具有更多数据点的"更长"的窗口)。这种"rect↔sinc"关系可以在图 9.2 中观察到。

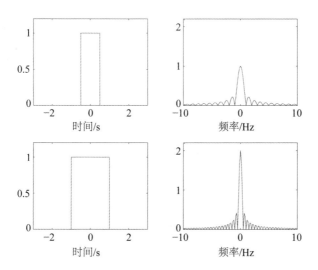

（左边的两个图是时间域中的矩形脉冲。右边的两个图是傅里叶变换对应的幅度谱。

没有显示相位图。请注意，在时间域中，较宽的脉冲导致在频率域中较窄的 sinc 波瓣）

**图 9.2："rect↔sinc"傅里叶变换对**

图 9.3 描述了在没有首先应用平滑窗口的情况下获取信号的 FFT，实际上使用的是矩形窗口。因为这样的结果就好像信号的真实频谱与窗口的频谱相卷积，所以可观测的信号频谱不可避免地会"模糊"。

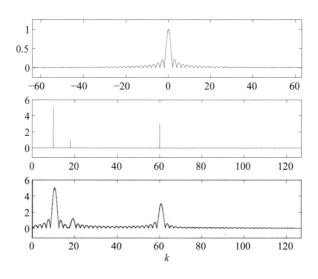

（顶部：矩形窗口的幅度频谱是正弦脉冲。中间：在 $k=10$、18 和 60 时具有三个频率分量的

任意无限时长信号的理论频谱（仅显示正频率）。底部：窗口频谱与信号频谱卷积的结果）

**图 9.3：应用矩形窗口的频域效果**

在图 9.3 中可以看到,有两个对频谱分析特别重要的效果:首先,频率分量的最小宽度受窗口频谱主瓣宽度的限制;其次,在较强信号附近检测较弱信号的能力受到旁瓣"高度"(称为旁瓣电平)的限制。

第一个效果在图 9.3 的底部图中很明显,在图中,频率分量"尖峰"被涂抹成更宽的波瓣。如果两个频率分量的间隔小于窗口主瓣宽度的一半,那么它们将"混合"在一起,而无法把它们作为单独的分量可靠地区分开来。第二个效果也可以在图 9.3 的底部图中看到,其中 $k=18$ 处的频率分量几乎被 $k=10$ 处分量的旁瓣遮挡。如果 $k=18$ 处的分量振幅稍弱,就会被附近的旁瓣"掩盖"。一般来说,弱分量与附近强分量的比值必须大于窗口的归一化旁瓣电平,否则弱分量将被遮挡。记住,我们**总是**有一个应用于数据的窗口;如果没有显式地将平滑窗口应用于我们的数据,那么实际上是使用了一个矩形窗口。从上面的讨论中可以明显地看出,对于可能使用的任何窗口,都需要知道两个关键特性:主瓣宽度和旁瓣电平。

## 9.1.3 窗口特征

多年来已经开发了许多平滑窗口,大多数都是以最初提出这些平滑窗口的人的名字命名的。除了矩形窗口,还有巴特利特 Bartlett(三角形窗口)、汉明 Hamming、冯汉恩 von Hann(也称汉宁 Hanning 或汉恩 Hann)、布莱克曼 Blackman(也称布莱克曼哈里斯 Blackman-Harris)、凯撒 Kaiser 和多尔夫 Dolph(也称切比雪夫 Chebyshev或多尔夫切比雪夫 Dolph-Chebyshev)窗口。其中一些窗口的时域"形状"如图 9.4所示。

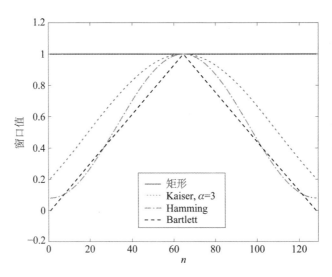

(请注意,除矩形窗口外,所有窗口都会在数据集的开始和结束处将数据平滑到零。

巴特利特 Bartlett 窗口有时被称为三角形窗口)

图 9.4：时域中的几个窗口

这些窗口的每一个频谱形状有点类似于矩形窗口频谱的 sinc 形状,因为有一个主瓣和一些旁瓣。但主瓣宽度和旁瓣电平因窗口而异,这些是用于为给定频谱分析应用选择某个窗口的两个主要标准。追踪各种 DSP 书籍中的所有窗口特征是烦琐的,因此我们在表 9.1 中收集了常用窗口的最重要方面的特征。

**表 9.1:最常用窗口函数的特征**

| 窗口[a](长度 $N$) | 主瓣宽度 | 旁瓣电平/dB | 过渡带宽 | 通带纹波/dB | 阻带衰减/dB |
|---|---|---|---|---|---|
| 矩形 | $4\pi/N$ | $-13.5$ | $1.8\pi/N$ | 0.75 | 21 |
| Bartlett | $8\pi/N$ | $-27$ | $6.1\pi/N$ | 0.45 | 25 |
| von Hann | $8\pi/N$ | $-32$ | $6.2\pi/N$ | 0.055 | 44 |
| Hamming | $8\pi/N$ | $-43$ | $6.6\pi/N$ | 0.019 | 53 |
| Blackman | $12\pi/N$ | $-57$ | $11\pi/N$ | 0.001 7 | 74 |
| Kaiser,$\alpha=4$ | $6.8\pi/N$ | $-30$ | $5.2\pi/N$ | 0.049 | 45 |
| Kaiser,$\alpha=8$ | $10.8\pi/N$ | $-58$ | $10.2\pi/N$ | 0.000 77 | 81 |
| Kaiser,$\alpha=12$ | $16\pi/N$ | $-90$ | $15.4\pi/N$ | 0.000 011 | 118 |
| Dolph,$\alpha=-40$ | $7.4\pi/N$ | $-40$ | NA | NA | NA |
| Dolph,$\alpha=-60$ | $10.1\pi/N$ | $-60$ | NA | NA | NA |
| Dolph,$\alpha=-80$ | $13.2\pi/N$ | $-80$ | NA | NA | NA |

[a] 其他窗口名称:矩形＝boxcar,Bartlett＝三角形,von Hann＝Hann＝Hanning,Dolph＝Chebyshev＝Dolph-Chebyshev。在一些书中,参数 $\alpha$ 被称为 $\beta$。NA:不适用,因为 Dolph 窗口不经常用于 FIR 滤波器设计。注意:"主瓣宽度"列出了完整的主瓣宽度,而不是半主瓣宽度,与文献一致。最右边的三列用于 FIR 滤波器设计的窗口方法。

为了与其他 DSP 文献的实践保持一致,该表显示了归一化弧度频率的完整主瓣宽度(其中 $\pi$ 等于 $F_s/2$),$N$ 是窗口的长度,旁瓣电平以分贝表示。我们没有显示窗口的所有定义方程(这可以在大多数理论性的 DSP 文献[2,27]中找到),因为我们将讨论您如何使用 MATLAB® 轻松创建所需的窗口。

对于频谱分析,只有表 9.1 中的"主瓣宽度(Main Lobe Width)"和"旁瓣电平(Sidelobe Level)"列才是重要的。如果您曾经使用窗口方法设计过 FIR 滤波器,那么其他列是有用的;我们在这里包括了额外的列,以便在一个地方收集所有的窗口信息。在一个窗口中,我们最希望的是:① 主瓣宽度窄,这样就可以解析密集的频率分量;② 旁瓣电平低,这样就可以解析强信号附近的弱信号。不幸的是,这是两个相互冲突的需求。请注意,在表 9.1 中,一般来说,随着旁瓣电平的降低,主瓣宽度(对于给定的数据长度 $N$)趋向于变宽。这也可以在图 9.5 中看到。此外,随着窗口长度(必须等于数据长度)变长,主瓣宽度将变窄——但旁瓣电平与窗口长度无关。与大多数工程决策一样,某个窗口的"最佳"选择将根据您的特定需求权衡这些特征。

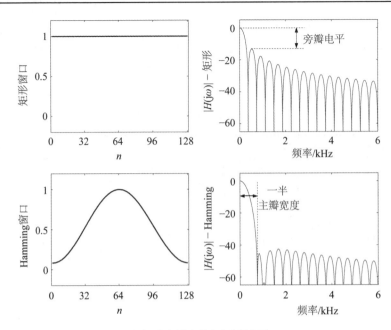

(注意,窄主瓣也导致高旁瓣电平)

**图 9.5:时域和频域中的两个窗口比较**

矩形窗口的主瓣宽度我们可以做到是"最佳的",因为主瓣宽度的一半是 $2\pi/N = F_s/N$,这是可以从 $N$ 点 FFT 获得的最佳分辨率。但矩形窗口的旁瓣电平是我们能做到的"最差的"。除了矩形窗口之外的窗口经常被推荐用于频谱分析。我们可能想要避开矩形窗口的另一个原因是:一种称为"偏置"的现象,其中两个紧密间隔的频率分量的中心尖峰看起来比它们实际上的间隔更大(参见文献[1],一个很好的例子)。应用一个常见的平滑窗口而不是矩形窗口消除了偏置问题。

为了使这些窗口化的想法成为焦点,让我们尝试几个简单的例子。假设要对一个以 48 kHz 采样的信号进行频谱分析,则预计在 14.0 kHz 时会有一个频率分量,并在 14.1 kHz 时会有另一个强度几乎相等的频率分量。因此,感兴趣的两个分量的频率间隔为 100 Hz。假设由于其他原因,数据帧长度变得相当短,为 $N=512$,因此窗口长度也必须为 $N=512$。我们希望使用平滑窗口来消除偏置,但不希望将这两个分量与太宽的主瓣宽度一起涂抹。在这个例子中,旁瓣电平不那么重要,因为这两个信号的幅度几乎相等。我们能使用汉明 Hamming 窗口吗?从表 9.1 可以看出,汉明 Hamming 窗口主瓣宽度的一半是 $4\pi/N = 2F_s/N = 96\,000/512 = 187.5$(Hz),这比感兴趣的两个分量的频率间隔要宽,所以答案是"不",即不能使用汉明 Hamming 窗口——除非有什么变化,否则它会把两个频率涂抹在一起。唯一较窄的窗口是矩形的,但是会有一个偏置问题。最好的选择是将帧长度增加到 1 024 点,这将使汉明 Hamming 窗口的半主瓣宽度减小到 93.75 Hz,小于感兴趣分量的间隔。在这种情况下,汉明 Hamming 窗口可以工作。

现在假设第二个例子和以前一样,但是两个感兴趣的分量之间的"从弱到强"的振幅比是1:100(或0.01:1),而不是几乎相等。帧尺寸仍然是1 024,因此汉明Hamming窗口不会将两个分量相互涂抹。但是旁瓣如何呢?当振幅非常不同时,我们需要检查旁瓣电平。以分贝计,0.01:1的振幅比是$20\log(0.01)=-40$ dB。从表9.1可以看出,这排除了矩形窗口、巴特利特Bartlett窗口和冯汉恩von Hann窗口,但汉明Hamming窗口会起作用,尽管把它切割得有点近。布莱克曼Blackman窗口在旁瓣电平方面较好,但其主瓣宽度会太宽。

给出这些例子,也许您领会了选择一个合适的平滑窗口的思维过程。如果分辨相似幅度的紧密间隔的频率更重要,那么我们将倾向于选择主瓣宽度窄的窗口。如果分辨不同幅度的频率分量更重要,那么我们将倾向于选择旁瓣电平较低的窗口。在离线应用中,通常至少用两个窗口来检查一个信号:一个主瓣宽度狭窄的窗口,另一个旁瓣电平较低的窗口。然而,如果进行实时频谱分析,就不用这样奢华了,因此在这种情况下,在选择窗口时必须做出明智的妥协。如果真的不知道信号中潜藏着什么频率和振幅,那么至少应该知道,我们所选择的窗口对我们隐藏了什么!

# 9.2  winDSK 演示

winDSK8应用能够使用512个样本大小的帧执行实时频谱分析。将一个输入信号插入DSK,启动winDSK8,然后单击示波器(Oscilloscope)工具按钮(在winDSK8主界面上称为"Oscope/Analyzer"),出现类似于如图9.6所示的两个屏幕,并确保选择了"频谱分析仪(Spectrum Analyzer)"功能。

请注意,频谱分析仪功能仅显示正频率的幅度。$x$轴的频率范围自动调整为0 Hz至$F_s/2$ Hz,因此要想读取频率刻度,就必须知道使用的是什么样的采样频率。在"显示(Display)"区域中,还可以选择一个对数$y$轴(最常用于显示波谱),并选择计算指定帧数的频谱均值。在"窗口化(Windowing)"区域中,您可以选择要应用的窗口类型,可用的选项涵盖了用于频谱分析最常用的窗口。

图9.6显示了以48 kHz采样的3 kHz正弦信号频谱的对数显示。靠近DC的小尖峰是60 Hz的电力线伪影。您可以对DSK用各种输入信号进行实验,并观察相关的频谱分析仪显示。

图9.6(b)是"范围(Scope)"显示,这是频谱分析最常用的选项。用于观察谱分量随时间变化的另一个有用的功能是"瀑布频谱(Waterfall Spectral)"显示,如图9.7所示,此选项在第6章中首次提到,为显示添加了一个移动时间轴,它通常被称为频谱图(spectrogram)[①]。

---

① 这类似于MATLAB的频谱图功能(或相关的 specgramdemo)。

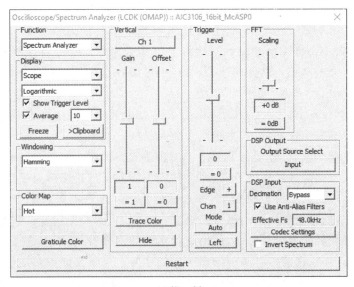

(a) 控　制

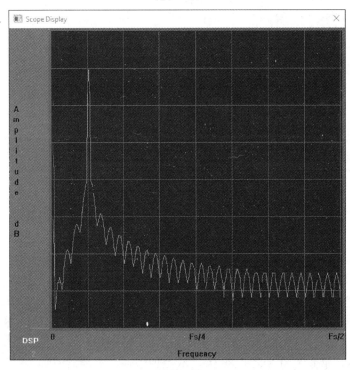

(b) 显　示

（请注意，您可以从控制窗口中选择平均值、窗口类型、对数或
线性 y 轴等选项。显示的信号是 3 kHz 正弦信号，以 48 kHz 采样）

**图 9.6：winDSK8 的频谱分析仪窗口**

在 winDSK8 中，最新数据显示在瀑布显示的顶部[1]。图 9.7 是带有锯齿信号发生器的特雷门琴（theremin）模拟器的瀑布频谱显示。这是一款引人入胜的电子乐器，如果您还没有听说过，请用"theremin"进行快速网络搜索，您将会感到惊讶[2]。

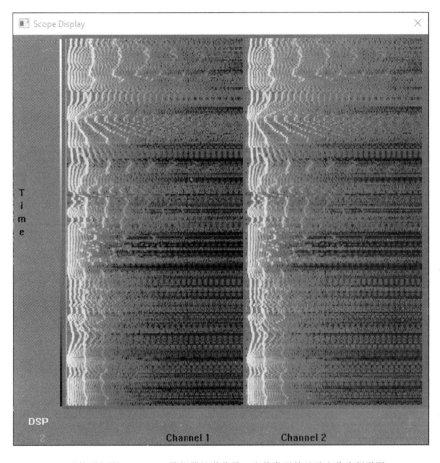

（显示特雷门琴（theremin）模拟器的谱分量。这种类型的显示也称为频谱图）

**图 9.7：winDSK8 的频谱分析仪瀑布显示**

# 9.3　MATLAB 实现

　　使用 MATLAB 对已存储的信号进行频谱分析是非常简单和灵活的，但使用 MATLAB 进行实时频谱分析则比较困难。我们先讨论与非实时分析相关的主题。

---

　① 如第 6 章所述，这类似于美国核潜艇上典型声呐系统提供的读数类型。

　② 如果您是旧时"经典"科幻电影的粉丝，那么会立即听出 1928 年由 L'eon Theremin 发明的一种特雷门琴乐器的声音。

如果想了解如何生成、分析或使用各种类型的数据窗口,则请浏览 MATLAB 函数,比如 window、wintool、wvtool、sptool 和 fdatool。只创建单一类型窗口的函数包括 rectwin、bartlett、hamming、hann、blackman、kaiser 和 chebwin(最后一个函数创建多尔夫切比雪夫 Dolph-Chebyshev 窗口)。使用 MATLAB 的 help 命令来获取更多细节。

对于 MATLAB 中的非实时频谱分析,假设已经有一个离散时间信号 $x[n]$ 存储在您的计算机上,在 MATLAB 工作区作为 $x$。如果使用 pwelch($x$)命令,则将使用 Welch 周期图方法(默认情况下使用汉明 Hamming 窗口)快速获得一个显示信号 $x[n]$ 功率谱的图。例如,图 9.8 显示了当 $x$ 包含以 48 kHz 采样的 7 kHz 正弦信号的 512 个样本时,可以从 pwelch 命令获得的输出。键入 help pwelch 命令以获取有关此命令及其所有选项的信息。您可能还希望探索其他频谱分析方法,如 periodogram、pburg 和 pmusic 等函数。

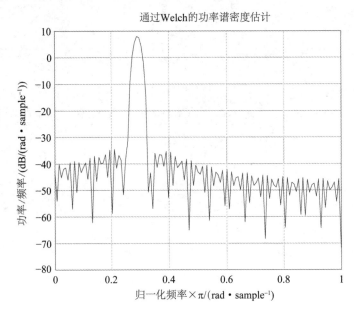

(信号为 7 kHz 的正弦波,采样频率为 $F_s = 48$ kHz)

**图 9.8:来自 MATLAB 中 pwelch 命令的频谱图**

显然,到目前为止我们在 MATLAB 中所展示的并不是实时的。如果有 MATLAB 的数据采集工具箱(Data Acquisition Toolbox)(可从 MathWorks 公司获得),就可以通过声卡来输入信号并实时计算频谱。对于那些有数据采集工具箱的人来说,我们在本书的软件中(在第 9 章的 matlab 目录中)包含了一个名为 specAn. m 的 MATLAB 程序,它是一个非常简单的实时频谱分析仪,使用 PC 的声卡输入来获取信号,默认的采样频率为 8 kHz,在图形窗口中显示实时频谱,其外观与图 9.8 非常相似。

要想使用 specAn. m 程序,请将其复制到硬盘上的某个目录中,并使该目录对 MATLAB 可见。将信号源(如 CD 播放机或麦克风)连接到电脑声卡的输入端。在 MATLAB 工作区中,输入命令 specAn,然后按键盘上的"回车(Enter)"键开始实时处理。要想结束实时处理,请在图形窗口的任意位置单击任一鼠标按钮。如果您想使用其他一些采样频率 $F_s$,请将其指定为输入参数(例如 specAn(44 100) 表示 $F_s$=44.1 kHz),记住 MATLAB 和声卡都会对 $F_s$ 施加某些实际限制。如果您没有数据采集工具箱,那么有一个名为 audiorecorder 的 MATLAB 函数(见第 2 章)可以通过声卡将样本带到 MATLAB 工作区。但是,我们发现这个函数的功能远不如数据采集工具箱中的函数(特别是用于实时演示),因此没有包含使用它的程序。如果可能,请访问数据采集工具箱。

# 9.4　使用 C 语言的 DSK 实现

为了实现更高性能的实时频谱分析,我们需要转换到在 DSK 上运行的基于帧的 C 程序上。但是,我们理想地希望在主机 PC 的监视器上查看频谱的实时图,这引入了额外的编程挑战,我们从第 8 章开始对如何做 FFT 编程有一个大概的想法。但是如何将频谱信息从 DSK 传递回 PC,并在监视器上绘制出来呢?

我们可以使用 Code Composer Studio 的一些内置功能来执行此操作,例如在 DSK 程序中的适当位置插入探测点,并使用 Code Composer Studio 中提供的基本绘图窗口。但是,这种方法只能在调试模式下工作,并且每次在 PC 上更新绘图时会挂起 DSK 的 CPU。虽然这种技术在许多情况下可能很有用(特别是出于调试目的),但它不是实时操作。

因为这更多的是如何将信息从 DSK 传回 PC 并绘制出来的问题,而不是如何在 DSK 上进行频谱分析的问题,所以我们现在需要推迟讨论。在附录 E 中,您将找到如何从 DSK 传回信息并将其绘制在 PC 监视器上的讨论。这在附录中解释了:首先是一个非常基本的实时示波器应用,然后是一个关于如何过渡到实时频谱分析的简短讨论和例子。

# 9.5　结　论

本书上面部分总结了在实时操作背景下所呈现的称为 DSP 理论基础的内容。本书的下一部分将介绍一系列的项目,希望你们能像我们的学生一样感到有趣和兴奋。别停下来,因为乐趣才刚刚开始⋯⋯

# 9.6　后继挑战

考虑扩展您所学的知识:

① 使用 winDSK8 频谱分析仪查看正弦测试信号。增加该输入信号的振幅,直到您超过 ADC 的限制并发生削波。当信号被剪切时,频谱是否如您所期望的那样发生了变化?

② 使用 winDSK8 频谱分析仪查看方波测试信号。频谱是否符合您对傅里叶理论的期望(即您是否看到振幅随频率增加而减小的奇次谐波)?

③ 使用 winDSK8 频谱分析仪,选择不同的窗口和不同数量的帧进行平均。频谱结果如何变化?

④ 探索 MATLAB 中 pwelch 函数的所有可用选项。对 periodogram、spectrogram、pburg 和 pmusic 做同样的事情。同时使用添加和不添加随机噪声的各种已知输入信号,并比较这些频谱估计的不同方法。

⑤ 添加一些特性到附录 E 中所示的实时频谱分析仪例子中,比如 winDSK8 中提供的那些。

# 9.7　问　题

1. 对于使用 FFT(或 DFT)进行的基本频谱分析,正确的窗口选择对成功至关重要。假设采样前的一些连续时间信号数据已知为 $x(t) = 2.1\cos(2\pi50t) + 0.007\cos(2\pi75t)$ (V),那么以 $F_s = 500$ Hz 频率进行采样。FFT 使用 $N = 256$ 个数据点($0 \leqslant N \leqslant 255$)的帧,没有零填充。假设一个理想的 ADC,并忽略任何量化效应。从表 9.1 列出的窗口中选择一个窗口,该窗口应允许您使用 FFT 检测该信号中的两个正弦信号,并**定量地**证明您所选窗口应该工作的原因。

2. 您希望观察由振幅为 1.5 V、频率为 250 Hz 的单个正弦波和 1.5 V 的 DC 偏移电压组成的信号的幅度谱。不存在其他频率。您正好使用正弦波的 5 个周期(加上 DC 偏移)作为一个 FFT 的输入。一个周期持续 4 ms(因为 $T_0 = 1/F_0 = 1/250$),所以 5 个周期持续 20 ms。在 $F_s = 1$ kHz 的采样频率下,这意味着您向 FFT 发送 20 个输入信号的样本(数据点)。草拟一张 FFT 结果的幅度输出的 $xy$ 图(您可以忽略 FFT 输出的相位)。确保按数据从 FFT 出来的顺序显示输出,不进行任何类型的移位或居中。垂直轴应该是幅度,以线性单位(而不是分贝)来表示,并根据数据点的数量酌情进行缩放。标记两个轴的单位。请注意,此草图应该是幅度谱,而不是功率谱。

3. 关于问题 2,如果唯一的变化是正弦频率增加到 600 Hz,并且您正好向 FFT 发送 12 个周期,那么 FFT 幅度图将如何不同(是的,这意味着您再次提供 20 个数据指向 FFT)？草拟这个新的幅度谱图。

4. 假设在 $F_s = 500$ Hz 下的采样连续时间信号为 $x(t)$，总持续时间为 100 ms，以获得 $x[n]$。此外，假设 $x(t)$ 是正弦曲线，然后在 $x[n]$ 上执行 FFT 以获得如下图所示的幅度谱。

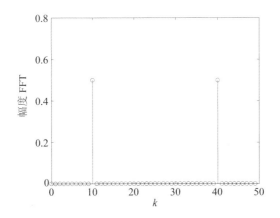

上图显示了所有的 FFT 幅度值，假设没有零填充、没有窗口化、没有 FFT 输出的移位或居中，以及在采样过程中没有出现混叠。回答以下问题：

(a) 您获得了多少 $x(t)$ 样品？

(b) FFT 的实际频率分辨率($\Delta f$)是多少？

(c) $x(t)$ 的实际频率是多少？

(d) 确切地采样了 $x(t)$ 的多少个周期？

# 第Ⅱ部分：项目实践

# 第 **10** 章

# 项目 1：吉他特效

## 10.1　项目介绍

由于这是"项目实践"部分的第一章，所以解释一下这一部分与前一部分的不同之处。前面的章节涵盖了我们称之为 DSP 的"理论基础"的主题，主题相对广泛，所示的例子仅用于说明该特定主题。

在"项目实践"部分，稍微改变了我们的关注点；现在将在每一章中提供至少一个完全功能版本的有趣的 DSP 应用，我们发现这些应用程序多年来一直受到学生的欢迎。尤其是，当第一次学习 DSP 时，学生们似乎被这两个一般领域所吸引：音频（如本章的特殊效果和第 11 章的图形均衡器）和通信（如后面章节的各种接收器和发射器项目）。虽然我们提供了完整的功能代码来帮助您开始工作，但也有意留待您进一步实现和改进这些应用。这就是它们被称为**项目**的原因！

我们提醒读者，本章和接下来章节中的大多数项目的代码都是有意**未**完全优化的，因为最高效率的代码通常很难理解——而我们的目标是让您理解代码！您可能希望自己探索如何提高这些项目的效率的方法。第一个项目章节包含了相当容易理解的概念，之后的项目章节将发展到越来越复杂的例子。

## 10.2　理　论

### 10.2.1　背　景

电吉他（electric guitars）和麦克风的特效是 DSP 的一个有趣的应用。使用相当简单的 DSP 算法，就可以很容易地创建各种有趣的声音变化。一些更为常见的效果包括回声（echo）、合唱（chorus）、镶边器（flanger）、移相（phasing）、混响（reverb）、颤音（tremelo）、频率转换（frequency translation）、亚谐波生成（subharmonic generation）、环形调制（ring modulation）、模糊（fuzz）、压缩/扩展（compression/expansion）、均衡（equalization）、噪声门控（noise gating）及其他。不管您是否知道这些普通的名字，如果您在过去 40 年左右的时间里听过适量的流行音乐，那么可能知道这些效果中的每一个"听起来"是什么样的。我们将在本章中讨论这些效果的代表性组。

电吉他的特效从 20 世纪 60 年代开始变得越来越流行,之后不久电吉他就开始普及。当然,在早期,这些特效通常是用硬接线模拟电路设计制作的,所以一个"效果盒"(如他们所说)只能产生一种效果。因此,一个需要多重效果的电吉他手过去常常被一堆在地板上的效果盒和踏板包围,每一个都需要自己的脚踏开关、电源和信号线。后来,一些模拟效果盒被重新设计,包括多个相关的效果,如回声和混响,或合唱和镶边器,但效果盒的电缆像"老鼠巢"那样混乱仍然是一个问题。另一个严重的问题是噪声(尤其是嗡嗡声),它被添加到模拟吉他信号中,这在很大程度上是由于在吉他和放大器之间使用了如此多的电缆和连接。

当 DSP 首次用于工程学院的教学时,很快就产生了许多音乐家所使用的特效的算法。不幸的是,所需硬件的成本多年来一直居高不下。但在 20 世纪 90 年代,这一切都改变了,吉他特效的数字实现迅速取代了模拟设计。单个基于 DSP 的效果盒可以产生许多特效的变化,且具有改进的信噪比和单电缆。随着越来越多的人熟悉DSP,使用模拟盒从未产生过的新效果被发明出来,并一直持续到今天。

## 10.2.2 效果如何工作

在第 3 章中,在 FIR 滤波器的背景下,首先简要介绍了这些特效的其中几种。在本章中,将以更一般的方式讨论这几种和其他特效。

最简单的特效是回声。图 10.1 显示了如何通过简单延迟实现这一特效的框图。注意图 10.1 和图 3.9 的相似之处。图 10.1 中的两个图是等效的,其中底部图使用更常见的延迟和增益表示。要设置延迟时间量,值 $R$ 指定延迟的采样周期数。例如,如果采样频率为 $F_s = 48$ kHz,则一个采样周期为 $t_s = 1/F_s$ 或 20.83 $\mu s$。回想一下,在大多数 DSP 实现中,每个延迟的采样周期都需要一个存储单元,因此,在这种情况下,1 s 的延迟将需要 $R = 48\,000$ 并且需要长度为 48 000 的内存数组,有一些实际的后果将在后面讨论。请注意,图 10.1 显示的本质上是一个 FIR 滤波器,因为它只使用了前馈信号路径。此滤波器将产生单回声,这可能是您想要的,也可能不是。图 10.1 中的滤波器属于有时被称为"梳状滤波器(comb filter)"的类型,如此称呼的原因后面将会清楚。

为了实现多回声,我们需要使用反馈信号路径(有时被音乐家称为"再生"),这意味着我们现在正在讨论一个 IIR 滤波器。图 10.2 显示了可以实现的两种简单方法的框图。为了与大多数音乐特效参考资料一致,反馈系数($\alpha$)的符号与第 4 章中使用的符号相反,但本章后面介绍的转移函数方程将考虑该符号变化。在 IIR 实现中,"回声"永远重复,但由于 $|\alpha| < 1.0$ 的稳定性条件,使得延迟声音的音量随每次采样而减小。因此,重复的声音将"消退"并在一定数量的采样时间后听不见。图 10.2 中的滤波器与图 10.1 中的滤波器一样,也称为"梳状滤波器"。FIR 和 IIR 梳状滤波器都是音乐家使用的、特效的、非常通用的构建块。

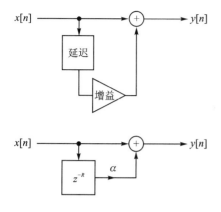

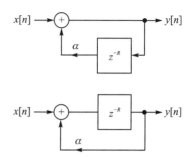

（将声音的延迟版本（延迟了 $R$ 采样次数）加上由增益值 $\alpha$ 指定的放大，加回到未延迟的声音上）

**图 10.1：一个使用 FIR 滤波器的简单回声（延迟）效果的框图**

（为了稳定性，请确保 $|\alpha| < 1.0$）

**图 10.2：一个使用 IIR 滤波器的多回声效果的框图**

除了梳状滤波器外，另一种用于特效的常见滤波器是"全通滤波器（allpass filter）"，它使用前馈和反馈（具有互补增益值）的组合。全通滤波器的通用框图如图 10.3 所示。图 10.3 顶部显示的滤波器版本是最基本的实现；底部显示的版本实现了相同的滤波器（见文献[4]），但只需要一次乘法运算。

我们将讨论的最后一种滤波器类型是"陷波滤波器（notch filter）"。虽然很容易创建一个 FIR 陷波滤波器，但 IIR 的实现允许更大的灵活性并且更被广泛使用。一个多功能二阶 IIR 陷波滤波器的框图如图 10.4 所示。

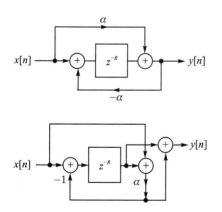

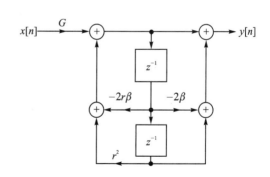

（为了稳定性，请确保 $|\alpha| < 1.0$）

**图 10.3：全通滤波器的框图**

（图中的实现为直接 II 型。中心陷波频率决定 $\beta$ 的值，陷波宽度取决于 $r$。更多详情，请参见教材）

**图 10.4：一个二阶 IIR 陷波滤波器的框图**

## FIR 梳状滤波器(FIR Comb Filter)

由于梳状滤波器,以及 FIR 和 IIR 二者,在创建特效时经常被使用,所以我们将更详细地研究它们,并从图 10.1 所示的 FIR 版本开始。图 10.1 中滤波器的转移函数为

$$H(z) = 1 + \alpha z^{-R},$$

从该方程可以计算出频率响应。例如,在 MATLAB® 中使用 freqz 命令,其中 $R=10$ 且 $\alpha=1$,产生如图 10.5 所示的频率响应。

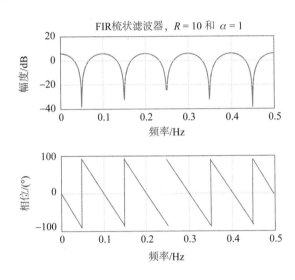

(采样频率归一化为 $F_s = 1$ Hz)

**图 10.5: FIR 梳状滤波器响应**

频率响应的幅度(此处以对数(dB)标度绘制)显示出滤波器的多个均匀间隔的通带和阻带。频率响应的幅度类似于梳子的牙齿,这就是"梳状滤波器"名称的由来。作为一种对称的 FIR 滤波器,在每个通带中的相位响应都是线性的[①]。对于我们的目的,这意味着通带中所有频率的延迟时间将相等(即恒定群延迟)。阻带源自某些频率的延迟或相移接近 180°的事实,使得当将其加回到原始信号上时,这些频率倾向于相互抵消。这些阻带或零点出现在沿着 $z$ 平面的单位圆的频率处,其中出现了转移函数的零点。要想在 MATLAB 的 $z$ 平面图上看到这些阻带或零点,可以使用命令 zplane([1 zeros(1,$R-1$) alpha],1),其中 $\alpha$ 由 alpha 表示。不管您更喜欢把它看成是由于相位抵消还是由于零,结果都是阻带中的频率被衰减,因此该滤波器提供了延迟以及在声音"音调"上的相关改变。通带和阻带的数量与 $R$ 的值直接相关,这很容易在图 10.6 中看到。

---

① 如果将 $\alpha$ 的值更改为 1.0 以外的值,则滤波器不再是真正对称的,相位因此也将不再是真正线性的。

FIR梳状滤波器的频率响应线性标度幅度，最大值是($\alpha$+1)

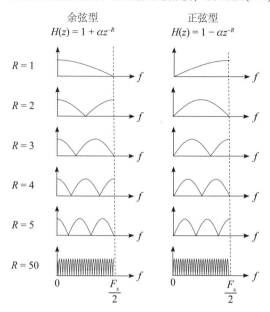

（针对两种类型的 FIR 梳状滤波器显示了频率响应的线性标度幅度）

**图 10.6：改变 FIR 梳状滤波器的延迟值 $R$ 的效果**

我们可以从图 10.6 中推断出很多东西。第一，阻带数等于 $R/2$。例如，当 $R=5$ 时，在滤波器的幅度响应中有两个及"半个"阻带。对于"余弦型"梳状滤波器，阻带位于 $0.5(F_s/R)$，$1.5(F_s/R)$，$2.5(F_s/R)$，$\cdots$，等等，但是，很多都在 0 和 $F_s/2$ 之间。对于"正弦型"梳状滤波器，阻带位于 0，$(F_s/R)$，$2(F_s/R)$，$3(F_s/R)$，$\cdots$，等等，但是很多都在 0 和 $F_s/2$ 之间。第二，$\alpha$ 影响幅度的最大值。例如，对于 $\alpha=1.0$ 的常用设置，最大幅度为 2.0（以对数标度幅度将会是 +6 dB）。在使用真实的 DSP 硬件时，我们必须小心设置 alpha，使其不超过 DAC 的动态范围；可能需要小于 1 的总比例因子。第三，如果我们从非延迟样本中**减去**延迟样本，而不是**添加**它，则会得到一个不同的响应，如图 10.6 右侧所示。第四，当我们使用较长的延迟时间，如在 $R=50$ 时所示，通带和阻带的宽度非常小，以至于频率响应基本上是平坦的，这类似于全通滤波器。一个全通滤波器同样能很好地通过所有频率（因此声音的"音调"未受影响），但由于它的相位响应而提供了纯延迟。图 10.1 和图 10.3 在这方面的区别在于，图 10.3 提供了 $R$ 的**所有值**的全通响应，这对于某些类型的特效非常有用。

## IIR 梳状滤波器（IIR Comb Filter）

图 10.2 顶部显示的滤波器的转移函数是

$$H(z) = \frac{1}{1 - \alpha z^{-R}} \quad |\alpha| < 1,$$

从这里您首先应该认识到其本质上是 IIR。再次在 MATLAB 中使用 freqz 命令,其中 $R=10$ 而 $\alpha=0.8$(稳定性),频率响应如图 10.7 所示。频率响应的幅度显示了滤波器多个均匀间隔的通带和阻带,类似于梳齿。作为 IIR 滤波器,缺点是相位响应在每个通带中均不能是真正线性的,并且滤波器可能是不稳定的(如果通过设计误差或系数量化使得 $\alpha \geqslant 1.0$)。无论如何,IIR 版本也有一个优点,在相似的内存大小和/或计算的需求下,通带可以比 FIR 版本更加锐利。

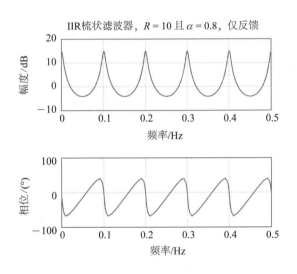

图 10.7:图 10.2 顶部显示的 IIR 梳状滤波器的响应

图 10.2 底部显示的滤波器与图 10.2 顶部显示的滤波器有何不同?图 10.2 底部滤波器的转移函数是

$$H(z) = \frac{z^{-R}}{1 - \alpha z^{-R}} \quad |\alpha| < 1,$$

从而产生如图 10.8 所示的频率响应。请注意,虽然频率响应的幅度显示出与图 10.7 所示基本相同的通带和阻带,但该滤波器的相位响应更接近于线性。这种"近于线性"的相位响应在整个频率范围内可提供更均匀的延迟。因此,当某些音频特效(特别是混响)需要 IIR 梳状滤波器时,通常使用图 10.2 底部显示的版本。然而,在这个版本中,当前时间的输入 $x[n]$ 被延迟,并且没有直接传递到输出(即在滤波器的差分方程中没有 $x[n]$ 项,而只有 $x[n-R]$ 项)。因此,此滤波器没有"当前时间"的输出,这对于某些其他类型的效果是不符合需要的(例如,如果您在吉他上弹了一个音符,在延迟时间过后才会听到声音)。图 10.2 所示的两个版本都有它们各自的用途。

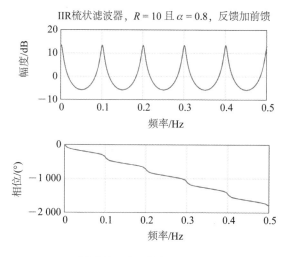

（采样频率已归一化为 $F_s = 1$ Hz）

**图 10.8：图 10.2 底部显示的 IIR 梳状滤波器的响应**

## 全通滤波器(Allpass Filter)

图 10.3 所示的两个滤波器的转移函数是

$$H(z) = \frac{\alpha + z^{-R}}{1 + \alpha z^{-R}} \quad |\alpha| < 1,$$

从中可以很容易地显示出频率响应。MATLAB 中的 freqz 命令(使用 $R = 10$ 和 $\alpha = 0.8$)提供如图 10.9 所示的频率响应。

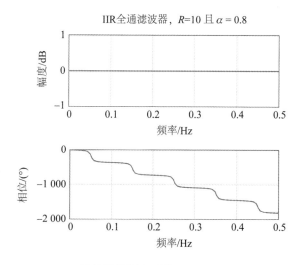

（采样频率已归一化为 $F_s = 1$ Hz）

**图 10.9：图 10.3 显示的 IIR 全通滤波器的响应**

注意,对于从 DC 到 $F_s/2$ 的所有频率,频率响应的幅度显示了"平坦"的增益 1(即 0 dB),"全通"的名称也来源于此。然而,从相位响应可以看出,这个滤波器提供了延迟(注意,延迟将是狭窄区域中的不同值,对于使用相同 $R$ 值的梳状滤波器,在该狭窄区域中会存在阻带)。因此,该滤波器适用于混响效果等情况,在这里您需要延迟声音,但又不会过度"着色"声音的音调。

### 陷波滤波器

陷波滤波器类似于梳状滤波器,但它没有多个均匀间隔的阻带,而只有一个阻带。陷波滤波器频率响应的示例如图 10.10 所示。在理想情况下,阻带的"锐度"和频率轴上阻带的位置都是可调整的。实现这一目标的高效且多功能的设计由图 10.4 所示的陷波滤波器定义,其具有转移函数

$$H(z) = G\,\frac{1 - 2\beta z^{-1} + z^{-2}}{1 + 2r\beta z^{-1} - r^2 z^{-2}} \quad 0 \leqslant r < 1,\ -1 \leqslant \beta \leqslant 1,$$

其中陷波中心频率由 $\beta$ 确定,陷波的宽度由 $r$ 确定,并且 $G$ 是用于调整整体滤波器增益的比例因子。对于单位 DC 增益,设置 $G = \sum_i a_i / \sum_i b_i = (1 + 2\beta - r^2)/(1 - 2\beta + 1)$。要想将特定陷波中心频率 $f_c$ 设置在 0 到 $F_s/2$ 的允许范围内,只需设置 $\beta = \cos(2\pi f_c / F_s)$。关于陷波宽度,$r$ 越接近 1.0,陷波就越窄(但如果 $r > 1.0$,则滤波器将不稳定)。请使用 $f_c$ 和 $r$ 的不同值进行实验。

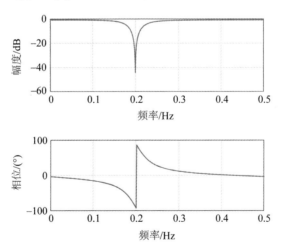

(采样频率已归一化为 $F_s = 1$ Hz)

**图 10.10:图 10.4 显示的 IIR 陷波滤波器的响应**

## 将它们全部放在一起

现在,有了用于许多最常见特效的构建块(梳状滤波器、全通滤波器、陷波滤波器),让我们把它们放在一起。虽然到目前为止我们假设了 $R$ 的恒定延迟值(或由 $\beta$ 确定的恒定陷波频率),但将会看到,对于许多特效,我们需要随时间缓慢地改变延迟

或陷波频率。表 10.1 列出了使用上面讨论的基本滤波器创建某些特效的方法。在许多情况下，通过简单地改变延迟时间或陷波频率（或通过改变其变化的范围），可以使用相同的滤波器形式产生非常不同的声音效果。某些效果通常只需要一个滤波器级，而其他效果（如混响）通常需要多个滤波器才能获得所需的声音。

**表 10.1：使用基本滤波器创建特效的典型方法**

| 效　果 | 滤波器 | 类　型 | 延迟/ms | 延迟类型 |
|---|---|---|---|---|
| 单回声 single echo | 梳状 | FIR | >100 | 恒定 |
| 多回声 multiple echos | 梳状 | IIR | >100 | 恒定 |
| 双声 doubling | 梳状 | FIR 或 IIR | 50～100 | 恒定 |
| 合唱 chorus | 梳状 | FIR | 20～30 | 慢慢变化 |
| 镶边器 flanger | 梳状 | FIR | 1～10 | 慢慢变化 |
| 镶边器（金属型）flanger (metallic) | 梳状 | IIR | 1～10 | 慢慢变化 |
| 移相 phasing | 全通或陷波 | IIR | <20 | 慢慢变化 |
| 混响 reverb | 梳状和全通 | FIR 和 IIR | 多样的 | 恒定 |

注：列出的延迟时间只是建议。

例如，镶边效果的框图如图 10.11 所示，其中只使用了一个梳状滤波器。和以前一样，$\alpha$ 是增益或比例因子，但是我们现在使用 $\beta[n]$ 代表周期性变化的延迟，而不是显示恒定延迟的常数 $R$。一种改变正弦延迟的方法由下式描述：

$$\beta[n] = \frac{R}{2}\left[1 - \cos\left(2\pi\frac{f_0}{F_s}n\right)\right]。$$

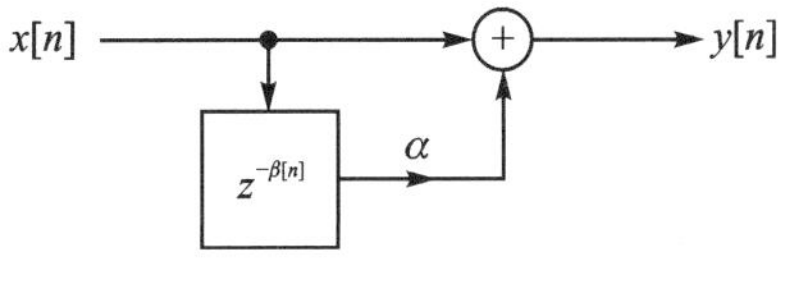

**图 10.11：使用单个梳状滤波器的镶边效果的框图**

在上面的方程中，$R$ 是样本延迟的最大数量，$f_0$ 是一个相对较低的频率（通常小于 1 Hz），$F_s$ 是采样频率。该方程导致从 0 到 $R$ 个样本的缓慢改变的正弦变化延迟。注意，作为正弦变化延迟的一种替代方法，音乐家有时会选择对 $\beta[n]$ 使用三角形、锯齿甚至指数函数来获得不同的声音。

合唱（chorus）效果的框图如图 10.12 所示。为了产生使一个音乐家的声音类似于四个演奏相同音符的音乐家的合唱效果，三个单独的合唱信号（除了具有更长的延迟时间外，与镶边相同）与原始信号相加。为了获得最佳声音，$\beta$ 和 $\alpha$ 中的每一个都应该是独立的。

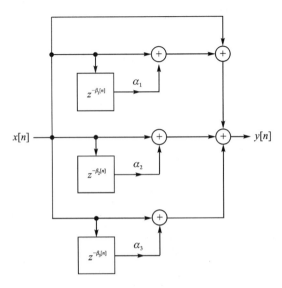

**图 10.12：使用三个梳状滤波器的合唱效果的框图**

移相效果可以通过多种方式实现。一种方法是使用一个带缓慢变化延迟的全通滤波器的输出,该延迟被添加回原始信号;由于相移,一些频率将趋向于取消(产生陷波),这种效果非常类似于镶边器(flanger)中使用的梳状滤波器。另一种方法,更容易微调以获得您想要的声音,它使用带缓慢变化陷波频率的陷波滤波器的输出,该频率被添加回原始信号。由于易于独立控制陷波频率和陷波宽度,因而第二种方法有很多支持者。

可以实现移相效果的两个框图如图 10.13 所示。为了产生丰富的相位声音,可以将多于一个单独的相位信号与原始信号相加。为了获得最佳声音,建议陷波频率**不**是均匀分布的或者谐波相关的,请尝试所有参数以获得您想要的声音。

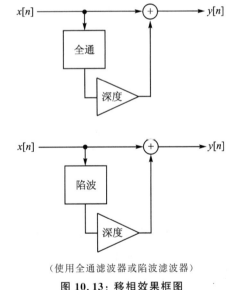

(使用全通滤波器或陷波滤波器)
**图 10.13：移相效果框图**

混响(reverb)是我们每天都听到的效果,在大多数情况下都认为是理所当然的。听起来逼真的混响效果的一种推荐设计[76]如图 10.14 所示。现代音乐工作室为几乎所有录音添加了一些混响,以补偿消费者在相对较小的房间内收听播放的情况;在没有添加任何混响时,录音会有一个"死板"的声音。混响是由来自播放声音的房间或音乐厅墙壁的大量声音反射引起的。在一个小房间里，延迟时间太短而无法注意到；在较大的房间里，我们听到这些反射在很多不同的时间点到达。因此为了获得逼真的效果，需要使用多个延迟时间。虽然图 10.14 的框图看起来很复杂，但它实际上比一些现代演播室质量的混响算法简单得多。讨论这些演播室质量的算法超出了本章的范围。

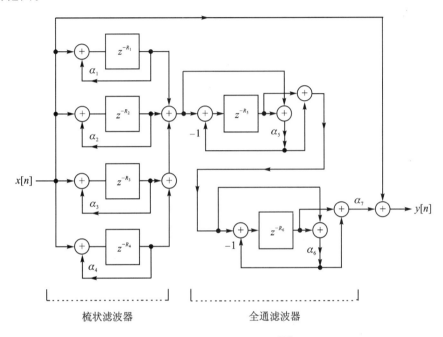

梳状滤波器　　　　　　　　全通滤波器

（使用梳状和全通滤波器组合[76]）

**图 10.14：混响效果的一个推荐框图**

我们现在看到，回声（echo）、合唱（chorus）、镶边器（flanger）、移相（phasing）和混响（reverb）都是通过将一些影响信号相位的延迟进行组合来创建的，这在 DSP 中很容易实现。其他效果，例如颤音、模糊、压缩／扩展和噪声门控则是通过改变信号的振幅（而不是相位）来创建的。

一般来说，信号振幅的有意变化称为"振幅调制"，或者 AM，这在无线电通信系统中使用，但也在特效中使用。使用 AM 的两种最常见的特效是颤音和环形调制。

颤音（tremelo）①（也拼写为"tremolo"）只是信号音量大小的重复变化②。作为颤音的一个很好的例子，请听汤米·詹姆斯（Tommy James）和肖恩戴尔（Shondells）的经典歌曲《深红和三叶草（Crimson and Clover）》的原始版本。显示实现颤音有多么

---

①　这不应该与古典吉他和弗拉门戈（flamenco）吉他中的"tremelo（技巧）"混淆，后者是低音和高音弦的一种特殊右手效果。

②　一些电吉他和放大器制造商混淆了"颤音（tremelo）"和"振音（vibrato）"，但正确的振音的定义是**音高**的高低变化，而不是音量。

简单的框图如图 10.15 所示。音量变化的速率由 $\beta$ 的时变性质控制,并且与原始信号相比的颤音效果的数量或"深度"由 $\alpha$ 控制,其中 $0 \leqslant \alpha \leqslant 1$。颤音通常以恒定的正弦速率来改变音量,频率低于 20 Hz(有些声称 7 Hz 是"理想的"),这可以表示为

$$\beta[n] = \frac{1}{2}\left[1 - \cos\left(2\pi\frac{f_0}{F_s}n\right)\right]。$$

在该方程中,$f_0$ 是变化频率,$F_s$ 是采样频率。通信工程师将颤音视为被称作"双边带大载波(Double Sideband Large Carrier (DSB-LC))"的振幅调制形式,因为"载波(carrier)"频率(在颤音中是原始信号)将始终显示在输出中。

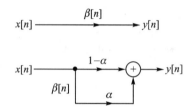

(底部框图虽然不如顶部的简单,但与原始信号相比,
它允许控制颤音效果的数量或"深度(depth)")

**图 10.15:颤音效果的框图**

环形调制是一种通过将吉他信号乘以一些其他信号而得到的特效,这些信号通常是内部产生的恒定频率正弦信号,如 $\beta[n] = \cos[2\pi(f_0/F_s)n]$。图 10.16 显示了实现环形调制有多么简单的框图。任何两个频率 $f_1$ 和 $f_2$ 的纯乘法都会产生和 $(f_1 + f_2)$ 和差 $(f_1 - f_2)$ 的频率。在通信理论中,这种技术是一种被称为"双边带抑制载波(Double Sideband Suppressed Carrier(DSB-SC))"的振幅调制形式。"抑制载波(suppressed carrier)"修改器是指"载波(carrier)"(在图 10.16 中,这将是 $\beta[n]$)不会出现在输出中(同样地,原始吉他信号 $x[n]$ 也不会出现)。事实上,环形调制器可以通过设置 $\beta[n] - \{1 + \alpha\cos[2\pi(f_0/F_s)n]\}$ 来创建颤音,其中,和以前一样,$\alpha$ 控制深度,$0 \leqslant \alpha \leqslant 1$。在环形调制中,$\beta[n]$ 的频率通常比在颤音中的频率高,在 500 Hz 到 1 kHz 范围内选择一个频率是相当常见的。请注意,如果环形调制器的总和频率超过 $F_s/2$(一种您可能想要或可能不想要的结果,这取决于您所寻找的声音),则将会发生混叠。

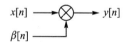

(信号 $\beta[n]$ 通常是内部产生的正弦信号,

比如 $\beta[n] = \cos[2\pi(f_0/F_s)n]$)

**图 10.16:环形调制效果的框图**

模糊(fuzz)是一种在信号中故意引入的失真,通常是由"削波(clipping)"或限制信号幅度的变化引起的(一个简单的例子见图 10.17)。当超过基于管的放大器级的

动态范围时，首次意外地发现了这种效果，这导致了削波，反过来又导致更高频率的谐波（谐波失真）被添加到原始信号中。时至今日，仍然进行着关于"管"声音模糊与"固态"或"晶体管"声音模糊的激烈争论。请记住，图 10.17 是一个非常简单的削波例子。信号可以被剪切，使得正部分被限制为与负部分不同的幅度，或者削波可以是渐变的，而不是"平坦的"。这些变化（和其他）都将产生不同的模糊效果的声音。此外，削波后面通常跟随频率选择滤波器（低通或带通是最常见的），以调整模糊声音的"粗糙度"或"颜色"。更复杂的模糊效果还可以选择在削波级之前使用频率选择滤波器，以便仅剪切某个频段，然后将其添加回未被修改的或完全剪切过的信号上。这些可能性是无穷无尽的，请尝试您喜欢的声音！

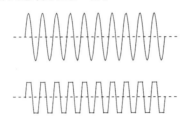

（顶部：原始信号。底部：对称剪切的信号。

非对称剪切可用于稍微不同的模糊声音）

**图 10.17：剪切一个信号产生模糊效果**

这是对用于电吉他或麦克风特效背后理论的、非常简短的讨论。请注意，当组合多个效果时，信号链中各个效果的不同顺序将导致输出时的不同声音。在工程师水平和业余爱好者水平上，都有许多关于特效主题的文章甚至整本书籍。请参见文献[4]的优秀介绍，以及文献[76-78]的其他处理方法。互联网上的网络搜索也会产生海量信息，在撰写本书时，其中一个最好的来源是 http://www.harmony-central.com/Effects/，特别是"效果说明（Effects Explained）"链接。可以在 http://www.sfu.ca/sonic-studio/handbook/index.html 网站上找到更理论的处理方法。这两个网站都有许多演示各种效果的音频文件。

# 10.3　winDSK 演示

关于可以由 winDSK8 生成的音频效果的讨论，请参阅第 3.2 节。通过单击鼠标，您可以创建效果，如回声（echo）、合唱（chorus）、镶边器（flanger）、颤音（tremelo）、频率转换（frequency translation）、分谐波生成（subharmonic generation）和环形调制（ring modulation，通过选择颤音的 DSB-SC 选项）。均衡是在 winDSK8 提供的图形均衡器（Graphic Equalizer）应用中提供的，该部分还描述了陷波滤波器应用如何作为 FIR 滤波器运行。您可以使用 winDSK8 的这些功能快速与您自己的特效进行比较，这样就可以知道您是否获得了与特定效果相关的声音。第 4.2 节描述了陷波滤波器应用如何实际地实现为 IIR 二阶节,并描述了使用陷波滤波器的更多变化。winDSK8 的陷波滤波器(Notch Filter)应用提供了与本章前面图 10.4 中所示等效的实现,第 10.2.2 小节对此进行了更详细的讨论。

# 10.4　MATLAB 实现

通往实时 DSP 之路的下一步是在 MATLAB 中探索这些滤波器,以确保我们理解了它们。首先,我们可以自由地利用 MATLAB 中提供的"向量化"优化以及各种内置函数和工具箱命令。正如在前面的章节中提到的,当想要快速检查 DSP 算法的各个方面时,例如输出信号、输出频谱、极/零点图,等等,这很方便。但是在继续进行到运行在实时 DSP 硬件上的 C 语言程序之前,我们必须对 MATLAB 代码"去向量化"并停止使用内置函数和工具箱命令,以便 M 文件尽可能接近于 C 语言实现,同时确保程序仍然按预期工作。然后,**只有**到这时候,我们才准备好继续进行到下一步,在 C 语言中创建实时程序。这就是总能使学生反复成功的模式,这也就是我们继续这些项目所沿用的模式。

在本节中,我们将研究本章前面所述的滤波器子集。在 MATLAB 下运行的这些滤波器都不能实时运行,在后面的部分中,我们将展示用于实时操作的示例 C 语言代码。在本节中,我们将展示两种版本的 FIR 梳状滤波器、三种版本的 IIR 梳状滤波器、两种版本的 IIR 陷波滤波器和一种版本的镶边器。在此基础上,读者应该能够在 MATLAB 中创建本章所述的任何特效滤波器。

## 10.4.1　FIR 梳状滤波器

下面列出的程序 fir_comb1.m 利用了称为 filter 的内置函数。

该程序可以在第 10 章的 matlab 目录,以及本章的所有其他 MATLAB 代码中找到;本节仅显示程序的关键部分。下面的程序实现了图 10.1 底部显示的滤波器,响应如图 10.5 所示。输入变量是 $x$(输入向量)、$R$(期望的采样时间延迟的数量)和 alpha(前馈系数 $\alpha$)。显然,这是一个 FIR 滤波器。

**清单 10.1:一个 MATLAB 的 FIR 梳状滤波器例子**

```
     % Method using the filter command
2
     R = round(R);         % ensure R is an integer before proceeding
4    A = 1;                % the "A" vector is a scalar equal to 1 for FIR filters
     B = zeros(1, R + 1);  % correct length of vector b
6    B(1) = 1; B(R + 1) = alpha;
     % B vector is now ready to use filter command
8    y = filter(B, A, x);
```

程序 fir_comb1.m 处理整个 *x* 输入向量中的所有样本,但当然不是实时的。该程序很容易编写,但它不适合让我们实时进行 C 语言实现。注意,第 5 行和第 6 行确保 ***B*** 系数向量具有合适的长度和值。

下一个程序 fir_comb2.m 是一个相同的滤波器,虽然也不能实时操作,但更接近于 C 语言代码,并将帮助我们稍后转换到 C 语言。该程序具有与以前相同的输入变量。

**清单 10.2:一个更接近于 C 语言的 MATLAB 的 FIR 梳状滤波器例子**

```
     % Method using a more "C-like" technique
 2
     R = round(R);              % ensure R is an integer before proceeding
 4   N1 = length(x);            % number of samples in input array
     y = zeros(size(x));        % preallocate output array
 6   % create array and index for "circular buffer"
     buffer = zeros(1, R + 1);
 8   oldest = 0;
     % "for loop" simulates real-time samples arriving one by one
10   for i = 1: N1
         buffer(oldest + 1) = x(i);     % read input into circular buffer
12       oldest = oldest + 1;           % increment buffer index
         oldest = mod(oldest, R + 1);   % wrap index around
14       y(i) = x(i) + alpha * buffer(oldest + 1);
     end
```

这个程序不像我们在第 4 章中为 IIR 滤波器演示的那样一次处理一个样本,而是使用一个"for 循环"来模拟一个接一个到达的样本,从而处理整个 *x* 输入向量中的所有样本。这个"for 循环"不会在实时 C 语言程序中使用,但是"for 循环"中的代码将用于一个中断服务例程(ISR)中的逐个样本处理。在第 13 行中使用模运算符会导致 oldest 索引值"环绕",从而创建一个循环缓冲区,如第 3 章所讨论的那样(见图 3.17)。在第 11 行和第 14 行中使用"oldest+1"是由于 MATLAB 的数组索引值规则是从 1 开始而不是从零开始。增加第 12 行中的索引值会使索引指向缓冲区中最旧的样本。如果您不确定这是如何工作的,可以在一张纸上画一个短的圆形缓冲区,并在整个圆形中运转几次,将样本逐个放入缓冲区。现在您深信不疑了吧?

您可能希望使用方便的程序 demo_fir_comb2.m 来读入 WAV 音频文件,运行梳状滤波器并播放结果。请尝试不同的值,特别是不同的延迟值,可参见表 10.1。

## 10.4.2　IIR 梳状滤波器

下面列出的程序 iir_comb1.m 再次利用了名为 filter 的内置函数。它实现了图 10.2 底部显示的 IIR 梳状滤波器,响应如图 10.8 所示。输入变量与之前相同

($x$ 是输入向量,$R$ 是所需的采样时间延迟的数量),而 alpha 现在是反馈系数。

**清单 10.3：一个 MATLAB 的 IIR 梳状滤波器例子**

```
1    % Method using the filter command

3    R = round (R);   % ensure R is an integer before proceeding
     A = zeros (1, R + 1);   % correct length of vector A
5    A(1) = 1; A(R + 1) = - alpha;
     % A vector is now ready to use filter command
7    B = zeros (1, R + 1);   % correct length of vector B
     B(R + 1) = 1;   % use "B = 1;" for other IIR version
9    % B vector is now ready to use filter command
     y = filter (B, A, x);
```

第 4 行和第 5 行确保 **A** 系数向量具有适当的长度和值(注意 alpha 所需的符号)。第 7 行和第 8 行正确设置了 **B** 向量。如果您希望实现图 10.2 顶部显示的 IIR 梳状滤波器,那么请注释掉第 7 行并将第 8 行更改为读取"B = 1;",如第 9 行注释中所述。

下一个程序 iir_comb2.m 是一个相同的滤波器,它更接近于 C 语言代码并具有与以前相同的输入变量。它在"直接 I 型(Direct Form I)"中实现了滤波器(见图 4.14)。

**清单 10.4：一个更接近于 C 语言的 MATLAB 的 IIR 梳状滤波器例子(直接 I 型)**

```
1    % Method using a more "C-like" technique

3    R = round (R);      % ensure R is an integer before proceeding
     N1 = length (x);   % number of samples in input array
5    y = zeros (size (x));      % preallocate output array
     % create array and index for "circular buffer"
7    bufferx = zeros (1, R + 1);      % to hold the delayed x values
     buffery = zeros (1, R + 1);      % to hold the delayed y values
9    oldest = 0; newest = 0;
     % "for loop" simulates real-time samples arriving one by one
11   for i = 1: N1
         bufferx(oldest + 1) = x(i);      % read input into circular buffer
13       newest = oldest;                 % save value of index before incrementing
         oldest = oldest + 1;             % increment buffer index
15       oldest = mod(oldest, R + 1);     % wrap index around
         y(i) = bufferx(oldest + 1) + alpha * buffery(oldest + 1);
17       buffery(newest + 1) = y(i);
     end
```

我们再次使用"for 循环"来模拟一个接一个到达的样本，从而在整个 *x* 输入向量中处理所有样本。既然这个滤波器是从框图（而不是转移函数）中派生出来的，那么这次我们不希望在表示反馈的 alpha 值上有一个负号（见第 16 行）。所示代码实现图 10.2 底部显示的 IIR 梳状滤波器。为了实现图 10.2 顶部显示的 IIR 梳状滤波器，只需对第 16 行进行更改，使得用于 bufferx 的索引是 newest，而不是 oldest。

虽然直接 I 型（Direct Form I）滤波器的实现很容易从差分方程或转移函数中导出，但其关键性的缺点是需要两个缓冲区（和以前一样的循环缓冲区）：一个用于保存延迟的 *x* 值，另一个用于保存延迟的 *y* 值。通过使用类似于图 4.16 的直接 II 型（Direct Form II）实现，可以轻松地消除这种低效率。这在下面的 iir_comb3.m 中显示。

**清单 10.5：一个更接近于 C 语言的 MATLAB 的 IIR 梳状滤波器例子（直接 II 型）**

```
   % Method using a more "C-like" technique
2
   R = round(R);          % ensure R is an integer before proceeding
4  N1 = length(x);        % number of samples in input array
   y = zeros(size(x));    % preallocate output array create
6  % array and index for "circular buffer"
   buffer = zeros(1, R + 1);% to hold the delayed values
8  oldest = 0; newest = 0;
   % "for loop" simulates real-time samples arriving one by one
10 for i = 1: N1
   newest = oldest;       % save value of index before incrementing
12 oldest = oldest + 1;   % increment buffer index
   oldest = mod(oldest, R + 1);  % wrap index around
14 buffer(newest + 1) = x(i) + alpha * buffer(oldest + 1);
   y(i) = buffer(oldest + 1);
16 end
```

虽然这里实现了与之前完全相同的滤波器，但只需要一个循环缓冲区。您可能希望使用程序 demo_iir_comb3.m 读取 WAV 音频文件（可能来自 test_signals 目录），运行梳状滤波器并播放结果。请尝试不同的值，特别是不同的延迟值，可参见表 10.1。清单中显示的代码再次实现了图 10.2 底部显示的 IIR 梳状滤波器。要实现图 10.2 顶部显示的 IIR 梳状滤波器，只需对第 15 行进行更改，使得用于 buffer 的索引是 newest 而不是 oldest。

请注意，上面使用循环缓冲区和"for 循环"的所有滤波器程序比使用内置 MATLAB filter 命令的程序运行得更快。filter 命令非常通用，因此没有针对我们的具体用途进行优化。

### 10.4.3 陷波滤波器

我们提供了一个陷波滤波器程序 notch1.m,它使用内置的 MATLAB filter 命令,但是我们不打算在这里显示它的代码。一个陷波滤波器程序 notch2.m 以非常"类似于 C 语言的"方式实现直接 II 型版本,如下所示。它的输入变量是 $x$(输入向量)、Beta(设置陷波频率)和 alpha(设置陷波的宽度)。

清单 10.6: 一个 MATLAB 的 IIR 陷波滤波器例子(直接 II 型)

```
   % Method using a more "C-like" technique
2
   N1 = length(x);     % number of samples in input array
4  y = zeros(size(x));     % reallocate output array
   % create array and index for "circular buffer"
6  % This second order filter only needs a buffer 3 elements long
   buf = zeros(1, 3);     % to hold the delayed values
8  oldest = 0; nextoldest = 0; newest = 0;
   x = x * (1 + alpha)/2;     % scale input values for unity gain
10 % Set coefficients so calculation isn't done inside "for" loop
   % If sweeping Beta over time, do this inside "for" loop
12 B0 = 1; B1 = -2 * Beta; B2 = 1;
   A0 = 1; A1 = Beta * (1 + alpha); A2 = -alpha;
14 % "for loop" simulates real-time samples arriving one by one
   for i = 1: N1
16     newest = oldest;     % save value of index before incrementing
       oldest = oldest + 1;     % increment buffer index
18     oldest = mod(oldest, 3);     % wrap index around
       nextoldest = oldest + 1;     % increment buffer index again
20     nextoldest = mod(nextoldest, 3);     % wrap index around
       buf(newest + 1) = x(i) + A1 * buf(nextoldest + 1) + A2 * buf(oldest + 1);
22     y(i) = B0 * buf(newest + 1) + B1 * buf(nextoldest + 1) + B2 * buf(oldest + 1);
   end
```

该程序使用与前面例子类似的技术,但您应该通过将上面的代码与图 10.4 进行比较,以验证该程序确实会得到正确的正被实现的滤波器。注意,因为这种类型的陷波滤波器总是二阶的,所以只需要一个三个元素长的循环缓冲区,来访问当前值(newest)、被延迟一个采样时间的次旧值(nextoldest),以及已延迟两个采样时间的最旧值(oldest)。

## 10.4.4　镶边器

　　下面是镶边器的 MATLAB 代码，它实现了图 10.11 所示的滤波器。输入变量是 $x$（输入向量）、$t$（以秒为单位的最大延迟）、alpha（前馈系数）、$f_0$（变化频率延迟时间）和 $F_s$（采样频率）。除了延迟时间按正弦变化外，该程序在许多方面都与清单 10.2 类似。

清单 10.7：一个 MATLAB 的镶边器例子

```
1    % Method using a more "C-like" technique

3    Ts = 1/Fs;      % time between samples
     R = round(t/Ts);      % determine integer number of samples needed
5
     N1 = length(x);      % number of samples in input array
7    Bn = zeros(1, N1);      % preallocate array for B[n]
     arg = 0: N1 - 1; arg = 2 * pi * (f0/Fs) * arg;
9    Bn = (R/2) * (1 - cos(arg));      % sinusoidally varying delays from 0 - R
     Bn = round(Bn);      % make the delays integer values
11
     y = zeros(size(x));      % preallocate output array
13   % create array and index for "circular buffer"
     buffer = zeros(1, R + 1);
15   oldest = 0;
     % "for loop" simulates real-time samples arriving one by one
17   for i = 1: N1
         offset = R - Bn(i);      % adjustment for varying delay
19       buffer(oldest + 1) = x(i);      % input sample into circular buffer
         oldest = oldest + 1;      % increment buffer index
21       oldest = mod(oldest, R + 1);      % wrap index around
         offset = oldest + offset;      % if delay = R this equates to fir_comb2
23       offset = mod(offset, R + 1);
         y(i) = x(i) + alpha * buffer(offset + 1);
25   end
```

　　注意，第 7 行到第 10 行创建了 $\beta[n]$，一个范围从 0 到 $R$ 正弦变化的整数数组，被用作延迟值。有许多方法可以使用 $\beta[n]$ 使得循环缓冲区的索引指向具有正确延迟量的值。在上面的程序中，我们使用一种简单的技术，清楚地显示了该滤波器操作如何与清单 10.2 中的梳状滤波器不同。第 18 行确定多少个位置的循环缓冲区索引将需要被调整（与清单 10.2 中的梳状滤波器相比）以得到可变延迟。例如，如果特定 $n$ 使得 $\beta[n]=R$，那么第 18 行计算的偏移量将是 $R-R=0$，第 22 行计算的索引值将与清单 10.2 中使用的相同，这得到延迟为 $R$。在另一个极端，如果 $\beta[n]=0$，那么在第 18 行计算的偏移量将是 $R-0=R$,并且在第 22 行中计算的索引值将使得它"环绕"循环缓冲区,回到当前样本,这导致延迟为 0。因此,如镶边器所需,该滤波器使用正弦变化的延迟。

在上面的清单 10.7 中,为了保持简单,$\beta[n]$ 的数组长度与输入向量的长度相同。当我们转换到实时 C 语言代码时,这是不切实际的,因为我们无法预测将要处理多少输入样本,而且可能不想使用这么长的数组。那么,我们如何克服这一点呢?我们只是把 $\beta[n]$ 实现为一个单独的循环缓冲区(有它自己的索引变量),用 0 到 $R$ 之间的正弦变化值来填充。这个缓冲区应该有多长呢?您不需要将超过一个正弦周期的值存储在 $\beta[n]$ 中。一点思考应该能让你相信,一个正弦周期的长度必须是 $F_s/f_0$ 个元素。例如,如果采样频率为 48 kHz,延迟变化的频率为 0.5 Hz(记住 $f_0$ 通常是非常低的频率),则 $\beta[n]$ 数组将需要 96 000 个元素的长度。有一些技术可以将这个大小减小到 $F_s/f_0$ 的一半或四分之一,但我们将其留给您的想象。

## 10.4.5　颤音

将 $\beta[n]$ 实现为循环缓冲区的概念在下面的程序 tremelo. m 中进行了说明,该程序实现了图 10.15 底部的颤音效果。

**清单 10.8:一个 MATLAB 的颤音例子**

```
1    % Method using a "C-like" technique

3    N1 = length (x);            % number of samples in input array
     N2 = Fs/f0;                % length for one period of a sinusoid
5    Bn = zeros (1, N2);        % preallocate array for B[n]
     arg = 0 : N2 - 1; arg = 2 * pi * (f0/Fs) * arg;
7    Bn = (0.5) * (1 - cos(arg));  % sinusoidally varying numbers from 0 - 1
     scale = 1 - alpha;         % to scale the non-modulated component
9
     y = zeros (size (x));      % preallocate output array
11   % create index for "circular buffer" of Bn
     Bindex = 0;
13   % "for loop" simulates real-time samples arriving one by one
     for i = 1 : N1
15       y(i) = scale * x(i) + Bn(Bindex + 1) * alpha * x(i);
         Bindex = Bindex + 1;        % increment Bn index
17       Bindex = mod (Bindex, N2);  % wrap index around
     end
```

输入变量是 **x**(输入向量)、alpha(信号振幅调制部分的增益)、$f_0$(调制的频率)和 $F_s$(采样频率)。这个例子还显示了简单的乘法如何允许您调整信号的振幅。剪切振幅的模糊(fuzz)效果比颤音(tremelo)效果更容易实现。

上面显示的 MATLAB 代码(来自第 10 章的 matlab 目录)为您创建本章理论部分所描述的任何特效滤波器提供了基本的构建块。现在我们把注意力从 MATLAB 转到将在 DSK 上运行的实时 C 语言代码的过渡上。

# 10.5　使用 C 语言的 DSK 实现

在本节中,我们将帮助您开始从非实时的 MATLAB 代码转换到将在 DSK 上实时运行的 C 语言代码。一旦您明白如何将几种类型的滤波器转换为 C 语言,就能创建本章中讨论的所有效果了。为了保持代码简单,我们沿用逐个样本处理,但没有理由让您不能使用基于帧的代码来实现这些相同的想法。

## 10.5.1　实时的梳状滤波器

我们提供三种版本的实时实现梳状滤波器的 C 语言代码。所有这三个版本都是以这样一种方式编写的:可以通过选择要取消注释的代码行,来轻松地在 FIR 或 IIR 滤波器之间进行切换。如果选择 FIR,则 C 语言代码紧贴代码清单 10.2 中的 MATLAB 例子;如果选择 IIR,则 C 语言代码紧贴代码清单 10.5 的 MATLAB 例子(即直接 II 型,因此只需要一个循环缓冲区)。

运行此应用程序所需的文件位于第 10 章的 ccs\Echo 目录中。感兴趣的主要文件是 ISRs_A.c、ISRs_B.c 和 ISRs_C.c。**重要提示**:在任何给定时间,您必须只将其中一个 ISR 文件作为您项目的一部分加载。ISR 文件包含必要的变量声明并执行实际的滤波操作。

需要讨论的一个方面是如何声明一些变量。与"类似于 C 语言的"MATLAB 例子一样,实现为循环缓冲区的数组将提供滤波器所需的延迟。

**清单 10.9：ISRs_A.c 梳状滤波器的变量声明摘录**

```
    Uint32 oldest = 0; // index for buffer value
2   #define BUFFER_LENGTH 96000 // buffer length in samples
    #pragma DATA_SECTION(buffer, "CE0"); // buffer in external SDRAM
4   volatile float buffer[2][BUFFER_LENGTH]; // for left and right
    volatile float gain = 0.75; // set gain value for echoed sample
```

数组的索引值在第 1 行中声明。缓冲区的长度在第 2 行中定义,增益在第 5 行中定义,在前面的示例中分别等于 $R$ 和 $\alpha$。假设采样频率为 48 kHz,则 $R$ 值 96 000 将提供 2 s 的延迟。第 3 行和第 4 行分配缓冲区所需的内存。由于我们必须为左右通道样本留出空间,因此数组实际上需要 2×96 000=192 000 个元素。请注意,第 3 行是关键,其遗漏是一个常见错误。获取 C 编译器输出的链接器会为了保证速度而尝试将所有内容都装入内部 RAM 中,但 192 000 个浮点数的数组将无法装入内部存储器。如果没有第 3 行,链接器将生成一个错误消息,并且不会创建该数组。不幸的是,这个错误消息显示在底部的 Code Composer Studio 窗口中,经常会丢失,因为它通常会向上滚动并且不在视线范围内。但是当你加载并运行没有第 3 行的程序时,滤波器输出将为零(无声)。第 3 行指示编译器将被称为 buffer 的数组放在我们称为 CE0 的内存区域中,这是外部 SDRAM。因此,缓冲区将有足够的空间来创建,链接器不会抱怨,程序将正确运行。另一个常见错误是在第 4 行和第 5 行中没有使用 **volatile** 关键字(有关这些问题的更多信息,请参阅附录 H)。

执行实际滤波操作的 ISRs_A.c 部分位于名为 Codec_ISR() 的 ISR 函数中。为了允许使用立体声编解码器,该程序实现了独立的左和右通道滤波器。但是,为了清晰起见,将仅在代码清单之后讨论左通道。

清单 10.10:来自 ISRs_A.c 的实时梳状滤波器

```
1   xLeft = CodecDataIn.Channel[LEFT];      // current LEFT input to float
    xRight = CodecDataIn.Channel[RIGHT];    // current RIGHT input to float
3
    buffer[LEFT][oldest] = xLeft;
5   buffer[RIGHT][oldest] = xRight;
    newest = oldest;  // save index value before incrementing
7   oldest = (++oldest) % BUFFER_LENGTH;  // modulo for circular buffer

9   // use either FIR or IIR lines below

11  // for FIR comb filter effect, uncomment next two lines
    yLeft = xLeft + (gain * buffer[LEFT][oldest]);
13  yRight = xRight + (gain * buffer[RIGHT][oldest]);

15  // for IIR comb filter effect, uncomment four lines below
    // buffer[LEFT][newest] = xLeft + (gain * buffer[LEFT][oldest]);
17  // buffer[RIGHT][newest] = xRight + (gain * buffer[RIGHT][oldest]);
    // yLeft = buffer[LEFT][oldest];  // or use newest
19
    // yRight = buffer[RIGHT][oldest];  // or use newest
21  CodecDataOut.Channel[LEFT] = yLeft;     // setup the LEFT value
    CodecDataOut.Channel[RIGHT] = yRight;   // setup the RIGHT value
```

## 梳状滤波器涉及的实时步骤

清单 10.10 解释如下:

①(第 1 行):ISR 首先将当前样本(从编解码器获得的 16 位整数)转换为浮点值,并将其指定为当前输入元素,相当于 $x[0]$。

②(第 4 行):将当前(即最新的)样本写入循环缓冲区,覆盖最旧的样本。

③(第 6 行):在下一行代码导致索引递增之前,保存指向最新值的索引值。这

仅用于 IIR 实现。事实上，在运行 FIR 版本时，您可能会收到编译器警告：变量"newest"被设置但未被使用。您可以安全地忽略此警告。

④（第 7 行）：这是导致缓冲区为"循环"的行，因为模运算符（C 和 C++中的%字符）导致索引"环绕"，与几个之前的 MATLAB 例子中的 mod()函数的方式相同。该行还包括前缀++，它在应用模数**之前**递增 oldest 索引值。因此，这行代码确保索引的值指向循环缓冲区中现在最旧的样本。

⑤（第 12 行）：该行执行 FIR 滤波器操作。如果您想要 IIR 梳状滤波器，就把这些行注释掉。

⑥（第 16、18 行）：这些行一起以直接 II 型的方式执行 IIR 滤波器操作。如果您想要 FIR 梳状滤波器，请注释掉这些行。如图 10.2 所示，该代码实现了图中底部显示的 IIR 梳状滤波器。要想实现图 10.2 顶部显示的 IIR 梳状滤波器，只需将第 18 行中的索引变量 oldest 更改为 newest。

⑦（第 21 行）：这行代码将滤波操作的结果 $y[0]$ 传送到 CodecDataOut.Channel[LEFT]变量，以便通过 ISR 的剩余代码传送到编解码器的 DAC 端。

### 现在您理解了代码……

请继续，将所有文件复制到一个单独的目录中。在 CCS 中打开项目并"全部重建（Rebuild All）"，构建完成后，"加载程序（Load Program）"到 DSK 中并单击"运行（Run）"按钮，您的梳状滤波器现在正在 DSK 上运行。使用吉他甚至麦克风作为输入，并收听输出。由于每个通道的缓冲区长度为 96 000（假设采样频率为 48 kHz），因此您应该听到一个回声（如果是 FIR）或间隔 2 s 的多个回声（如果是 IIR）。请随意将 BUFFER_LENGTH 的定义更改为其他值，以使用不同的 $R$ 值。进行更改后，保存 ISR 文件，重新生成项目，重新加载程序并运行它。以类似的方式，您可以尝试更改 gain 变量的值以使用不同的 $\alpha$ 值。

### 对 ISRs_A 的一点改进

虽然上面第 7 行使用的模运算符使得实现循环缓冲区变得容易，但它不是实时处理的推荐方法。模数是除法后的余数，因此在一行代码中使用模数就强行进行了除法运算，这在 CPU 周期方面是昂贵的，因为 DSP 没有硬件支持除法。ISRs_B. c 中使用了一种**更**有效的方法来实现循环缓冲区，其中第 7 行替换为下面所示的两行。

**清单 10.11：ISRs_B. c 梳状滤波器中的高效循环缓冲区**

```
    if ( ++ oldest >= BUFFER_LENGTH) // implement circular buffer
2        oldest = 0;
```

这是 ISRs_A 和 ISRs_B 之间唯一的变化。采用将您的循环缓冲区的大小调整为 2 的幂（即 $2^n$）的常规实践，还可以实现更高效的代码，因为"索引环绕"可以快速通过将它与 $2^n-1$ 进行"与操作"来完成。但是，我们将把它留给您在需要时去实现这个改变。

要从使用 ISRs_A 改为使用 ISRs_B,请在左侧项目窗口中右击 ISRs_A. c,然后选择"从项目中移除(Remove from Project)"。在 Code Composer Studio 窗口的顶部,选择"项目(Project)"→"将文件添加到项目(Add Files to Project)",再选择 ISRs_B. c,然后单击"全部重建(Rebuild All)"按钮。一旦构建完成,"加载程序(Load Program)"(或"重新加载程序(Reload Program)")进入 DSK 并单击"运行(Run)"按钮。现在,改进的梳状滤波器正在 DSK 上运行。

### 包含交互控件

Code Composer Studio 支持一种通用扩展语言(GEL),允许您快速创建与程序一起使用的滑块、菜单框以及其他界面。但是,在 CCS 4.2 版本中,似乎 GEL 控件的更新现在只能在程序完全挂起时才能进行,这极大地限制了 GEL 控件(如滑块)对 CCS 项目的实用性。因此,我们不再详细介绍 GEL 控件。

本书的软件提供的支持软件可便于创建实时交互式控件。如果您有动力在您的实时程序中包含此类交互式控件,并且愿意投入一些时间和精力,则可以使用本书附带的称为 Windows 控件应用程序(Windows Control Applications)的功能,它们允许您运行您已编译好的程序的完全优化的发布版本,并在仍能控制程序时避免任何处理器挂起。类似的技术用于创建 winDSK8 应用程序。有关更多信息,请参见附录 E。

## 10.5.2　其他实时特效

以上关于如何将梳状滤波器的 MATLAB 例子转换为将在 DSK 上运行的实时 C 语言代码的演示将会允许您创建本章中描述的任何其他特效。陷波滤波器、颤音(tremelo)、模糊(fuzz),等等,都可以转换为 C 语言并实时运行。要想为镶边器(flanger)或合唱(chorus)等效果创建正弦变化的延迟时间,请考虑在 StartUp. c 模块中为 $\beta[n]$ 创建正弦值。您**不要**想着把这样的内容放在一个 ISR 文件中,该文件会以样本时钟的速率一遍又一遍地执行!

当您开始连接多个特效时,您可能会超出实时计划的限制,因为您试图在一个采样时间内做太多的处理。这种情况要求将代码转换为基于帧的处理,使用 EDMA 传输数据而无须 CPU 开销,以及其他从 DSP 中获取更高性能的技术。

## 10.6　后继挑战

考虑扩展您所学的知识:

① 为实时梳状滤波器添加时变(如正弦)延迟时间,并选择适当的延迟时间范围以创建镶边器(flanger)效果。

② 创建三个不同的、类似于镶边器(flanger)的梳状滤波器,但使用稍长的延迟时间,并使用它们创建合唱(chorus)效果。

③ 如果设置 $\alpha = 1.0$，您期待会发生什么？试一试并找出答案。您将如何修改代码以避免此问题？

④ 实现一个陷波滤波器并将其用于移相（phasing，即相位器 phaser）效果。

⑤ 实现一个颤音（tremelo）效果。

⑥ 实现一个环形调制器（ring modulator）效果。

⑦ 实现一个模糊效果。尝试不同的剪切信号方式。尝试在剪切操作之后和/或之前使用频率选择滤波器。

⑧ 尝试组合多种效果，例如镶边器（flanger）和混响（reverb）。

⑨ 将实时梳状滤波器转换为基于帧的操作。

# 第 **11** 章

---

# 项目 2：图形均衡器

---

## 11.1 理　论

---

在第 3 章中首先讨论了基于 FIR 的 5 段均衡器的并行实现。图 11.1 显示了这种均衡器的框图和这种并行实现的广义扩展。虽然这种扩展到 M 段似乎不是一个主要的变化，但是通过添加额外的并行滤波器来增加 DSP 算法的计算复杂性最终将导致无法满足实时计划。在均衡器开发的这个阶段，我们必须要么适应当前的系统性能水平，要么重新思考实现算法的方法。这与第 3 章中所采用的方法非常相似，在第 3 章中，我们从容易理解的滤波器点积的暴力实现，发展到使用循环缓冲区的更高效，但更复杂而不易于理解的实现。

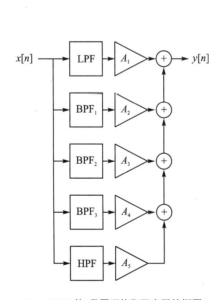

(a) winDSK8的5段图形均衡器应用的框图

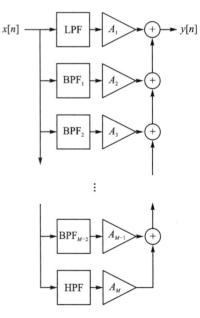

(b) M段图形均衡器的通用框图

图 11.1：多段图形均衡器的框图

当我们意识到与每个并行滤波器相关的增益不是经常改变的时候,就获得了"重新思考"实现均衡器的方法中第一批结果中的一个。如果假设是这种情况,那么为什么我们不能计算等效滤波器,并实现这个单个滤波器,而不去对 $M$ 个并行滤波器的输出求和呢?

考虑一个 31 段音频均衡器,类似于图 11.2 所示的商用模型。如果我们确信单个滤波器的增益控制只是偶尔调整,那么可以通过**首先**计算 1 个等效滤波器,来将DSP 实现的计算复杂性降低近 31 倍。通过实现单个滤波器而不是 31 个滤波器,可以获得 31 的折减系数,但这忽略了 31 个滤波器输出的相加。对于高阶滤波器,这些额外的增加变得微不足道。这种等效的滤波器技术将允许我们实现几乎无限数量的并行滤波器。

（这是一个 31 段、1/3 倍频程、ISO 间隔、单声道的图形均衡器 EQ351 的照片,

来自应用研究和技术（责任有限）公司（Application Research and Technology,Inc.）。

请参见 http://artproaudio.com/eqs/product/eq351/）

**图 11.2：一个 31 段商用图形均衡器**

图 11.2 所示的 31 段单声道音频均衡器的中心频率为 20、25、31.5、40、50、63、80、100、125、160、200、250、315、400、500、630、800、1 000、1 250、1 600、2 000、2 500、3 150、4 000、5 000、6 300、8 000、10 000、12 500、16 000 和 20 000（Hz）,构成间隔 1/3 倍频程的频段。对于等效的立体声均衡器,将具有相同的,但左右通道各自独立的频段。

# 11.2  winDSK 演示

启动 winDSK8 应用程序,将出现主用户界面窗口。在继续之前,请先确保在winDSK8 的"DSP 电路板（Board）"和"主机接口（Host Interface）"配置面板中为每个参数选择了正确的选项。

## 11.2.1  图形均衡器应用

单击 winDSK8 的"图形均衡器（Graphic Equalizer）"工具按钮将在所连接的DSK 中运行该程序,并将出现一个类似于图 11.3 的窗口。图形均衡器应用实现5 段音频均衡器,类似于图 11.1(a)所示的框图。如果您正在您的 DSK 上使用立体声编解码器（并且您已从 winDSK8 主窗口中选择了该编解码器）,则独立可调均衡器在左通道和右通道上都处于活动状态。

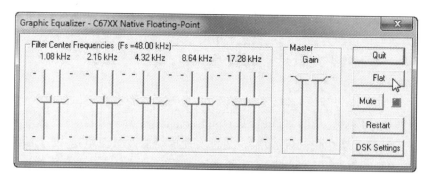

图 11.3：winDSK8 运行图形均衡器(Graphic Equalizer)应用

均衡器使用 5 个并联运行的 FIR 滤波器(1 个低通(LP)滤波器、3 个带通(BP)滤波器和 1 个高通(HP)滤波器)。对话框中的增益滑块($A_1 \sim A_5$)操作用于控制每个滤波器增益和整个系统增益的存储单元。5 个 FIR 滤波器被设计成高阶($N = 128$)滤波器,由此产生的这些滤波器的陡峭滚降可以在图 11.4 中看到。

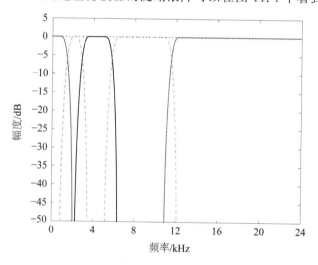

(0 dB 处的虚线表示所有 5 个频段的总和)

图 11.4：winDSK8 的 5 段图形均衡器(Graphic Equalizer)应用的频率响应

## 11.2.2　图形均衡器效果

您可以通过多种方式体验图形均衡器滤波的效果。例如,可以将 CD 播放器的输出连接到 DSK 的信号输入,并将 DSK 信号输出连接到有源扬声器。在调整图形均衡器滑块控件时播放一些熟悉的音乐并听取效果。一个更客观的实验是播放本书软件中包含的加性高斯白噪声(AWGN)音轨(在目录 test_signals 中的播放文件 awgn. wav),理论上包含了所有频率。如果 DSK 的信号输出随后连接到频谱分析仪上,则可以在调整滑块控件时观察受影响的频段以及受影响的程度。如果您没有可用的频谱分析仪,则可以在其位置上使用第二个运行 winDSK8 的 DSK(在主屏幕上单击"示波器(Oscilloscope)"工具按钮,在下一个屏幕选择"频谱分析仪(Spectrum Analyzer)",然后选择"Log10"以分贝显示结果)。否则,您可以使用计算机的声卡来收集 DSK 输出的一部分。这可以使用 Windows 录音机、MATLAB® 的数据采集(DAQ)工具箱或最近引入 MATLAB(6.1 或更高版本)的音频记录器来完成。录制的数据可以使用 MATLAB 来分析和显示。

# 11.3 MATLAB 实现

正如第 3 章所述,MATLAB 有许多方法可以执行滤波操作。在本章中,我们将仅强调基于构成均衡器的并行滤波器的比例和来创建一个等效滤波器。如下面的清单所示,只要使用等阶的滤波器构造均衡器,创建此等效滤波器就非常简单。对不同长度的滤波器求和需要进行"零填充(zero padding)"。

**清单 11.1：计算等效冲激响应**

```
  % Simulation inputs
2 load('equalizer.mat')
  A=[1.0  1.0  1.0  1.0  1.0];              % graphic equalizer scale factors

4
  % Calculated terms
6 equivalentFilter = A(1) * filt1.tf.num + A(2) * filt2.tf.num + ...
        A(3) * filt3.tf.num + A(4) * filt4.tf.num + A(5) * filt5.tf.num;
```

关于这个代码清单的一些项需要讨论:

① 存储的滤波器系数需要加载到 MATLAB 工作区(第 2 行)。

② 指定滤波器比例因子 $A_1, A_2, \cdots, A_5$(第 3 行)。在此示例中,所有比例因子都设置为 1,这会导致平缓的响应。

③ 比例因子乘以每个滤波器的冲激响应,然后相加在一起(第 6、7 行)。本例中使用的 5 个滤波器以前是使用 MATLAB 函数 sptool 设计的。此函数能够将基于结构的变量导出到 MATLAB 工作区。变量 filt1.tf.num 包含与 filt1 的转移函数 tf 相关的分子系数 num。

图 11.5 的前 5 个子图显示了构成均衡器的 5 个 FIR 滤波器中每一个的冲激响应。最后的子图是所有 5 个冲激响应的总和。与这些滤波器相关的频率响应如图 11.4 所示。

当所有滤波器增益都设置为 1.0 时,如本例中所示,系统应具有平缓的频率响应。因此,所有均衡器滤波器冲激响应之和的等效冲激响应是一个单 δ(delta)函数,这并不奇怪。也就是说,频率响应和冲激响应是傅里叶变换对,单 δ(delta)函数的傅里叶变换是一个平缓的幅度谱(所有频率的功率相等)。

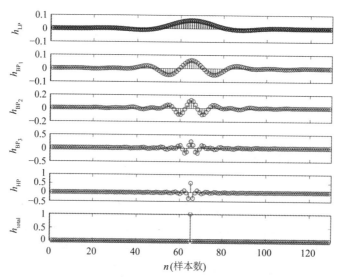

(前 5 个子图:5 个 FIR 滤波器的冲激响应;底部子图:前 5 个冲激响应所有频段的单位增益的总和)

**图 11.5:单位增益冲激响应**

为了改变均衡器的频率响应,我们需要做的就是调整各个滤波器的增益。只需对前面的代码清单进行单行修改,如下所示。

**清单 11.2:计算新的等效冲激响应**

```
1  A = [0.1  0.5  1.0  0.25  0.1];      % new graphic equalizer scale factors
```

各个冲激响应及其总和如图 11.6 所示。得到的均衡器的频率响应如图 11.7 所示。最后,图 11.8 同时显示了等效滤波器的冲激和频率响应幅度。

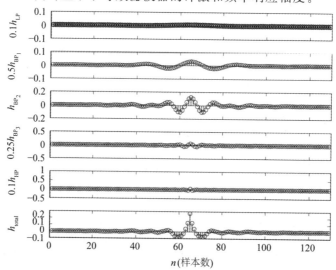

(前 5 个子图:5 个 FIR 滤波器的冲激响应;底部子图:前 5 个在频带内增益不等的冲激响应之和)

**图 11.6:具有频带内不同增益的冲激响应**

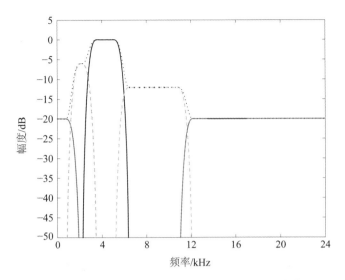

图 11.7：5 个 FIR 滤波器和等效滤波器的频率响应

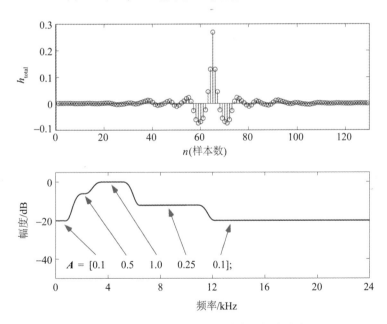

图 11.8：等效滤波器的冲激响应和频率响应

## 11.4 使用 C 语言的 DSK 实现

### 11.4.1 将增益应用于滤波器频带

当您理解了 MATLAB 代码时，将概念翻译成 C 语言是相当简单的。均衡器实际上实现了一个等效的 FIR 滤波器,并且可以使用第 3 章讨论的任何技术。本项目新的部分是将增益应用于每个滤波器频带的系数,并计算等效滤波器。这在 main.c 文件中完成,如清单 11.3 所示。

清单 11.3: 图形均衡器项目的 main.c 代码

```
1
    # include "DSP_Config.h"
3   # include "coeff.h"          // coefficients used by FIR filter
    # include "coeff_lp.h"       // coefficients for equalizer
5   # include "coeff_bp1.h"
    # include "coeff_bp2.h"
7   # include "coeff_bp3.h"
    # include "coeff_hp.h"
9
    volatile float new_gain_lp = 1, new_gain_bp1 = 1, new_gain_bp2 = 1;
11  volatile float new_gain_bp3 = 1, new_gain_hp = 1;
    volatile float old_gain_lp = 0, old_gain_bp1 = 0, old_gain_bp2 = 0;
13  volatile float old_gain_bp3 = 0, old_gain_hp = 0;

15  void UpdateCoefficients()
    {
17    Int32 i;

19    old_gain_lp = new_gain_lp; // save new gain values
      old_gain_bp1 = new_gain_bp1;
21    21old_gain_bp2 = new_gain_bp2;
      old_gain_bp3 = new_gain_bp3;
23    old_gain_hp = new_gain_hp;

25    for (i = 0; i <= N; i++) { // calculate new coefficients
        B[i] = (B_LP[i] * old_gain_lp) + (B_BP1[i] * old_gain_bp1)
27        + (B_BP2[i] * old_gain_bp2) + (B_BP3[i] * old_gain_bp3)
          + (B_HP[i] * old_gain_hp);
29    }
    }
31


33  int main()
    {
35      UpdateCoefficients();   // update FIR filter coefficients
```

```
37        // initialize DSP board
          DSP_Init();
39
          // main stalls here, the interrupts control the operation
41        while(1) {
              // check if any gains have changed
43            if((new_gain_lp != old_gain_lp)
                 || (new_gain_bp1 != old_gain_bp1)
45               || (new_gain_bp2 != old_gain_bp2)
                 || (new_gain_bp3 != old_gain_bp3)
47               || (new_gain_hp != old_gain_hp)) {
                  UpdateCoefficients ();
49            }
          }
51    }
```

清单 11.3 解释如下：

① （第 2～8 行）：包括与滤波器系数相关的头文件。

② （第 10～13 行）：声明滤波器增益。有 old_gain 值，它们是正在使用的增益；还有 new_gain 值，它们是已更新过的增益。

③ （第 15 行）：UpdateCoefficients 函数的开头。

④ （第 19～23 行）：将 new_gain 值复制到 old_gain 值。

⑤ （第 25～29 行）：计算新的等效滤波器系数 $B[i]$。

⑥ （第 35 行）：调用 UpdateCoefficients 函数更新滤波器系数。

⑦ （第 41 行）：停顿，等待中断。

⑧ （第 43～49 行）：如果任何均衡器增益发生变化，请调用 UpdateCoefficients 函数。

## 11.4.2　GEL 文件滑块控件

Code Composer Studio 支持通用扩展语言（GEL），允许快速创建滑块、菜单框和其他界面。GEL 文件系统使用 CCS/DSK 通信链接的 DEBUG 部分来更新变量值。早期版本的 CCS 在更新发生时暂时挂起处理器，导致输出信号瞬间丢失。虽然这种信号丢失是不受欢迎的，但是将 GEL 文件接口用于 CCS 项目的相对简易性使得它们成为一种潜在有用的工具。然而，从 CCS 版本 4.2 开始，似乎只有在程序完全挂起时才能进行 GEL 控件更新，这极大地限制了 GEL 控件（如滑块）对 CCS 项目的实用性。因此，我们不再详细介绍 GEL 控件。使用基于 GEL 的滑块过去相当简单，但现在每次调整滑块时都必须挂起程序的这一事实使得它对实时程序没有用处。要想绕开此问题，需要以这样一种方式创建基于 Windows 的滑块（作为 Windows 控件应用程序(Windows Control Application)的一部分),以便 DSP 可以在不停止的情况下运行。本书的软件提供了支持软件以易于此操作。有关更多信息,请参阅附录 E。

# 11.5　后继挑战

考虑扩展您所学的知识:

① 设计并实现自己的单声道图形均衡器。选择您想要的频段并创建一个实时运行的等效滤波器,使用基于 Windows 的滑块控制每个频段的增益。

② 以类似于单声道版本的方式设计和实现您自己的立体声图形均衡器。

# 第 **12** 章

# 项目 3：二阶节

## 12.1　理　论

第 4.3.3 小节首先介绍了使用二阶节（SOS）作为 IIR 滤波器构建块的概念；提到了为 IIR 滤波器使用二阶节的一些优点，例如减少了对滤波器系数的量化效应。注意，在实践中，二阶节很少用于 FIR 滤波器，因为它们几乎没有优势。对于这个项目，我们进一步探讨了二阶节的使用。图 4.18 提供了一个框图，显示了如何将二阶节用作高阶滤波器的构建块；为了方便起见，该图被重现为图 12.1。通过在级联部分的开头或结尾添加一阶节，可以使用 SOS 技术实现奇数阶滤波器。

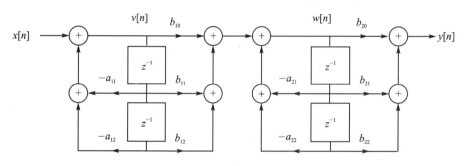

（显示了两个 SOS 级，每个 SOS 都是 DF-Ⅱ 型）

**图 12.1**：与四阶 IIR 滤波器的二阶节（SOS）实现相关的框图

在第 4.3.3 小节中引入了一个名为 ellipticExample 的 M 文件，它实现了一个四阶椭圆 IIR 滤波器。当滤波器系数量化为 16 位精度时，除了其他方面外，该 M 文件还将直接形式的实现与 SOS 的实现进行了比较。为了方便起见，这两种类型实现的图在这里重现为图 12.2 和图 12.3。第 4.3.3 小节已经表明，由于量化效应，直接形式版本不稳定，而 SOS 版本稳定。这是将 IIR 滤波器转向 SOS 实现而被广泛用于实践的主要原因之一：在相同的阶和规格下，与任何直接形式的版本相比，系数值的微小变化对 SOS 版本的影响要小得多。当使用如 MATLAB 的 FDATool[①] 那样的

---

①　MATLAB 通常默认使用 64 位双精度浮点值进行所有计算。

高精度数字表示来设计滤波器以令设计人员满意,但随后又在对系数值施加较低精度(通常取决于 CPU 寄存器的大小)的硬件上实现时,这些系数会产生变化。

在直接形式的实现中,样本延迟的总"深度"等于转移函数的分子和分母中的多项式的阶数,如图 12.2 所示。系数值中的任何扰动在每个延迟附加水平上都是复合的。因为根据定义,一个 SOS 构建块仅仅是两个"深度"的样本延迟,所以系数值中的扰动量保持很小。总体来说,SOS 实现更加健壮。

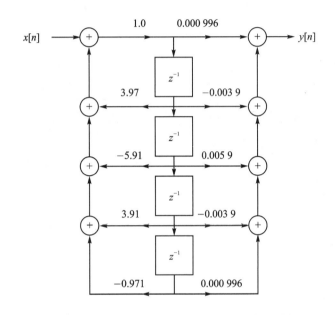

图 12.2:与四阶椭圆滤波器的直接 Ⅱ 型实现相关的框图

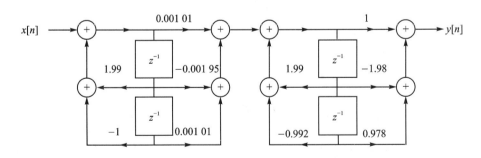

图 12.3:与图 12.2 中的滤波器相同的四阶椭圆滤波器的二阶节(SOS)实现的框图

即使系数量化(coefficient quantization)不是一个问题,但使用 SOS 的优势也可以体现出来。当滤波器规格非常严格时,滤波器设计算法有时会在寻找稳定的直接形式的解决方案上受到挑战,但在寻找稳定的 SOS 的解决方案上却毫无问题。这通常是由于算法试图形成单个转移函数(即只有一个分子和一个分母的多项式)时出现的舍入误差导致的数值问题的结果，这意味着是一个直接形式的解决方案。在 Rangayyan[79] 的生物医学信号处理教材的第 3.6.2 小节中提供了相关示例。提出的问题是在一个心电图（ECG）信号上，有一个明显的低频伪影，称为"漂移基线 (wandering baseline)"，这很可能是由于患者在信号采集过程中移动了，如图 12.4 所示。但是心电图在相当低的频率下有重要的诊断信息，因此消除基线漂移 (baseline drift) 的解决方案是需要一个具有非常低的截止频率的锐截止高通滤波器 (HPF)。建议的滤波器是八阶巴特沃斯高通滤波器（Butterworth HPF），截止频率为 2 Hz。由于信号是以 $F_s = 1$ kHz 获得的，因此 $f_c/F_s$ 的比值仅为 0.002。结合滤波器的阶数，这对稳定设计提出了挑战。

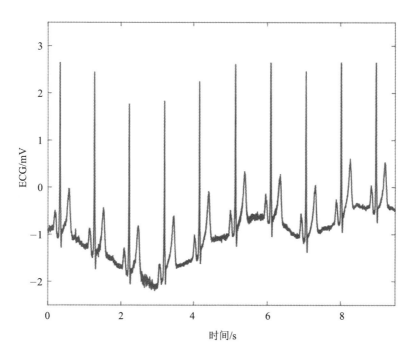

（一些更高频率的噪声（电力线伪影）也是可见的，改编自文献[79]）

**图 12.4：基线漂移的心电图（ECG）**

可以使用信号处理工具箱（Signal Processing Toolbox）中的 butter 命令在 MATLAB 中设计具有所需规格的巴特沃斯高通滤波器，如下所示：

```
1   Fs = 1000; Fc = 2; N = 8;

    % convert Fc to Wc in pi units as required by "butter"

3   Wc = (Fc/Fs) * 2;      % mult by pi is inherent in the definition

    [b, a] = butter(N, Wc, 'high');      % design the filter
```

这产生了定义转移函数的单个八阶多项式分子和单个八阶多项式分母的系数 $b_i$ 和 $a_i$($i=0,1,2,\cdots,8$),这些可用于任何直接形式的实现。接下来将显示调用 butter 的变体:

```
      % now design the same filter again but using SOS
2   [z, p, k] = butter(N, Wc, 'high');    % obtain poles, zeros, and gain
    [sos, g] = zp2sos(z, p, k);           % Convert to SOS form
```

这将产生一个 $4 \times 6$ 矩阵的 SOS,其中每一行包含该滤波器所需的 4 个二阶节中的一个二阶节的系数,$g$ 是增益因子。注意,对于高阶滤波器,在多个 SOS 中分配增益通常是一个好主意。

两个滤波器实现结果的放大的 $z$ 平面图如图 12.5 所示。注意,即使没有对滤波器施加系数量化,直接形式的实现也会将极点放在单位圆之外,从而产生一个不稳定的滤波器。SOS 的实现是稳定的,尽管极点与单位圆非常接近以至于硬件目标可能施加的任何潜在的系数量化仍然是一个问题。但是,我们想在这里强调的要点是,对于完全相同的滤波器规格,为何二阶节实现比直接形式实现更不容易产生不稳定。

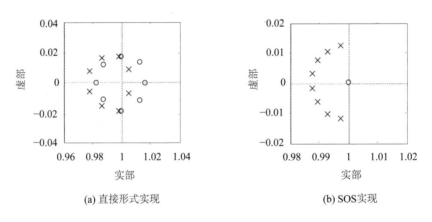

(a) 直接形式实现                    (b) SOS实现

(每个图中心的几乎垂直的线是单位圆)

**图 12.5**:八阶巴特沃斯高通滤波器(Butterworth HPF)的 $z$ 平面图的放大比较

为了让感兴趣的读者进一步探索,我们在第 12 章的 matlab 目录中包括了 MATLAB 的 M 文件 butterHPF_ex.m 和 ecg_noise_baseline_demo2.m,以及漂移基线 ECG 的数据文件 ecg_lfn_Fs1k.txt。值得一提的是,如果以传统方式应用在临床上,即使是八阶巴特沃斯高通滤波器(Butterworth HPF)的稳定版本,也具有一种将会过度扭曲 EGC 波形的相位响应。滤波器的幅度响应可以在频域应用于 ECG 的 DFT,也可以在时域使用 filtfilt 命令,以获得良好的结果,如图 12.6 所示。这两种方法都在 ecg_noise_baseline_demo2.m 程序中演示。然而,如果需要实时操作,那么这两种方法中的任何一种都意味着进行基于帧的处理。

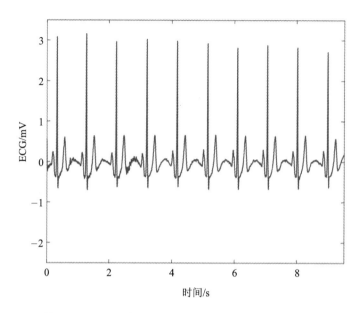

（使用八阶巴特沃斯高通滤波器的 SOS 版本通过频域滤波消除了
基线漂移。较高频率的噪声通过一个 FIR LPF 来消除）

**图 12.6：消除了基线漂移的心电图(ECG)**

# 12.2　winDSK 演示：陷波滤波器应用

第 4.2 节中描述的、引导读者使用二阶 IIR 陷波滤波器的 winDSK8 演示，是使用将滤波器实现为直接 Ⅱ 型的单个二阶节部分的代码来执行的。相同的二阶 IIR 陷波滤波器在第 10.3 节中重新讨论过。该陷波滤波器的框图在第 183 页的图 10.4 中提供，在第 188 页包含更多详细的信息，包括转移函数。如果需要，读者可能希望重新熟悉 winDSK8 陷波滤波器。

# 12.3　MATLAB 实现

作为一个方便的起点，我们对二阶低通数字 IIR 滤波器进行了 MATLAB 仿真，仿真代码在 SOSfilter.m 中。此脚本文件将同时绘制滤波器的频率响应(见图 12.7)和滤波器的冲激响应(IR)(见图 12.8)。在图 12.8 中，当处理仅包含一个脉冲的某个输入文件时，使用 MATLAB 的 impz 命令计算的冲激响应与我们算法的结果进行了比较，这类比较通常是为了获得算法的置信度而进行的。如果您愿意的话，计算两个结果信号的数学规范中的一个将在算法中提供更高的置信度。SOSfilter.m 的关键部分如下所示。从清单的注释中可以明显看出程序的每个部分的目的。

**清单 12.1：实时二阶低通数字 IIR 滤波器的 MATLAB 仿真**

```
 1   inputx = [1  0  0  0  0  0  0  0  0  0];  % impulse
     index = length(inputx);   % length of x
 3   yStorage = zeros(1, index);

 5   x = [0  0  0];      % input storage
     y = [0  0  0];      % output storage
 7
     G = 0.248341078962541;     % filter's gain
 9   B = [1.0  2.0  1.0];   % numerator coefficients
     A = [1.0  - 0.184213803077536  0.177578118927698];  % denominator
       [+]coefficients
11
     for n = 1: index     % ISR simulation
13       % read in the current input value
         x(1) = inputx(n);
15
         % calculate the current output value
17       y(1) = - A(2) * y(2) - A(3) * y(3) + G * (B(1) * x(1) + B(2) * x(2) +
           [+]B(3) * x(3));
19       % prepare for next input value by updating stored values
         x(3) = x(2);  x(2) = x(1);
21       y(3) = y(2);  y(2) = y(1);
23       % update the storage array (save the filter's output values)
         % note: this is not part of the ISR; only needed for plotting
25       yStorage(n) = y(1);
     end
```

下一个 MATLAB 文件 SOSfilterRevA.m 通过将 DF-I 滤波操作转换为函数调用来修改 SOSfilter.m 程序。由 SOSfilterRevA.m 调用的这个函数名为 sosFiltFunDFI.m，如下所示：

```
 1   % perform the filtering operation
     [x, y] = sosFiltFunDFI(x, y, B, A, G);
```

与此滤波器仿真相关的所有其他内容与 SOSfilter.m 程序相同。为了保持一致性，脚本文件 SOSfilterRevA.m 生成与 SOSfilter.m 相同的两个输出图。

下一个文件 SOSfilterRevB.m 通过将 DF-I 滤波操作转换为 DF-II 滤波操作来修改 SOSfilterRevA.m 程序。由 SOSfilterRevB.m 调用的 DF-II 滤波器的函数

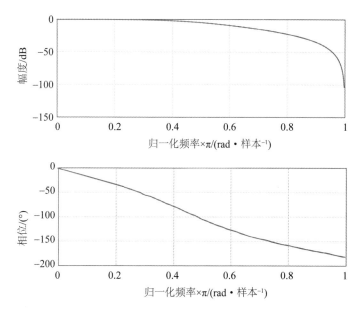

图 12.7：使用 SOS 实现的 IIR LPF 的频率响应

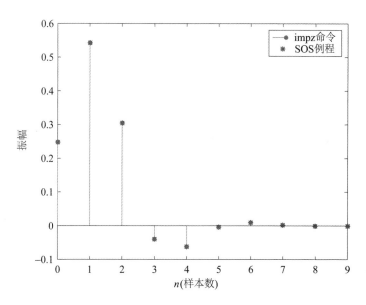

（注意，将 MATLAB 的 impz 命令的结果与通过滤波器处理脉冲进行比较）

图 12.8：使用 SOS 实现的一个 IIR LPF 的冲激响应

名为 sosFiltFunDFII.m，如下所示：

```
    % perform the filtering operation
2   [w, y] = sosFiltFunDFII(w, x, B, A, G);
```

请注意,与 DF-Ⅰ函数调用不同,DF-Ⅱ函数调用使用 $w$,其中 $w$ 是滤波器的当前状态。但 DF-Ⅱ的效率略高于 DF-Ⅰ,正如任何 DSP 理论教材都会告诉您的那样。与此滤波器仿真相关的所有其他内容保持不变。为了保持一致性,此脚本文件 SOSfilterRevB.m 仍然生成与 SOSfilter.m 相同的两个输出图。

# 12.4 使用 C 语言的 DSK 实现

刚刚讨论的 MATLAB 程序模拟了 ISR 如何运行,但执行不是实时的,现在让我们看一个在 DSP 电路板上实时运行的实际 C 语言 ISR。下一个文件 sosIIRmono_ISR.c 将 DF-Ⅱ IIR 滤波器实现为用 C 语言编写的中断服务程序(ISR),该程序使用 CCS 实时运行。这将需要一个浮点 DSP 电路板和我们在第 4 章中开发的实时 IIR 滤波器的工作知识。该 ISR 不使用滤波器函数。不要忘记将 StartUp.c 文件添加到项目中!

## 12.4.1 示例 SOS 代码[①]

与 C 语言中实现的 SOS 代码相关的声明显示在下面的清单中。观察与清单 12.1 的 MATLAB 代码中定义的值的相似之处。

清单 12.2:与 SOS 代码相关的声明

```
    float G = 0.248341078962541;          // filter's gain
2   float B[3] = {1.0, 2.0, 1.0};  // numerator coefficients
    floatA[3] = {1.0, - 0.184213803077536, 0.177578118927698}; //
        [ + ]denominator coefficients
4   float w[3] = {0.0, 0.0, 0.0};  // filter's state
    float x = 0.0; // input value (buffered)
6   float y = 0.0;  // output values (buffered)
```

每个声明的目的可从上面清单的注释中明显看出。因为该程序将二阶节实现为 DF-Ⅱ,所以需要滤波器的状态(称为 $w$),就像前面讨论的 MATLAB 仿真一样。

与 sosIIRmono_ISR.c 中提供的与 SOS ISR 相关的算法执行显示在下一个清单中。

清单 12.3:来自 sosIIRmono_ISR.c 的示例 SOS 代码

```
    x = CodecDataIn. Channel [LEFT];      // current input value; only LEFT
        [ + ] channel filtered

2

    w[0] = x - A[1] * w[1] - A[2] * w[2];        // update state of the SOS
```

---

① 原书的第 12.4 节中只包含一个小节(即第 12.4.1 小节),为了与原书内容保持一致,此处保留原小节号。本书后面出现的类似情况同理。(编者注)

```
4   y = G * (B[0] * w[0] + B[1] * w[1] + B[2] * w[2]);        // calculate new y

6   w[2] = w[1];     // setup for the next input
    w[1] = w[0];     // setup for the next input
8
    CodecDataOut.Channel[LEFT] = y;      // setup the LEFT value
10  CodecDataOut.Channel[RIGHT] = y;     // the LEFT output value
        [ + ] is written to the RIGHT channel
    /* end of my DF - II IIR filter routine */
12
    WriteCodecData (CodecDataOut.UINT);      // send output data to
    [ + ] port
```

该程序各部分的目的从清单的注释中可以明显看出。如果某些部分不清楚,请将上面的 C 语言清单 12.3 与之前提供的 MATLAB 仿真中使用的非常相似的算法进行比较,应该就清楚了 C 语言程序是如何工作的。

最后一个文件 sosIIRmonoFun_ISR.c 将 DF - Ⅱ IIR 滤波器实现为一个用 C 编写的且实时运行的中断服务程序(ISR),但使用了一个名为 IIR_SOS_DF2 的滤波器函数。函数 IIR_SOS_DF2 只提供与清单 12.3 第 3～7 行所示的相同的代码执行。除了这个小的变化之外,程序本质上与清单 12.3 所示的程序相同,因此不需要在这里显示另一个清单。请打开 sosIIRmonoFun_ISR.c 文件查看细节;注意,函数 IIR_SOS_DF2在全局变量声明区中定义。同样,不要忘记将 StartUp.c 文件添加到项目中!

# 12.5　思考要点

既然(我们希望)您对二阶节感觉更舒服,这里有几个您可能想要考虑的问题:
① 本章所示的二阶节均为 DF - Ⅱ。使用直接Ⅱ型转置(DF - Ⅱt)来创建二阶节会有什么好处吗?有关 DF - Ⅱt 的例子,请参见图 4.17。
② 与并行设计相比,SOS 设计如何?有关并行滤波器实现的例子,请参见图 4.19。

# 12.6　后继挑战

考虑扩展您所学的知识。这个项目帮助您实现了单个 SOS。通过完成以下一项或全部任务,扩展您所学到的知识:
① 使用多个函数调用的多个 SOS 的级联去实现更高阶但是偶数阶的滤波器。
② 编写一个为您实现多个 SOS 的级联的新函数。
③ 编写一个新函数,它将实现一个使用级联 SOS 和一个额外的滤波器级的奇数阶滤波器。
④ 您如何对立体声信号滤波(同时来自左右通道的信号)?请实现这样的设计。

# 第 13 章

---

# 项目 4：峰值音量表

## 13.1 理　　论

第 2 章首先介绍了通用 DSP 系统的基本框图，如图 13.1 所示。在第 2 章中，我们还强调，由模/数转换器（ADC）数字化了的模拟信号不应超过转换器的最大电压范围。为了避免意外失真，请小心确保 ADC 在正负方向上的驱动不超过最大输入电压范围。

图 13.1：一个通用的 DSP 系统

即使输入的模拟信号保持在 ADC 的适当范围内，仍可能通过超过数/模转换器（DAC）的输出范围来使信号失真。例如，用二进制补码表示的 16 位转换器的可能值范围是＋32 767～－32 768。DSP 算法中导致输出值被写入 DAC 时超出此范围的任何操作也会使信号失真。信号可能超出 DAC 输出范围的唯一方法是 DSP 算法的增益超过 1.0，这意味着该算法会导致信号放大。虽然不严格禁止增益大于 1，但应避免使 DAC 饱和，除非由于某些原因您实际上就**需要**一种失真的输出。

历史上，音频系统中使用音量单位（VU）表来监测信号的电平。然而，VU 表存在显示精度问题，主要是由于该仪表使用平均测量，这受到机械测量系统冲击的严重限制，这可能导致短暂却非常大的瞬态被丢失或不正确地显示。

最近，音频设备制造商开发了峰值音量表（PPM），以克服 VU 表在显示峰值信号电平时表现平平。PPM 通过将信号积分 5 ms 来改善 VU 表的性能问题，然后此积分过程将只检测那些能被普通人听到的足够长的峰值。

## 13.2　winDSK 演示：commDSK

启动 winDSK8 应用程序，将出现主用户界面窗口。在继续之前，请先确保在 winDSK8 的"DSP 电路板（Board）"和"主机接口（Host Interface）"配置面板中为每个参数选择了正确的选项。单击 winDSK8 的 commDSK 工具按钮将在所连接的 DSK 中运行该程序，并出现一个类似于图 13.2 的窗口。

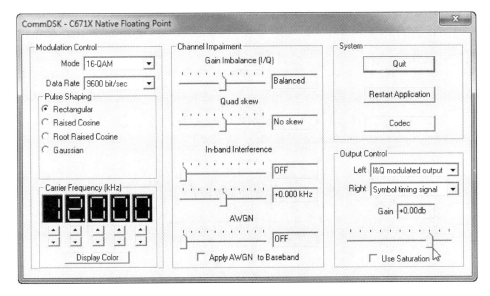

**图 13.2：winDSK8 运行 commDSK 应用**

在图 13.2 中，"输出控制（Output Control）"的"左（Left）"下拉列表框已从"符号定时信号（Symbol timing signal）"更改为"I 和 Q 调制输出（I&Q modulated output）"。

commDSK 程序将在第 18 章中更详细地讨论。通过增加系统增益可以看到 PPM 的运行。通过单击位于"增益（Gain）"文本框下方的增益滑块，并向右滑动，可以提高系统增益，这可使"增益（Gain）"文本框中出现正增益数值。此外，随着"增益（Gain）"值的增加，OMAP – L138 实验者套件（Experimenter Kit）上的两个用户 LED，或者 LCDK 或 C6713 DSK 上的四个用户 LED 中的三个将用作 PPM[①]。

# 13.3 MATLAB 实现

除了间接使用数据采集工具箱（Data Acquisition Toolbox）外，MATLAB® 没有用于打开 LED 的等效功能。因此，我们省略了本章的 MATLAB 讨论。

---

① **注意**：虽然 LCDK 和 C6713 DSK 在电路板上包含四个 LED，但 OMAP – L138 实验者套件只有两个 LED，您的程序可以轻松访问这些 LED。要想使用 OMAP – L138 实验者套件实现类似的四级功能，您可以使用 WriteDigitalOutputs 函数将信号发送到 LCD 连接器 J15 上的四个数字输出引脚。请参阅本书软件的 common_code 目录中的 OMAPL138_Support_DSP.c 文件。具体地，0～3 位分别被发送到连接器 J15 的 6～9 引脚。该连接器的引脚 1、5 和 10 可用于接地。

# 13.4　使用 C 语言的 DSK 实现

与 VU 表和 PPM 一样,该程序的主要功能是在某个输出值接近 DAC 的范围限制时检测并提供 LED 指示或警告。由于每隔 $T_s = 1/F_s$ 时间检查一次这些条件,因此还需要停留时间(dwell time)来维持每个 LED 的"开启(ON)"状态。如果没有这个停留时间,LED 将会迅速循环地开启或关闭以至于不可见。输出值选择为 ±28 000、±32 000 和 ±32 767,在这些值之上对应的 LED 亮起。这些开启电平如图 13.3 所示,其中正弦信号处于 DAC 的最大振幅。

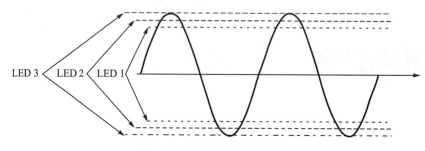

图 13.3: PPM 的 LED 开启电平

## 13.4.1　示例 PPM 代码

运行此应用程序所需的文件位于第 13 章的 ccs\PPM 目录中。感兴趣的主要文件是 main. c、PPM_ISRs. c、PPM_ISRs1. c、PPM_ISRs2. c 和 PPM_ISRs3. c。**重要提示**:在任何给定时间,您必须只有**一个** ISR 文件作为项目的一部分加载。ISR 文件包含必要的变量声明并执行实际的滤波操作。对 LED 的实际更新在 main. c 中执行。

我们将首先讨论 PPM_ISRs. c,与 PPM 代码相关的声明显示在下面的清单中。

清单 13.1: 与 PPM 相关的声明

```
1   # define RESET 4800      // turns the LED off after 4800 samples

3   # define LED1_BIT 1
    # define LED2_BIT 2
5   # define LED3_BIT 4

7   volatile Uint8 LedMask = 0;      // used by main() to update the LEDs
```

清单 13.1 解释如下:

①(第 1 行):设置 LED 保持"开启(ON)"的最短时间。此时间等于 RESET $(T_s)$,在这种情况下为 4 800/48 000=0.1(s)。

② (第 2～5 行)：定义代表 3 个 LED 的"开启(ON)"状态的常量。

③ (第 7 行)：定义用于控制 LED 的变量 LedMask。

PPM_ISRs. c 中接收 ISR 的一部分代码显示在下面的清单中。

清单 13.2：来自 PPM_ISRs. c 的示例 PPM 代码

```
1  // LED 1 logic
   if ((abs (outputLeft) > 28000) || (abs (outputRight) > 28000)) {
3      LedMask |= LED1_BIT;   // LED1 on
       LED_1_counter = RESET;
5  }
   else {
7      if (LED_1_counter > 0)
           LED_1_counter -= 1;
9      else
           LedMask &= ~LED1_BIT;     // LED1 off
11 }


13 // LED 2 logic
   if ((abs (outputLeft) > 32000) || (abs (outputRight) > 32000)) {
15     LedMask |= LED2_BIT;     // LED2 on
       LED_2_counter = RESET;
17 }
   else {
19     if (LED_2_counter > 0)
           LED_2_counter -= 1;
21     else
           LedMask &= ~LED2_BIT;       // LED2 off
23 }


25 // LED 3 logic
   if ((abs (outputLeft) > 32767) || (abs (outputRight) > 32767)) {
27     LedMask |= LED3_BIT;     // LED3 on
       LED_3_counter = RESET;
29 }
   else {
31     if (LED_3_counter > 0)
           LED_3_counter -= 1;
33     else
           LedMask &= ~LED3_BIT;     // LED3 off
35 }
```

## PPM 代码说明

清单 13.2 解释如下:

① (第 2~5 行):如果左通道或右通道电平中的任何一个或两个的幅度大于 28 000,则 LED 1 将打开。计数器也设置为 4 800,此计数器使灯保持亮起 0.1 s。

② (第 6~11 行):这段代码递减 LED 1 的计数器,每当计数器达到零时,LED 就会变为"关闭(OFF)"。

③ (第 14~17 行):如果左通道或右通道电平中的任何一个或两个的幅度大于 32 000,则 LED 2 打开。计数器也设置为 4 800。此计数器使灯保持亮起 0.1 s。

④ (第 18~23 行):这段代码递减 LED 2 的计数器,每当计数器达到零时,LED 就会变为"关闭(OFF)"。

⑤ (第 26~29 行):如果左通道或右通道电平中的任何一个或两个的幅度大于 32 767,则 LED 3 打开。计数器也设置为 4 800。此计数器使灯保持亮起 0.1 s。

⑥ (第 30~35 行):这段代码递减 LED 3 的计数器,每当计数器达到零时,LED 就会变为"关闭(OFF)"。

# 13.4.2 DSK 的 LED 控制

使用 WriteLED 功能控制 LED。在 OMAP – L138 实验者套件中,通过 $I^2C$ 接口向 LED 发送信号,该接口太慢而无法在 ISR 中使用。变量 LedMask 用于将所需的 LED 状态传递给 main.c,main.c 中的代码仅在状态更改时更新 LED。为了保持一致,LCDK 和 C6713 DSK 使用相同的方法。

# 13.4.3 另一个 PPM 代码版本

如上所述,PPM ISR 代码的四个不同版本随本书附带的软件一起提供。我们已经讨论过 PPM ISRs.c 的相关部分。现在讨论 PPM_ISRs3.c,您可以自行探索 PPM_ISRs1.c 和 PPM_ISRs2.c 中存在的变体。

此实现使用与前面的 PPM_ISRs.c 文件相同的声明。PPM_ISRs3.c 中的部分 ISR 如清单 13.3 所示。

清单 13.3:另一种创建 PPM 的方法(摘自 PPM_ISRs3.c)

```
1   maxOutput = _fabsf (outputLeft);
    if (maxOutput < _fabsf (outputRight))
3       maxOutput = _fabsf (outputRight);

5   if (maxOutput > 32767) {
        LED_3_counter = RESET;
7       LED_2_counter = RESET * 2;
        LED_1_counter = RESET * 3;
9   }
```

```
      else if (maxOutput > 32000) {
11        if (LED_2_counter < RESET)
              LED_2_counter = RESET;
13        if (LED_1_counter < RESET * 2)
              LED_1_counter = RESET * 2;
15    }
      else if (maxOutput < 28000) {
17        if (LED_1_counter < RESET)
              LED_1_counter = RESET;
19    }

21    workingLedMask = 0; // all LEDs off
      if (LED_3_counter) {
23        LED_3_counter -- ;
          workingLedMask |= LED3_BIT;   // LED3 on
25    }

27    if (LED_2_counter) {
          LED_2_counter -- ;
29        workingLedMask |= LED2_BIT;   // LED2 on
      }
31
      if (LED_1_counter) {
33        LED_1_counter -- ;
          workingLedMask |= LED1_BIT;      // LED1 on
35    }

37    LedMask = workingLedMask;      // update LED mask for main()
```

清单 13.3 解释如下：

① （第 1～3 行）：确定 maxOutput（左右输出通道的绝对值的最大值）。

② （第 5～9 行）：如果 maxOutput 的幅度大于 32 767，则 LED 1、2 和 3 打开。LED 1、2 和 3 的计数器设置为 14 400、9 600 和 4 800。这些计数值分别使 LED 1、2 和 3 保持"开启（ON）"0.3 s、0.2 s 和 0.1 s。

③ （第 10～15 行）：如果 maxOutput 的幅度超过 32 000，则 LED 1 和 2 将打开。LED 1 和 2 的计数器设置为 9 600 和 4 800。这些计数值分别使 LED 1 和 2 保持"开启（ON）"0.2 s 和 0.1 s。

④ （第 16～19 行）：如果 maxOutput 的幅度超过 28 000，则 LED 1 将打开。LED 1 的计数器设置为 4 800。此计数值使 LED 保持"开启（ON）"0.1 s。

⑤ （第 21～35 行）：根据 LED 计数器的状态更新 LedMask。

⑥（第 37 行）：将所需的 LED 状态传输到 LedMask，LedMask 在 main.c 中用于更新系统 LED 的状态。

# 13.5　后继挑战

考虑扩展您所学的知识。记住，要完全测试作为更大程序的一部分的 PPM，DSP 算法的某些部分（PPM 部分除外）应该具有大于 1 的增益，这可通过在算法中的输入和输出之间的某处添加乘法比例因子来轻松实现。

① 设计并实施您自己的峰值音量表。

② 请实现一个可利用所有四个 LED 的峰值音量表。

③ 如果您有 OMAP - L138 实验者套件，则请使用 LCD 的连接器 J15 的四个数字输出引脚实现峰值音量表。

第 **14** 章

# 项目 5：自适应滤波器

## 14.1 理 论

实时运行的数字滤波器可以非常有效地消除损坏信号的不需要的噪声或干扰。第 3 章和第 4 章首先给出了 FIR 和 IIR 数字滤波器的一些基本例子，随后的章节也使用了各种数字滤波器的实现。然而，到目前为止，所有的滤波器都是所谓的"固定系数"滤波器。也就是说，滤波器的响应，一旦由选择的系数决定，就是固定的[①]，系数没有随时间变化。这是迄今为止最常见的数字滤波器。

虽然当输入中不需要的部分不变时，这种技术可以很好地工作，但是有些情况并非如此。例如，干扰信号的频率分量可能会随着时间的推移而变化，使得具有固定通带和阻带的滤波器无效。如果噪声或干扰随时间而变化，则有效的策略是实现一个也随时间变化的滤波器，以便根据需要进行调整。毫不奇怪，这被称为自适应滤波器（adaptive filter）。自适应滤波器是优化理论主题的子集。

这种自适应滤波器的特殊应用（称为自适应噪声消除（adaptive noise cancella-tion））是最容易理解的[79-83]。在图 14.1 所示的基本框图中，向自适应滤波器系统提供了两个输入（在图左侧）。上面的输入包含"信号加噪声（signal plus noise）"，下面的输入包含"相关噪声（correlated noise）"，即下面的输入与上面的输入中存在的加性噪声相关，但与所需信号不相关。自适应滤波器（图中标有转移函数 $H_k(z)$ 的框）利用"误差信号（error signal）"实时调整其转移函数，以最佳地消除输出处的噪声，

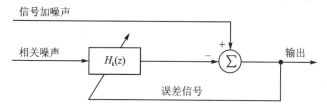

**图 14.1：** 用于噪声消除的自适应滤波器的基本框图

---

[①] 在第 10 章中，一些滤波器响应确实随着时间的推移而变化，通过改变延迟的长度来实现镶边和合唱等效果。但是这种技术不适合用于输入，因此不被认为是自适应滤波器技术。

使所需信号的噪声大大降低。这一理论是直截了当的,在这里将只简单讨论一下。

## 14.1.1 自适应滤波器解决的问题

一个有用的自适应噪声消除的示例场景是:消防员身处紧急情况下的噪声环境,其中警报器、车辆、各种设备和其他来源的背景噪声可能非常大。在本例中,"信号加噪声"表示来自消防员头盔式单耳麦克风的组合信号(其中"信号"是他/她的声音,"噪声"来自背景中运行的用于清除碎片的链锯)。"相关噪声"信号仅代表链锯的信号,由消防员腰带或下半身上的第二个单耳麦克风检测到,但不在他/她的嘴附近。自适应滤波器的目的是增强语音信号,以便消防员可以有效地通信,例如,当使用无线电通信链路时。

由于链锯信号("噪声")在到达图 14.1 所示的两个输入端的过程中所经过的路径略有不同,因此它在这两个输入端是相关的,但并不相等。因此,只用减法不足以减轻噪声;FIR 滤波器必须适应于模拟两个麦克风之间路径差异的影响,并更好地消除噪声。当消防员移动或链锯使用者移动(或启动和停止链锯切割)时,这种差异也会改变。噪声源(即链锯)的频率内容和振幅在它切割碎片或只是空转时随着时间而变化。其他的噪声源也可能导致这个问题。滤波器系数必须在下一次更新时根据需要继续调整和改变,以最佳地消除噪声,以便在无线电接收器上清晰地获悉消防员的声音。

另一个自适应噪声消除特别有用的示例场景是:当母体 ECG 趋于压倒并明显干扰所需的信号时,通过皮肤电极无创检测胎儿心电图(ECG)的挑战[79,84]。在本例中,"信号加噪声"表示从腹部导联获得的组合 ECG 信号(其中,"信号"是胎儿的心电图,"噪声"是准妈妈的 ECG)。"相关噪声"信号仅代表由四根胸部导联获得的母亲的 ECG。不仅母体心电图在振幅上远高于胎儿心电图,而且两者包含几乎相同的频率分量,使得传统的固定系数滤波器毫无用处。自适应滤波器的作用是通过抑制母体 ECG 来有效地隔离胎儿的 ECG 信号。为了解决这个问题,由 Widrow 等人描述的设计使用了所有四个胸部导联信号作为多通道"相关噪声"输入,以及一个来自腹部导联信号的"信号加噪声"通道[84]。

自适应噪声消除是自适应滤波器的众多应用之一,如图 14.1 所示。为了保证滤波器的稳定性,我们做出了接受更高滤波器阶数的常见的权衡[①],从而将用 $H_k(z)$ 表示的滤波器强制为一个 FIR 滤波器。因此,滤波器系数也完全定义了冲激响应 $h_k[n]$,这不过是 $H_k(z)$ 的逆 $z$ 变换。这些系数随时间变化(通常在每个采样时间更新时),以便使滤波器适应噪声的变化,因此下标表示某个采样时间 $k$ 下的冲激响应

---

① 除了图 14.1 中滤波器本身的稳定性外,设计人员还必须关注调整滤波器系数的更新算法的稳定性。也就是说,更新算法最终是会在经过一些更新后收敛于一个解决方案,还是会永远"追逐"?如果是后一种情况,则更新算法对于给定情况不稳定。

和转移函数。注意，由于滤波器系数随噪声变化，因此我们不能保证 FIR 滤波器的线性相位响应，除非我们对系数施加额外的对称或反对称约束。但通常不会添加这些附加约束。

虽然通过图 14.1 中穿过滤波器框的斜箭头暗示了这一点，但我们没有明确地显示特定更新算法的单独框，该算法改变滤波器系数以响应噪声的变化。这种更新算法有许多方法，每种方法都有自己的优点和缺点。用于自适应滤波器的两种最著名的算法类型是最小均方（LMS）和递归最小二乘（RLS）方法。虽然 RLS 比 LMS 收敛得更快，并且因此可以更好地跟踪快速变化的噪声，但其更大的计算复杂性通常使 LMS 成为更具吸引力的选择[79-83]。由于 LMS 算法的解释和演示更容易理解，因此在这里将重点放在 LMS 自适应滤波器上。

## 14.1.2  LMS 自适应滤波器

令"信号加噪声"为 $x[n]=v[n]+m[n]$，其中 $v[n]$ 是感兴趣的未受损的所需信号，$m[n]$ 是不可避免地加到所需信号上的噪声。令 $r[n]$ 为"相关噪声"，这被某些教材称为参考输入。那么误差信号，也就是图 14.1 中自适应滤波器的输出是 $e[n]=x[n]-y[n]$，其中 $y[n]$ 是由 $H_k(z)$ 表示的 FIR 滤波器的输出。

如果 FIR 滤波器已经适应于相当接近于模拟上述消防员场景中 $m[n]$ 与 $r[n]$ 之间路径差异的影响，那么 $y[n]$ 与 $m[n]$ 几乎相同，并且

$$e[n]=x[n]-y[n] \approx x[n]-\hat{m}[n]=\hat{v}[n] \qquad (14.1)$$

其中，头上的重音符号表示实际值的近似值。因此，当 FIR 滤波器已经恰当地适应时，输出 $e[n]$ 是 $v[n]$ 非常接近的近似值，$v[n]$ 是感兴趣的未受损的所需信号。

关键问题是我们如何使 FIR 滤波器恰当地适应呢？也就是说，我们如何使 FIR 滤波器系数更新为可以更好地解决问题的**新的**系数集？自适应的具体方法是定义自适应滤波器的类型。作为一种通用策略，自适应滤波器力求使误差信号 $e[n]$ 产生的均方误差（MSE）最小化。在 LMS 方法中，避免了真实 MSE（一种非凡的计算）的计算。LMS 算法使用简化假设，即瞬时误差信号的平方 $e^2[n]$ 可以用作真实 MSE 的"足够接近"的替代。

为了优化滤波器系数，可应用梯度下降技术，并且最小化的标准仅为 $e^2[n]$。计算 $e^2[n]$ 的梯度很简单（例如参见文献[79]），使用具有用户定义的收敛因子 $\mu$ 的梯度的最终结果将产生更新规则

$$w[n+1]=w[n]+2\mu e[n]r[n] \qquad (14.2)$$

其中 $w[n]$ 表示 FIR 滤波器系数的当前集合，$w[n+1]$ 表示下一个（更新的）FIR 滤波器系数集合，$r[n]$ 表示"填充"FIR 滤波器的 $r[n]$ 的所有当前和延迟值的集合，粗体字母表示向量。该方程也称为 Widrow-Hoff LMS 方法。注意，$w[n]$、$w[n+1]$ 和 $r[n]$ 都是相同长度的向量，由设计者选择 FIR 滤波器的阶数决定（回想一下滤波器长度比滤波器阶数大 1）。一些作者选择编写公式（14.2），使得等号右边第二项中的

数字 2 被吸收到 $\mu$ 的值中。

收敛因子 $\mu$ 的值也由用户设置,通常在 $0<\mu<1$ 的范围内。较大的 $\mu$ 值将导致每次更新产生更大的"跳跃",这可以允许更快的收敛,但也带来了超过所需系数的危险。已经表明,如果 $0<\mu<1/p$,那么 LMS 更新算法将收敛并且保持稳定,其中 $p$ 表示 $r[n]$ 的自相关矩阵的最大特征值(参见文献[84])。

大多数自适应滤波器的实现在每个采样时刻更新系数,因此前面章节中讨论的逐个样本处理适用于此处。即使在最佳的情况下,自适应滤波器也将进行多次更新以找到最佳(即根据 MSE 标准的最佳)系数集来解决该问题。当首次激活一个自适应滤波器时,人们经常可以检测到开始时滤波器的性能不佳,但随后"计算出"工作良好的系数集并且性能可以非常好。只要噪声源或路径差异的影响变化不是太快,LMS 自适应滤波器就可以"跟上"它;否则,可能需要更复杂的自适应滤波器方法,例如 RLS。

通过对构成自适应滤波器基础的理论的简要介绍,我们已准备好使用 LMS 方法来实现自己的自适应噪声消除例子。

## 14.2　winDSK8 演示

winDSK8 程序没有提供自适应滤波器的例子。

## 14.3　MATLAB 实现

作为使用 MATLAB 的自适应噪声消除的一个例子,我们首先以 ＊.wav 格式录制了一个未压缩的单声道语音信号(TBW 的语音),持续时间为 22.272 s,每个样本 16 b,并且采样频率为 $F_s=48$ kHz。然后,我们使用 MATLAB 通信系统工具箱(Communications System Toolbox)中的 chirp 命令生成与语音信号具有相同持续时间的 chirp 信号,用作干扰噪声[①]。具体来说,我们生成了一个从 1 kHz 开始并以 5 kHz 结束的正弦性向上的 chirp 信号,带有线性扫描。因此,干扰信号的频率不断地变化,自适应滤波器必须不断地变化以适应噪声。

为了让那些无法访问通信系统工具箱的读者能够使用 MATLAB 代码,我们将 chirp 信号存储在 chirpSignal.mat 文件中。我们还提供了 M 文件的另一个替代版本,它确实使用了通信系统工具箱,为读者提供了灵活性。

chirp 信号被添加到语音信号上(但是以相反的顺序)。请注意,从语音中简单地减去 chirp 是不起作用的,自适应滤波器是必要的。我们实现了类似于理论部分中描述的 LMS 自适应滤波器,以与实时中断服务例程(ISR)类似的方式来设置。清

---

① 一个 chirp 信号是频率随时间变化(或扫动)的信号。

单 14.1 显示了实现用于噪声消除的 LMS 自适应滤波器的 MATLAB 仿真的 M 文件的摘录。

清单 14.1：LMS 自适应滤波器的一个 MATLAB 仿真

```matlab
1    % % Declarations and adaptive filter preparation
     clear ;
3    N = 20;   % number of adaptive filter coefficents (order is N - 1)
     mu = 0.01;   % convergence factor
5
     % load the chirp signal and read in the recorded voice signal
7    load ('chirpSignal.mat');   % the chirp noise data array
     [voice, Fs] = audioread ('voiceRecording.wav');
9    voice = voice';   % convert the column to a row

11   M = length (voice);   % number of samples to be simulated
     r(2: N) = noise (N - 1: - 1:1);   % create noise array, flipped around
13   w = zeros (1, N);   % initialize the adaptive filter coefficents

15   xStorage = voice + noise;   % create the signal plus noise
     xStorage = xStorage/max (abs (xStorage));   % normalize xStorage
17   yStorage = zeros (1, M);   % array for filtered noise
     eStorage = zeros (1, M);   % array for the "cleaned up" signal
19
     % % Algorithm for the adaptive filtering
21   for j = N: M
         % % % % ISR simulation starts here: input the two channels
23       r(1) = noise(j);   % interference (correlated noise)
         x = xStorage(j);   % voice + interference
25
         % adaptively filter the interference signal
27       y = 0;
         for i = 0: N - 1
29           y = y + w(i + 1) * r(N - i);
         end
31
         % error signal is the filtered voice output
33       e = x - y;
35       % Widrow-Hoff LMS algorithm: update the coefficients
         for i = 1: N
37           w(i) = w(i) + 2 * mu * e * (N - i + 1);
```

```
       end
39
       % prepare the r array for the next input sample
41     for i = N: -1: 2
         r(i) = r(i-1);
43     end
          % % % % the ISR simulation ends here
45
       % storage for post simulation use
47     yStorage (j) = y;
       eStorage(j) = e;
49 end
```

清单 14.1 解释如下:

① (第 3 行):声明滤波器系数的数量,这比滤波器阶数少 1。

② (第 4 行):收敛因子 $\mu$。此值始终介于 0 和 1 之间。一旦算法正常工作,调整第 3 行和第 4 行中声明的变量是调整您的系统性能的主要方法。

③ (第 7 行):加载包含 chirp 信号的可变噪声。

④ (第 8 行):从提供的 WAV 文件中加载语音信号。

⑤ (第 9 行):MATLAB 将 WAV 文件作为列读入工作区中。单声道信号将有单一列,而立体声信号将有两列。此命令将列转换为数组(行)。

⑥ (第 11 行):确定要仿真的项数。

⑦ (第 12 行):使用相关噪声(chirp 的逆顺序)及其初始值预加载 r 数组。

⑧ (第 13 行):声明并用全零初始化 FIR 滤波器系数的数组。

⑨ (第 15 行):通过添加噪声(chirp)来创建损坏的信号。

⑩ (第 16 行):归·化损坏的信号(幅度为 1)。

⑪ (第 17、18 行):创建数组以在每个仿真 ISR 调用结束时存储 y 和 e 的值。这些值会对以后的分析或绘图有用。

⑫ (第 21 行):开始执行一个循环,通过每个输入值单步执行仿真 ISR。

⑬ (第 23、24 行):通过读取立体声麦克风(仅限 LCDK)或立体声线路输入(所有三块电路板上都有)的左右通道值,仿真 ISR 的开始。

⑭ (第 27~30 行):实现 FIR 滤波器(即 w 与 r 卷积)。

⑮ (第 33 行):从损坏的信号中减去估计的噪声,得到无噪声信号的当前最佳估计。

⑯ (第 36~38 行):实现 Widrow-Hoff LMS 算法。这会更新自适应滤波器系数。

⑰ (第 41~43 行):通过将先前的值移动一个样本,为下一个样本准备 r 数组(相关噪声的先前输入值的内存)。这是线性存储器模型的**暴力**实现。通过实现循环

存储器模型可以节省资源(参见第 3 章)。

⑱ (第 44 行)：每次被仿真的 ISR"被调用"时,第 23 行和第 43 行之间的所有代码都将被执行。这段代码应该与实时 DSP 硬件将要实现的实际 ISR 几乎相同。

⑲ (第 47、48 行)：存储 $y$ 和 $e$ 的最新值到第 17 行和第 18 行创建的数组中。实时变量的存储允许后续分析和绘图,以便更好地了解仿真系统的性能。

在 MATLAB 中运行这个 M 文件时,将创建两个图来说明自适应滤波器的操作。创建的第二个图显示了相互叠加绘制的原始的和恢复后的语音,如图 14.2 所示。您可以从图中看到(并听到,当运行 M 文件时),过滤器最初会耗费一些样本以很好地适应噪声。

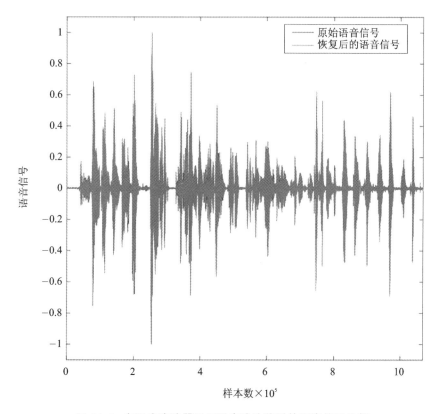

图 14.2：自适应滤波器用于噪声消除前后的语音信号比较

# 14.4  使用 C 语言的 DSK 实现

为了实现实时的自适应噪声消除滤波器,请将 MATLAB 程序转换为 C 语言,希望读者现在已能适应这一过程了。ISR 中最相关的部分如清单 14.2 所示。

清单 14.2: 自适应滤波器项目 C 语言代码的一部分

```
1   /*  add your code starting here  */

3   // read in the two channels of data
    r[0] = scaleFactor * CodecDataIn. Channel [LEFT];   // noise
5   x = scaleFactor * CodecDataIn. Channel [RIGHT];   // noisy voice
    // use watch window to reset the filter by changing "reset" to 1
7   if (reset == 1) {
        for (i = 0; i <= N; i++) {
9           w [i] = 0;
        }
11      reset = 0;
    }

13

    // adaptively filter the interference signal
15  y = 0;
    for (i = 0; i <= N; i++) {
17      y += w[i] * r[N - i];
    }

19

    // error signal is the filtered voice output
21  e = x - y;

23  // Widrow-Hoff LMS algorithm: update the coefficients
    for (i = 0; i <= N; i++) {
25      w[i]  += 2 * mu * e * r[N - i];
    }

27

    // prepare the r array for the next input sample
29  for (i = N; i > 0; i--){
        r [i] = r [i - 1];
31  }

33  // scale the denoised signal for output
    CodecDataOut. Channel[LEFT] = 32000 * e;
35  CodecDataOut. Channel[RIGHT] = 32000 * e;

37  /*  end your code here  */
```

我们认为这是一个绝佳的机会,让读者练习将清单 14.1 中的 MATLAB 代码与清单 14.2 中的 C 语言代码进行比较,而不是提供这段代码的逐行解释。MATLAB

和 C 语言代码的相似性应该使得这是一个容易的练习。请注意，使用监视窗口即时"重置"滤波器系数的方法（参见第 6～12 行）在 MATLAB 代码中没有完全相对应的方法。这种重置方法主要是为了测试算法时的便利，而不会用在生产级的实时代码中。

清单 14.2 中的代码包含在第 14 章的 ccs 子目录中的 ISRsAF.c 文件中。通过检查此文件中的代码，应该清楚：输入是作为干扰（相关噪声）提供给立体声编解码器的，被发送到左通道，嘈杂的声音被发送到右通道，滤波后的语音在左右通道上输出。

第 14 章的 ccs 子目录还包含两个音频 WAV 文件。chirp_noise.wav 文件用作 MATLAB 仿真中的干扰噪声的 chirp 信号的副本，AFtestSignal.wav 文件是添加了干扰噪声的语音信号，正如 MATLAB 仿真中所使用的那样。这两个文件主要是作为一个例子提供的，没必要播放为实时自适应滤波器的输入。实时自适应滤波器用于实时的输入，而不是预先录制好的输入。

# 14.5　后继挑战

考虑扩展您所学的知识：

① 尝试改变收敛因子 $\mu$。

② 尝试改变 FIR 滤波器的阶数。

③ 对于自适应滤波器的给定实现，使用变化越来越快的噪声源，直到滤波器不能再"跟上"它。

④ 实现归一化的 LMS（即 NLMS）自适应滤波器，并与普通的 LMS 实现进行比较。在 NLMS 方法中，方程（14.2）稍微修改为

$$w[n+1] = w[n] + 2\mu e[n]\frac{r[n]}{\|r[n]\|^2}$$

其中 $\|\cdot\|$ 代表归一化操作。经常用于 NLMS 方法的变体是

$$w[n+1] = w[n] + 2\mu e[n]\frac{r[n]}{\alpha + \|r[n]\|^2}$$

其中 $\alpha$ 是某个很小的值，以避免当 $\|r[n]\|^2 \approx 0$ 时出现的问题。如前所述，对于这些方程，一些作者更喜欢将 2 吸收到 $\mu$ 中。

# 第 15 章

## 项目 6：AM 发射器

## 15.1 理 论

最简单的调制方案之一是振幅调制,通常缩写为 AM。美国的商业 AM 广播电台使用一种称为双边带大载波(DSB-LC)的 AM 版本,有时也称为带载波的双边带(DSB-WC)。关于调幅信号的一般理论背景请参见文献[64,85],关于 AM 通信的更多针对 DSP 的背景请参见文献[86-87]。

几十年来,商业 AM 无线电广播几乎可以在美国销售的任何消费类收音机上接收到。占据 $550\sim1\,600$ kHz 频段的大多数美国商业 AM 无线电台主要用于公共服务、新闻、谈话广播和体育报道,但仅限于有限的音乐广播。大多数音乐节目都转向了更抗噪声(和高保真)的立体声频率调制(FM)系统,它位于 $88\sim108$ MHz 的频段中。这并不意味着广播 AM 不再重要! 事实上,AM 系统仍然在世界各地使用。此外,AM 提供了一种易于理解的调制方案,可以被认为是当今许多更复杂的调制方案的起点。

有几种方法可以产生 AM(DSB-LC)。一种特别容易解释的方法使用两个步骤:

① 通过添加 DC 偏置信号 $B$ 来偏移消息信号 $m(t)$;

② 将偏移消息信号$[B+m(t)]$乘以某个更高频率的正弦载波信号。

这个过程如图 15.1 所示。为了在数学上表达该过程,AM 信号方程可以写为

$$s(t) = A_c[B + m(t)]\cos(2\pi f_c t), \tag{15.1}$$

其中 $A_c$ 是载波幅度,$f_c$ 是载波频率,$t$ 代表时间。

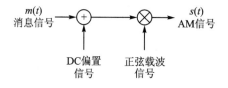

**图 15.1：AM 生成的框图**

对于使用包络检测技术的无失真消息恢复（见第 16 章），项 $B+m(t)$ 必须保持大于零，这可以通过调整偏置信号值或消息幅度来实现。图 15.2 显示了 100 ms 的语音信号。图 15.3 显示了添加来自图 15.2 的语音信号和 5 mV 偏置的结果。在图 15.3 中，很明显语音信号加上 5 mV 并不总是保持正值，消息振幅需要降低或偏差值需要增加；否则，如果要将包络检波器用于消息恢复，则将导致失真。图 15.4 显示了添加来自图 15.2 中的语音信号和 20 mV 偏置的结果，很明显，语音信号加偏置现在在所示的时间段内保持为正。

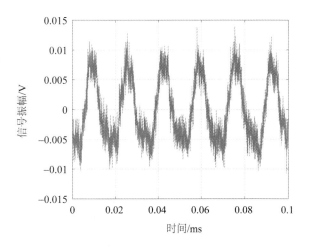

**图 15.2：100 ms 语音数据图**

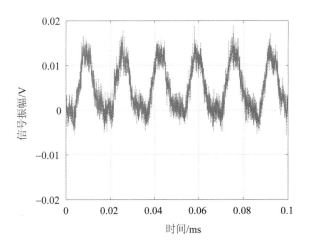

**图 15.3：添加 5 mV 偏置的 100 ms 语音数据图**

AM 生成过程的最后一步是将正确偏置的消息信号乘以正弦信号（称为**载波**），如图 15.5 所示。乘法是逐点操作，因此必须使用 MATLAB® 运算符"."。

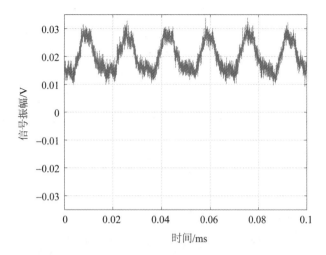

图 15.4：添加 20 mV 偏置的 100 ms 语音数据图

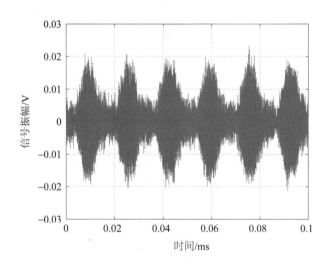

图 15.5：语音信号调制(DSB-LC)一个 12 kHz 载波

# 15.2 winDSK 演示

winDSK8 程序没有提供对应的功能。

# 15.3 MATLAB 实现

AM 生成过程的 MATLAB 仿真输出如图 15.6 所示。

仿真输入、计算项和仿真输出如下：

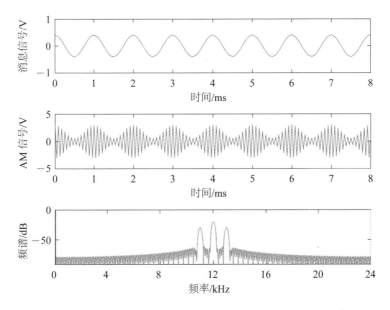

**图 15.6：正弦信号调制（DSB-LC）一个 12 kHz 载波**

- 仿真输入：
  - 仿真或采样频率；
  - 消息频率和振幅；
  - 偏置水平；
  - 载波频率和振幅；
  - 仿真持续时间。
- 计算项：
  - 消息值（我们正在计算或仿真的消息）；
  - 载波价值；
  - AM 信号值。
- 仿真输出：
  - 消息信号和 AM 调制信号的图；
  - AM 调制信号的估计功率谱幅度的图。

图 15.6 分为 3 个子图。子图 1(顶部)绘制了时域中的消息信号(1 000 Hz 正弦波，振幅为 0.5 V)。子图 2(中间)绘制时域中的 AM 波形。注意消息波形如何定义 AM 信号的包络。还要注意载波看起来像三角波。当使用 48 kHz 采样频率仿真 12 kHz 正弦波时，每个载波周期仅存在 4 个样本。对于单位振幅余弦函数，没有任何相移，每个周期所产生的载波值为 1、0、−1 和 0。对于单位振幅正弦函数，没有任何相移，每个周期所产生的载波值为 0、1、0 和 −1。在任何一种情况下，这些值都绘制为三角波，这在 DSP 系统中不是问题，因为 DAC 包含重建(低通)滤波器。该滤波

器将去除高频分量,仅通过基频,此过程将三角波转换回 12 kHz 的正弦波。

子图 3(底部)绘制了 AM 信号的功率谱密度(PSD)估计的幅度。有关频谱估计的补充细节可以在第 9 章找到。创建该图的 M 文件称为 AM_SignalGeneratorAndPlotter. m,它可以在第 15 章的 matlab 目录中找到。代码清单如下:

### 清单 15.1: AM (DSB-LC)生成的 MATLAB 例子

```
1   %
    %    Generates an AM modulation figure that has 3 subplots:
3   %
    %    1 - message signal (time domain)
5   %    2 - AM signal (time domain)
    %    3 - PSD estimate of the AM signal
7   %


9   %    Simulation inputs
    Fs = 48000;              % sample frequency
11  Fmsg = 1000;             % message frequency
    Amsg = 0.4;              % message amplitude
13  bias = 0.6;              % bias (offset)
    Fc = 12000;              % carrier frequency
15  Ac = 3;                  % carrier amplitude
    duration = 0.008;        % duration of the signal in seconds
17  Nfft = 2048;             % number of points used for PSD frames

19  myFontSize = 12;         % font size for the plot labels


21  %    Calculated terms
    NumberOfPoints = round (duration * Fs);
23  t = (0:(NumberOfPoints - 1))/Fs;              % establish time vector
    message = Amsg * cos (2 * pi * Fmsg * t);      % create message signal
25  carrier = cos (2 * pi * Fc * t);              % create carrier signal
    AM_msg = Ac * (bias + message) .* carrier;    % create AM waveform

27

    %    Simulation outputs
29  subplot (3,1,1)
    set (gca , 'FontSize', myFontSize)
31  plot (t * 1000, message)
    xlabel ('time (ms)')
33  ylabel ('message (V)')
    axis ([0 8 -1 1])

35
```

```
     subplot (3, 1, 2)
37   set (gca , 'FontSize', myFontSize)
     plot (t * 1000, AM_msg)
39   xlabel ('time (ms)')
     ylabel ('AM signal (V)')
41
     subplot (3,1,3)
43   set (gca , 'FontSize', myFontSize)
     [Pam, frequency] = pwelch(AM_msg, length (message), 0, Nfft, Fs, 'psd');
45   plot (frequency /1000, 10 * log10 (Pam))
     xlabel ('frequency (kHz)')
47   ylabel ('spectrum (dB)')
     set (gca , 'XTick', [0 4 8 12 16 20 2 4])
49   set (gca , 'XTickLabel', [0 4 8 12 16 20 2 4])
     axis ([0 24 − 50 0])
51
     print − deps2 AM_SignalPlot          % save eps file of figure
```

# 15.4  使用 C 语言的 DSK 实现

当您理解了 MATLAB 代码后，将概念翻译成 C 语言是相当简单的。对于 MATLAB 仿真，我们列出了仿真输入、计算项和仿真输出。虽然这些概念与 DSK 的代码类似，但名称会被修改。对于 DSK，我们将使用术语"声明"和"算法过程"。然而，我们将需要对 MATLAB 思考过程进行一些修改：

- DSP 必须实时处理来自 ADC 的数据。因此，在开始算法处理之前，我们不能等待所有消息样本被接收。

- 实时 DSP 本质上是一个中断驱动的过程，输入样本只能使用中断服务例程（ISR）进行处理。鉴于这一观察结果，DSP 程序员有责任确保满足与周期性采样相关的时间要求。另外，请记住，输入和输出 ISR 都是异步的。除非您用适当的接收和传输 ISR 对 DSP 进行编程，否则任何东西都不会进出您的 DSP 硬件。

- ADC 和 DAC 的数字部分本质上都是**整数**。无论 ADC 的输入范围是多少，模拟输入电压都会映射到整数值。对于使用二进制补码表示的 16 位转换器，可能的值范围为＋32 767～−32 768。由于−32 768 是 DSP 可以接收的信号的最大负值，因此偏置电平必须不超过＋32 768 以防止接收器处的包络失真。您始终可以使偏置值大于＋32 768，以探索其对 AM 信号生成的影响。

鉴于这些考虑因素，程序分为以下几个部分：

- 声明：
  - 偏置水平；
  - 载波频率。
- 算法过程：
  - 从 ADC 读入一个消息样本；
  - 计算下一个载波值；
  - 计算 AM 信号值；
  - 缩放 DAC 的 AM 信号值；
  - 将 AM 信号值写入 DAC。

请参阅在第 15 章 ccs\AmTx 目录中与此项目相关的文件。我们提供了此项目的两个实现，一个直接方法(使用 ISRs. c 文件)和一个更有效的方法(使用 ISR_Table. c 文件)。请选择这两个文件中的一个(而且仅一个)包含到您的 CCS 项目中。如果您正在使用 ISR_Table. c，则修改 StartUp. c，以确保对 FillSineTable()的函数调用未被注释掉。

如果我们直接实现 AM 生成方程 $s(t) = A_c[B + m(t)]\cos(2\pi f_c t)$ 而不考虑 DAC 所需的比例，则可能会超出允许范围。我们必须假设输入数据可以使用完整的 ADC 范围，因此 CodecData 也是如此。Channel[LEFT]的范围可以从 $-32\ 768 \sim +32\ 767$，因此 bias 必须至少为 $+32\ 768$，以防止组合项 bias＋CodecData. Channel[LEFT]可能变为负数。请记住，这个组合项不能是负数，否则，在使用包络检波器时接收器的输出端会发生消息失真。如果 bias 设置为此最小值 $+32\ 768$，则 bias＋CodecData. Channel[LEFT]的最大值将为 $32\ 768 + 32\ 767 = 65\ 535$。我们将为载波生成的正弦幅度为 $|\sin(\cdot)| \leqslant 1$，所以这意味着需要 0.5 的比例因子来防止 AM 值超过 DAC 的允许范围[①]。使用这种方法我们失去的唯一灵活性是，在不同时改变 0.5 比例因子时，我们不再能够自由地增加"偏置"值 bias。因此，AM 生成方程可以使用下面清单中所示的代码来实现。请注意该清单及后继清单中由于页面边距而导致的换行。

**清单 15.2：DSB-LC AM 的缩放实现的 C 语言代码**

```
CodecDataOut. Channel[LEFT] = (float )0.5 * (bias + CodecDataIn. Channel [
  [ + ]LEFT]) * sinf(phase);
```

在对该代码进行分析之后，很明显发射器的 ISR 仍然是 DSP 计算资源的主要用户，这是由函数 sinf 引起的，虽然看起来很容易计算，但它是对一个在头文件 math. h 中原型化的相对"昂贵的"(在计算方面)例程的调用。如第 5 章所述，存在数不清的产生正弦曲线的技术。以下代码将这些概念结合起来用于 AM 信号生成。对 StartUp. c

---

① 由于除法在计算上比乘法更"昂贵"，因此我们乘以 0.5 而不是除以 2。

的唯一更改是取消对 FillSineTable() 进行函数调用的行的注释，本版本的项目将使用文件 ISR_Table.c 中包含的中断服务例程。

填充数组 SineTable 后，接下来显示的代码行将从查找表中提取非插值的正弦函数值。

清单 15.3：从查找表中提取正弦函数值的 C 语言代码

```
1    sine = SineTable[(Int32)(index/GetSampleFreq() * NumTableEntries)];
```

与 AM 波形生成和缩放的最终计算相关的代码如下。

清单 15.4：使用正弦表查找的、对 DSB-LC AM 的缩放实现的 C 语言代码

```
1    CodecDataOut.Channel[LEFT] = (float) 0.5 * (bias + CodecDataIn.Channel[
       [ + ]LEFT]) * sine;
```

对使用新的载波生成算法的代码进行分析后发现，该代码揭示了发射器的 ISR 所使用的计算资源大约减少了 80%。

# 15.5 后继挑战

考虑扩展您所学的知识：

① 即使使用了两个输出通道，RIGHT 通道数据也只是 LEFT 通道数据的副本。请研究如何使用 DSB-LC 传输立体声信息。

② 由于即使调制指数大于 1 的瞬时传输也会导致使用包络检波器的接收器失真，您如何防止这种情况发生？

③ 从实际角度来看，如果用于调制载波的消息信号的基带带宽超过载波频率，则会出现混叠。设计并实现一种系统，在调制载波信号**之前**对消息信号进行数字化频带限制（LP 滤波）。

④ 将偏置项设置为大于 +32 768 的值有什么意义？

⑤ 您如何实现单边带（SSB）AM 发射器？

⑥ 现在您已理解 AM 发射器，请考虑实现一个频率调制（FM）发射器。在这种情况下，输入信号改变载波的频率，而不是改变载波的幅度。有关 FM 的讨论，请参阅任何优秀的通信教材。

# 第 **16** 章

# 项目 7：AM 接收器

## 16.1 理 论

　　振幅调制（AM）是一种非常流行的调制方案。正如我们在第 15 章中讨论的，AM 信号在载波信号的包络中进行传输。载波频率 $f_c=550$ kHz、消息频率 $f_{msg}=5$ kHz、调制指数 $\mu=0.8$ 的一个 AM 信号如图 16.1 所示。在这个图中，信号的包络显然是正弦的。计算包络变化表明，信号包络在 1 ms 的显示时间内经历了 5 个周期。现在可以验证消息频率为 $f_{msg}=5/0.001=5$（kHz）。由于载波在图中显示为实体阴影，因此不重新缩放绘图就无法精准确定其准确频率。实际上，载波频率是 $f=550$ kHz，这意味着该 AM 信号具有 $550\,000/5\,000=110$（Hz/周期），也就是说，对于消息的每个周期，都会出现 110 个载波周期。这代表了美国商用 AM 检波的最坏情况比率，因为其最小授权载波频率为 550 kHz，最大允许的消息频率为 5 kHz。我们正在讨论本质上是正弦的消息。我们将使用这些正弦音调作为示例消息来说明许多不同之处。在实际的无线电系统中，消息将更加复杂，而且通常会以一个以上的频率出现。在讨论 AM 系统时，通常将最大的消息频率视为消息的带宽。

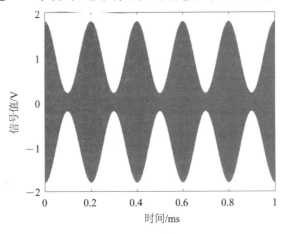

$(f_c=550$ kHz, $f_{msg}=5$ kHz, $\mu=0.8)$

**图 16.1：一个在时域中显示的 AM 信号**

在图 16.1 的时域中显示的 AM 信号也显示在频域中，如图 16.2 所示。在该图中从左到右显示的是下边带（LSB）、载波频率和上边带（USB）。LSB 出现在 $f_c - f_{msg} = 545$ kHz 处，载波频率在 $f_c = 550$ kHz 处，USB 出现在 $f_c + f_{msg} = 555$ kHz 处。从理论上讲，这些谱分量应该作为 $\delta$（delta）函数出现（没有宽度的谱线）；然而，这个图是使用 MATLAB 的 pwelch 函数[①]（该函数使用了一个 Blackman-Harris 开窗函数）创建的。如第 9 章所述，使用中的开窗函数的频谱与**实际**频谱进行卷积，这就是为何谱分量显示为"驼峰"而不是 $\delta$（delta）函数的原因。

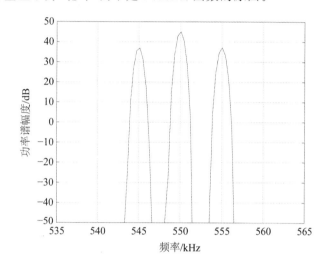

（$f_c = 550$ kHz，$f_{msg} = 5$ kHz，$\mu = 0.8$。这些是信号中仅有的三个频率分量）

**图 16.2：一个在频域中显示的 AM 信号**

## 16.1.1 包络检波器

最便宜的 AM 解调技术之一是采用包络检波器（envelope detector）。传统的、基于电路的包络检波器的实现是利用二极管和模拟低通（LP）滤波器来解调 AM 信号。二极管半波对输入信号整流，也就是说，它使 AM 信号的正半部分或 AM 信号的负半部分通过，这取决于二极管在电路中的连接方式。模拟 LP 滤波器从 AM 信号的包络中提取相对低频的信息。半波整流的效果可以在图 16.3（时域）和图 16.4（频域）中看到，其中理想的二极管被认为是仅能通过 AM 信号的正半部分。二极管的非线性行为导致其他频率分量出现在信号中，如图 16.4 所示。

图的比例使得很难区分 LSB、载波和 USB 各自的线条，图上的每个"尖峰"实际上是多条线的。但我们可以清楚地看到一些靠近 DC（0 Hz）的分量，基频分量（以 $f_c = 550$ kHz 为中心）、二次谐波分量（以 $2f_c = 2 \times 550$ kHz = 1 100 kHz 为中心），以

---

① MathWorks 建议现在使用 pwelch 函数，而不是旧的 psd 函数。

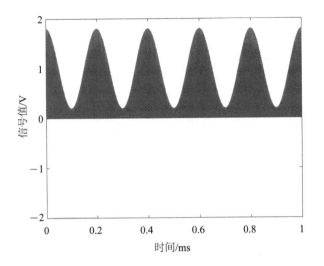

图 16.3：一个在时域中显示的半波整流 AM 信号

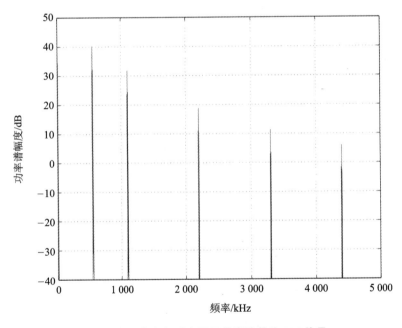

图 16.4：一个在频域中显示的半波整流 AM 信号

及其他偶次谐波分量(以 $nf_c = n \times 550$ kHz 为中心,$n = 4,6,8$)。偶数次的谐波实际上是永远持续下去的,超过图中 $n = 10,12,14,\cdots$ 的极限,但是谐波的振幅随着频率的增加而接近于零。图 16.5 放大了图 16.4 中较低的 600 kHz 部分,请仔细看并观察图 16.5 中的 5 个单独谱分量,这些单独的谱分量出现在如下 5 个频率处:

① DC 直流,在 $f_{DC} = 0$ Hz 处;

② 信息,在 $f_{\text{msg}} = 5$ kHz 处;

③ 下边带(LSB),在 $f_c - f_{\text{msg}} = 545$ kHz 处;

④ 载波,在 $f_c = 550$ kHz 处;

⑤ 上边带(USB),在 $f_c + f_{\text{msg}} = 555$ kHz 处。

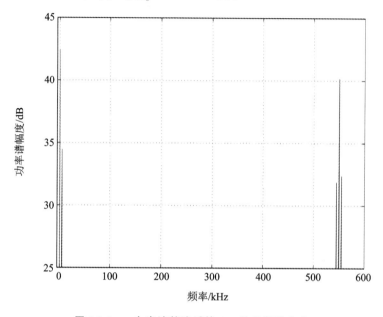

**图 16.5：一个半波整流后的 AM 信号频谱内容**

在上面列出的谱分量中,第②项是我们的消息,它可以通过 LP 滤波器从图 16.4 所示的频谱中提取出来。该滤波器需要通过 $f_{\text{msg}}$ 项,同时在 LSB、$f_c$ 和 USB 频率 (以及所有高次谐波)处提供显著衰减。根据这些 LP 滤波器的要求得到设计方程

$$\text{BW} \ll \frac{1}{\tau} \ll f_c - \text{BW}。$$

在这个方程中,BW 是消息信号的带宽(以 Hz 为单位),$\tau$ 是 LP 滤波器的时间常量 (以 s 为单位),$f_c$ 是 AM 信号的载波频率(以 Hz 为单位)。在大多数射频(RF)系统 中,BW$\ll f_c$,因此设计方程通常近似为

$$\text{BW} \ll \frac{1}{\tau} \ll f_c。$$

继续我们的 $f_{\text{msg}} = 5$ kHz 和 $f_c = 550$ kHz 的例子需要

$$5 \text{ kHz} \ll \frac{1}{\tau} \ll 550 \text{ kHz}。$$

设 $\frac{1}{\tau} \approx 120$ kHz 可轻松满足不等式,并允许直接 AM 检波/解调。图 16.6 显示 了此 LP 滤波器在**时域**中的效果。该图显示了图 16.3 特别放大的部分(仅显示顶部 峰值),三个不同 LP 滤波器的放电特性叠加在载波波形上。期望的效果是 LP 滤波

器通过连接半波整流 AM 信号的峰值来提取消息频率。放电过快和过慢的滤波器的例子也在图中示出。设置 $\frac{1}{\tau} \approx 120$ kHz 被认为是"大约正确的",因为它在滤波器放电过程中几乎是完全"连接"峰值。正如我们将在下面看到的那样,这实际上可能不是最佳选择。在所有情况下,模拟滤波器的放电率由时间常数 $\tau$ 控制。对于简单的一阶 RC LP 滤波器,如图 4.1 所示,时间常数为 $\tau = RC$。

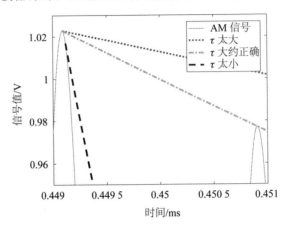

**图 16.6:不同 LP 滤波器对包络恢复的效果**

前面的图演示了使用包络检波器的最坏情况,其中载波处于(由 FCC)允许的最低频率值,并且消息处于允许的最高频率。这是最糟糕的情况,因为峰值的相对位置(在时域中)在一个方向上驱动我们的 LP 滤波器响应,而我们想要保留的分量与我们想要去除的分量之间的分隔(在频域中)在相反的方向上驱动我们的 LP 滤波器响应。在图 16.6 中,$\frac{1}{\tau} \approx 120$ kHz 滤波器的放电特性看起来满足了我们的需求。然而,如果我们查看频域中的滤波器响应,这种选择看起来并不那么好。这可以在图 16.7 中看到,其中似乎满足我们在时域中需要的 LP 滤波器,在载波频率 $f_c$ 下提供小于 30 dB 的衰减。如前所述,所需要的是通过 $f_{msg}$ 并**显著**衰减 $f_c$ 的滤波器。从图 16.7 可以清楚了解到,我们需要更高性能(即更高阶)的滤波器。

即使在设计了一个可接受的包络恢复(Envelope Recovery,LP)滤波器之后,在 0 Hz(DC)处还有最后一个不需要的谱分量需要被去除。在一个模拟实现中,这可以通过一个单一的 DC 阻塞电容器来实现。

在进行了所有这些观测之后,**实际的** AM 无线电通常在包络检波器之前使用一个频率选择的中频(IF)级,这种类型的系统被称为"超外差接收机(superheterodyne receiver)",或者简单地称为"超外差式收音机(superhet)"。基于中频的系统提供了显著的端到端增益,而不存在放大器不稳定/振荡,并且能够更好地将所需频率通道与任何相邻通道隔离。更好的通道隔离是通过使用高性能中频(IF)滤波器来实现

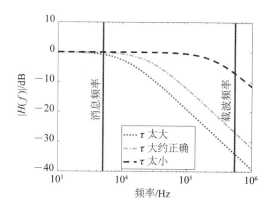

**图 16.7：从频域看用于包络恢复的 LP 滤波器的有效性**

的,该滤波器允许使用低性能(即没那么贵的)射频(RF)和音频滤波器。

关于包络检波器的 LP 滤波器重要性的讨论有必要证明:虽然这种技术在商业 AM 无线电信号恢复中非常有效,但在我们基于 DSK 的 AM 系统上,如果没有严重失真,它可能无法工作,我们将其限制为音频载波频率以允许使用音频编解码器。从图 16.8 中可以推断出这种潜在的滤波问题,其中 5 kHz 的消息由 12 kHz 的载波进行 AM 调制。由于载波在频率上不再比消息频率高很多(商用的 AM 载波比消息高 100 倍以上),因此在图中没有显示"消息+直流(message+DC)"这一项的情况下,很难在该音频波形中看到消息包络。尽管出现了这种时域波形,但仍然可以使用高性能的 LP 滤波器提取消息信号。这可以通过图 16.9 得到确认,其中应该清楚,如果 LP 滤波器通过了 5 kHz 的消息,并且如果通带在 5 kHz 以上立即急剧下降,则"消息+直流"项可以不失真地从其他频率分量中恢复。

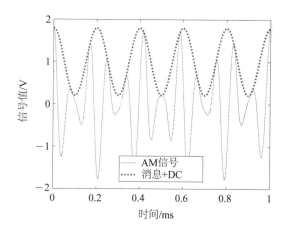

**图 16.8：AM 波形($f_{msg}=5$ kHz,$f_c=12$ kHz)**

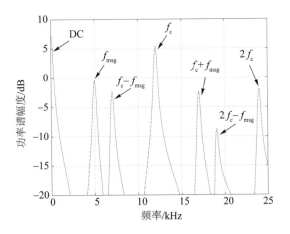

图 16.9：AM 频谱($f_{msg}=5$ kHz, $f_c=12$ kHz)

我们必须非常小心地为音频载波 AM 系统选择频率。我们将载波频率设置为 $f_c=12$ kHz 载波(当 $F_s=48$ kHz 时的编解码器的无别名频率响应限制的中心),以便为上下边带留出"空间"。但是,如果将消息频率增加得太多(即 $f_{msg} \geqslant 6$ kHz),则包络检波器将无法正确地恢复消息。在 $f_{msg} \geqslant 6$ kHz 时,时域波形变得几乎不可理解,并且与半波整流器输出相关的谱分量在使用传统的 LP 滤波器方法时变得不可分割。这些概念见图 16.10 和图 16.11。虽然这个问题有许多已知的解决方案,但在本章的其余部分中,重点将放在基于希尔伯特(Hilbert)的 AM 接收器上。

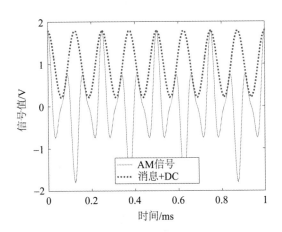

图 16.10：AM 波形($f_{msg}=8$ kHz, $f_c=12$ kHz)

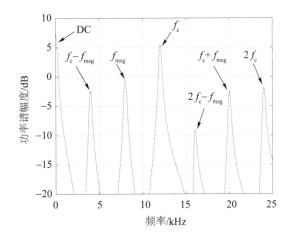

图 16.11：AM 频谱（$f_{msg}=8$ kHz，$f_c=12$ kHz）

## 16.1.2 基于希尔伯特（Hilbert）的 AM 接收器

希尔伯特的 AM 接收器使用以下公式从接收的信号中提取实际包络[86]：

$$r(t)=\sqrt{s^2(t)+\hat{s}^2(t)}。$$

在这个方程中，$r(t)$ 是 AM 信号的真实包络。包络可以表示为 $r(t)=m(t)+\text{DC}$，其中 $m(t)$ 是消息信号，"DC"表示在 AM 发送器上添加的偏置，以保持 $m(t)+\text{DC}>0$。此外，$s(t)$ 是接收到的 AM 信号，$\hat{s}(t)$ 是 $s(t)$ 的希尔伯特变换。一旦提取出真实的包络，就可以使用基于 IIR 的 DC 阻塞滤波器去除 DC 项。

要想创建 $\hat{s}(t)$，$s(t)$ 必须通过一个实现希尔伯特变换的系统。连续时间希尔伯特变换滤波器的冲激响应定义为

$$h(t)=\frac{1}{\pi t}$$

频率响应[87-88]定义为

$$H(j\omega)=\begin{cases} -j, & \omega>0 \\ 0, & \omega=0 \\ +j, & \omega<0 \end{cases}$$

频率响应的幅度为 1（除了恰好在 0 Hz 时为零），滤波器为正频率引入 $-90°$ 相移，为负频率引入 $+90°$ 相移。这种移相滤波器可以通过 FIR 数字滤波器或使用"FFT/移相/IFFT"操作来紧密地近似实现。在本章中，我们将使用 FIR 滤波器来近似实现希尔伯特变换。

要想在 MATLAB 中设计基于 FIR 的希尔伯特变换滤波器，我们将使用 firpm

命令①。下面显示了如何使用此命令的例子。

**清单 16.1：使用 MATLAB 设计一个希尔伯特(Hilbert)变换滤波器**

```
1  B = firpm(22,  [0.1 0.9],  [1 1], 'Hilbert');
```

在这个清单中，变量 $B$ 将存储 23 个滤波器系数，22 是滤波器阶数，0.1 和 0.9 是开始和结束的归一化频率，我们希望滤波器的幅度响应在此频率上保持不变，[1 1]代表那两个归一化频率的幅度，"Hilbert"告诉 MATLAB 设计一个希尔伯特变换滤波器。得到 $B$ 系数的火柴棍图(stem plot)如图 16.12 所示。请注意，对于希尔伯特变换滤波器，比如现在这个，由在频率尺度上对称且以 $F_s/4$ 为中心的通带指定，我们看到滤波器系数的值是每隔一个为零。该滤波器的系数关于中心点也是反对称的(即 $h[n]=-h[N-n]$)。可以利用这些特性来减轻 DSP CPU 的计算负荷②。

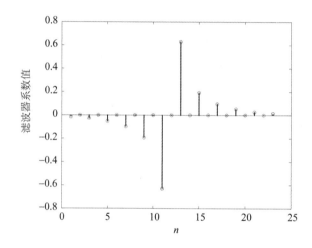

**图 16.12：与 22 阶 FIR 希尔伯特变换滤波器相关的系数的火柴棍图**

指定希尔伯特变换滤波器的设计参数在很大程度上取决于要变换的信号的特性。在图 16.13 中，显示了三个不同的递增阶数的滤波器。每个滤波器都有相同的带通(BP)滤波器规格。在给定的频率范围内，滤波器阶数越高，通带内的响应越平坦。图 16.14 显示，随着滤波器阶数的增加，滤波器的通带纹波减小，但它不会完全消失。

一个采样的(即离散时间的)系统会将真实包络提取方程中的 $s(t)$ 和 $r(t)$ 分别替换为 $s[n]$ 和 $r[n]$。与提取信号的真实包络相关的框图如图 16.15 所示。注意，为了将未滤波的信号 $s[n]$ 与滤波后的信号 $\hat{s}[n]$ "对齐"，需要通过滤波器的群延迟来

---

① MathWorks 建议现在使用 firpm 函数，而不是旧的 remez 函数。

② 任何线性相位 FIR 滤波器将呈现对称($h[n]=h[N-n]$)系数或反对称($h[n]=-h[N-n]$)系数。

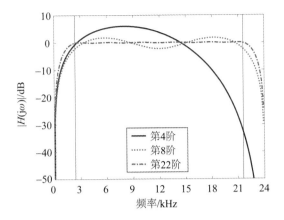

图 16.13：三个希尔伯特变换滤波器的幅度响应

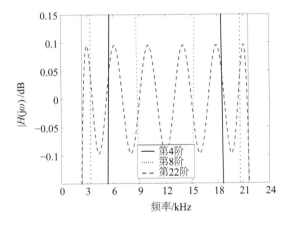

图 16.14：22 阶希尔伯特变换滤波器通带纹波的放大幅度响应

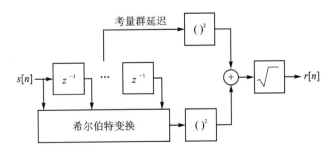

图 16.15：从 AM 信号中恢复真实包络的方法

延迟未滤波的信号。与任何线性相位 FIR 滤波器相关的群延迟,例如希尔伯特变换滤波器,都是滤波器阶数的一半。对于本例中的 22 阶滤波器,群延迟将为 11 个样本。由于该滤波器的输入值已经被存储,以用于使用直接 I 型(DF - I)技术来实现,因此我们不需要额外的输入样本缓冲来根据需要去延迟 $s[n]$。

最后,$r[n]$ 必须移除其 DC 分量,这是通过陷波滤波器实现的,其中阻带频率设置为 0 Hz。该滤波器在 $z=1$ 处的单位圆上放置零点以确定阻带的位置,并且在非常接近于该零点的实轴上放置极点(例如 $z=0.95$)以使阻带的斜率非常尖锐。该系统的转移函数是

$$H(z) = \left(\frac{1+r}{2}\right) \frac{1-z^{-1}}{1-rz^{-1}} \text{。}$$

在这个方程中,$r$ 代表极点的位置(我们以前用过 $r=0.95$ 的例子),$(1+r)/2$ 项将高频(通带)增益归一化为 1.0(0 dB)。与该系统有关的差分方程可推导如下:

$$H(z) = \frac{Y(z)}{X(z)} = \left(\frac{1+r}{2}\right) \frac{1-z^{-1}}{1-rz^{-1}}$$

$$Y(z)(1-rz^{-1}) = X(z)\left(\frac{1+r}{2}\right)(1-z^{-1})$$

$$y[n] - ry[n-1] = \left(\frac{1+r}{2}\right)(x[n] - x[n-1])$$

$$y[n] = ry[n-1] + 0.5(1+r)(x[n] - x[n-1]) \text{。}$$

我们现在有足够的信息来实现图 16.15 所示的 AM 解调器。

# 16.2　winDSK 演示

winDSK8 程序没有提供对应的功能。

# 16.3　MATLAB 实现

下面提供的 MATLAB 清单生成一个 AM 信号,设计一个希尔伯特变换滤波器,使用此滤波器恢复信号的真实包络,滤除 DC 分量,并显示原始消息和恢复消息。图 16.16 显示了这个仿真的输出。恢复消息的初始衰减响应是因与 DC 阻塞滤波器相关的启动瞬态而出现的。尽管存在这种瞬态,但在不到 10 ms 的时间内就实现了与原始消息信号的良好一致性;在那之后,解调将近乎完美。此外,信号之间非常小的延迟是因 DC 阻塞滤波器的群延迟而出现的。

不能正确考量希尔伯特变换滤波器的群延迟是一个很常见的问题,它会导致接收器失败。当考量希尔伯特变换滤波器的群延迟时,即使只有一个单样本延迟偏离,也会阻止系统正常运行。

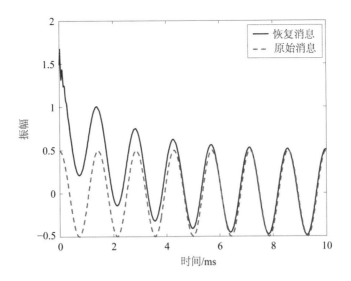

图 16.16：基于希尔伯特的 AM 接收器的 MATLAB 仿真结果

清单 16.2：一个基于希尔伯特的 AM 接收器的 MATLAB 仿真

```
1   %   Hilbert-based AM receiver simulation
    %
3   %   variable declarations
    Fs = 48000;              % sample frequency
5   Ac = 1.0;                % amplitude of the carrier
    fc = 12000;              % frequency of the carrier
7   Amsg = 0.5;              % amplitude of the message
    fmsg = 700;              % frequency of the message
9   HilbertOrder = 62;       % Hilbert transforming filter order
    r = 0.990;               % highpass filter pole magnitude signal
11  duration = 0.5;          % duration in seconds
    myFontSize = 16;         % font size for the plot labels
13
    %   design the FIR Hilbert transforming filter
15  B = firpm (HilbertOrder, [0.05  0.95], [1  1], 'h');
    t = 0:1/Fs : duration;
17
    % generate the AM/DSB w/carrier signal
19  carrier = Ac * cos (2 * pi * fc * t);
    msg = Amsg * cos (2 * pi * fmsg * t);
21  AM = (1 + msg). * carrier;
23
```

```
        % recover the message
25      % note the HilbertOrder/2 delay to align the signals
        % use the MATLAB syntax of "..." to continue a line of code
27

        % apply Hilbert transform
29      AMhilbert = filter (B, 1, AM);

31      % get envelope, but account for filter delay
        OffsetOutput = sqrt ((AM (1:2 0 00)).^2 + ...
33        (AMhilbert((HilbertOrder/2 + 1) : (2000 + HilbertOrder/2))).^2);

35      % remove DC component
        demodOutput = filter ([1 - 1] * (1 + r)/2, [1 - r], OffsetOutput);
37

        % create the desired figure
39      plot ((0 : (length (demodOutput) - 1)) /Fs * 1000, demodOutput)
        set(gca, 'FontSize', myFontSize)
41      hold on
        plot ((0 : (length (demodOutput) - 1))/Fs * 1000, ...
43          msg(1 : length (demodOutput)), 'r - -')
        ylabel ('amplitude')
45      xlabel ('time (ms)')
        legend ('recovered message', 'original message')
47      axis ([0  10   - 0.5  2.0])
        hold off
```

# 16.4　使用 C 语言的 DSK 实现

基于希尔伯特的 AM 接收器的这个版本与 MATLAB 仿真例子非常相似。这第一种方法的意图是可理解性，它可能以效率为代价。

运行此应用程序所需的文件位于第 16 章的 ccs\Proj_AmRx 目录中。感兴趣的主要文件是 AMreceiver_ISRs.c，它包含中断服务例程。该文件还包含必要的变量声明并执行基于希尔伯特的 AM 解调。

如果您使用立体声编解码器(例如 C6713 DSK 或 OMAP - L138 电路板的板载编解码器)，该程序可以实现独立的左右通道解调器。为了清晰起见，此示例程序将仅解调一个信号的消息，但会将此消息同时输出到左右通道。

在下面的清单 16.3 中，数组 $x$(第 1 行)包含当前的和存储的(即过去的)已接收到的 AM 信号值。希尔伯特变换滤波器的输出值为 $y$(第 2 行)。当前的和最近的实际包络值($r[n]$ 和 $r[n-1]$)存储在 envelope(第 3 行)中，并且 DC 阻塞滤波器的输出存储在 output（第 4 行）中。请注意，output 数组必须如清单中所示进行初始化（第 4 行），否则可能会遇到初始值 NaN（不是数字）并且永远无法恢复。DC 阻塞滤波器的唯一可调参数是 $r$（第 5 行），它控制极点沿实轴的位置。为了正常运行，$r$ 应略小于 1.0。

**清单 16.3：与基于希尔伯特的 AM 接收器相关的变量声明**

```
1  float x[N];                      // received AM signal values
   float y;                         // Hilbert Transforming (HT) filter's output
3  float envelope[2];               // real envelope
   float output[2] = {0, 0};        // output of the DC blocking filter
5  float r = 0.99;                  // pole location for the DC blocking filter
   Int32 i;                         // integer index
```

下面显示的代码执行实际的 AM 解调操作。此操作涉及的六个主要步骤将在代码清单之后讨论。

**清单 16.4：与基于希尔伯特的 AM 解调相关的算法**

```
   /* algorithm begins here */
2  x[0] = CodecDataIn.Channel[LEFT];   // current AM signal value
   y = 0;                    // initialize filter's output value
4
   for (i = 0; i < N; i++) {
6      y += x[i] * B[i];     // perform HT (dot-product)
   }
8
   envelope[0] = sqrtf(y * y + x[16] * x[16]);     // real envelope
10
   /* implement the DC blocking filter */
12 output[0] = r * output[1] + (float) 0.5 * (r + 1) * (envelope[0] − envelope[1]);

14 for (i = N − 1; i > 0; i−−) {
       x[i] = x[i−1]; // setup for the next input
16 }

18 envelope[1] = envelope[0];       // setup for the next input
   output[1] = output[0];           // setup for the next input
20
   CodecDataOut.Channel[LEFT] = output[0];      // setup the LEFT value
22 CodecDataOut.Channel[RIGHT] = output[0];     // setup the RIGHT value
   /* algorithm ends here */
```

### 涉及基于希尔伯特(Hilbert)的 AM 解调的六个实时步骤

清单 16.4 解释如下:

①（第 2 行）:此代码将 AM 信号的当前值输入 DSP。

②（第 3~7 行）:此代码初始化滤波器的输出并对当前的和存储的输入值执行希尔伯特变换。

③（第 9 行）:此代码计算 AM 信号的实际包络。

④（第 12 行）:此代码实现 DC 阻塞滤波器。

⑤（第 14~19 行）:这些代码行为接收下一个输入值准备存储变量。

⑥（第 21、22 行）:这些代码行将消息信号同时输出到左右通道。

### 现在您理解了代码…

请继续,将所有文件复制到一个单独的目录中。在 CCS 中打开项目并"全部重建(Rebuild All)",构建完成后,"加载程序(Load Program)"到 DSK 中并单击"运行(Run)"按钮。您的基于希尔伯特的 AM 接收器现在正在 DSK 上运行。AM 调制信号在本书软件的 test_signals 目录中提供,因此您可以测试您的 AM 接收器代码,文件名以 AM 开头。

# 16.5  后继挑战

考虑扩展您所学的知识:

① 采用以"FFT/相移/IFFT"技术实现希尔伯特变换的方式实现基于希尔伯特变换的 AM 接收器。这应该会减轻 DSP CPU 的计算负荷。有关 FFT 的详细信息请参见第 8 章。

② 设计并实现不同的带通希尔伯特变换滤波器,其带宽与您尝试恢复的信号相匹配。请尝试仍将恢复消息信号的不同的滤波器阶数。

③ 利用希尔伯特变换滤波器的系数每隔一个为零的事实,实现基于希尔伯特变换的 AM 接收器,这应该减轻 DSP CPU 的计算负荷。

④ 利用希尔伯特变换滤波器是反对称滤波器的事实,实现基于希尔伯特变换的 AM 接收器,这应该减轻 DSP CPU 的计算负荷。

⑤ 使用循环缓冲技术实现基于希尔伯特变换的 AM 接收器,这应该减轻 DSP CPU 的计算负荷。

⑥ 使用基于帧的技术来实现基于希尔伯特变换的 AM 接收器,这应该减轻 DSP CPU 的计算负荷。

# 第 **17** 章

# 项目 8：锁相环

## 17.1 理 论

锁相环(PLL)广泛应用于通信接收器系统中。即使锁相环的基本理论已经成为几十本教科书的主题,但我们将只简单地对它进行讨论,然后实现一个单一的 PLL 设计——一个离散的二阶 Costas 环[87-88]。这种系统的简化框图如图 17.1 所示。在该图中,$s[n]$ 为采样输入信号,$m[n]$ 为消息信号的估计值,$T$ 为采样周期,$\omega_c$ 为载波频率。

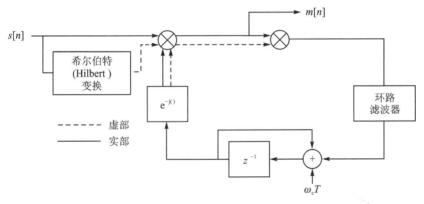

**图 17.1：二阶 Costas 环的简化框图**

PLL 的基本操作如下。输入信号 $s[n]$ 通过一个滤波器进行处理,滤波器执行希尔伯特变换(HT)操作以创建 $\hat{s}[n]$。回忆自第 16 章,HT 操作的频率响应幅度为 1 (除了恰好在 0 Hz 时为零),它为正频率引入 −90°相移和为负频率引入 +90°相移。通常被称为"分析信号"的一种信号是由输入信号 $s[n]$ 和输入信号经过 HT 滤波后的版本 $\hat{s}[n]$ 之和形成的,该 $\hat{s}[n]$ 已经乘以虚数 j(其中 $j = \sqrt{-1}$)。回想 $jx = |x|\angle 90°$,因此,乘以 j 相当于对所有频率进行 +90°相移。请注意,您将需要考虑 HT 滤波操作中的任何群延迟,以确保信号正确"对齐",正如我们在第 16 章中所做的那样。在方程形式中,分析信号定义为 $s[n] + j\hat{s}[n]$,这就是为什么框图使用实线和虚线分别表示实信号和虚信号的原因。此时,剩下的就是剥离载波信号。

图 17.1 中的第一个乘法器实际上是鉴相器的近似值。更具体地说,复指数块 $e^{-j(\cdot)}$ 的输出是正弦和余弦波形,理想情况下,这些波形是以输入信号载波的准确频率和相位输出的。在一个模拟电路中,这种复数振荡器(complex oscillator)被称为本地振荡器(LO)。乘法器也可称为混频器,它的输出包含消息信号和 LO 相位误差的近似值。

各种类型的连贯检测的振幅调制(AM)通信信号可以通过混频器输出的实部 $m[n]$ 来恢复,可能需要额外的滤波来恢复对被传输消息的更准确估计。二进制相移键控(BPSK)、更一般的 M-PSK 和正交振幅调制(QAM)都可以看作是 AM 的特例。关于这个主题的更多内容,可以在第 18、19、20 和 21 章中找到。

第一个混频器的实部和虚部输出的乘法是环路滤波器的输入。该滤波器实际上是一个低通滤波器,它只允许将 LO 的相位误差估计反馈到复数振荡器中。复数振荡器(LO)的单一输入是 2 路输入的相位累加器的输出。该累加器将振荡器的现有相位、自由运行振荡器的下一个相位增量 $\omega_c T$ 以及环路滤波器的相位误差估计结合起来。复数振荡器和相位累加器通常被称为压控振荡器(VCO)。

如果 LO 的静止(或自由运行)频率**非常**接近于输入信号的载波频率,则 PLL 几乎立即开始消除这些信号之间的任何频率和相位误差,并将 VCO 频率"锁定"到输入载波频率,PLL 就是这样得名的。相位误差反馈回路可以快速完成这项任务,而无需操作员与系统进行任何交互。

## 17.2　winDSK 演示

winDSK8 程序没有提供对应的功能。

## 17.3　MATLAB 实现

### 17.3.1　PLL 仿真

PLL 的 MATLAB® 仿真如清单 17.1 所示。

清单 17.1：一个 PLL 仿真

```
1   % Simulation of a BPSK modulator and its coherent recovery
    %
3
    % input terms
5   Fmsg = 12000;           % carrier frequency of the BPSK transmitter (Hz)
    VCOrestFrequencyError = 200 * randn(1);    % VCO's error (Hz)
7   VCOphaseError = 2 * pi * rand(1); % VCO's error (radians)
```

```
      Fs = 48000;        % sample frequency (Hz)
  9   N = 20000;         % samples in the simulation
      samplesPerBit = 20;      % sample per data bit
 11   dataRate = Fs/samplesPerBit;          % data rate (bits/second)
      beta = 0.002;                         % loop filter parameter "beta"
 13   alpha = 0.01;                         % loop filter parameter "alpha"
      noiseVariance = 0.0001;               % noise variance
 15   Nfft = 1024;                          % number of samples in an FFT
      amplitude = 32000;                    % ADC scale factor
 17   scaleFactor = 1/32768/32768;          % feedback loop scale factor

 19   % input term initializations
      phaseDetectorOutput = zeros (1, N + 1);
 21   vcoOutput = [exp ( - j * VCOphaseError) zeros (1, N)];
      m = zeros (1, N + 1);
 23   q = zeros (1, N + 1);
      loopFilterOutput = zeros (1, N + 1);
 25   phi = [VCOphaseError zeros (1, N)];
      Zi = 0;
 27
      % calculated terms
 29   Fcarrier = Fmsg + VCOrestFrequencyError;   % VCO's rest frequency
      T = 1/ Fs;                            % sample period
 31   B = [(alpha + beta) - alpha];         % loop filter numerator
      A = [1   - 1];                        % loop filter denominator
 33   Nbits = N/samplesPerBit;              % number of bits
      noise = sqrt (noiseVariance) * randn (1, N);   % AWGN (noise) vector
 35
      % random data generation and expansion (for BPSK modulation)
 37   data = 2 * (randn (1, Nbits) > 0) - 1;
      expandedData = amplitude * reshape (ones(samplesPerBit, 1) * data,1, N);
 39
      % BPSK signal and its HT (analytic signal) generation
 41   BPSKsignal = cos (2 * pi * (0:N - 1) * Fmsg/Fs) . * expandedData + noise;
      analyticSignal = hilbert(BPSKsignal);
 43
      % processing the data by the PLL
 45   for i = 1: N
          phaseDetectorOutput(i + 1) = analyticSignal(i) * vcoOutput(i);
 47       m(i + 1) = real (phaseDetectorOutput(i + 1));
          q(i + 1) = scaleFactor * real (phaseDetectorOutput(i + 1)) ...
 49               * imag (phaseDetectorOutput(i + 1));
          [loopFilterOutput(i + 1), Zf] = filter (B, A, q(i + 1), Zi);
 51       Zi = Zf;
```

```
            phi(i + 1) = mod(phi(i) + loopFilterOutput(i + 1) ...
53                      + 2 * pi * Fcarrier * T, 2 * pi );
            vcoOutput(i + 1) = exp ( - j * phi(i + 1));
55  end
    %    Plotting commands follow...
```

清单 17.1 解释如下：

① (第 5 行)：将系统的载波频率定义为 12 kHz。

② (第 6、7 行)：定义载波频率和相位的误差。这些误差增加了仿真的逼真感。

③ (第 8 行)：将系统的采样频率定义为 48 kHz。此采样频率与 DSK 的音频编解码器的速率匹配。

④ (第 9 行)：定义仿真中的样本数。

⑤ (第 10、11 行)：与系统的采样频率一起,这些代码行指定符号速率。在这种二进制相移键控(BPSK)仿真中,符号速率等于比特率。不能过分强调**必须**满足尼奎斯特(Nyquist)规定的要求！这一要求可以被重新表述为"你必须足够快地采样,以防止输入信号的混叠"。鉴于我们正在将 BPSK 信号实现为一个 12 kHz 载波与一个对拓脉冲列(antipodal pulse train)的乘法,应该清楚的是,由于一个完美的对拓脉冲列的带宽是无限的,因此**将**发生一些混叠。

⑥ (第 12、13 行)：指定与环路滤波器相关的滤波器系数。

⑦ (第 14 行)：与第 16、17 行一样,向系统添加噪声以增加仿真的逼真感。

⑧ (第 16 行)：16 位 ADC 和 DAC 的完整范围为 +32 767 ~ -32 768。该振幅比例因子仿真一个输入信号,该信号位于允许进入 ADC 的完整范围的值附近,而不超过转换器的范围。

⑨ (第 17 行)：该项在该信号反馈到相位累加器**之前**对相位误差信号进行缩放。由于 PLL 驱动系统的相位误差接近于零,因此我们预计相位误差将是一个非常小的数字(弧度的一小部分)。

⑩ (第 19~26 行)：这些代码行创建了 PLL 仿真的逐个样本处理的变量。维护一个向量而不是仅仅保留最近的值将允许生成许多性能图。

⑪ (第 31、32 行)：这些是与环路滤波器的单个等效 IIR 滤波器实现相关的系数。这样做只是为了易于仿真。在文献[87,88]中,环路滤波器以并行形式实现,这可以在图 17.2 中看到。

⑫ (第 37、38 行)：这些代码行创建 BPSK 基带信号。

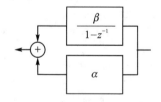

**图 17.2：环路滤波器并行实现的框图**

⑬ (第 41 行)：将 BPSK 基带信号与载波频率混合,并为信号增加噪声。

⑭ (第 42 行)：计算输入信号 $s[n]$ 的分析信号。幸运的是,MATLAB 将分析信号定义为 $s[n] + j\hat{s}[n]$,这与我们之前介绍的定义相同。此时,我们必须认识到变

量 analyticSignal 是一个复数。

⑮（第 46 行）：计算第一个混频器的输出。

⑯（第 47 行）：计算消息信号的估计值。

⑰（第 48、49 行）：计算并缩放第二个混频器的输出。

⑱（第 50 行）：执行环路滤波操作。

⑲（第 51 行）：通过复制滤波器的最终条件到滤波器的初始条件变量来保存滤波器状态。

⑳（第 52、53 行）：计算相位累加器中包含的下一个值。mod 命令将相位累加器的输出值保持在 0～2π 之间。

㉑（第 54 行）：计算 LO 的输出值。利用欧拉恒等式（Euler's identity）①也可以将复指数形式看作是正弦和余弦项。

这个仿真产生了几个图，虽然未在代码清单中把它们显示出来。这些图便于更详细地理解 PLL。考虑到该仿真能够随机初始化与 LO 相关的频率和相位误差以及添加到信号中的噪声的随机性，**每次**仿真运行时的仿真行为都会不同。可以通过在每次仿真开始时重新初始化 MATLAB 随机数发生器的状态或通过将第 16、17 和 24 行中的变量设置为零来控制此随机行为。可以使用 MATLAB 命令 randn ('state',0)重置 MATLAB 随机数发生器的状态。

与 12 kHz 载波频率混合的 BPSK 消息信号的归一化谱估计如图 17.3 所示。环

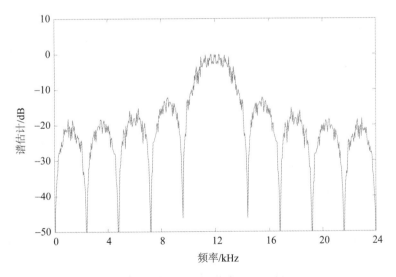

图 17.3：与 12 kHz 载波频率混合的 BPSK 消息信号的归一化谱估计

---

① 特别地，$e^{-\phi}=\cos(-\phi)+j\sin(-\phi)=\cos(\phi)-j\sin(\phi)$。由于余弦和正弦函数的偶数和奇数特性，因此分别出现了符号简化。

路滤波器的极/零点图如图 17.4 所示,在该图中,极点位于单位圆上,尽管这在图 17.5 中可能不明显,但它会导致在 0 Hz(DC)处的无限增益。PLL 表现良好的启动瞬态的一个例子如图 17.6 所示。虽然这种行为很常见,但二阶 Costas 环对 180° 相位模糊度是视而不见的,系统的输出可能如图 17.7 所示。在图 17.7 中,"恢复的消息"与"消息"信号显然是 180° 异相。这个符号误差将是灾难性的(例如 BPSK 通信系统将导致接收的比特 100% 错误)[①]。假设我们使用二进制补码数字表示,那么反转所有位

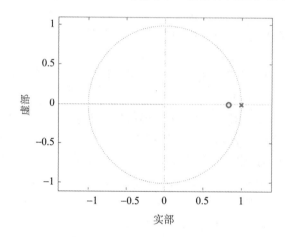

图 17.4:环路滤波器的极/零点图

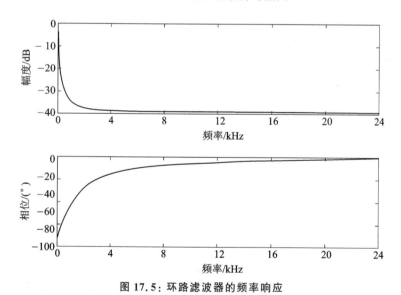

图 17.5:环路滤波器的频率响应

---

① 如果这是一个执行模拟语音信号相干恢复的模拟 PLL,那么这种 180° 相位模糊将很少有或根本没有问题,因为人类听觉系统不会察觉到预期信息的差异。但对于数字信号,我们不能容忍所有位的反转。使用已知的前导码或使用差分编码的消息数据可以解决这个问题[64,85,89]。

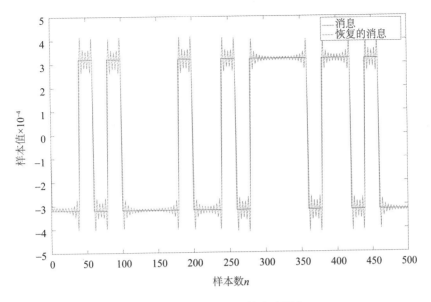

图 17.6：PLL 表现良好的启动瞬态

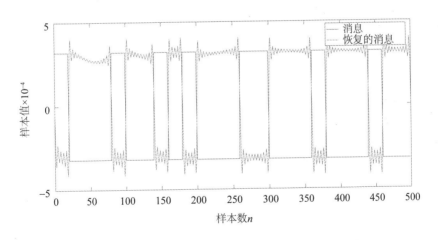

图 17.7：具有 180°相位误差的 PLL 表现良好的启动瞬态

的状态将**不仅仅**构成一个符号变化！最后，在 LO 中插入了一个非常大的频率误差，以显示 PLL 初始化期间更长时间的瞬态。如图 17.8 所示，PLL 花了 300～500 个样本才稳定下来并跟踪输入信号。在这个仿真中，每个符号有 20 个样本，这相当于在 PLL 稳定之前可能有 15～25 个符号无法被正确恢复。PLL 的这种瞬态行为可能是灾难性的或几乎不受关注的，这取决于通信系统的预期用途。

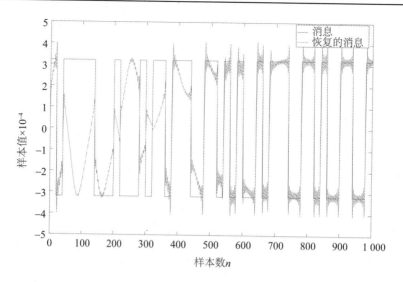

图 17.8:PLL 更长时间的启动瞬态

## 17.3.2　对 MATLAB 实现的一些更新

　　如前所述,我们提出的仿真被设计为易于在 MATLAB 中实现。由于 MATLAB 是一种非常高级的语言,所以一些专用命令必须用易于在 C/C++中实现的命令来替换。将 PLL 代码从 MATLAB 转换为 C 语言时需要考虑的一些问题如下:

　　① 基于向量的变量需要用逐个样本变量替换,这个简单的过程将在第 17.4 节中解释。

　　② 不再需要故意偏移 LO 的频率或相位,以及为输入信号添加噪声。虽然这些项是为了使仿真更真实,但它们不是实时实现所要求的。

　　③ 虽然 MATLAB 可以轻松处理复数,但 C 语言没有原生的复数变量类型。处理复数的一种常见方法是声明与每个复数项相关联的实变量和虚变量,这只是 MATLAB 复数项的矩形实现。与 MATLAB 不同,当使用复数项的矩形版本时,系统编程人员有责任正确编写与所有复数数学运算相关的结果的代码。例如,如果将两个复数 $z_1$ 和 $z_2$ 相乘,则结果将是 $z_1z_2=(a+jb)(c+jd)=ac+jad+jbc-bd=(ac-bd)+j(ad+bc)$。

　　④ 输入信号的希尔伯特(Hilbert)变换可以通过多种方式实现,逐个样本实现可以使用带通 FIR 滤波器近似变换。FIR 滤波器可以在 MATLAB 中设计,例如,使用命令 B＝firpm(30,[0.1　0.9],[1.0　1.0],'Hilbert')。在这个命令中,30 是滤波器的阶数,[0.1　0.9]是归一化的频率范围,在这个范围内,适用特定的振幅响应 [1.0　1.0],"Hilbert"告诉 MATLAB 要设计一个希尔伯特变换滤波器,这是我们在第 16 章中使用的 firpm 命令的相同语法,所得滤波器中系数的图在图 17.9 中显示。正如我们在第 16 章设计的希尔伯特变换滤波器所看到的那样,系数每隔一个都

是零,并且系数表现出反对称性。我们可以利用大量系数的数值为零(以及反对称性)来降低滤波器的计算复杂度。该滤波器的频率响应如图 17.10 所示。虽然希尔伯特变换滤波器的带通实现可能在通带中看起来很平坦,但仔细检查通带会揭示出,一定数量的通带纹波是不可避免的,这在图 17.11 中清楚地显示出来。增大滤波器的阶数或减小特定振幅响应适用的归一化频率范围将减小通带纹波。希尔伯特变换滤波器的群延迟如图 17.12 所示,这是一个具有恒定群延迟(由于其线性相位响应)的对称 FIR 滤波器的例子。群延迟等于滤波器阶数的一半。

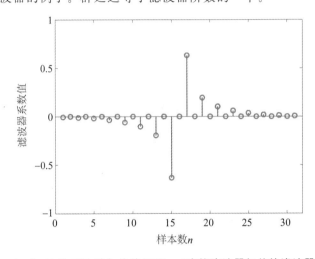

**图 17.9：与 30 阶 FIR 希尔伯特(Hilbert)变换滤波器相关的滤波器系数**

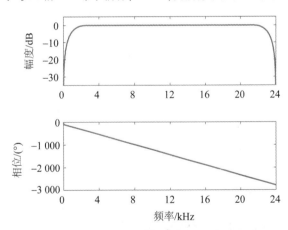

**图 17.10：与 30 阶 FIR 希尔伯特(Hilbert)变换滤波器相关的频率响应**

⑤ 或者,如果需要基于帧的系统,则可以使用 FFT/IFFT 来实现希尔伯特变换。这个过程可以用如下 MATLAB 代码实现:

```
    transformedSignal = ifft(fft(signal).* ...
2      [-j*ones(1, 513) j*ones(1, 511)]);
```

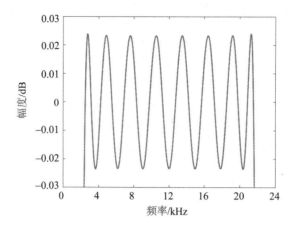

（通带纹波现在非常明显）

**图 17.11：与 30 阶 FIR 希尔伯特(Hilbert)变换滤波器相关的频率响应的通带检查特写**

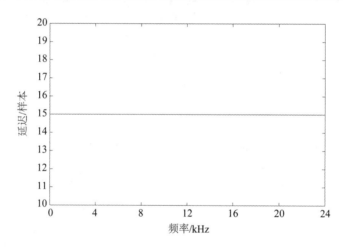

**图 17.12：与 30 阶 FIR 希尔伯特(Hilbert)变换滤波器相关的群延迟**

在这个例子中，每帧有 1 024 个样本。

⑥ 环路滤波器或者可以以其并行形式实现。

⑦ 模运算应该用更基本的 C/C++命令来代替(例如，当累积相位大于 $2\pi$ 时，一个 if 语句后跟着 $2\pi$ 减法)。

# 17.4　使用 C 语言的 DSK 实现

## 17.4.1　PLL 的组件

当您理解了 MATLAB 代码时，将概念翻译成 C 语言是相当简单的。PLL 有两个主要组件：希尔伯特变换 FIR 滤波器(第 3 章中讨论的任何技术都可用于实现此滤波器）和 LO 的控制环路。

运行此应用程序所需的文件在第 17 章的 ccs\PLL 目录中。感兴趣的主要文件是 PLL_ISRs. c,它包括中断服务例程。这个文件包含必要的变量声明并执行实际的 PLL 算法。

如果您正使用的 DSK 编解码器是立体声设备（例如 C6713 DSK 或任何一个 OMAP - L138 电路板的板载编解码器），则程序可以实现独立的左右通道 PLL。为了清晰起见,这个示例程序将只实现一个 PLL,但将输出一个输入信号的延迟版本和恢复的消息信号。如果将两个信号都显示在多通道示波器上,则已调制信号（输入信号）与调制中信号（消息）的估计值之间的关系应该清晰。

代码的声明部分显示在清单 17.2 中。

清单 17.2：PLL 项目代码的声明部分

```
   float alpha = 0.01;          / *  loop filter parameter * /
 2 float beta = 0.002;          / *  loop filter parameter * /
   float Fmsg = 12000;          / *  vco rest frequency * /
 4 float Fs = 48000;            / *  sample frequency * /
   float x[N + 1] = {0, 0, 0, 0, 0, 0, 0, 0, 0, 0, 0, 0, 0, 0, 0, 0,
 6               0, 0, 0, 0, 0, 0, 0, 0, 0, 0, 0, 0, 0, 0, 0, 0};  / * input signal
                                                                   [ + ] * /
   float sReal;        / *  real part of the analytic signal * /
 8 float sImag;        / *  imag part of the analytic signal * /
   float q = 0;        / *  input to the loop filter * /
10 float sigma = 0;    / *  part of the loop filter's output * /
   float loopFilterOutput = 0;
12 float phi = 0;      / *  phase accumulator value * /
   float pi = 3.14159265358979;
14 float phaseDetectorOutputReal;
   float phaseDetectorOutputImag;
16 float vcoOutputReal = 1;
   float vcoOutputImag = 0;
18 float scaleFactor = 3.0517578125 e - 5;
```

清单 17.2 解释如下：

① （第 1、2 行）：声明并初始化环路滤波器的系数。在这种并行实现中,beta 应该比 alpha 小得多。

② （第 3、4 行）：分别声明消息（或载波频率）和采样频率。

③ （第 5、6 行）：声明并初始化输入信号的变量。一个 FIR 滤波器即使未初始化,也会从其存储变量中快速**清除**任何非预期值。在此瞬态期间,滤波器的输出**可能**是 QNAN,这种"非数字（not-a-number）"状态将被输入到基于 IIR 的环路滤波器中,滤波器无法从此状态中恢复。仅仅是这个原因,使得**未正确初始化**变量成为正确编

写的算法无法得到正确执行的最常见因素之一。

④(第 7、8 行):声明分析信号的实部和虚部。这是第一个混频器的 4 个输入中的 2 个。

⑤(第 9~11 行):声明环路滤波器和环路滤波器输出所需的中间变量。

⑥(第 12 行):声明 VCO 的当前相位,它是 LO 的输入参数。

⑦(第 14、15 行):声明第一个混频器的输出。

⑧(第 16、17 行):声明第一个混频器的最后两个输入。

⑨(第 18 行):声明一个比例因子,它使第二个混频器的乘积达到一个合理的误差信号范围。请记住,需要误差信号(环路滤波器的输出)来调整 VCO 的相位。假设环路非常接近于锁定,则应当仅仅向相位累加器添加小的相位调整(1 rad)。

代码的算法部分如清单 17.3 所示。

**清单 17.3:PLL 项目代码的算法部分**

```
   // I added my PLL routine here
2  x[0] = CodecDataIn.Channel[LEFT];    // current LEFT input value
   sImag = 0;                           // initialize the dot-product result
4
   for (i = 0; i <= N; i += 2) {        // indexing by 2, B[odd] = 0
6      sImag += x[i] * B[i];            // perform the dot-product
   }
8
   sReal = x[15] * scaleFactor;         // grpdelay of filter is 15 samples
10
   for (i = N; i > 0; i--) {
12     x[i] = x[i-1];                   // setup x[] for the next input
   }
14
   sImag *= scaleFactor;                // scale prior to loop filter
16
   // execute the D-PLL (the loop)
18 vcoOutputReal = cosf(phi);
   vcoOutputImag = sinf(phi);
20 phaseDetectorOutputReal = sReal * vcoOutputReal + sImag * vcoOutputImag;
   phaseDetectorOutputImag = sImag * vcoOutputReal - sReal * vcoOutputImag;
22 q = phaseDetectorOutputReal * phaseDetectorOutputImag;
   sigma += beta * q;
24 loopFilterOutput = sigma + alpha * q;
   phi += 2 * pi * Fmsg / Fs + loopFilterOutput;
26
   while (phi > 2 * pi) {
```

```
28        phi -= 2 * pi;        /* modulo 2pi operation */
   }
30
   // setup CODEC output values
32 CodecDataOut.Channel[LEFT] = 32768 * sReal;    // input signal
   CodecDataOut.Channel[RIGHT] = 32768 * phaseDetectorOutputReal;    // msg
34 // end of my PLL routine
```

清单 17.3 解释如下：

① （第 2 行）：将输入样本代入 ISR。

② （第 3～7 行和第 11～13 行）：这些代码行使用 FIR 滤波器对输入信号进行希尔伯特（Hilbert）变换。

③ （第 9 行）：考虑 FIR 滤波器的群延迟并在环路滤波器**之前**缩放输入信号。

④ （第 15 行）：缩放 FIR 滤波器的输出。第 9 行和第 15 行的输出构成分析信号，并表示进入第一个混频器的 4 个输入中的 2 个。

⑤ （第 18、19 行）：计算复数混频器的输出。这些计算是第一个混频器的最后 2 个输入。

⑥ （第 20、21 行）：计算第一个混频器的输出。

⑦ （第 22 行）：计算第二个混频器的输出，它是环路滤波器的输入。

⑧ （第 23、24 行）：计算中间结果和环路滤波器的输出。

⑨ （第 25 行）：计算相位累加器的值 phi。

⑩ （第 27～29 行）：对 phi 执行 2π 模运算。mod 运算符在 CCS 的 C 语言实现中可用，但它**仅仅**针对整数数据类型定义。另外，这个 2π 减法技术比大多数需要除法运算符的技术快得多。while 语句可以用 if 语句替换，因为对于每个样本，相位累加器的值应该仅是增加（π/2 加上环路滤波器的反馈信号）。while 语句是解决此问题的更保守的解决方案。

## 17.4.2　系统测试

为了测试 PLL 的操作，可以在 MATLAB 中创建测试信号，并转换为波形文件，然后通过计算机的声卡播放。请注意，一些此类信号包含在本书软件的 test_signals 目录中。这些信号的文件名以 AM 或 BPSK 开头。创建这些波形文件的 MATLAB 的 M 文件包含在本书软件的第 17 章的 matlab 目录中，并命名为 AMsignalGenerator.m 和 BPSKsignalGenerator.m。稍微修改这些程序（将采样率更改为 44 100 Hz），这些 M 文件创建的信号也可以直接录制到您选择的 CD-R 上，然后在任何 CD 播放器上播放。这有效地将廉价的 CD 播放器变成廉价的通信信号发生器。

对带 12 kHz 载波的 750 Hz 正弦信息调制（AM-DSB-SC）的系统响应如图 17.13 所示，正如在一个多通道示波器上观看到的那样。对带 12 kHz 载波的 750 Hz 消息调制(AM-DSB-SC)的典型瞬态系统响应如图 17.14 所示。最后,对带 12 kHz 载波的 2 400 b/s(bps)BPSK 信号的系统响应如图 17.15 所示。BPSK 信号由 PC 声卡产生,并因系统的带限响应而显示出显著的失真。

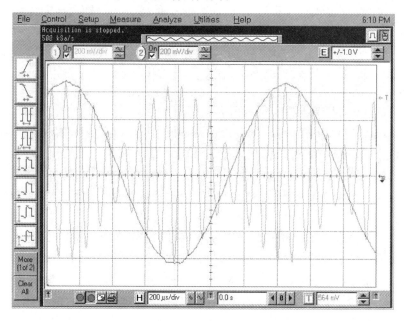

(正如在一个多通道示波器上看到的那样)

图 17.13:对带 12 kHz 载波的 750 Hz 正弦信息调制(AM-DSB-SC)的系统响应

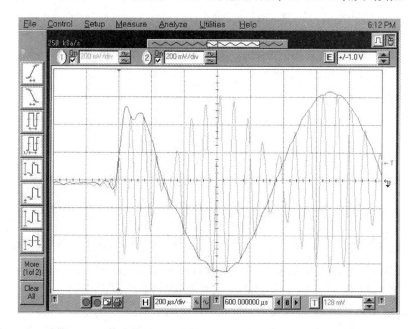

图 17.14:对带 12 kHz 载波的 750 Hz 正弦信息调制(AM-DSB-SC)的典型瞬态系统响应

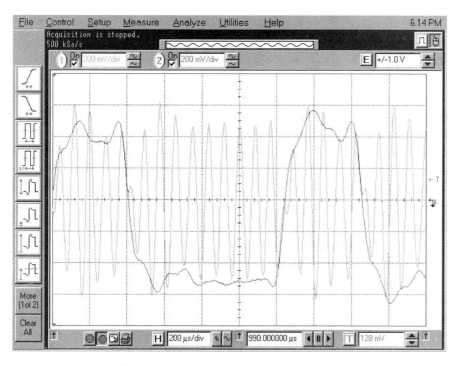

图 17.15：对带 **12 kHz** 载波的 **2 400 b/s** 信息调制（BPSK）的系统响应

# 17.5 后继挑战

考虑扩展您所学的知识：

① 在 PLL 中设计并实现您自己的环路滤波器。

② 设计并实现一种算法，该算法当 PLL **被锁定**并跟踪输入信号时进行检测，然后向用户提供一些指示。

③ 在 PLL 的 ISR 中存在三处显著的计算效率低下（瓶颈）。请分析 ISR 代码并识别这些瓶颈。

④ 提出可能最小化或消除这些瓶颈的改进建议。

⑤ 至少实现您的一个改进，并计算您的新代码节省的计算负荷。

⑥ 使用基于帧的技术实现一个 PLL。

# 第**18**章

---

# 项目 9：BPSK 数字发射器

## 18.1 理 论

在第 5 章,我们介绍了周期信号生成中的基本概念,虽然当时提到了这个想法,但我们有意将非周期数字通信信号的讨论推迟到现在。由于数字通信信号可以使用无限数量的不同形式和规格来生成,因此我们将只介绍其中的一种形式和一些可用于生成这类信号的技术。具体来说,我们将讨论:

① 随机数据和符号生成。

② 使用对拓矩形位(antipodal rectangularly shaped bits)的二进制相移键控(BPSK)。

③ 使用脉冲调制(IM)升余弦形位的 BPSK。

这里重申,本书仅仅简要回顾了与我们使用实时 DSP 的领域相关的理论。例如,在本章中,我们无法向您介绍数字通信的深入理论,为此您将需要一本好的通信教科书,比如文献[64-66,85]。

### 18.1.1 随机数据和符号生成

在实际通信系统中,最终构成发送符号的数据位将来自 ADC 或某些其他信息源。不幸的是,使用真实的信息源会**大大**增加系统的复杂性;此外,这往往会严重限制通信系统的设计。虽然这些限制在一个真实通信系统的设计中是必要的,但是对于刚刚开始进行通信系统设计和实现的人来说,它们往往会过于复杂。

为了说明这一点,让我们想象一下,我们想要创建一个数字通信链路,它能够发送 DSK 的由 ADC 产生的所有数据,以获得非常高保真(优于 CD 质量)的音乐信号,这意味着将获得每个样本 24 位、每秒 48 000 个样本的标称采样速率(频率)的立体声(2 个数据通道),这导致进入 DSK 的数据的速率为 $2 \times 24 \times 48\ 000 = 2\ 304\ 000 (b/s)$。记住,T-1 数据行代表来自 24 条电话线的组合数据信号,仅包含 1 544 000 b/s,对我们的第一个数字通信项目来说,我们渴望传送这样的信号可能有点激进!

相反,我们将从随机数发生器中获取数据位,也可以使用伪噪声(PN 或 M 序列)发生器或者一个预先声明的数据数组来获取。说到位,我们需要简要讨论数字通信中位与符号之间的关系,因为它们经常被混淆。数字值在计算机或 DSK 中表示为**位**(bit),但实际通过通信链路发送的是**符号**(symbols)。如果我们的通信系统使用一组(称为一系列)可以有 4 个不同值的符号,那么每个符号有 2 位。如果我们的通信系统使用一系列可以有 16 个不同值的符号,那么每个符号有 4 位。记住,一个数字通信系统发送和接收的是符号,而不是位。正如所说的那样,我们在本章中讨论的是 BPSK,其中我们的符号只能有 2 个不同的值。这意味着对于 BPSK,每个符号有 1 位,因此位速率和符号速率是相同的。

我们的数字通信系统设计的一个相对简单的起点是选择一个数据速率,使得每个符号有整数个样本,也就是说,$F_s/R_d = k$,其中 $F_s$ 是采样频率,$R_d$ 是数据速率,$k$ 是整数。使用 48 kHz 的标称采样频率,并认识到每个符号至少需要 2 个样本,我们可以从表 18.1 所列的数据速率中进行选择。在本章的其余部分,我们将使用 $k = 20$,这暗示了通信系统的**很多**内容,包括但不限于:

① $F_s/20$ 是符号速率,等于每秒 2 400 个符号(sps)。

② 符号速率的倒数是符号周期 $= 1/2\,400 = 0.416\,666(\text{ms})$。

③ 每个符号周期对应 20 个样本。

虽然这些看起来都很简单,但一个常见的错误是试图改变这些参数中的一个(采样频率、符号速率、符号周期或每个符号的样本数),而没有意识到它们都是相互关联的,因此不能彼此独立地改变。

表 18.1：每个符号整数个样本的数据速率

| $F_s/k$ | $k$ | 数据速率/(符号·秒$^{-1}$) | $F_s/k$ | $k$ | 数据速率/(符号·秒$^{-1}$) |
|---|---|---|---|---|---|
| $F_s/2$ | 2 | 24 000 | $F_s/12$ | 12 | 4 000 |
| $F_s/3$ | 3 | 16 000 | $F_s/15$ | 15 | 3 200 |
| $F_s/4$ | 4 | 12 000 | $F_s/16$ | 16 | 3 000 |
| $F_s/5$ | 5 | 9 600 | $F_s/20$ | 20 | 2 400 |
| $F_s/6$ | 6 | 8 000 | ⋮ | ⋮ | ⋮ |
| $F_s/8$ | 8 | 6 000 | $F_s/N$ | $N$ | 48 000/$N$ |
| $F_s/10$ | 10 | 4 800 | | | |

注：其中采样频率假定为 $F_s = 48$ kHz。请注意,对于 BPSK,"每秒符号数"与"每秒位数"相同。

在这个项目中,调制的消息符号将作为模拟电压电平从 DSK 的 DAC 中输出。如果真的要传输这些符号,那么这个时变的模拟电压电平将转到比如一个功率放大器和一个天线的其他级上。

## 18.1.2　使用对拓矩形位的 BPSK

这种形式的 BPSK 在实际通信系统中很少使用,但它是迄今为止最容易理解的实现。具体地,BPSK 波形是 $s_{BPSK}[nT_s]=m[nT_s]\cos[2\pi f_c nT_s]$,其中 $n$ 是单调递增的整数,$T_s$ 是采样周期,$m$ 是当前位的值,$f_c$ 是载波频率。另外,对于对拓信令(antipodal signaling),$m$ 将被限制于 $\pm A$ 值,其中 $A$ 通常是接近于 DAC 允许的最大值的整数(例如,对于每个样本 16 位,$m=30\ 000$)。这种形式的 BPSK 是振幅调制(AM)的一种特殊情况,特别是称为双边带抑制载波(DSB-SC)的 AM 类型。该系统的框图如图 18.1 所示。

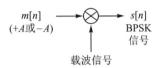

**图 18.1:与矩形脉冲形 BPSK 发射器相关的框图**

## 18.1.3  使用脉冲调制(IM)升余弦形位的 BPSK

由于升余弦滤波形式的 BPSK 的带限性质,使得其通常用于实际通信系统中。然而,对信号的理解更复杂,并且生成起来稍微困难一些。在一个脉冲调制器中,缩放的脉冲用于在每个符号周期激励一次脉冲成形滤波器。在讨论中,我们将使用升余弦 FIR 滤波器作为脉冲成形滤波器,然后将该滤波器的输出乘以载波信号。该系统的框图如图 18.2 所示。

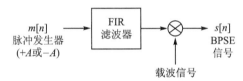

**图 18.2:与脉冲调制 BPSK 发射器相关的框图**

脉冲调制器如何工作的例子如图 18.3 所示。在这个图中,5 个正值脉冲构成 FIR 滤波器的输入 $x[n]$。5 个输出波形中的每一个都单独显示在 $y[n]$ 图上。滤波器的实际输出将是 5 个正弦形(sinc-shaped)输出波形的总和。

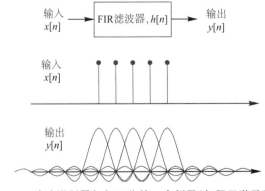

**图 18.3:脉冲调制器如何工作的一个例子(仅限正激励脉冲)**

类似地，如果提供了 FIR 滤波器的对拓脉冲激励(antipodal impulse excitation)，则可能的结果如图 18.4 所示。在图 18.3 和图 18.4 这两个图中，请注意除了一个正弦形波形**之外的所有**波形都具有共同的全部零交叉。零交叉的这种对齐是设计的，并且是最小化系统内部的符号间干扰(ISI)的基础。

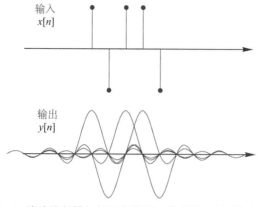

**图 18.4**：脉冲调制器如何工作的另一个例子(对拓激励脉冲)

## 18.2  winDSK 演示

启动 winDSK8 应用程序，将出现主用户界面窗口。在继续之前，请先确保在 winDSK8 的"DSP 电路板(Board)"和"主机接口(Host Interface)"配置面板中为每个参数选择了正确的选项。单击 winDSK8 的 commDSK 工具按钮将在所连接的 DSK 中运行该程序，并出现一个类似于图 18.5 的窗口。

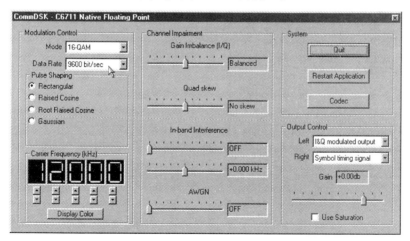

(默认情况下，调制信号出现在左输出通道上，定时信号出现在
右输出通道上。这些设置可以在用户需要时更改)

**图 18.5**：winDSK8 运行 commDSK 应用程序

### 18.2.1 commDSK：未滤波的 BPSK

现在，需要更改一些 commDSK 的默认设置。将"模式(Mode)"更改为"BPSK"，将"数据速率(Data Rate)"更改为"2400 bit/sec"(见图 18.6)。一个示例波形如图 18.7 所示。BPSK 只有两个可能的符号。在图 18.7 中，您可以通过波形中的锐利相位反转观察从一种符号到另一种符号的转换。将水平刻度设置为每格 500 $\mu$s，第一次相位反转似乎发生在距显示窗口左侧约 350 $\mu$s 处。

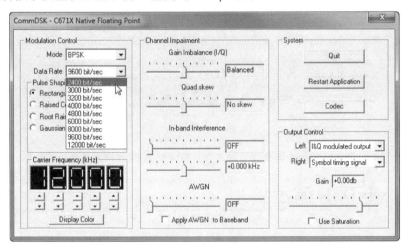

图 18.6：commDSK 设置以生成一个矩形脉冲形、2 400 b/s 信号

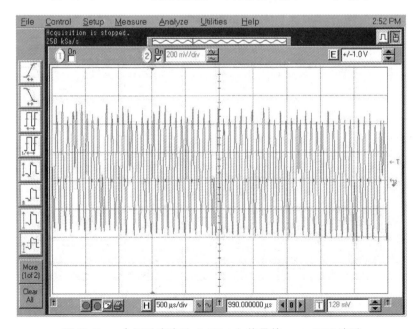

图 18.7：一个矩形脉冲形、2 400 b/s 信号的 commDSK 波形

与此波形相关的一个平均频谱如图 18.8 所示。主瓣以 12 kHz 为中心，高于 12 kHz 的第一个频谱零点出现在 14.4 kHz 处，这意味着主瓣宽度为 4.8 kHz(符号速率的 2 倍)，随后的零点出现在 2.4 kHz 的间隔上。第一副瓣的相对幅度约低于主瓣峰值的 13 dB，这正是与带限矩形 BPSK 有关的预期结果。理想情况下，一个完全矩形的信号在频率轴上有一个能延伸到无穷远的频谱。但是，DSK 在其编解码器 DAC 中内置了一个重建低通滤波器，它去除了频率大于 24 kHz 时的大部分信号能量。

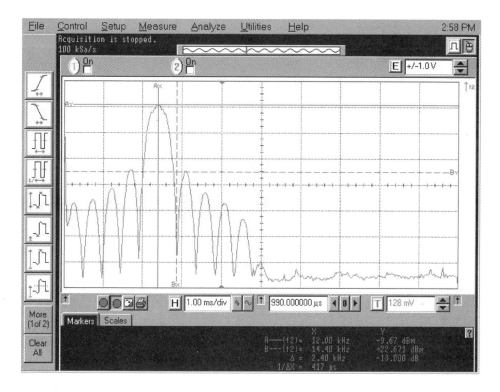

图 18.8：一个与由 commDSK 生成的一个矩形脉冲形、2 400 b/s 信号相关的平均频谱

## 18.2.2  commDSK：升余弦滤波的 BPSK

现在，需要通过调整 commDSK 来观察脉冲成形的效果。我们将应用一个升余弦脉冲成形的效果，这样将不再有矩形脉冲。对于 commDSK 用户界面窗口上的"脉冲成形(Pulse Shaping)"区域中的单选按钮，选择"升余弦(Raised Cosine)"，此更改如图 18.9 所示。一个示例波形如图 18.10 所示。在这种模式下，观察从一种符号到另一种符号的转换要容易得多。

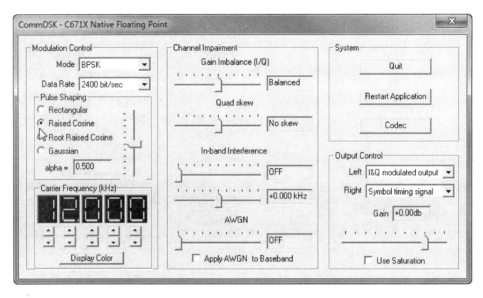

图 18.9：commDSK 设置以生成一个升余弦脉冲形、2 400 b/s 信号

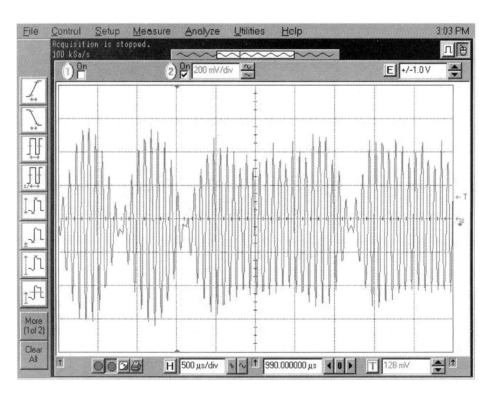

图 18.10：一个升余弦脉冲形、2 400 b/s 信号的 commDSK 波形

与此波形相关的一个平均频谱如图 18.11 所示。与矩形信号类似,主瓣以 12 kHz 为中心,但高于 12 kHz 的第一个频谱零点出现在 13.8 kHz 处,这意味着主瓣宽度为 3.6 kHz($2×(13.8-12)=3.6$),这与 $BW=D(1+\alpha)=2\,400×(1+0.5)=3\,600$(Hz)的理论预测一致,其中 BW 是信号带宽,D 是符号速率,$\alpha$ 是升余弦滚降因子(滚降因子必须保持在 0 和 1 之间)。

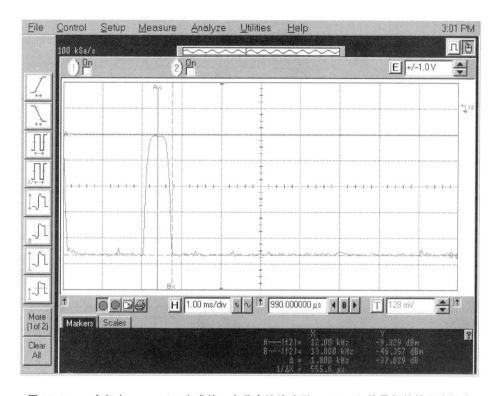

图 18.11：一个与由 commDSK 生成的一个升余弦脉冲形、2 400 b/s 信号相关的平均频谱

在图 18.11 中,由于明显的噪声基底大约为 $-46.357$ dBm,因此没有可见的旁瓣。由于主瓣峰值为 $-9.329$ dBm,因此滚降因子 $\alpha=0.5$ 的升余弦脉冲的预期旁瓣电平低于观察到的噪声基底。事实上,噪声基底是与用于产生本图的数字化示波器相关的 8 位 ADC 的限制。

commDSK 程序能够以不同的数据速率生成许多不同的数字通信信号。使用 commDSK 的"通道损伤(Channel Impairment)"区域,这些信号也可能失真。如果信号要由矢量信号分析仪(VSA)处理,则这些损伤是非常有用的。一个 VSA 显示的例子如图 18.12 所示。在该图中,图 A 是轨迹/星座图,图 B 是 BPSK 信号的谱估计,图 C 是误差矢量幅度(Error Vector Magnitude,EVM),图 D 是眼图(eye-pattern),图 E 是 EVM 的谱估计,图 F 报告了与所分析信号性能相关的一些统计数据。这些图可用于推断有关通信系统性能的大量信息。

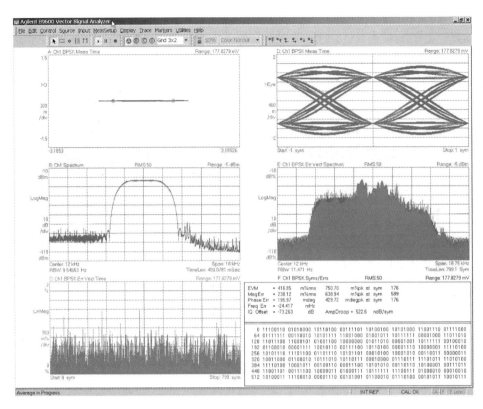

**图 18.12**：与由 commDSK 生成的一个升余弦脉冲形、2 400 b/s、BPSK 信号相关的 VSA 显示例子

# 18.3　MATLAB 实现

如前所述,我们将仿真两种类型的 BPSK 信号生成:矩形 BPSK 信号和脉冲调制的升余弦 BPSK 信号。

## 18.3.1　矩形 BPSK 信号发生器

第一个 MATLAB® 仿真是矩形 BPSK 信号发生器,代码如清单 18.1 所示。

**清单 18.1**：一个矩形 BPSK 信号发生器的仿真

```
      %   input terms
    2 Fs = 48000;                    % sample frequency of the simulation (Hz)
      dataRate = 2400;               % data rate
    4 time = 0.004;                   % length of the signal in seconds
      amplitude = 30000;             % scale factor
    6 cosine = [1  0  -1  0];        % cos(n * pi/2)...Fs/4
      counter = 1;                   % used to get a new data bit
```

```
8
    % calculated terms
10  numberOfSamples = Fs * time;
    samplesPerSymbol = Fs/dataRate;
12
    % ISR simulation
14  for index = 1: numberOfSamples
        % get a new data bit at the beginning of a symbol period
16      if (counter == 1)
            data = amplitude * (2 * (rand > 0.5) - 1);
18      end

20      % create the modulated signal
        output = data * cosine(mod(index, 4) + 1)
22
        % reset at the end of a symbol period
24      if (counter == samplesPerSymbol)
            counter = 0;
26      end

28    % increment the counter
        counter = counter + 1;
30  end

32
    % Plotting commands follow...
34  %
```

清单 18.1 解释如下：

① (第 2 行)：将系统的采样频率定义为 48 kHz。此采样频率匹配 DSK 的音频编解码器的速率。

② (第 3 行)：将数据速率定义为 2 400 b/s。

③ (第 5 行)：在 16 位 DAC 的整个范围附近缩放输出信号。

④ (第 6 行)：定义本地振荡器(LO)的输出。该项在数学上定义为 $\cos(n\pi/2)$，其中 $n = 0, 1, 2, 3$。这简化为 $\cos(0\pi/2) = 1$、$\cos(1\pi/2) = 0$、$\cos(2\pi/2) = -1$ 或 $\cos(3\pi/2) = 0$。因此，LO 只有 $+1$、$0$、$-1$ 或 $0$ 的输出值。对于这种信号生成的特殊情况，与 LO 混合需要很少的计算资源。

⑤ (第 7 行)：counter 变量用于确定在符号中的当前位置。

⑥ (第 16~18 行)：每当计数器等于 1 时，就会生成一个新的数据位。

⑦ (第 21 行)：通过将数据值与 LO 的输出相乘(混合)来计算输出值。cosine 变量由 MATLAB 的 mod 命令访问,该命令将 index 值保持在 1～4 之间。

⑧ (第 24～26 行)：counter 变量在符号末尾重置。

⑨ (第 29 行)：counter 变量在被仿真的 ISR 结束时递增。

该仿真的示例输出图如图 18.13 所示。

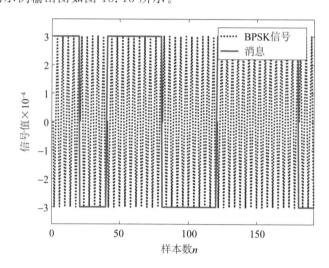

(该信号具有 2 400 b/s,载波频率为 12 kHz)

**图 18.13**：一个矩形 BPSK 仿真输出的例子

## 18.3.2 脉冲调制的升余弦 BPSK 信号发生器

第二个 MATLAB 仿真是一个脉冲调制的升余弦 BPSK 信号发生器,代码如清单 18.2 所示。注意本地振荡器(LO)与前一次仿真一样,位于 $F_s/4$ 处。

**清单 18.2：一个脉冲调制升余弦 BPSK 信号发生器的仿真**

```
    %   input terms
2   Fs = 48000;             sample frequency of the simulation (Hz)
    dataRate = 2400;        % data rate
4   alpha = 0.5;            % raised - cosine rolloff factor
    symbols = 3;            % MATLAB "rcosfir" design parameter
6   time = 0.004;           % length of the signal in seconds
    amplitude = 30000;      % scale factor
8   cosine = [1   0   -1   0];  % cos(n * pi/2)...Fs/4
    counter = 1;            % used to get a new data bit
10

12  %   calculated terms
```

```
       numberOfSamples = Fs * time;
14     samplesPerSymbol = Fs/dataRate;


16     % create filter
       B = rcosfir(alpha, symbols, samplesPerSymbol, 1/Fs);
18     Zi = zeros(1, (length(B) - 1));


20
       %   ISR simulation
22     for index = 1: numberOfSamples
           % get a new data bit at the beginning of a symbol period
24         if (counter == 1)
               data = amplitude * (2 * (rand > 0.5) - 1);
26         else
               data = 0;
28         end


30         % create the modulated signal
           [impulseModulatedData, Zf] = filter(B, 1, data, Zi);
32         Zi = Zf;
           output = impulseModulatedData * cosine (mod (index, 4) + 1);

34
           % reset at the end of a symbol period
36         if (counter == samplesPerSymbol)
               counter = 0;
38         end


40         % increment the counter
           counter = counter + 1;
42     end


44


46     %   output terms
       %   Plotting commands follow
48     %   see the book software for the details
       %
```

清单 18.2 解释如下：

① （第 2 行）：将系统的采样频率定义为 48 kHz。此采样频率匹配 DSK 的音频编解码器的速率。

② （第 3 行）：将数据速率定义为 2 400 b/s。

③（第 4 行）：定义升余弦滚降因子 $\alpha$。

④（第 5 行）：定义升余弦 FIR 滤波器的长度。滤波器长度等于 $2 \times \text{symbols} + 1$，该长度以"符号周期(symbol periods)"为单位。

⑤（第 7 行）：在 16 位 DAC 的整个范围附近缩放输出信号。

⑥（第 8 行）：定义本地振荡器(LO)的输出。请参阅与清单 18.1 相关的 LO 讨论。

⑦（第 9 行）：counter 变量用于确定在符号中的当前位置。

⑧（第 17 行）：使用 MATLAB 的 rcosfir 函数设计升余弦滤波器[①]。

⑨（第 22～42 行）：这些代码行仿真实时 ISR。

⑩（第 24～28 行）：每当 counter 等于 1 时，就会生成一个新的数据位。

⑪（第 31,32 行）：这些代码行实现了脉冲调制器(IM)。IM 只是一个 FIR 滤波器，输入一个或多个脉冲，后面跟大量零。在此仿真中，值为 30 000 的单个脉冲后面跟 19 个为零的样本值(每个符号 20 个样本，记得吗?)。这项技术节省的计算负荷将在第 18.4 节中明确。

⑫（第 33 行）：通过将数据值与 LO 的输出相乘(混合)来计算输出值。cosine 变量由 MATLAB 的 mod 命令访问，该命令将 index 值保持在 1～4 之间。

⑬（第 36～38 行）：counter 变量在符号末尾重置。

⑭（第 41 行）：counter 变量在被仿真的 ISR 结束时递增。

此仿真的示例输出图(持续时间为 4 ms)如图 18.14 所示。FIR 滤波器的大阶(第 120 阶)导致大的群延迟(60 个样本)，该延迟解释了为什么第一个"BPSK 信号"峰值在第一个"消息"脉冲之后出现 60 个样本。

即使振幅比例因子设置为 30 000，系统的仿真也会导致输出值接近于 ±45 000。这些值远远大于 DAC 的最大输出值 +32 767 和 -32 768。这种效果再次强调了在实时硬件中实现算法之前首先使用 MATLAB 仿真确定合适的比例因子的重要性。仿真时间增加到 2 s，以允许对得到的归一化功率谱密度进行更高分辨率的估计，这将在图 18.15 中展示。

频谱紧凑的升余弦脉冲形信号的好处不能被过分强调。如前面所计算的那样，与矩形信号相比，该升余弦信号的零点到零点(null-to-null)的带宽为 3 600 Hz，而不是 4 800 Hz。总结如下：

① 升余弦信号在频谱上更紧凑(有效带宽更小)。

② 升余弦信号具有较小的零点到零点的带宽(频谱效率更高)。

③ 升余弦信号**相当容易产生**。

---

① 在使用 MATLAB 设计滤波器时要注意，在撰写本书时，许多滤波器设计命令的调用序列可能仍在不断变化中。MathWorks 似乎打算转向面向对象的滤波器设计过程，这在很多方面都比较麻烦，但最近有点退缩。请查看您的 MATLAB 版本的文档。您可能希望阅读并运行位于第 18 章 matlab 目录的 filterDesigner-Comparison.m 中的代码。

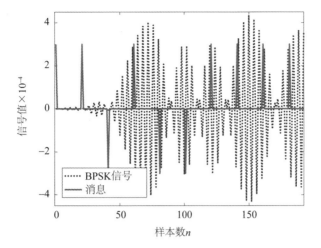

（该信号具有 2 400 b/s，滚降因子 $\alpha=0.5$，载波频率为 12 kHz）

**图 18.14：** 一个脉冲调制 **BPSK** 仿真的输出例子

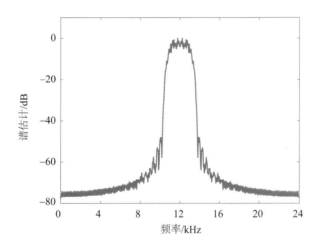

（该信号具有 2 400 b/s，滚降因子 $\alpha=0.5$，载波频率为 12 kHz）

**图 18.15：** 一个脉冲调制 **BPSK** 仿真的谱估计例子

④ 从这个升余弦信号来恢复消息所需的数字通信接收器将比使用矩形脉冲时的更为复杂。

# 18.4　使用 C 语言的 DSK 实现

当您理解了 MATLAB 代码时，将概念翻译成 C 语言是相当简单的。运行此应用程序所需的文件位于第 18 章的 ccs\DigTx 目录中。感兴趣的主要文件是 rectangularBPSK_ISRs.c，它包含中断服务例程。该文件包含必要的变量声明并执行

BPSK 生成算法。

假设您使用的 DSK 编解码器是一个立体声设备,该程序可以实现独立的左右通道 BPSK 发射器。为了清晰起见,此示例程序将仅实现一个发送器,但会将此信号输出到两个通道。

## 18.4.1 一个矩形脉冲形 BPSK 发射器

代码的声明部分如清单 18.3 所示。

**清单 18.3:矩形 BPSK 项目代码的声明部分**

```
1   Int32 counter = 0;   // counter within a symbol period
    Int32 symbol;   // current bit value... 0 or 1
3   Int32 data[2] = { - 20000, 20000};   // table lookup bit value
    Int32 x;   // number of samples per symbol
5   Int32 samplesPerSymbol = 20;   // bit's scaled value
    Int32 cosine[4] = {1, 0, - 1, 0};   // cos functions possible values
7   Int32 output;   // BPSK modulator's output
```

清单 18.3 解释如下:

① (第 1 行):声明并初始化 counter 变量,用于指示算法相对于符号的开头(0)或符号的结尾(19)的位置。

② (第 2 行):声明 symbol 变量,它是当前位的值(0 或 1)。

③ (第 3 行):声明并初始化与 0 或 1 相关的对拓值(antipodal value)。

④ (第 4 行):声明 $x$ 变量,它是当前消息的值。

⑤ (第 5 行):声明并初始化 samplesPerSymbol 变量,顾名思义,它是符号中的样本数。对于 BPSK,符号和位是相同的。

⑥ (第 6 行):声明并初始化 cosine 变量,该变量包含 12 kHz 余弦载波的所有可能 LO 值。

⑦ (第 7 行):声明 BPSK 调制器的输出值。

代码的算法部分如清单 18.4 所示。

**清单 18.4:矩形 BPSK 项目代码的算法部分**

```
1   // I added my rectangular BPSK routine here
    if (counter == 0) {   // time for a new bit
3       symbol = rand( ) & 1;   // equivalent to rand() % 2
            x = data[symbol];     // table lookup of next data value
5   }

7   output = x * cosine[counter & 3];   // calculate the output value

9   if (counter == (samplesPerSymbol - 1)) { // end of the symbol
```

```
              counter = −1;
11    }

13    counter++;

15    CodecDataOut.Channel[LEFT] = output;      // setup the Left value
      CodecDataOut.Channel[RIGHT] = output;     // setup the Right value
17    // end of my rectangular BPSK routine
```

清单 18.4 解释如下：

① （第 2～5 行）：每个符号一次，创建一个随机位，并将该位映射到允许的级别。该值在接下来的 20 个样本中保持不变。

② （第 7 行）：计算当前消息值与 LO 值的乘积。这将 BPSK 信号混合到 12 kHz。

③ （第 9～11 行）：当 counter＝19 时，算法已到达符号的末尾。此时，counter 被重置以开始下一个符号周期。

④ （第 13 行）：递增 counter 变量以准备下一次 ISR 调用。

⑤ （第 15、16 行）：将 BPSK 发射器的当前值同时输出到左右通道。

## 18.4.2 一个升余弦脉冲形 BPSK 发射器

代码的声明部分如清单 18.5 所示。这里没有显示的一项是 coeff.c 文件，它也是 CCS 项目的一部分。此文件包含从 MATLAB 导出的 200 阶升余弦 FIR 滤波器的系数。

**清单 18.5：脉冲调制升余弦脉冲形项目代码的声明部分**

```
1    Int32 counter = 0;
     Int32 samplesPerSymbol = 20;
3    Int32 symbol;
     Int32 data[2] = {−15000, 15000};
5    Int32 cosine[4] = {1, 0, −1, 0};
     Int32 i;
7
     float x[10];
9    float y;
     float output;
```

清单 18.5 解释如下：

① （第 1 行）：声明并初始化 counter 变量，用于指示算法相对于符号的开头（0）或符号的结尾（19）的位置。

② （第 2 行）：声明并初始化 samplesPerSymbol 变量，顾名思义，它是符号中的

样本数。对于 BPSK,符号和位是相同的。

③(第 3 行): 声明 symbol 变量,它是当前位的值(0 或 1)。

④(第 4 行): 声明并初始化与 0 或 1 相关的对拓值(antipodal value)。

⑤(第 5 行): 声明并初始化 cosine 变量,该变量包含 12 kHz 余弦载波的**所有**可能 LO 值。

⑥(第 6 行): 声明在点积(dot-product)中用作索引的变量 $i$。

⑦(第 8 行): 声明存储消息值的当前值和过去值的 $x$ 数组。

⑧(第 9 行): 声明变量 $y$,它是脉冲调制器的当前输出值。

⑨(第 10 行): 声明变量 output,即 BPSK 调制器的输出值。

代码的算法部分如清单 18.6 所示。

清单 18.6:脉冲调制升余弦脉冲形项目代码的算法部分

```
     // I added IM BPSK routine here
 2
     if (counter == 0) {
 4       symbol = rand( ) & 1;   // faster version of rand( ) % 2
         x [0] = data[symbol];   // read the table
 6   }

 8
     // perform impulse modulation based on the FIR filter, B[N]
10   y = 0;

12   for (i = 0; i < 10; i++) {
         y += x[i] * B[counter + 20 * i];   // perform the dot-product
14   }

16   if (counter == (samplesPerSymbol − 1)) {
         counter = −1;
18
         /* shift x[] in preparation for the next symbol */
20       for (i = 9; i > 0; i−− ) {
             x[i] = x[i − 1];   // setup x[] for the next input
22       }
     }
24
     counter ++;
26
     output = y * cosine[counter & 3];
28
```

```
       CodecDataOut.Channel[LEFT] = output;    // setup the LEFT value
    30 CodecDataOut.Channel[RIGHT] = output;   // setup the RIGHT value
       // end of IM BPSK routine
```

清单 18.6 解释如下：

①（第 3~6 行）：每个符号一次，创建一个随机位，并将该位映射到允许的级别。该值在接下来的 20 个样本中保持不变。

②（第 10~14 行和第 20~22 行）：执行与脉冲调制器相关的 FIR 滤波。向量 **B** 包含在 MATLAB 中使用 rcosfir 函数设计和输出的升余弦滤波器的系数。即使实现了 200 阶滤波器，也只需要 10 次乘法。这是因为**所有**其他乘法在操作中都为零。既然结果已经知道，就不需要其他乘法了！这是脉冲调制器最重要的优点之一。

③（第 16、17 行）：当 counter 等于 19 时，算法已到达符号的末尾。此时，counter 被重置以开始下一个符号周期。

④（第 25 行）：增加变量 counter 以准备下一个 ISR。

⑤（第 27 行）：计算当前消息值与 LO 值的乘积。这将 BPSK 信号调制到 12 kHz。

⑥（第 29、30 行）：将 BPSK 发射器的当前值同时输出到左右通道。

## 18.4.3　实时代码总结

至此，我们创建了一个 BPSK 发射器的两种实时实现。第 2 个版本虽然更复杂，但由于其优越的频谱特性，所以更接近于在实际通信系统中使用的版本。来自 DSK 的 DAC 的模拟电压输出以 2 400 b/s 的数据速率表示消息符号（请记住，对于 BPSK，位和符号是等效的）。该数据流可用于被配置作为一个数字接收器的第 2 个 DSK，这一概念在第 19 章中介绍。

# 18.5　后继挑战

考虑扩展您所学的知识：

① 在 MATLAB 脉冲调制器仿真中，我们使用了 120 阶 FIR 滤波器。在实时实现中，我们使用了 200 阶 FIR 滤波器。使用更小阶数的滤波器对系统性能有什么影响？

② 设计一个带通升余弦脉冲形 FIR 滤波器/系统，当受到脉冲激励时，直接产生调制波形（不需要单独的混频器）。

③ 考虑到您在上述挑战②中的设计，这种方法的优点和缺点是什么？

④ 本章讨论的方法与模拟滤波器方法相比如何？也就是说，与"生成矩形 BPSK 信号，然后使用传统模拟滤波器将信号滤波到所需带宽"的方法相比。

# 第**19**章

# 项目 10：BPSK 数字接收器

## 19.1 理 论

在第 18 章中，我们介绍了一些可用于生成二进制相移键控(BPSK)信号的基本技术。由于存在大量与 BPSK 信号生成相关的不同形式和规范，因此有很多变化多样的接收器并不奇怪。在本章中，仅介绍这些形式中的一种以及一些可用于恢复包含在 BPSK 信号中的消息的技术。

具体来说，我们将讨论一个简化的 BPSK 接收器，它必须满足：

① 恢复载波并从接收信号中消除其影响。这将使用锁相环(PLL)完成(见第 17 章)。此过程将恢复 BPSK 信号的基带版本。

② 通过基于 FIR 的匹配滤波器(MF)来处理恢复的基带信号。假设 BPSK 信号是在发送器上使用以 2 400 符号/秒的脉冲调制(IM)"根升余弦(root-raised cosine)"形脉冲产生的，这与第 18 章中探讨的正常的"升余弦(raised cosine)"形脉冲类似，但这是一个有趣且常见的变化。正如 MF 操作所要求的那样，接收器将使用与发送器中使用的相同的根升余弦滤波器。我们选择了一种基于 MF 的接收器，因为它在存在加性高斯白噪声(AWGN)的情况下会产生决策统计的最佳信噪比(SNR)[65]。

③ 最后，符号定时必须从来自接收器 MF 的信号中恢复。我们将使用基于最大似然(ML)的定时恢复环路来确定何时对匹配滤波器的输出进行采样。这个采样/决策过程相当于确定眼图大体上在何处最"开放"。我们将在本章后面更详细地讨论眼图。此采样/决策过程还将一系列已滤波的采样的信号值转换回消息位(0 或 1)。回想一下，对于 BPSK，位和符号是等价的。

在我们讨论一个 BPSK 接收器的这一点上，不能太强调载波恢复、匹配滤波和符号定时恢复必须**全部**在接收器内正确发生，以便正确恢复各个消息位。这三个必需过程的组合使这成为一个非常具有挑战性的项目。当我们告诉您，这个项目实际上包括将您已见过的两个概念串联起来并且只开发一个新概念时，可能会稍微减轻您的焦虑。具体来说，锁相环(PLL)是在第 17 章开发的，匹配滤波器仅仅是一个 FIR 滤波器，它是在第 3 章开发的。该项目新的部分是基于 ML 的定时恢复系统，它是我们讨论的主要部分所要指向的方面。请注意，为与文献保持一致，我们将首字母缩略词 NCO 用于"数控振荡器(Numerically Controlled Oscillator)"，但这实际上正是直接数字合成器(Direct Digital Synthesizer，DDS)的另一个名称，如我们在第 5 章中讨论的那样。

端到端的 BPSK 发射器-通道-接收器的简化框图如图 19.1 所示。在该图中，接收器框图包含在虚线框内。接收器的定时恢复部分源自图 19.2 的简化版本。请参见文献[89]获得更详细的信息。

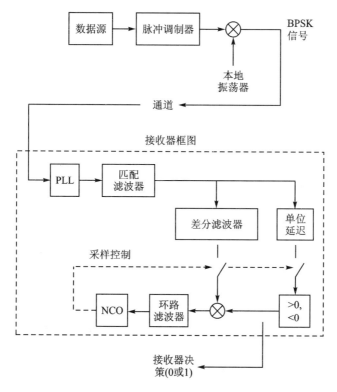

(PLL：锁相环；NCO：数控振荡器)

**图 19.1：一个 BPSK 通信系统的简化框图(发射器-通道-接收器)**

对图 19.2 的几个关键简化是为了得到图 19.1。具体来说：

① 如图 19.2 所示，不是实现两个高阶 FIR 滤波器(匹配滤波器和"匹配滤波器导数(matched filter derivative)"滤波器)，我们将只实现匹配滤波器，然后**近似**匹配滤波器输出的导数。

② 导数运算将使用一个非常简单的二阶 FIR 滤波器来实现，该滤波器具有一个样本的群延迟。必须考虑到该单位延迟，才能正确对齐两个信号。

③ 图 19.2 所示的检测器将使用切片器来实现。也就是说，正信号将映射到 +1 (消息位的值为 1)，负信号将映射到 −1 (消息位的值为 0)。检波器块可以被认为是一个点，在该点处由接收器**决定**已接收的消息位的值。

④ 图 19.2 所示的定时误差检测器(TED)将通过乘法运算来近似。

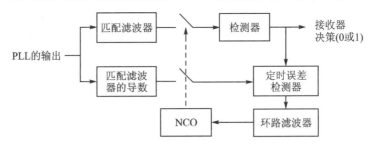

(NCO：数控振荡器)

图 19.2：基于最大似然的定时恢复方案

## 19.1.1 匹配滤波器的输出

PLL 消除了发送器的载波影响后,信号通过一个匹配滤波器。如前所述,该滤波器在存在 AWGN 时来优化决策统计的信噪比。匹配滤波器输出的一个例子如图 19.3 所示。在此图中,时间刻度为 5.00 ms/格,并且显示了 10 个水平分区,因此我们在图中看到 50 ms 的数据持续时间。在 2 400 符号/秒(sps)的给定数据速率下,这意味着 50 ms "快照"向我们显示 120 个数据符号。由于这是 BPSK,因此 120 个符号相当于 120 位。

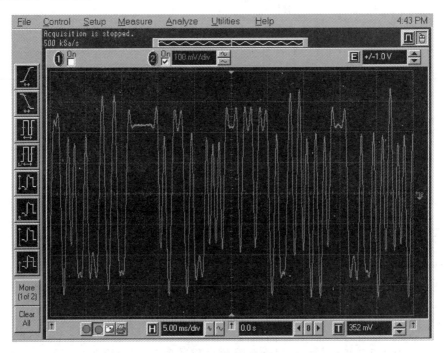

图 19.3：接收器的匹配滤波器输出(120 位)

图 19.3 中的信号结果没有故意添加噪声。您在视觉上确定所有 120 个符号的值有多难？如果信号中添加了大量噪声，那么您能想象尝试确定消息符号值吗？任何真实世界的信号都不可避免地会增加噪声。也许您开始领会到接收器必须完成的任务有多难。只有知道了何时是对匹配滤波器输出进行采样的"最佳"时间，才可能实现整个消息符号的检测过程。

## 19.1.2 眼 图

在开始讨论定时恢复环路之前，我们需要简要回顾一下眼图（eye-pattern）的概念。如前所述，BPSK 接收器必须消除载波的影响（也称为"下变频（down conversion）"），对下变频的信号进行滤波，然后在正确的时间（定时恢复过程）对生成的信号进行采样，以将（在本例中）20 个样本（一个传输符号中的样本数）转换回消息符号（+1 或 −1）。这个过程相当于创建一个通常所说的眼图，并在最大平均眼图开口点对其进行采样。图 19.4 显示了使用示波器和一个已恢复符号的定时信号去触发显示的一个眼图例子。在该图中，显示了 100 ms 的匹配滤波器输出。对眼图开口（eye opening）进行了标记，但这个开口不是对称的。为了实现对称的眼图开口，需要相当多的数据用于显示（随时间收集）。在图 19.5 中显示了一整秒钟匹配滤波器的输出。

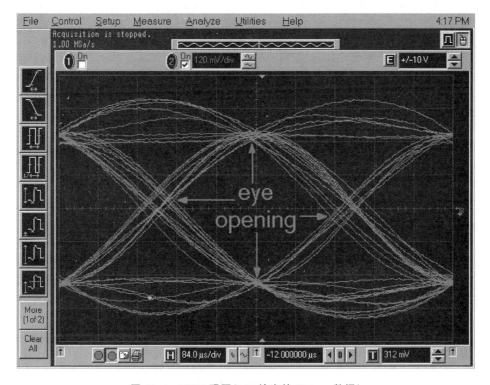

图 19.4：BPSK 眼图（MF 输出的 100 ms 数据）

眼睛现在是对称的,符号周期(symbol period)标记在水平轴上。符号速率为 2 400 符号/秒,导致符号周期为 1/2 400＝416.67($\mu$s)。考虑到我们希望显示三个眼图开口(即两个符号周期),需要将时间刻度(示波器的水平轴)设置为(1/2 400)×2/10＝83.33($\mu$s/格),因此将示波器时基设置为最接近的值 84 $\mu$s/格。

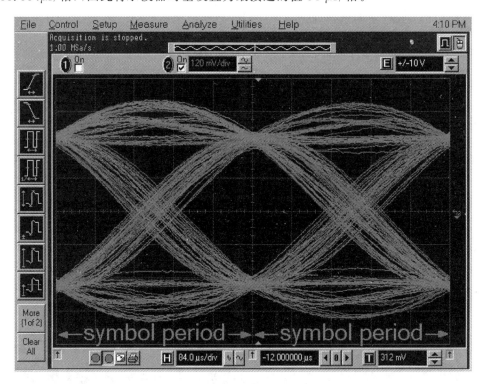

图 19.5:BPSK 眼图(MF 输出的 1 000 ms 数据)

至此,应该清楚的是,一方面,短时间段的眼图显示允许看到单独的迹线,但是由于数据不足,眼图开口的特征可能是误导的。另一方面,如果显示更长的时间段,则眼图上的各个迹线将被模糊,但是眼图开口的平均特征将更清晰可见。

## 19.1.3 最大似然定时恢复

如前所述,我们将要实现的最佳 ML 定时恢复环路的近似物显示在图 19.1 的接收器框图部分中。该图是 Mengali 和 D'Andrea[89] 在其教材第 7 章中讨论的最佳 ML 定时恢复环路的修改版本。此过程的第一步是将匹配滤波器决策(＋1 或－1)中的正确采样输出乘以匹配滤波器输出的导数(此乘法取代在图 19.2 中的定时误差检测器)。因此,我们需要以某种方式实现导数操作。可以使用许多不同的技术获得导数,但是我们将使用一个二阶 FIR 滤波器 $y[n]=x[n]-x[n-2]$ 通过简单的差分运算来近似它,其具有一个样本的群延迟。如图 19.6 所示,这种实现方式绰绰有余,因为差分运算非常接近于高度过采样信号的微分运算。几乎总是如此,在继续算法之前必须考虑与该滤波器相关的群延迟。

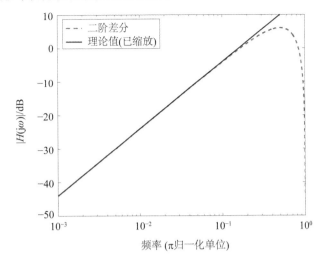

**图 19.6：二阶 FIR 差分滤波器的频率响应与理论响应的缩放版本的比较**

可以从图 19.7 中直观理解为什么这种乘法导致信号与定时误差成比例。回想一下，对于这个 BPSK 信号，符号的值 $-1$ 等于位的值 $0$，符号的值 $+1$ 等于位的值 $1$。标为 "$A_{01}$" 的眼图迹线与消息位从 $0$ 转换为 $1$ 相关联，标记为 "$A_{10}$" 的迹线与消息位从 $1$ 到 $0$ 的转换相关联。对于等概率位值的随机消息，当标记为 "$A_{01}$" 和 "$A_{10}$" 的迹线都出现时，应该以 $0.5$ 的概率发生。

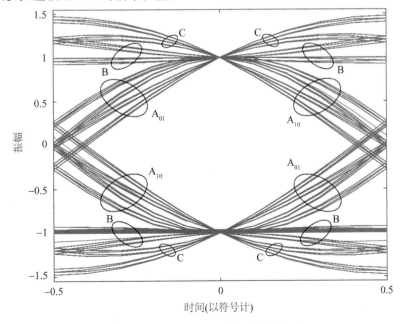

**图 19.7：一个理想眼图的定时恢复方案**

标记为"B"的眼图迹线表示 1 或 0 的扩展字符串(即位值不改变)。标记为"C"的眼图迹线表示 1 或 0 的扩展字符串,后面跟着一个消息位更改;或一个消息位更改后面跟着 1 或 0 的扩展字符串。对于等概率位值的随机消息,当标记为"B"和"C"的迹线都出现时,也应该以 0.5 的概率发生。

只有"A"区域的迹线导致由定时误差检测器(TED)产生一个适当的误差信号。在"B"区域中,迹线的斜率(即导数)非常接近于零,这导致几乎不产生误差信号。在"C"区域中,迹线导致"错误"极性的误差信号。这种错误的极性信号可以被视为提供正反馈或一个增强的系统误差,这不是我们想要的。幸运的是,"A"区域的效果强于"B"和"C"区域组合的效果。因此,当 NCO 设置为以 2 400 符号/秒的速率自由运行时,系统的误差信号应该只需要考虑发射器和接收器的符号时钟之间非常小的差异。这允许定时恢复环路正确运行,因为大体上,系统跟踪最大的眼图开口。

最后,对匹配滤波器 MF 的输出进行采样和决策,提取传输的数据符号(+1 或 −1)。切片器实现了一个更简单的决策,实际上是在 $x > 0$ 或 $x < 0$ 之间做决定。根据恢复的符号,从接收到的 BPSK 信号中获取数据位(1 或 0)。

**重要提示**:至此,我们希望您已经发现需要超越本书并阅读与本书软件给定章节相关的**完整**程序清单。虽然在前面的章节中已经给出了许多部分代码清单和解释,但后继讨论有意不那么详细了。这是一种尝试,以帮助您进一步提升**自学**如何阅读和理解实时 DSP 代码的能力,这对于创建自己的原始代码是必要的步骤。请尽量超越我们所写的内容。

# 19.2   winDSK 演示

winDSK8 程序没有提供对应的接收器功能。winDSK8 的 commDSK 应用只有发射器功能。

# 19.3   MATLAB 实现

BPSK 接收器的 MATLAB® 仿真见清单 19.1 和清单 19.2。清单 19.1 详细介绍了变量声明,而清单 19.2 则详细介绍了 MATLAB 脚本文件的 ISR 仿真部分。

### 清单 19.1:与 BPSK 接收器仿真相关的声明

```
1   % generate the BPSK transmitter's signal
    [BPSKsignal, dataArray] = impModBPSK(0.1);

3

    % simulation inputs...PLL
5   alphaPLL = 0.010;              % PLL's loop filter parameter "alpha"
```

```
        betaPLL = 0.002;                      % PLL's loop filter parameter "beta"
 7    N = 20;                                  % samples per symbol
      Fs = 48000;                             % simulation sample frequency current
 9    phaseAccumPLL = randn (1);              % phase accumulator's value
      VCOphaseError = 2 * pi * rand (1);      % selecting a random phase error
11    VCOrestFrequencyError = randn (1);      % error in the VCO's rest freq
      Fcarrier = 12000;                       % carrier freq of the transmitter
13    phi = VCOphaseError;                    % initializing the VCO 's phase

15    % simulation inputs... ML timing recovery
      alphaML = 0.0040;                       % ML loop filter parameter "alpha"
17    betaML = 0.0002;                        % ML loop filter parameter "beta"
      alpha = 0.5;                            % root raised-cosine rolloff factor
19    symbols = 3;                            % MATLAB "rcosfir" design parameter

21    phaseAccumML = 2 * pi * rand (1);       % initializing the ML NCO
      symbolsPerSecond = 2401;               % symbol rate w/offset from 2400
```

清单 19.1 解释如下：

① （第 2 行）：发射器信号生成。

② （第 5、6 行）：与 PLL 相关的环路滤波器参数。

③ （第 7、8 行）：采样频率（每秒样本数）除以每个符号的样本数，确定每秒的符号数（符号速率或波特率）。

④ （第 9～11、13、21 和 22 行）：通过确保误差存在于 PLL 的初始频率和相位中，并且存在于 ML 定时恢复环路的初始相位和符号速率中，来为仿真增加真实性。

⑤ （第 12 行）：将载波静止频率设置为匹配发射器的载波频率（12 kHz）。

⑥ （第 16、17 行）：与 ML 定时恢复环路相关的环路滤波器参数。

⑦ （第 18 行）：根升余弦滚降因子。这应该与发射器的滚降因子相匹配。

⑧ （第 19 行）：与使用 rcosfir 函数设计的 FIR 滤波器的长度（阶数）相关的一个 MATLAB 滤波器设计参数[①]。

### 清单 19.2：BPSK 接收器的 ISR 仿真

```
      % commencing ISR simulation
 2    for i = 1: length (BPSKsignal)
          % processing the data by the PLL
 4          phaseDetectorOutput = analyticSignal(i) * vcoOutput;
```

---

① 如第 18 章所述，许多滤波器设计命令的调用序列都在不断变化中。您可能想要读取和运行在第 19 章 matlab 目录下的 filterDesignerComparison.m 文件中的代码。

```
          m = 6 * real(phaseDetectorOutput);      % scale for a max value
6         q = real(phaseDetectorOutput) * imag(phaseDetectorOutput);
          [loopFilterOutputPLL, Zi_pll] = filter(B_PLL, A_PLL, q, Zi_pll);
8         loopFilterOutputPLLSummary = ...
              [loopFilterOutputPLLSummary loopFilterOutputPLL];      % plot
10        phi = mod(phi + loopFilterOutputPLL + 2 * pi * Fcarrier * T, 2 * pi);
          vcoOutput = exp(- j * phi);
12
          % processing the data by the ML-based receiver
14        [MFoutput, Zi_MF] = filter(B_MF, 1, m, Zi_MF);
          [diffMFoutput, Zi_diff] = filter([1 0 - 1], 1, MFoutput, Zi_diff);
16
          phaseAccumML = phaseAccumML + phaseIncML;
18        if phaseAccumML >= 2 * pi
              phaseAccumML = phaseAccumML - 2 * pi;
20            decision = sign(delayedMFoutput);
              [error, Zi_ML_loop] = filter(B_ML, A_ML, ...
22                decision * diffMFoutput, Zi_ML_loop);
              phaseAccumML = phaseAccumML - error;
24            errorSummary = [errorSummary error];              % plot
              decisionSummary = [decisionSummary decision];     % plot
26        else
              errorSummary = [errorSummary 0];                  % plot
28        end
30        delayedMFoutput = MFoutput;    % accounts for group delay
32        % state storage for plotting... not part of the ISR
          delayedMFoutputSummary = ...
34            [delayedMFoutputSummary delayedMFoutput];
          decisionSummaryHoldOn = [decisionSummaryHoldOn decision];
36    end
38  % output terms
    % Plot commands follow...
```

清单 19.2 解释如下:

① (第 2～36 行): 这个“for”循环对已接收数据的逐个样本处理进行仿真。

② (第 4～11 行): 这段代码实现了第 17 章讨论的 PLL。

③（第 14 行）：对 PLL 中的数据进行匹配滤波。

④（第 15 行）：执行匹配滤波器输出的二阶差分。这是对该过采样信号的微分的一个非常好的近似。

⑤（第 17 行）：更新与 ML 定时恢复环路相关的相位累加器的值。对于 2 400 符号/秒的自由运行频率，在每次调用 ISR 时，累加器的值必须增加 $2\pi/20 = \pi/10$（rad）。

⑥（第 18～28 行）：确保每当相位累加器达到 $2\pi$ 时，累加器的值减少 $2\pi$。对于 ML 定时环路误差的合理值，这相当于模 $2\pi$ 运算。平均而言，这个代码块每 20 个 ISR 调用应该只运行一次。这实际上是抽选 20 的操作，这导致仅仅这些样本被传递到 ML 定时恢复环路滤波器。

⑦（第 30 行）：考虑二阶差分 FIR 滤波器的群延迟。

请记住，该仿真随机初始化与 PLL 和 ML 定时恢复环路相关的频率和相位误差，这（加上可能添加到输入信号的任何噪声的随机性）意味着**每次**运行程序时仿真的行为都会不同。可以通过在每次仿真开始时重新初始化 MATLAB 随机数发生器的状态或通过将第 9、10、11 和 21 行中的变量设置为零来控制此随机行为。MATLAB 随机数发生器的状态可以使用 MATLAB 命令 randn('state', 0) 进行重置。

图 19.8 显示了一个仿真输出例子，展示了 PLL 和 ML 定时恢复环路的出色性能。在该图中，第一个（顶部）子图显示了 PLL 的误差如何减小到零误差。第二个子

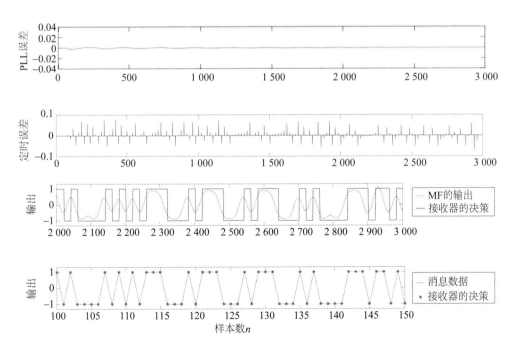

**图 19.8：展示出色的 PLL 和 ML 定时恢复性能的 BPSK 接收器**

图显示 ML 定时误差也趋于平均值零。请记住,通过 ML 定时恢复 NCO 测量的相邻样本之间的相位角是 $\pi/10 \approx 0.314 (\text{rad})$。在此示例中,定时误差永远不会超过 0.1 rad。请记住,定时误差**仅仅**在采集样本时被定义。因此,子图为每个非零值显示了平均 19 个零误差值。第三个子图显示匹配滤波器的输出和接收器的决策,这有效地将 MF 的模拟输出转换回数字信号(数据符号)。第四个(底部)子图比较发送的符号和接收的符号。在此仿真中,接收器在错误停止发生之前处理了大约 15 个符号。请记住,在此 BPSK 示例中,将从符号到位的映射定义为 $+1 \rightarrow 1$ 和 $-1 \rightarrow 0$。

在图 19.9 中,第一个、第二个和第三个子图中的所有内容都表明该算法运行相当好。然而,第四个子图清楚地显示出接收到的符号已被翻转(发送的 $-1$ 被解释为 $+1$,发送的 $+1$ 被解释为 $-1$)!当我们将接收到的符号映射到位时,这将导致消息位翻转,并且我们的误码率将接近 100%。这是无法接受的,对于接收到的每百万位,合理的错误率更多的是大约一个错误!这场灾难是怎么发生的呢?

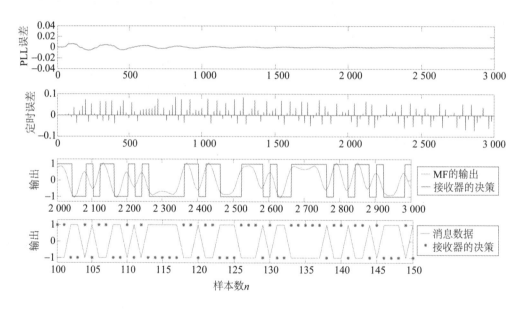

(然而,Costas 环锁定 180°异相,这将导致消息位翻转,误码率接近 100%)

**图 19.9:展示不希望的相位反转的 BPSK 接收器**

正如我们在 PLL 章节中讨论的那样,Costas 环 PLL 对 180°相位模糊度**视而不见**。但有办法解决这个问题。在传输开始时发送已知的前导信号将允许您识别相位反转,以便您可以将其删除。另一种流行的技术是使用传输数据的差分编码(在消息恢复之后伴随差分解码),这以发射器和接收器的更高复杂性为代价,使得您的数据不受相位反转的影响。

# 19.4    使用 C 语言的 DSK 实现

## 19.4.1    数字接收器的组件

BPSK 接收器的实时实现如清单 19.3 和清单 19.4 所示。清单 19.3 提供了所使用的大多数变量的声明，清单 19.4 实现了算法。运行此应用程序所需的文件在第 19 章的 ccs\DigRx 目录中。感兴趣的主要文件是 BPSK_rcvr_ISRs.c，它包含中断服务例程。此文件包含大多数必需的变量声明，并执行 BPSK 接收器操作。

**清单 19.3：BPSK 接收器项目代码的声明部分**

```
 1   float alpha_PLL = 0.01;              // loop filter parameter
     float beta_PLL = 0.002;             // loop filter parameter
 3
     float alpha_ML = 0.1;               // loop filter parameter
 5   float beta_ML = 0.02;               // loop filter parameter

 7   float twoPi = 6.2831853072;         // 2pi
     float piBy2 = 1.57079632679;        // pi/2
 9   float piBy10 = 0.314159265359;      // pi/10
     float piBy100 = 0.0314159265359;    // pi/100
11   float scaleFactor = 3.0517578125 e - 5;
     float gain = 3276.8;
13
     float x[N + 1] = {0, 0, 0, 0, 0, 0, 0};  // input signal
15   float sReal = 0;    // real part of the analytical signal
     float sImag = 0;    // imag part of the analytical signal
17
     float phaseDetectorOutputReal[M + 1] = {0, 0, 0, 0, 0, 0, 0, 0,
19      0, 0, 0, 0, 0, 0, 0, 0, 0, 0, 0, 0, 0, 0, 0, 0, 0, 0, 0, 0, 0, 0,
        0, 0, 0, 0, 0, 0, 0, 0, 0, 0};  // real part of the analytical signal
21   float phaseDetectorOutputImag = 0;
     float vcoOutputReal = 1;
23   float vcoOutputImag = 0;
     float q_loop = 0;      // input to the loop filter
25   float sigma_loop = 0;   // part of the PLL loop filter
     float PLL_loopFilterOutput = 0;
27   float phi = 0;   // phase accumulator value

29   float * pLeft = phaseDetectorOutputReal;
```

```
       float * p = 0;
31     float matchedfilterout[3] = {0, 0, 0};

33     float diffoutput = 0;
       float sigma_ML = 0;    // part of the ML loop filter
35     float ML_loopFilterOutput = 0;
       float accumulator = 0;
37     float adjustment = 0;
       float data = 0;
39     volatile float ML_on_off = 1;

41     Int32 i = 0;
       Int32 sync = 0;
```

清单 19.3 解释如下：

① (第 1、2 行)：声明 PLL 的环路滤波器参数。

② (第 4、5 行)：声明 ML 定时恢复环路的滤波器参数。

③ (第 7~12 行)：声明算法中使用的各种常量。

④ (第 14~27 行)：声明实现 PLL 所需的变量。

⑤ (第 29~31 行)：声明实现 MF 所需的变量。

⑥ (第 33~38 行)：声明实现 ML 定时恢复环路所需的变量。

⑦ (第 39 行)：声明一个标志,将 ML 定时恢复环路"打开(ON)"或"关闭(OFF)"。这可用于演示在定时恢复环路中没有误差控制过程的影响。

⑧ (第 41 行)：声明循环中使用的整数索引。

⑨ (第 42 行)：声明一个整数同步信号,用于通过第二个编解码器通道发送定时脉冲。该定时脉冲可用于触发示波器以创建眼图。

清单 19.4: BPSK 接收器项目代码的算法部分

```
       // my algorithm starts here...
2      // bring in input value
       x[0] = CodecDataIn. Channel[LEFT];      // current LEFT input value
4
       // execute Hilbert transform and group delay compensation
6      sImag = (x[0] - x[6]) * B_hilbert[0] + (x[2] - x[4]) * B_hilbert[2];
       sReal = x[3] * scaleFactor;      // scale and account the group delay
8
       // setup x for the next input
10     for (i = N; i > 0; i-- ) {
           x[i] = x[i-1];
12     }

14     sImag * = scaleFactor;
```

```
16   // execute the PLL
     vcoOutputReal = cosf(phi);
18   vcoOutputImag = sinf(phi);
     phaseDetectorOutputReal[0] = sReal * vcoOutputReal...
20       + sImag * coOutputImag;
     phaseDetectorOutputImag = sImag * vcoOutputReal...
22       - sReal * vcoOutputImag;
     q_loop = phaseDetectorOutputReal[0] * phaseDetectorOutputImag;
24   sigma_loop += beta_PLL * q_loop;
     PLL_loopFilterOutput = sigma_loop + alpha_PLL * q_loop;
26   phi + = piBy2 + PLL_loopFilterOutput;

28   while (phi > twoPi) {
         phi -= twoPi;     // modulo 2pi operation for accumulator
30   }

32   // execute the matched filter (MF)
      * pLeft = phaseDetectorOutputReal[0];
34
     matchedfilterout [0] = 0;
36   p = pLeft;
     if ( ++ pLeft > &phaseDetectorOutputReal[M])
38       pLeft = phaseDetectorOutputReal;
     for (i = 0; i <= M; i ++) {   // do LEFT channel FIR
40       matchedfilterout[0] += * p-- * B_MF[i];
         if (p < phaseDetectorOutputReal)
42       p = &phaseDetectorOutputReal[M];
     }
44
     // execute the differentiation filter
46   diffoutput = matchedfilterout[0] - matchedfilterout[2];

48   // execute the ML timing recovery loop
     sync = 0;
50   if (accumulator >= twoPi) {
         sync = 20000;
52       data = - 1;
         if (matchedfilterout[0] >= 0) {   // recover data
54           data = 1;
         }
```

```
56        adjustment = data * diffoutput;
          sigma_ML += beta_ML * adjustment;
58        // prevents timing adjustments of more than + / - 1 sample
          if (sigma_ML > piBy10) {
60            sigma_ML = piBy10;
          }
62        else if (sigma_ML < - piBy10) {
              sigma_ML = - piBy10;
64        }
          ML_loopFilterOutput = sigma_ML + alpha_ML * adjustment;
66
          // prevents timing adjustments of more than + / - 0.1 sample
68        if (ML_loopFilterOutput > piBy100) {
              ML_loopFilterOutput = piBy100;
70        }
          else if (ML_loopFilterOutput < - piBy100) {
72            ML_loopFilterOutput = - piBy100;
          }
74        if (ML_on_off == 1) {
              accumulator -= (twoPi + ML_loopFilterOutput);
76        }
          else {
78            accumulator -= twoPi;
          }
80  }

82  // increment the accumulator
    accumulator += piBy10;
84
    // setup matchedfilterout for the next input
86  matchedfilterout[2] = matchedfilterout[1];
    matchedfilterout[1] = matchedfilterout[0];
88
    CodecDataOut.Channel[LEFT] = sync;  //O-scope trigger pulse
90  CodecDataOut.Channel[RIGHT] = gain * matchedfilterout[1];
    //...my algorithm ends here
```

清单 19.4 解释如下：

① (第 3 行)：将输入值输入 ISR。

② (第 6 行)：对输入信号执行希尔伯特变换。对该 CCS 项目中包含的 hilbert.c 文件中的 B_hilbert 系数的检查揭示了奇数对称性，其中三个奇数项均等于零，这极大地简化了实现 FIR 滤波器所需的点积。图 19.10 显示了在 MATLAB 中设计的滤波器的通带频率响应与该滤波器在所有其他系数均设置为零的情形下的放大比较。

请注意，该滤波器在感兴趣的频段(12 kHz±2 kHz)内非常接近于"平坦"，这并非一目了然，直至您注意到垂直轴单位为 milli-dB(mdB)。该图显示了两个滤波器中非常小但不可避免的通带纹波，但它们非常接近于相同。

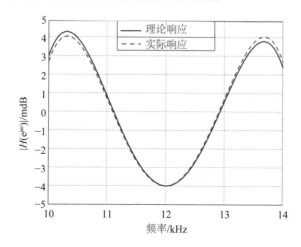

(比较 MATLAB 设计的希尔伯特变换滤波器的通带频率响应和该滤波器在所有其他系数均设置为零的情形。请注意，垂直轴刻度以毫分贝为单位)

**图 19.10：两个希尔伯特(Hilbert)变换滤波器比较**

③ (第 7 行)：将比例因子应用于信号，并考虑在 PLL 之前的希尔伯特(Hilbert)变换 FIR 滤波器的群延迟。

④ (第 10~12 行)：为下一次 ISR 调用而更新 $x$ 的缓冲值。

⑤ (第 14 行)：在 PLL 之前将比例因子应用于信号。

⑥ (第 17~30 行)：实现 PLL。

⑦ (第 33~43 行)：实现基于 FIR 的匹配滤波器。

⑧ (第 46 行)：实现基于 FIR 的二阶差分滤波器，它非常接近于微分。

⑨ (第 49 行)：关闭编解码器的通道同步脉冲。

⑩ (第 50~80 行)：实现 ML 定时恢复环路(详情如下)。

⑪ (第 50 行)：当 ML 定时环路的 NCO 的总相位≥2π 时，向 ML 定时循环提供接下来的 2 个输入的采样操作被激活。

⑫ (第 51 行)：将编解码器的输出同步脉冲驱动为高电平。

⑬ (第 52~55 行)：实现检测器(切片器)以确定接收到哪个符号。

⑭ (第 56 行)：执行正确对齐的匹配滤波器输出及其导数的定时误差检测器操作(乘法)。

⑮ (第 57~73 行)：实现 ML 定时恢复环路的环路滤波器(详情如下)。

⑯ (第 57~64 行)：实现滤波器的 IIR 部分。请注意，非线性元素(限制器)可防止该滤波器的输出超过±π/10 rad(±1 个样本)。

⑰ (第 65~73 行):完成环路滤波器的实现,并添加另一个限制器以防止总误差超过±π/100(±0.1 个样本)。

⑱ (第 74~79 行):如果 ML 环路"打开(ON)",则将 ML 定时恢复环路的误差应用于 NCO,否则环路以标称符号速率(2 400 符号/秒)自由运行。

⑲ (第 83 行):每次调用 ISR 时,ML 定时循环 NCO 的相位增加 π/10。这将 NCO 的自由运行速度设置为符号速率(2 400 符号/秒)。

⑳ (第 86、87 行):更新匹配滤波器输出的缓冲值,为下一个二阶差分操作做准备。

㉑ (第 89、90 行):将同步信号输出到编解码器的左通道,将群延迟的匹配滤波器的输出输出到编解码器的右通道。

## 19.4.2  系统测试

创建一个眼图是确定您的接收器工作情况的一个绝佳方法。DSK 系统应设置如下:

① 本书的软件包含可通过任何 WAV 文件播放设备(CD 播放器、PC 声卡等)进行播放的 WAV 文件(在 test_signals 目录中,文件名以"BPSK RRC"开头的用于 BPSK 根升余弦),它们"替代"BPSK 发射器。该信号应作为输入连接到 DSK 的 ADC;或者,第二个 DSK 可以作为发射器,运行与 C 语言代码类似的第 18 章中脉冲调制 BPSK 发射器的代码(但使用**根**升余弦滤波器,而不是升余弦滤波器);又或者,第二个 DSK 可以作为发射器,运行 winDSK8 的 commDSK 应用程序。

② 使用 winDSK8 或者一个示波器来验证 DSK 的输入是否接近,但未达到 DSK 编解码器的最大范围(通常为$-1$ V$<x<+1$ V)。

③ 将信号源连接到 DSK 的输入。

④ 按以下方式将 DSK 编解码器的两个输出通道(左和右)连接到一个示波器的两个输入通道,将与 DSK 左通道输出(同步脉冲)连接的示波器通道的示波器显示设置为触发关闭,将示波器的两个输入通道显示在屏幕上。

⑤ 确保正在播放 BPSK 输入信号,将 BPSK 接收器的.out 文件加载到 DSK 中,然后启动 DSK(运行)。

在示波器显示持久性打开的情况下,应该可以看到类似于图 19.11 的图像。

在此图中,生成了颜色编码的直方图(文中此处显示为灰色阴影),指示出屏幕上的 MF 输出迹线最经常位于何处。同步脉冲显示在显示屏顶部。中心同步脉冲看起来非常稳定,因为它用于触发示波器。紧接在该中心脉冲前后的同步脉冲清楚地表明 ML 定时恢复环路偶尔跟踪一个样本到最大眼图开口位置的任一侧。这种非常轻微的定时误差导致定时抖动,引起眼图开口在垂直和水平方向上略微闭合。随着眼图开口变大,接收器表现更好。

如果没有显示同步脉冲,则传统的眼图应当显示为如图 19.12 所示的那样。

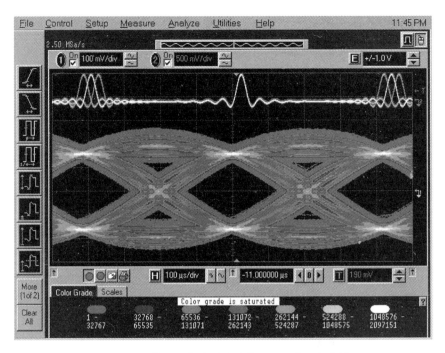

图 19.11：带已恢复定时脉冲的 BPSK 眼图直方图

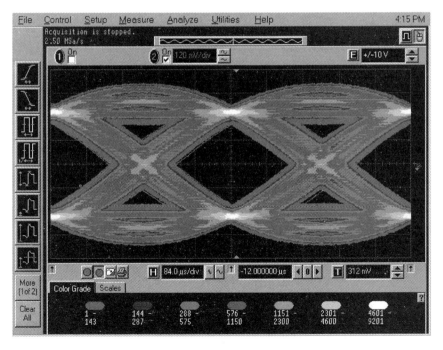

图 19.12：BPSK 眼图直方图

# 19.5 后继挑战

考虑扩展您所学的知识:

① 在 ML 定时恢复环路中设计并实现自己的环路滤波器。

② 设计并实现一种算法,该算法在 ML 定时恢复环路被**锁定**并跟踪符号速率时进行检测,然后向用户提供一些指示。

③ 请分析 ISR 代码并识别任何瓶颈。

④ 提出可能最小化或消除这些瓶颈的改进建议。

⑤ 至少实现一个改进,并计算您的新代码节省的计算负荷。

⑥ 使用基于帧的技术实现 BPSK 接收器。

# 第20章

# 项目 11：MPSK 与 QAM 数字发射器

## 20.1 理 论

在第 18 章中，我们回顾了数字通信中涉及的一些概念，并开发了脉冲调制（IM）的、二进制相移键控（BPSK）发射器。在本章中，我们将扩展这些概念以提高系统的频谱效率（即将更多数据压缩到相同的带宽中）。通过在信号的星座图中添加第二维来提高系统的频谱效率，类似于 $x$ 和 $y$ 中的二维笛卡儿坐标系。这种增加的维度将导致每个符号代表多个位。具体来说，我们将讨论：

① 脉冲调制正交相移键控（QPSK），使用根升余弦（RRC）滤波符号。

② 脉冲调制 8 态相移键控（8-PSK）、16 态相移键控（16-PSK）和 32 态相移键控（32-PSK）。

③ 脉冲调制 16 态正交振幅调制（16-QAM）。

这里重申，本书仅仅简要回顾了与我们使用实时 DSP 领域相关的理论。如果您还不熟悉数字通信技术，那么在继续之前，请复习第 18 章或者阅读一本关于数字通信的更理论的书籍，那样将会符合您的最佳利益。

### 20.1.1 基于 $I$ 和 $Q$ 的发射器

第 18 章中描述的脉冲调制 BPSK 系统的方框图在本章中再次提供，如图 20.1 所示。这个 BPSK 系统一次传输一位（即每个符号一位）。为了一次传输两位（例如使用 QPSK），我们将仅仅**稍微**提高发射器的复杂性。脉冲调制 QPSK 系统的方框图如图 20.2 所示。

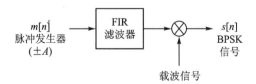

**图 20.1**：与一个脉冲调制 **BPSK** 发射器相关的框图

图 20.1 所示的 BPSK 发射器系统与图 20.2 所示的 QPSK 发射器系统有三个

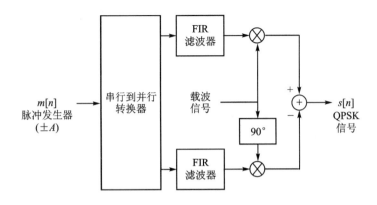

**图 20.2：与一个脉冲调制 QPSK 发射器相关的框图**

显著差异：

① QPSK 发射器一次处理两位,这是通过使用串行到并行(serial-to-parallel)转换器将输入的数据值拆分为两个并行数据流来实现的。在图 20.2 中,最常见的方法是将上面的数据流标记为 $x[n]$,而将下面的数据流标记为 $y[n]$,因为它们与即将讨论的二维的信号星座的 $x$ 和 $y$ 坐标有关。请注意,虽然 $x[n]$ 和 $y[n]$ 来自一个公共数据流,但是为了方便起见,根据它们如何被用于定义信号星座,我们选择将它们理解为相互之间存在隐含的 90°(即正交)相位差。

② 两个并行数据流 $x[n]$ 和 $y[n]$ 由相同的 FIR 滤波器(用于脉冲成形目的)进行滤波,并通过载波信号调制。上面的混频器称为"同相"或"$I$"混频器,下面的混频器称为"正交"或"$Q$"混频器。与"$Q$"混频器相关的振荡器与"$I$"混频器有 90° 异相。如果系统的载波信号被假定为余弦波形,那么 90° 移相器的输出将是相同频率的正弦波形。两个混频器和 90° 移相器一起被称为复合混频器。

③ 通过从顶部信号中减去底部信号来重新组合两个信号的路径。对于减法运算必要性的令人满意的解释需要快速回顾复包络标记法[64]。任何物理带通波形 $s(t)$ 都可以表示为信号复包络的乘积的实部 $g(t)$ 和在期望载波频率处的复指数。为了将其与图 20.2 联系起来,$g(t)$ 将来自从串行到并行转换器的输出,复指数将来自载波信号的两个部分(常规的和移相的),见下面的简短推导。虽然是根据连续时间信号(例如 $s(t)$)来写出推导,但它很好地适用于诸如 $s[n]$ 的离散时间信号。

$$s(t) = \mathrm{Re}\{g(t)e^{jw_c t}\}$$

其中 $g(t) = x(t) + jy(t)$ 并且 $e^{jw_c t} = \cos(w_c t) + j\sin(w_c t)$。

$$s(t) = \mathrm{Re}\{[x(t) + jy(t)][\cos(w_c t) + j\sin(w_c t)]\}$$

$$s(t) = \mathrm{Re}\{x(t)\cos(w_c t) + jx(t)\sin(w_c t) + jy(t)\cos(w_c t) + j^2 y(t)\sin(w_c t)\}$$

$$s(t) = x(t)\cos(w_c t) - y(t)\sin(w_c t)$$

当适当地执行时,该复合混频器将基带 $I$ 和 $Q$ 信号转换为载波信号的频率,并且由于所有这些信号都是实数值的(即不是复数),因此所得到的调制信号也是实数。

一旦理解了这种稍微复杂一点的发射器结构,则实现其他高阶调制方案所需的修改就很简单了,具体来说就是,只对 FIR 滤波器的激励必须要改变。这可以在图 20.3 中看到,一次传输 4 位(16-QAM)。在软件中,从串行到并行的转换可以通过程序的逻辑结构和表查找操作来实现。表查找操作通常称为"符号映射(symbol mapping)",由"符号映射器"来完成。

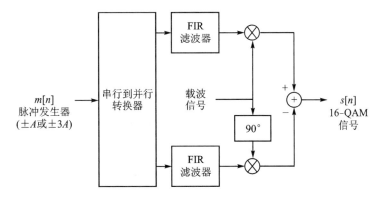

**图 20.3：与一个脉冲调制 16-QAM 发射器相关的框图**

## 20.1.2　一些星座图

与 QPSK 信号相关的星座图如图 20.4 所示。关于这个图,需要提出一些意见,特别是:

① 水平轴被称为 $I$ 轴。

② 纵轴被称为 $Q$ 轴。

③ 四个星座点,用粗体"加"号表示,形成一个圆。

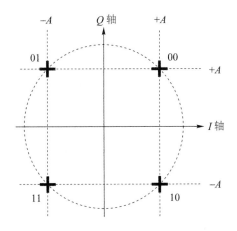

**图 20.4：与一个 QPSK 信号相关的星座图**

④ 四个星座点也可以根据其直角坐标(＋A 和－A)来考虑。

⑤ 在随后的图表中,为了清晰起见,将省略大量的星座图标签。

⑥ 以极性形式(幅度和相位)或矩形形式($I$ 和 $Q$ 值)识别星座点的观测,可以导致各种不同的发射器实现的方法。我们只会实现一个矩形形式的发射器。

⑦ 星座点形成圆形的事实导致该信号表征为“恒定包络”。恒定包络的选定仅针对未滤波信号而言真实存在。由于我们的实现涉及 FIR 滤波,因此得到的信号看起来非常像 AM(振幅调制)波形。

⑧ $A$ 的值用于调整激励每个脉冲调制器(FIR 滤波器)的信号电平。

⑨ 这个版本的 QPSK 星座不是唯一的,但这是一个常用的图表。

⑩ 这四个星座点或状态各自由两位表示。从理论上讲,$I$ 和 $Q$ 平面上的四个星座点的任何排列都是可能的,但是,有些安排比其他安排更有用。

⑪ 赋予每个星座点的两位二进制值显示在星座点附近。

⑫ 显示的位分配不是唯一的,但这是一种常用的分配。

⑬ 对于 PSK 系统,位分配几乎总是使用格雷(Gray)码[90]来完成。格雷码的使用减少了与最常见类型的接收器误差相关的位误差的数量,称为“最近邻”误差。您应该注意到,当使用格雷码分配时,相邻星座点只有一个位差(即汉明(Hamming)距离[91]等于 1),这导致最近邻误差仅产生单个位误差。对每个星座点的位值的分配考虑不周可能导致符号中的每个位出错。比如,如果我们刚刚根据二进制计数赋予了值,则这种类型的错误将会发生。具体来说,赋予 00、01、10 和 11,则将 00 和 11 彼此相邻(即汉明距离等于 2)。

⑭ 当添加图表的正交($Q$)部分时,发送的信号 $s[n]$ 的带宽不改变(与 BPSK 相比)。尽管具有相同的符号速率并因此带宽相同,但数据速率的这种倍增是 QPSK 与 BPSK 相比如此受欢迎的原因之一。

所有其他形式的相移键控也将它们的星座点放置在一个圆上。例如,与 8-PSK(每个符号 3 位)信号相关联的星座图如图 20.5 所示。这个想法可以很容易地扩展到 16-PSK(每个符号 4 位)和 32-PSK(每个符号 5 位),等等。如图 20.6 所示,随着额外的星座点添加到圆中,这些点变得更近。虽然这一事实对发射器没有任何影响,但接收器的任务能够区分越来越近的点,在相同的误差性能下就需要增加信噪比。再一次,一个经典的工程权衡已被揭示:频谱效率与信号质量(其中信号质量度量是信噪比,或者更适合于数字通信系统的是,每位

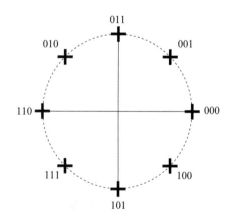

图 20.5:与一个 8-PSK 信号相关的星座图

的能量除以噪声功率谱密度 $E_b/N_0$）。

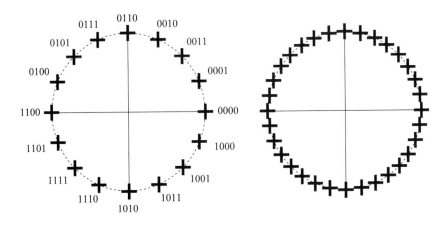

**图 20.6：与一个 16-PSK 和一个 32-PSK 信号相关的星座图**

或者，可以使用振幅和相位调制的组合将额外的星座点添加到 $I$ 和 $Q$ 平面，这种调制技术称为正交振幅调制（QAM 或 QUAM）。与 16-QAM 信号相关的星座图在图 20.7 中显示。在 16-QAM 情况下，应该清楚的是，存在三个不同的信号包络电平，因为存在三个不同半径的圆。在滤波后（使用我们的脉冲成形 FIR 滤波器），这些电平将不会完全不同。最后，应该清楚的是格雷编码对于 QAM 星座是不实用的；但是，确实存在首选的编码分配。

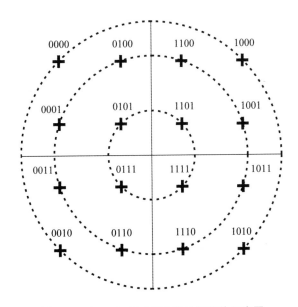

**图 20.7：与一个 16-QAM 信号相关的星座图**

## 20.2　winDSK 演示

启动 winDSK8 应用程序,将出现主用户界面窗口。在继续之前,请先确保在 winDSK8 的"DSP 电路板(Board)"和"主机接口(Host Interface)"配置面板中为每个参数选择了正确的选项。单击 winDSK8 的 commDSK 工具按钮将在所连接的 DSK 中运行该程序,并出现类似于图 20.8 的窗口。在"调制控制(Modulation Control)"区域中选择"模式(Mode)"为"QPSK","数据速率(Data Rate)"为"4800 bit/sec"。

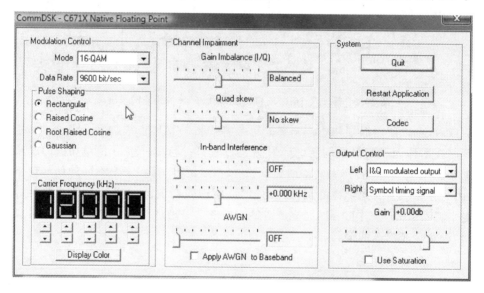

(默认情况下,调制信号显示在左输出通道上,而一个定时信号
显示在右输出通道上。这些设置可以在用户需要时更改)

**图 20.8:winDSK8 运行 commDSK 应用程序**

## 20.2.1　commDSK:根升余弦滤波的 QPSK

现在调整 commDSK 以观察脉冲成形的效果。如果您应用一个根升余弦脉冲成形效果,则将不再有矩形脉冲。从 commDSK 用户界面窗口的"脉冲成形(Pulse Shaping)"区域中选择"根升余弦(Root Raised Cosine)"单选按钮,这一变化如图 20.9 所示。一个示例波形如图 20.10 所示。在这种模式下,检测从一个符号到下一个符号的转换要困难得多。与该波形相关的平均频谱如图 20.11 所示。与矩形信号类似,主瓣以 12 kHz 为中心,但 12 kHz 以上的第一个频谱零点发生在 13.8 kHz 之前。与第 18 章中一样,较高的频率标记在 13.8 kHz 处。标记间隔为 3.6 kHz(2× (13.8−12)=3.6)。升余弦脉冲形系统的理论预测是 $BW=D(1+\alpha)=2\,400\ Hz\times (1+0.35)=3\,240\ Hz$(原文为 3 264 Hz,但是有误。编者注),其中 BW 是信号的带

宽,$D$ 是符号速率,$\alpha$ 是在这种情况下使用的升余弦滚降因子(滚降因子必须保持在 0 到 1 之间)。请记住,我们实际上使用的是根升余弦脉冲成形滤波器,但与这两个系统相关的带宽是相似的。

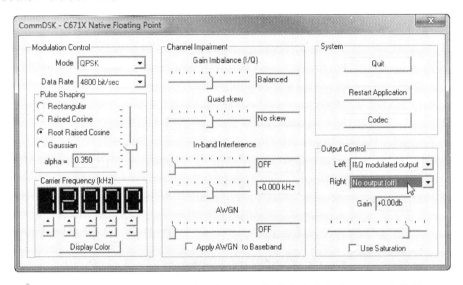

图 20.9：commDSK 设置以生成一个 QPSK、根升余弦脉冲形、4 800 b/s 信号

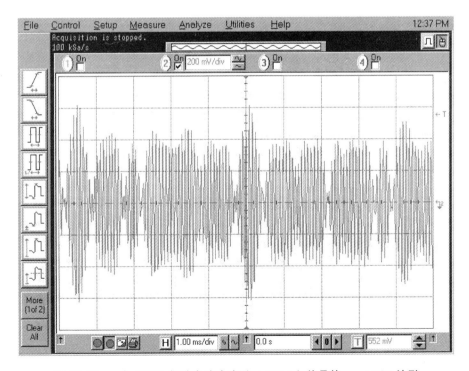

图 20.10：一个 QPSK、根升余弦脉冲形、4 800 b/s 信号的 commDSK 波形

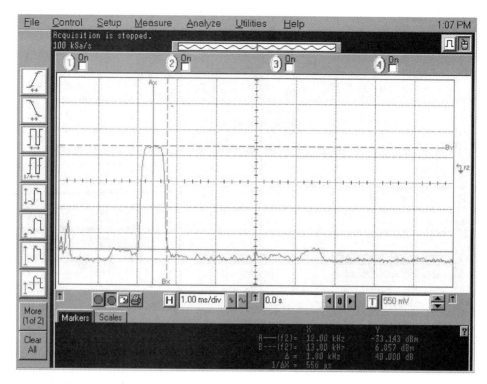

**图 20.11:一个与由 commDSK 产生的一个 QPSK、根升余弦脉冲形、4 800 b/s 信号相关的平均频谱**

在图 20.11 中,由于明显的噪声基底低于 $-33$ dBm,因此没有可见的旁瓣。当主瓣峰值为 $-6.857$ dBm 时,滚降因子 $\alpha=0.35$ 的根升余弦脉冲的预期旁瓣电平低于观察到的噪声基底。事实上,噪声基底是与用于产生本图的数字化示波器相关的 8 位 ADC 的限制,实线的水平标记(Ay)实际上位于虚线水平标记(By)下方 40 dB 处,以帮助说明这一点。

commDSK 程序能够以多种不同的数据速率生成许多不同的数字通信信号,使用 commDSK 的"通道损伤(Channel Impairment)"区域也可能使这些信号失真。如果信号要由矢量信号分析仪(VSA)处理,则这些损伤非常有用。VSA 显示的一个例子如图 20.12 所示。

在图 20.12 中,图 A 是轨迹/星座图(左上),图 B 是 QPSK 信号的谱估计(左中),图 C 是误差矢量幅度(Error Vector Magnitude,EVM)(左下),图 D 是 I 眼图(I-eye-pattern)(右上),图 E 是 Q 眼图(Q-eye-pattern)(右中),以及图 F 报告了许多与被分析信号的性能相关的统计数据(右下)。这些图可用于推断与通信系统性能有关的大量信息。因为我们已经为星座添加了第二维,所以认识到现在需要两个眼图(I 眼图和 Q 眼图)。

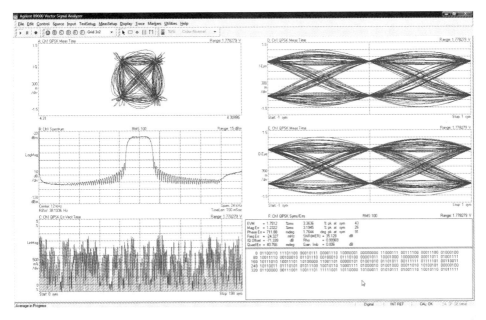

图 20.12：与由 commDSK 生成的一个根升余弦脉冲形、4 800 b/s、QPSK 信号相关的 VSA 显示例子

# 20.3 MATLAB 实现

我们将只仿真一个单一形式的 QPSK 信号生成：脉冲调制根升余弦 QPSK 信号发生器。

## 20.3.1 脉冲调制根升余弦 QPSK 信号发生器

MATLAB® 仿真的是一个脉冲调制根升余弦 QPSK 信号发生器，代码如清单 20.1 所示。

清单 20.1：一个脉冲调制根升余弦 QPSK 信号发生器仿真

```
1   %   input terms
    Fs = 48000;                    % sample frequency of the simulation (Hz)
3   dataRate = 4800;               % data rate
    alpha = 0.35;                  % root-raised-cosine rolloff factor
5   order = 120;                   % desired filter order
    time = 0.5;                    % length of the signal in seconds
7   amplitude = 380000;            % amplitude scale factor
    cosine = [1   0   -1   0];     % cos(n * pi/2)...Fs/4
9   sine = [0   1   0   -1];       % sin(n * pi/2)...Fs/4
    counter = 1;                   % counter used to get new data bits
```

```
11
      %   calculated terms
13    numberOfSamples = Fs * time;
      symbolRate = dataRate/2;        % for QPSK there are 2 bits/symbol
15    samplesPerSymbol = Fs/symbolRate;

17    %   design the pulse shaping filter
      B = firrcos(order, symbolRate/2, alpha, Fs, 'rolloff', 'sqrt');
19
      %   set the filter's initial conditions to zero
21    I_state = zeros(1, (length(B) - 1));
      Q_state = zeros(1, (length(B) - 1));
23
      %   ISR simulation
25    for index = 1: numberOfSamples
          % generate a new pair of data bits at the
27        % beginning of a symbol period
          if (counter == 1)
29            I_data = 2 * (rand > 0.5) - 1;     % generate a + 1 or - 1(bit)
              Q_data = 2 * (rand > 0.5) - 1;     % generate a + 1 or - 1(bit)
31        else
              I_data = 0;
33            Q_data = 0;
          end
35
      % create the modulated signal
37        [I_IM_data, I_state] = filter(B,1, amplitude * I_data, I_state);
          [Q_IM_data, Q_state] = filter(B,1, amplitude * Q_data, Q_state);
39        output = I_IM_data * cosine (mod (index, 4) + 1)...
                  - Q_IM_data * sine (mod (index, 4) + 1);
41
          % reset at the end of a symbol period
43        if (counter == samplesPerSymbol)
              counter = 0;
45        end

47        % increment the counter
          counter = counter + 1;
49    end

51  % output terms
    % Plotting commands follow...
```

清单 20.1 解释如下：

① (第 2 行)：将系统的采样频率定义为 48 kHz。此采样频率与 DSK 的音频编解码器的速率匹配。

② (第 3 行)：将数据速率定义为 4 800 位/秒(b/s)。对于 QPSK，这是 2 400 符号/秒，因为一次传输两个符号。

③ (第 4 行)：定义根升余弦滚降因子 $\alpha$。

④ (第 5 行)：定义根升余弦 FIR 滤波器的阶数。在这种情况下，滤波器阶数相当于六个符号。

⑤ (第 7 行)：在 16 位 DAC 的整个范围附近缩放输出信号。

⑥ (第 8 行)：定义同相($I$)本地振荡器(LO)的输出。

⑦ (第 9 行)：定义正交($Q$)本地振荡器(LO)的输出。

⑧ (第 10 行)：counter 变量用于确定在符号中的当前位置。

⑨ (第 18 行)：使用 MATLAB 的 firrcos 函数设计根升余弦滤波器。该函数是 MATLAB 信号处理工具箱的一部分[①]。

⑩ (第 25~49 行)：这些代码行仿真实时 ISR。

⑪ (第 28~34 行)：每当计数器等于 1 时，就会产生新的数据位。

⑫ (第 37、38 行)：这些代码行实现了脉冲调制器(IM)。IM 只是一对 FIR 滤波器，输入为一个或多个脉冲，后面跟大量零。在此仿真中，值为 380 000 的单个脉冲之后是 19 个为零的样本值(每个符号 20 个样本，记得吗？)。这项技术节省的计算负荷将在第 20.4 节中变得清晰。

⑬ (第 39、40 行)：通过将数据值与 LO 的输出相乘(即混合)来计算输出值。通过 MATLAB 的 mod 命令访问 cosine 和 sine 变量，该命令将 index 值保持在 1~4 之间。

⑭ (第 43~45 行)：counter 变量在符号末尾重置。

⑮ (第 48 行)：counter 变量在仿真 ISR 结束时递增。

该仿真的示例输出图(持续时间约为 4 ms)如图 20.13 所示。FIR 滤波器的高阶(第 120 阶)导致 60 个样本的群延迟。通过使用 60 个零初始化 dataArray 变量来补偿此群延迟。在该图中，发送的符号值(即 2 个位)显示为 4 电平信号，这旨在清楚地显示系统的 4 种可能状态。注意，当 4 电平信号的极性改变时，QPSK 信号的包络崩溃(即急剧下降)。如果使用非线性功率放大器，则这种现象将在 RF 系统中引起显著的实现问题。QPSK 方案的轻微变化，例如交错 QPSK、偏移 QPSK 和 $\frac{\pi}{4}$-差分 QPSK 被发明出来以帮助减少这种影响。

---

① 如第 18 章所述，许多滤波器设计命令的调用序列都在不断变化中。您可能想要读取和运行第 20 章的 matlab 目录下的 filterDesignerComparison.m 文件中的代码。

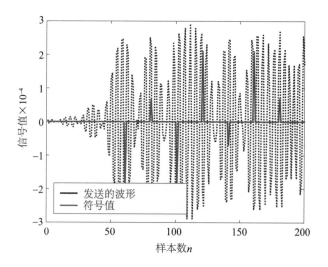

(该信号具有 4 800 b/s、滚降因子 $\alpha=0.35$ 和载波频率 12 kHz)

**图 20.13:一个脉冲调制 QPSK 仿真输出的例子**

仿真时间增加到 2 秒,以允许对得到的归一化功率谱密度进行更高分辨率的估计,如图 20.14 所示。频谱紧凑的根升余弦脉冲形信号的好处不能被过分强调,总结一下:

① 根升余弦信号在频谱上更紧凑(有效带宽更小)。

② 根升余弦信号具有较小的从零点到零点的带宽(频谱效率更高)。

③ 这种根升余弦信号的 QPSK 版本**相当容易生成**,并且复杂度仅比 BPSK 系统略高。

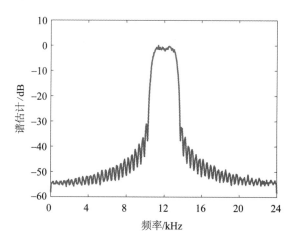

(该信号具有 4 800 b/s、滚降因子 $\alpha=0.35$ 和载波频率 12 kHz)

**图 20.14:一个脉冲调制 QPSK 仿真的谱估计示例**

④ 从 BPSK 到 QPSK 的迁移使恒定符号速率系统的数据速率加倍，因此带宽恒定。

⑤ 需要从这个根升余弦信号中恢复消息的数字通信接收器比使用矩形脉冲时要复杂得多。

⑥ 与这个根升余弦信号接收器相关的匹配滤波器，在理想情况下不会遇到符号间干扰(ISI)。在实践中，信道损伤、有限长度滤波器和其他非理想实现效果将至少导致一些 ISI 发生。

# 20.4　使用 C 语言的 DSK 实现

当您理解了 MATLAB 代码时，将概念翻译成 C 语言是相当简单的。运行此应用程序所需的文件位于第 20 章的 ccs\Proj_QPSK_Tx 目录中。感兴趣的主要文件是 impulseModulatedQPSK_ISRs.c 和 impulseModulatedQPSK_ISRs_revA.c，它们包含中断服务例程。这些文件包括必要的变量声明，并执行两种不同版本的 QPSK 信号生成算法。假设您使用的 DSK 编解码器是一个立体声设备，那么该程序可以实现独立的左右通道 QPSK 发射器。为了清晰起见，这些例子程序仅实现一个发射器，但将该信号输出到两个通道。

## 20.4.1　一个根升余弦脉冲形 QPSK 发射器

代码的声明部分如清单 20.2 所示。这里没有显示的一项是文件 coeff.c，它也是 CCS 项目的一部分。该文件包含第 120 阶根升余弦 FIR 滤波器的系数，该滤波器由 MATLAB 设计，然后从 MATLAB 导出。

**清单 20.2：脉冲调制根升余弦脉冲形 QPSK 项目代码的声明部分**

```
    Int32 counter = 0;
2   #define QPSK_SCALE 160000
    const Int32 samplesPerSymbol = 20;
4   const Int32 cosine[4] = {1, 0, -1, 0};
    const Int32 sine[4] = {0, 1, 0, -1};
6
    const float QPSK_LUT[4][2] = {
8   //left(quadrature), right(in-phase)
    {  1 * QPSK_SCALE,   1 * QPSK_SCALE},   /*   QPSK_LUT[0] */
10  {  1 * QPSK_SCALE,  -1 * QPSK_SCALE},   /*   QPSK_LUT[1] */
    { -1 * QPSK_SCALE,   1 * QPSK_SCALE},   /*   QPSK_LUT[2] */
12  { -1 * QPSK_SCALE,  -1 * QPSK_SCALE},   /*   QPSK_LUT[3] */
    };
14
```

```
      float output_gain = 1.0;
16    float xI[6];
      float xQ[6];
18    float yI;
      float yQ;
20    float output;
```

清单 20.2 解释如下:

① (第 1 行):声明并初始化 counter 变量,用于指示算法相对于符号的开头(0)或符号的结尾(19)的位置。

② (第 2 行):定义并初始化 QPSK 星座缩放常数 QPSK_SCALE。在第 7~13 行中使用该常数来修改脉冲调制滤波器的激励振幅。

③ (第 3 行):声明并初始化 samplesPerSymbol 变量,顾名思义,该变量是符号中的样本数。一个符号表示 QPSK 中的 2 位。

④ (第 4 行):声明并初始化 cosine 变量,该变量包含 12 kHz 余弦载波的**所有**可能的 LO 值。

⑤ (第 5 行):声明并初始化包含 12 kHz 正弦载波的**所有**可能的 LO 值的 sine 变量。

⑥ (第 7~13 行):声明并初始化 QPSK 星座查找表。在该表中,第一列表示 $Q$ 轴信息,第二列表示 $I$ 轴信息。

⑦ (第 15 行):声明并初始化 output_gain 变量,顾名思义,该变量是发射器的输出增益。与 QPSK_SCALE 不同,此增益可在程序运行时调整。

⑧ (第 16 行):声明存储消息的同相位的当前值和过去值的 xI 数组。

⑨ (第 17 行):声明存储消息的正交位的当前值和过去值的 xQ 数组。

⑩ (第 18 行):声明存储同相脉冲调制器的当前输出的变量 yI。

⑪ (第 19 行):声明存储正交脉冲调制器的当前输出的变量 yQ。

⑫ (第 20 行):声明作为 QPSK 调制器的输出值的变量 output。

代码的算法部分如清单 20.3 所示。

**清单 20.3:脉冲调制根升余弦脉冲形项目代码的算法部分**

```
      // I added my impulse modulated QPSK routine here
2     if (counter == 0) {
          symbol = rand( ) & 3;      /* generate 2 random bits */
4         xI[0] = QPSK_LUT[symbol][RIGHT];
          xQ[0] = QPSK_LUT[symbol][LEFT];
6     }

8     // perform impulse modulation based on the FIR filter, B[N]
      yI = 0;
```

```
10    yQ = 0;

12    for (i = 0; i < 6; i++) {
          yI += xI[i] * B[counter + 20 * i];        // perform the "I" dot-product
14        yQ += xQ[i] * B[counter + 20 * i];        // perform the "Q" dot-product
      }

16

      if (counter >= (samplesPerSymbol - 1)) {
18        counter = -1;

20        // shift xI[] and xQ[] in prep to receive the next input
          for (i = 5; i > 0; i--) {
22            xI[i]  = xI[i-1];        // setup xI[] for the next input value
              xQ[i]  = xQ[i-1];        // setup xQ[] for the next input value
24        }
      }

26

      counter ++;

28

      output = output_gain  * (yI * cosine[counter&3] - yQ * sine[counter &3]);

30

      CodecDataOut. Channel [LEFT] = output;        // setup the LEFT value
32    CodecDataOut. Channel [RIGHT] = output;       // setup the RIGHT value
      // end of my impulse modulated QPSK routine
```

清单 20.3 解释如下：

① （第 2～6 行）：每符号周期一次，我们生成一个与 3 进行按位"与（AND）"运算的随机数。该位屏蔽操作生成变量 symbol，然后被用于访问 QPSK 查找表。通过 symbol 选择适当的行，并赋予 xI 和 xQ 新的值。在实际通信系统中，数据位将来于数据源而不是随机数发生器。

② （第 8～15 行和第 20～24 行）：执行与脉冲调制器相关的 I 和 Q FIR 滤波。向量 **B** 包含了在 MATLAB 中使用 firrcos 函数设计并被导出的根升余弦滤波器的系数。即使正在实现的是第 120 阶滤波器，也只需要 6 次乘法。这是因为**所有其他乘法在操作中都为零**。既然结果已经知道，那么就**不需要其他乘法了**！这是脉冲调制器最重要的优点之一。

③ （第 17、18 行）：当 counter 等于 19 时，算法已到达符号的末尾。此时，counter 被重置以开始下一个符号周期。

④ （第 27 行）：增加 counter 计数器以准备下一个 ISR。

⑤ （第 29 行）：计算并缩放当前输出值。这导致 QPSK 信号以 12 kHz 为中心。

⑥ （第 31、32 行）：将 QPSK 发射器的当前值输出到左右通道。

## 20.4.2 一个更高效的 RRC 脉冲形 QPSK 发射器

代码的声明部分如清单 20.4 所示。代码清单通过识别出只有一个混频器具有非零输出值来提高复合混频器的计算效率。

**清单 20.4**：更高效的脉冲调制根升余弦脉冲形 QPSK 项目代码的声明部分

```
 1   Int32 counter = 0;
     #define QPSK_SCALE 10000
 3   const Int32 samplesPerSymbol = 20;

 5   const float QPSK_LUT[4][2] = {
     // left(quadrature), right(in-phase)
 7   {    1 * QPSK_SCALE,    1 * QPSK_SCALE},   /* QPSK_LUT[0] */
     {    1 * QPSK_SCALE,  - 1 * QPSK_SCALE},   /* QPSK_LUT[1] */
 9   {  - 1 * QPSK_SCALE,    1 * QPSK_SCALE},   /* QPSK_LUT[2] */
     {  - 1 * QPSK_SCALE,  - 1 * QPSK_SCALE},   /* QPSK_LUT[3] */
11   };

13   float output_gain = 1.0;
     float xI[6];
15   float xQ[6];
     float output;
```

清单 20.4 解释如下：

①（第 1 行）：声明并初始化 counter 变量，用于指示算法相对于符号的开头（0）或符号的结尾（19）的位置。

②（第 2 行）：定义并初始化 QPSK 星座缩放常数 QPSK_SCALE。在第 5～11 行中使用该常数来修改脉冲调制滤波器的激励振幅。

③（第 3 行）：声明并初始化 samplesPerSymbol 变量，顾名思义，它是符号中的样本数。一个符号表示 QPSK 中的 2 位。

④（第 5～11 行）：声明并初始化 QPSK 星座查找表。在该表中，第一列表示 $Q$ 轴信息，第二列表示 $I$ 轴信息。

⑤（第 13 行）：声明并初始化 output_gain 变量，顾名思义，它是发射器的输出增益。与 QPSK_SCALE 不同，此增益可在程序运行时调整。

⑥（第 14 行）：声明存储消息的同相位的当前值和过去值的 xI 数组。

⑦（第 15 行）：声明存储消息的正交位的当前值和过去值的 xQ 数组。

⑧（第 16 行）：声明作为 QPSK 调制器的输出值的变量 output。

⑨（与前面的清单相比）：不需要 cosine 和 sine 振荡器，因为它们的功能（乘以 −1,0 或 +1）在程序的选择语句（case statement）中得到了处理。此外，由于系统的

输出直接赋予变量 output，因此不需要 yI 和 yQ。

代码的算法部分如清单 20.5 所示。

清单 20.5：改进效率的脉冲调制根升余弦脉冲形项目代码的算法部分

```
       // I added my impulse modulated, QPSK routine here
 2   if (counter == 0) {
         symbol = rand() & 3;  /* generate 2 random bits */
 4       xI[0] = QPSK_LUT[symbol][RIGHT];  // lookup the I symbol
         xQ[0] = QPSK_LUT[symbol][LEFT];    // lookup the Q symbol
 6   }

 8   output = 0;
     switch (counter & 3) {
10   case 0:  // perform the I IM-based on the FIR filter, B[N]
         for (i = 0; i < 6; i++) {
12           output += xI[i] * B[counter + 20 * i];  // "I" dot-product
         }
14       break;
     case 1:  // perform the Q IM-based on the FIR filter, B[N]
16       for (i = 0; i < 6; i++) {
             output -= xQ[i] * B[counter + 20 * i];  // "Q" dot-product
18       }
         break;
20   case 2:  // perform the - I IM-based on the FIR filter, B[N]
         for (i = 0; i < 6; i++) {
22           output -= xI[i] * B[counter + 20 * i];   // " - I" dot-product
         }
24       break;
     default :  // perform the - Q IM-based on the FIR filter, B[N]
26       for (i = 0; i < 6; i++) {
             output += xQ[i] * B[counter + 20 * i];   // " - Q" dot-product
28       }
         break;
30   }
     if (counter == (samplesPerSymbol - 2)) {
32       /* shift xI[] in preparation to receive the next I input */
         for (i = 5; i > 0; i--) {
34           xI[i] = xI[i - 1];// setup xI[] for the next input value
         }
36   }
     else if (counter >= (samplesPerSymbol - 1)) {
```

```
38        counter = -1;// reset in prep for the next set of bits
          /* shift xQ[] in preparation to receive the next Q input */
40        for(i = 5; i > 0; i--) {
              xQ[i] = xQ[i-1];    // setup xQ[] for the next input value
42        }
      }

44
      counter++;

46
      CodecDataOut.Channel[LEFT] = output_gain * output;              // LEFT output
48    CodecDataOut.Channel[RIGHT] = CodecDataOut.Channel[LEFT];    // copy
      // end of my impulse modulated, QPSK routine here
```

清单 20.5 解释如下：

① (第 2~6 行)：每符号周期一次,我们生成一个与 3 进行按位"与(AND)"运算的随机数。该位屏蔽操作生成变量 symbol,然后被用于访问 QPSK 查找表。通过 symbol 选择适当的行,并赋予 xI 和 xQ 新的值。

② (第 8 行)：在滤波之前初始化系统的输出。

③ (第 9 行)：根据 counter 的当前值与数字 3 的逻辑"与(AND)"建立 switch 结构。这导致模 4 分支操作,以利用余弦和正弦振荡器的非零值。

④ (第 10~14 行)：仅执行 $I$ 点积,因为 $Q$ 点积将乘以零。

⑤ (第 15~19 行)：仅执行 $Q$ 点积,因为 $I$ 点积将乘以零。额外的负号表示输出前的减法。

⑥ (第 20~24 行)：仅执行 $I$ 点积的负数,因为 $Q$ 点积将乘以零。

⑦ (第 25~29 行)：仅执行 $Q$ 点积的负数,因为 $I$ 点积将乘以零。额外的负号表示输出前的减法。

⑧ (第 31~36 行)：当 counter 等于 18 时,算法可以准备下一个 xI 值。

⑨ (第 37~43 行)：当 counter 等于 19 时,算法可以为下一个 xQ 值做准备。该算法也已到达符号的末尾,并且 counter 被重置以开始下一个符号周期。

⑩ (第 45 行)：增加变量 counter 以准备下一个 ISR。

⑪ (第 47 行)：缩放输出值并将结果赋值给左通道。

⑫ (第 48 行)：将左通道输出的值复制到右通道的输出。

## 20.4.3　实时代码总结

我们已经创建了 QPSK 发射器的两个实时实现。虽然第二个版本稍微复杂一些,第一个版本更容易理解,但第二个版本需要的计算资源大约是第一个版本所需资源的一半。任何一个发射器的波形都可以与配置为 QPSK 接收器的第二个 DSK 一起使用,这一概念将在第 21 章中讨论。

## 20.5  高阶调制方案

假设我们保持 2 400 符号/秒的恒定符号率,那么我们将从使用 BPSK 调制 1 位/符号增加到使用 QPSK 调制 2 位/符号。接下来的两个明显步骤是进行到 3 位/符号,然后是 4 位/符号,这可以分别使用 8-PSK 调制和 16-QAM 调制以简单的方式来完成。与这些调制方案相关的星座已经在前面的图 20.5 和图 20.7 中显示。

要想实现一个 8-PSK 发射器,您需要为每个符号生成 3 个随机数据位,这可以使用 symbol＝rand() & 7 来完成,对代码的最终更改将需要一个表示 8-PSK 星座的查找表。要想实现一个 16-QAM 发射器,您需要为每个符号生成 4 个随机数据位,这可以使用 symbol＝rand() & 15 来完成,对代码的最终更改将需要一个表示 16-QAM 星座的查找表。

在这两种情况下,**符号**速率将保持在 2 400 符号/秒,与之前讨论的 BPSK 和 QPSK 调制的例子相同。然而,对于 8-PSK 调制,**数据**速率将是 7 200 b/s,而对于 16-QAM 调制,**数据**速率将是 9 600 b/s(相比之下,BPSK 为 2 400 b/s,QPSK 为 4 800 b/s)。由于决定信号带宽的是符号速率而不是数据速率,因此您可以领会这些高阶调制方案所提供的优势了。

## 20.6  后继挑战

考虑扩展您所学的知识:

① 在 MATLAB 脉冲调制器仿真和实时实现中,我们使用了第 120 阶根升余弦 FIR 滤波器。使用低阶滤波器对系统性能有何影响?

② 研究并实施不同的调制方案。

③ 实现不同的数据速率。提示:您需要考虑为每个符号保持整数个样本。

④ 请解释是否可以使用 IIR 滤波器实现脉冲调制器。

⑤ 您如何设计升余弦或根升余弦 IIR 滤波器?

⑥ 本章讨论的方法与模拟滤波器方法相比如何? 也就是说,与"生成矩形 QPSK 信号,然后使用传统模拟滤波器将信号滤波到所需带宽"的方法相比。

⑦ 如果您希望使用相当低阶的 IIR 滤波器,那么您将需要探索 MATLAB 命令 sosfilt。请注意,此工具箱功能不允许您保留滤波器的最终条件。请编写一个允许保留滤波器状态的 MATLAB 函数。

# 第 **21** 章

## 项目 12：QPSK 数字接收器

## 21.1 理 论

在第 20 章中，我们介绍了一些可用于生成 QPSK 信号的基本技术。由于存在无限数量的与 QPSK 信号生成相关的不同形式和规范，因此接收器变化多样也不足为奇。在本章中，我们将仅仅介绍其中一种形式和一些可用于从一个 QPSK 信号中恢复所包含的消息的技术。

具体来说，我们将讨论一个 QPSK 接收器，它将：

① 从输入的 QPSK 信号中消除信号载波的大部分频率转换效应。这将通过使用一个复合混频器来实现，该混频器由一个设置为预期输入信号载波频率的自由运行振荡器来驱动。在接收器的这个阶段，系统不会被频率锁定或锁相。

② 通过基于 IIR 的匹配滤波器（MF）来处理近基带信号。将使用基于 IIR 的方法来大大减少该操作所需的计算资源。假设我们的 QPSK 信号是在发射器上使用脉冲调制（IM）"根升余弦"形脉冲以 2 400 符号/秒产生的，这与我们在第 18 章中探讨的正常"升余弦"形脉冲相似，但这是一个有趣且常见的变化。正如 MF 操作所要求的那样，接收器将使用与在发射器中使用的相同的一对根升余弦滤波器①。我们选择了一种基于 MF 的接收器，因为它在存在加性高斯白噪声（Additive White Gaussian Noise，AWGN）的情况下产生了决策统计的最佳信噪比（SNR）[65]。

③ 通过一个自动增益控制（Automatic Gain Control，AGC）来提供振幅调整。AGC 将可调整的乘法比例因子应用于匹配滤波器的输出，以试图稳定已恢复信号的星座的幅度。

④ 使用去旋转算法来控制星座的相位旋转。相位旋转器试图稳定信号星座的相位。

⑤ 必须完成符号同步（或定时恢复）。我们将使用基于最大似然（ML）的定时恢复环路来确定何时对匹配滤波器的输出进行采样。这个采样/决策过程相当于确定

---

① 如第 18 章所述，许多滤波器设计命令的调用顺序都在不断变化中。您可能希望阅读并运行位于 matlab 目录下第 21 章中的 filterDesignerComparison. m 的代码。

眼图(eye-pattern)大体上在何处最"开放"。这个采样/决策过程还将一系列经过滤波的采样信号值转换回消息位(0 或 1)。

在我们讨论的这一点上不能过分强调：上述**所有**五个动作必须以正确的顺序正确地完成才能有效地恢复单独的消息位。QPSK 接收器的简化框图如图 21.1 所示。

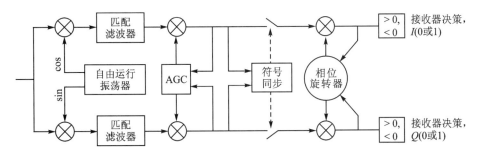

(来自发射器/通道的信号从左侧进入系统)

**图 21.1：一个 QPSK 接收器的简化框图**

请注意，一般而言，发射器的技术比接收器的技术"更容易"，因此，由于页面限制，将不像大多数教科书详细介绍发射器那样来介绍接收器了。尤其是，关于数字通信的许多教材根本就没有提供关于数字接收器的理论复杂性的更多细节，特别是针对 BPSK 的调制方案上。两个值得注意的例外是文献[66,92]，二者都可以作为数字接收器的优秀参考。

如果我们将两个匹配滤波器的输出对照绘制，则将理想地看到传统的相位轨迹图，而没有那些突出显示的星座图样本点。在理想情况下，我们几乎可以保证地说，由于缺乏频率锁或相位锁，图将缓慢旋转并且具有错误的幅度或尺度，这可以在图 21.2 中看到。如果我们只关注第一象限，如图 21.3 所示，应该清楚的是，将**实际**

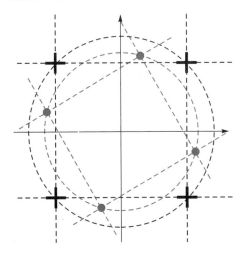

**图 21.2：一个需要去旋转和缩放的 QPSK 星座**

的幅度 $r_1$ 的点调整到所需的幅度 $r_2$ 的点只是一个缩放操作。这种缩放将使用 AGC 来执行,其框图如图 21.4 所示。在该框图中,**计算包络**(calculate envelope)由 $\sqrt{I^2+Q^2}$ 完成。去旋转(de-rotation)算法通过将**实际星座**旋转一个 $\theta$ 角度来实现。虽然这种角度确定存在许多不同的算法,但我们使用最大似然相位误差检测器,其框图如图 21.5 所示。在这个图中,我们曾三次使用小驼峰来清楚地表明两条线可能穿过其他线,但除了它们的末端之外**没有**连接。

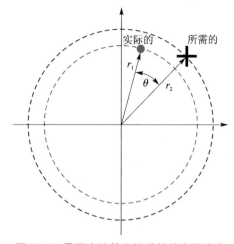

**图 21.3**:需要去旋转和缩放的单个星座点

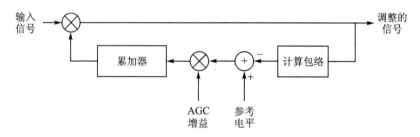

**图 21.4**:一个与 AGC 相关的基本框图

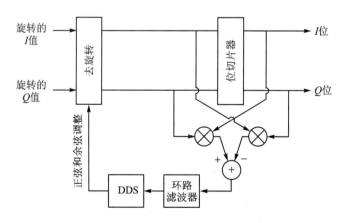

(DDS 是直接数字合成器的首字母缩略词,如第 5 章所述)

**图 21.5**:一个最大似然相位误差检测器的框图

## 21.2 winDSK8 演示

winDSK8 程序没有提供对应的接收器功能。winDSK8 的 commDSK 应用程序仅有发射器功能。

## 21.3 MATLAB 实现

我们选择分成两部分开发 QPSK 接收器。第一部分将通过 AGC 开发接收器，第二部分将完成接收器系统的实现。在这两种情况下，都需要略微修改我们之前提出的 QPSK 发射器。该发射器密切基于第 20 章开发的系统，但针对此接收器示例进行了修改，以允许星座略微旋转，这种少量旋转将允许验证您的星座去旋转（de-rotation）环路是否正常运行。在实时系统中，这种旋转将不必要，因为发射器和接收器之间没有固有的同步，并且一些旋转是不可避免的。提醒一下，在 MATLAB®仿真中，发射器和接收器的 M 文件中的公共定时提供了发射和接收系统之间非常不切实际的同步程度，因此我们必须"强制"将一些真实世界的效果放到 M 文件中。该修改后的 M 文件同样省略了第 20 章中所需的绘图。

清单 21.1：QPSK 信号发生器的修改部分

```
1    % to rotate the constellation
     rotation = pi /6;
3    cr = cos (rotation);
     sr = sin (rotation);
5    output = (I_IM_data * cr - Q_IM_data * sr) * cosine (mod (index, 4) + 1)...
                - (Q_IM_data * cr + I_IM_data * sr) * sine (mod (index, 4) + 1);
```

### 21.3.1 通过 AGC 仿真

通过 AGC 对一个 QPSK 接收器进行 MATLAB 仿真的代码如代码清单 21.2 所示。

清单 21.2：一个 QPSK 接收器仿真(仅通过 AGC)

```
     % save the original values from the transmitter simulation
2    temp = outputArray;

4    % apply an additional scale factor to test the AGC
     outputArray = 0.1 * outputArray;      % 0.1...attenuation

6
     % initialize the matched filters
```

```matlab
 8   ZiI = zeros(1, 120);
     ZiQ = zeros(1, 120);
10
     % preallocate the storage arrays
12   scaledI = zeros(1, numberOfSamples);
     scaledQ = zeros(1, numberOfSamples);
14   I_mixer_output = zeros(1, numberOfSamples);
     Q_mixer_output = zeros(1, numberOfSamples);
16
     reference = 18000;          % reference value (AGC's goal)
18   AGCgain = 1.0;              % initial AGC gain
     alpha = 0.005/reference;    % AGC loop gain
20
     % ISR simulation...storage is for plotting purposes
22   for index = 1: numberOfSamples
         % multiplication by the free running oscillators
24       I_mixer_output (index) = ...
             outputArray (index) * cosine(mod(index, 4) + 1);
26       Q_mixer_output (index) = ...
             outputArray (index) * sine(mod(index, 4) + 1);
28
         % matched filters
30       [I(index), ZiI] = filter(B, 1, I_mixer_output(index), ZiI);
         [Q(index), ZiQ] = filter(B, 1, Q_mixer_output(index), ZiQ);
32
         % apply the AGC gain
34       scaledI (index) = AGCgain * I(index);
         scaledQ (index) = AGCgain * Q(index);
36
         % calculate the new AGC gain
38       magnitude = sqrt (scaledI(index) * scaledI(index) + ...
             scaledQ(index)  * scaledQ(index));
40       error = reference - magnitude;
         scaledError = alpha *  error;
42       AGCgain = AGCgain + scaledError;
     end
44
     % output terms
46   % Plotting commands follow...

48   % restore the saved values...this allows for repeated execution
     outputArray = temp;
```

由于许多变量结转自执行 modified_QPSK_ DIGTx_listing_01.m 文件,因此您**必须**在运行任何接收器文件**之前**运行该脚本文件。清单 21.2 解释如下。

① (第 2 行)：保存来自 QPSK 发送器的 M 文件中的 outputArray 值。这是必要的,因为 AGC 将会修改这些值。此操作与第 49 行配对。

② (第 5 行)：将 outputArray 缩小到其初始值的 10%。这将允许您观察和测试 AGC 的操作。

③ (第 8、9 行)：将与两个匹配滤波器相关的初始条件初始化为零。

④ (第 12～15 行)：预分配变量用于存储。这允许多个输出绘图。

⑤ (第 17～19 行)：定义 AGC 的控制参数。reference 变量是 AGC 试图达到的目标值。AGCgain 变量是 AGC 系统的当前增益。最后,变量 alpha 是 AGC 控制环路的环路增益,将此变量设置为较大的值会得到快速响应,但会对信号的幅度产生大量类似噪声的影响;将此变量设置为较小的值会导致响应速度慢得多,但信号幅度非常一致。

⑥ (第 24～27 行)：将输入信号乘以自由运行振荡器的值。

⑦ (第 30、31 行)：执行匹配的滤波并为后续仿真 ISR 的调用维护滤波器状态。

⑧ (第 34、35 行)：通过当前的 AGC 增益对信号进行缩放。

⑨ (第 38、39 行)：计算信号的幅度。在通过当前的 AGC 增益进行缩放**之后**发生。

⑩ (第 40 行)：计算误差信号,即 magnitude 和在第 17 行上声明的 reference 值之间的差异。

⑪ (第 41 行)：通过 AGC 的环路增益 alpha 来缩放 error。

⑫ (第 42 行)：实现**累加器**操作,在图 21.4 中提及。

⑬ (第 49 行)：恢复第 2 行中保存的值。这允许重复执行接收器代码,而无须重新运行发射器代码。

在 AGC **之前**信号星座的示例输出如图 21.6 所示。注意星座的小幅度(相对于 16 位 DAC 的输入范围 ＋32 767～－32 768)及其角度旋转。星座的去旋转 (de-rotation)将在本章的后续章节中讨论。AGC **之前**信号幅度的前 20 ms 的示例输出如图 21.7 所示。请再次注意星座的小幅度(相对于 16 位 DAC 的输入范围 ＋32 767～－32 768)。还要注意,当 QPSK 发射器的滤波器**预热**(即填充有效值)时,初始瞬态仅持续几毫秒。同样令人感兴趣的是此时信号的幅度接近于零,这是偏移 QPSK 和 $\frac{\pi}{4}$-差分 QPSK 等调制方案的动机。在 AGC **之后**信号星座的示例输出在图 21.8 中显示;仍然在 AGC **之后**,信号幅度的前 500 ms 的示例输出在图 21.9 中显示。请注意在图 21.8 中,与 16 位 DAC 的输入范围 ＋32 767～－32 768(显示为星座周围的方框)相比的、在 AGC 之后的星座幅度。请注意在图 21.9 中,AGC 的瞬态仅持续几百毫秒。

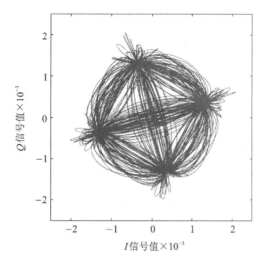

图 21.6：AGC 之前的 QPSK 相位轨迹图

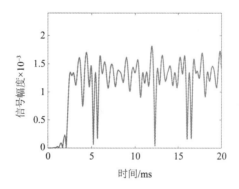

图 21.7：AGC 之前的 QPSK 幅度图

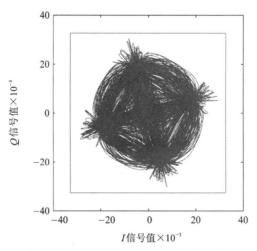

图 21.8：AGC 之后的 QPSK 相位轨迹图

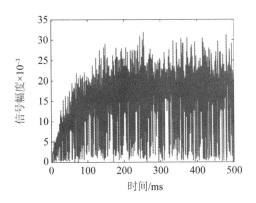

图 21.9：AGC 之后的 QPSK 幅度图

# 21.3.2 一个完整的 QPSK 接收器

完整 QPSK 接收器的 MATLAB 仿真在清单 21.3 中显示。

清单 21.3：完整的 QPSK 接收器仿真

```
1   % save the original values from the transmitter simulation
    temp = outputArray;

3

    % apply an additional scale factor to test the AGC
5   outputArray = 0.4 * outputArray;      % 0.4…attenuation

7   % initialize the matched filters
    ZiI = zeros (1, 120);
9   ZiQ = zeros (1, 120);

11  % preallocate the storage arrays
    Iscaled = zeros (1, numberOfSamples);
13  Qscaled = zeros (1, numberOfSamples);
    I_mixer_output = zeros (1, numberOfSamples);
15  Q_mixer_output = zeros (1, numberOfSamples);
    IsampledPlot = [];
17  QsampledPlot = [];
    phaseAdjPlot = [];
19  phasePlot = [];
    thetaPlot = [];

21

    % AGC variables
23  reference = 18000;        % reference value (AGC's goal)
```

```matlab
     AGCgain = 1.0;                    % initial AGC gain
25   alpha = 0.001/reference;          % AGC loop gain

27   % symbol timing recovery variables
     phase = pi /6;                    % symbol timing recovery loop's phase
29   phaseInc = 2 * pi /samplesPerSymbol;      % phase increment for the NCO
     phaseGain = 0.2 e - 6;            % symbol timing loop gain
31   Ziphase = zeros (1,13);           % initial conditions for the MA filter

33   % constellation de-rotation variables
     thetaGain = 1.0 e - 7;           % the gain that controls the de-rotation loop
35   st = 1;
     ct = 1;
37   phaseAdj = 0;
     theta = 0;
39
     % ISR simulation...storage is for plotting purposes
41   for index = 1: numberOfSamples
         % multiplication by the free running oscillators
43       I_mixer_output(index) = ...
             outputArray(index) * cosine(mod(index, 4) + 1);
45       Q_mixer_output(index) = ...
             outputArray(index) * sine(mod(index, 4) + 1);
47
         % matched filters
49       [I_mf (index), ZiI] = filter (B, 1, I_mixer_output(index), ZiI);
         [Q_mf (index), ZiQ] = filter (B, 1, Q_mixer_output(index), ZiQ);
51
         % apply the AGC gain
53       Iscaled(index) = AGCgain * I_mf(index);
         Qscaled(index) = AGCgain * Q_mf(index);
55
         % calculate the new AGC gain
57       magnitude = sqrt (Iscaled(index) * Iscaled(index) + ...
             Qscaled(index) * Qscaled(index));
59       error = reference - magnitude;
         scaledError = alpha * error ;
61       AGCgain = AGCgain + scaledError;

63       phase = phase + phaseInc;
```

```
65      % timing recovery loop
        if (phase >= 2 * pi )
67          phase = phase - 2 * pi ;

69          % de-rotation and sampling
            st = sin (theta);
71          ct = cos (theta);
            Isampled = Iscaled(index) * ct - Qscaled(index) * st;
73          Qsampled = Qscaled(index) * ct + Iscaled(index) * st;
            IsampledPlot = [IsampledPlot Isampled];
75          QsampledPlot = [QsampledPlot Qsampled];

77          % slicer...bit decisions
            if (Isampled > 0)
79              di = 1;
            else
81              di = - 1;
            end
83          if (Qsampled > 0)
                dq = 1;
85          else
                dq = - 1;
87          end

89          % de-rotation adjustment... calculate the new theta
            thetaAdj = (di * Qsampled - dq * Isampled) * thetaGain;
91          theta = theta - thetaAdj;
            if (theta > 2 * pi )
93              theta = theta - 2 * pi ;
            end
95
            % timing adjustment
97          symTimingAdj = di * (Iscaled(index) - Iscaled(index - 2)) + ...
                dq * (Qscaled(index) - Qscaled(index - 2));
99          % 13th order MA filter
            [phaseAdj, Ziphase] = filter (phaseGain * ones(1, 1 4) /14, 1, ...
101             symTimingAdj, Ziphase);
            phase = phase - phaseAdj;
103     end
```

```
105     % de-rotation
        I(index) = Iscaled(index) * ct - Qscaled(index) * st;
107     Q(index) = Qscaled(index) * ct + Iscaled(index) * st;
        phaseAdjPlot = [phaseAdjPlot phaseAdj];
109     phasePlot = [phasePlot phase];
        thetaPlot = [thetaPlot theta];
111     end

113     % output terms
        % Plotting commands follow...
115     % restore the saved values... this allows for repeated execution
        outputArray = temp;
```

由于许多变量结转自执行 modified_QPSK_ DIGTx_listing_01. m 文件,因此必须在运行任何接收器文件**之前**运行此脚本文件。清单 21.3 解释如下。

①(第 2 行):保存来自 QPSK 发射器的 M 文件中的 outputArray 值。这是必要的,因为 AGC 将修改这些值。此操作与第 116 行配对。

②(第 5 行):将 outputArray 缩小到其初始值的 40%。这将允许您观察和测试 AGC 的操作。

③(第 8、9 行):将与两个匹配滤波器相关的初始条件初始化为零。

④(第 12~20 行):预分配变量用于存储。这允许多个输出图。

⑤(第 23~25 行):定义 AGC 的控制参数。reference 变量是 AGC 试图达到的目标值。AGCgain 变量是 AGC 系统的当前增益,最后,变量 alpha 是 AGC 控制环路的环路增益,将该变量设置为较大的值会得到快速响应,但会对信号的幅度产生大量类似噪声的影响;将该变量设置为较小的值会导致响应速度慢得多,但信号幅度非常一致。

⑥(第 28 行):将符号定时恢复环路设置为零**以外**的值。

⑦(第 29 行):声明与自由运行振荡器的 2 400 符号/秒速率相关的相位增量。这相当于每个符号旋转一圈,或者 $2\pi$ 除以一个符号中的样本数。对于 4 800 b/s 和 48 000 Hz 采样频率的 QPSK,这相当于 $2\pi/20 = \pi/10$。

⑧(第 30 行):定义符号定时环路的增益。该参数对即使很小的变化也非常敏感。

⑨(第 31 行):将与符号定时环路滤波器相关的初始条件初始化为零。这是第 13 阶(即 14 个系数)的滤波器。

⑩(第 34 行):定义去旋转(de-rotation)环路的增益。

⑪(第 35~38 行):初始化 st(theta 的正弦)、ct(theta 的余弦)、phaseAdj(对去旋转相位(theta)的调整)和 theta(去旋转角 $\theta$)。

⑫（第 41～103 行）：这是实际的 ISR 仿真。

⑬（第 43～46 行）：将输入信号与自由运行的振荡器值相乘。

⑭（第 49、50 行）：执行匹配的滤波并为后续仿真 ISR 调用维护滤波器的状态。

⑮（第 53、54 行）：通过 AGC 增益的当前值来缩放信号。

⑯（第 57、58 行）：计算信号的幅度。这在通过 AGC 的当前增益值缩放之后发生。

⑰（第 59 行）：计算误差信号，它是 magnitude 和在第 23 行上声明的 reference 值之间的差异。

⑱（第 60 行）：通过 AGC 的环路增益 alpha 来缩放 error。

⑲（第 61 行）：实现**累加器**操作，在图 21.4 中提及。

⑳（第 63 行）：将与一个符号周期（π/ 10）相关的相位增加到定时恢复环路的相位上。

㉑（第 66～103 行）：这些是定时恢复和去旋转环路。这些算法应以符号速率（2 400 符号/秒）运行。

㉒（第 66、67 行）：如果 phase 变量大于 $2\pi$，则需要对星座进行采样并执行模 $2\pi$ 运算。

㉓（第 70～73 行）：计算 theta 的正弦和余弦，然后去旋转星座样本值。

㉔（第 78～87 行）：执行位决策过程。这被称为切片。

㉕（第 90～102 行）：实现图 21.5 所示的算法。

㉖（第 90 行）：实现最大似然相位估计（高信噪比（SNR）情况）。

㉗（第 91 行）：对 theta 应用负反馈。

㉘（第 92～94 行）：对 theta 执行模 $2\pi$ 运算。

㉙（第 97、98 行）：计算符号定时调整。我们使用二阶差分来最小化较高频率（即更接近于 $F_s/2$）噪声的影响。

㉚（第 100、101 行）：执行环路滤波操作。理想情况下，最大似然符号定时恢复环路使用一个累加器作为其滤波器。在 MATLAB 仿真的初始期间，这种方法导致一种在系统跟踪过程中不令人满意的振荡。移动平均（MA）滤波器解决了这个问题。

㉛（第 102 行）：将相位调整应用于 phase 变量。

㉜（第 106～110 行）：计算并存储用于后续绘图的中间结果。

㉝（第 116 行）：恢复第 2 行中保存的值。这允许重复执行接收器代码，而无须重新运行发射器代码。

在这个 QPSK 接收器仿真的 M 文件完成时提供了一些 MATLAB 的图，但只有星座图在图 21.10 中显示。在此图中，您可以看到组合效果，因为 AGC、反旋转和符号定时环路都收敛到预期的 4 个**清晰**的星座点上。这是一个 2 s 的仿真，最后 400 个样本点以白色绘制，这是导致 4 个预期星座点处的**白洞**的原因。

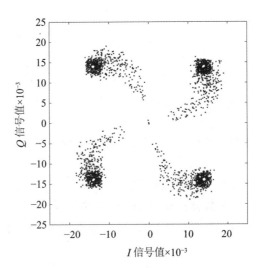

**图 21.10：来自仿真启动时的 QPSK 星座图**

# 21.4 使用 C 语言的 DSK 实现

当您理解了 QPSK 接收器的 MATLAB 代码时,将概念翻译成 C 语言是相当简单的。运行此应用程序所需的文件在第 21 章的 ccs\Proj_QPSK_Rx 目录中提供。感兴趣的主要文件是 ISRs_AGC.c 和 ISRs_Rx.c,它们包含中断服务例程。这些文件包括必要的变量声明,并执行两种不同版本的 QPSK 信号生成算法。假设您使用的 DSK 编解码器是一个立体声设备,那么该程序可以实现独立的左右通道 QPSK 接收器。为了清晰起见,这些示例程序仅实现单个接收器,但会将这一个信号同时输出到左(L)和右(R)通道上。

## 21.4.1 通过 AGC 实现

代码的声明部分如清单 21.4 所示。

**清单 21.4：QPSK 接收器代码的"通过 AGC"部分的声明**

```
    Int32 i ;
2   Int32 fourcount = 0;
    Int32 costable[4] = {1, 0, −1, 0};
4   Int32 sintable[4] = {0, 1, 0, −1};

6   float Output_Q[5] = {0, 0, 0, 0, 0};
    float Output_I[5] = {0, 0, 0, 0, 0};
8
```

```
       /* IIR-based matched filters using second order sections (SOS) */
10     float SOS_Gain = - 0.005691614547251;

12     float Stage1_B[3] = {1.0, - 0.669057621555000, - 0.505837557192856};
       float Stage2_B[3] = {1.0, - 1.636373970290336, 0.793253123708712};
14     float Stage3_B[3] = {1.0, - 2.189192793892326, 1.206129332609970};
       float Stage4_B[3] = {1.0, - 1.927309142277217, 0.981006820709641};
16
       float Stage1_A[3] = {1.0, - 1.898291587416584, 0.901843187948439};
18     float Stage2_A[3] = {1.0, - 1.898520943904540, 0.909540256532186};
       float Stage3_A[3] = {1.0, - 1.906315962519294, 0.928697673452646};
20     float Stage4_A[3] = {1.0, - 1.920806676700677, 0.957209542544347};

22     float Stage1_Q[3] = {0, 0, 0};
       float Stage2_Q[3] = {0, 0, 0};
24     float Stage3_Q[3] = {0, 0, 0};
       float Stage4_Q[3] = {0, 0, 0};
26
       float Stage1_I[3] = {0, 0 , 0};
28     float Stage2_I[3] = {0, 0, 0};
       float Stage3_I[3] = {0, 0, 0};
30     float Stage4_I[3] = {0, 0, 0};

32     float I, Q;
       float magnitude;
34     float reference = 15000.0;        //reference value
       float error;                      // error signal
36     float AGCgain = 1.0;              // initial system gain
       float scaledError;
38     float alpha = 1e - 7;            // approximately 0.002/reference
```

清单 21.4 解释如下：

① （第 1 行）：声明 $i$ 变量，该变量用于许多 for 循环。

② （第 2 行）：声明并初始化 fourcount 变量，该变量用作计数器，以…0，1，2，3，0，1，2，3，…的模式循环。

③ （第 3、4 行）：声明并初始化 costable 和 sintable 变量，这些变量用作以 12 kHz($F_s/4$)频率自由运行的振荡器。

④ （第 6、7 行）：声明并初始化 Output_Q 和 Output_I 变量，这些变量用作 4 个基于 IIR 的二阶(SOS)匹配滤波器级中每一个的输入和输出。

⑤ （第 10 行）：声明并初始化 SOS_Gain 变量，这是匹配滤波器的总体增益。

⑥ （第 12～20 行）：声明并初始化 SOS 滤波器系数。

⑦ (第 22～30 行)：声明并初始化 SOS 过滤器的状态。

⑧ (第 32 行)：声明并初始化 $I$ 和 $Q$ 变量，它们是该系统的输出。

⑨ (第 33～38 行)：声明并初始化 AGC 控制参数中涉及的变量。magnitude 变量是接收信号的幅度。reference 变量是 AGC 试图达到的目标值。error 变量是 reference 和 magnitude 之间的误差。AGCgain 变量是 AGC 系统的当前增益。scaledError 变量是一个中间变量。最后，变量 alpha 是 AGC 控制环路的环路增益。

代码的算法部分如清单 21.5 所示。

### 清单 21.5：QPSK 接收器代码的"通过 AGC"部分的算法

```
     // multiplication by the free running oscillators
 2   Output_I[0] = ...
          SOS_Gain * CodecDataIn.Channel[LEFT] * intable[fourcount];
 4   Output_Q[0] = ...
          SOS_Gain * CodecDataIn.Channel[LEFT] * costable[fourcount];

 6
     // 8th order, IIR-based matched filters
 8   Stage1_Q[0] = Stage1_A[0] * Output_Q[0] -
          Stage1_A[1] * Stage1_Q[1] -
10        Stage1_A[2] * Stage1_Q[2];
     Output_Q[1] = Stage1_B[0] * Stage1_Q[0] +
12        Stage1_B[1] * Stage1_Q[1] +
          Stage1_B[2] * Stage1_Q[2];

14
     Stage1_I[0] = Stage1_A[0] * Output_I[0] -
16        Stage1_A[1] * Stage1_I[1] -
          Stage1_A[2] * Stage1_I[2];
18   Output_I[1] = Stage1_B[0] * Stage1_I[0] +
          Stage1_B[1] * Stage1_I[1] +
20        Stage1_B[2] * Stage1_I[2];


22   Stage2_Q[0] = Stage2_A[0] * Output_Q[1] -
          Stage2_A[1] * Stage2_Q[1] -
24        Stage2_A[2] * Stage2_Q[2];
     Output_Q[2] = Stage2_B[0] * Stage2_Q[0] +
26        Stage2_B[1] * Stage2_Q[1] +
          Stage2_B[2] * Stage2_Q[2];
28   Stage2_I[0] = Stage2_A[0] * Output_I[1] -
          Stage2_A[1] * Stage2_I[1] -
30        Stage2_A[2] * Stage2_I[2];
     Output_I[2] = Stage2_B[0] * Stage2_I[0] +
32        Stage2_B[1] * Stage2_I[1] +
          Stage2_B[2] * Stage2_I[2];
```

```
34
     Stage3_Q[0] = Stage3_A[0] * Output_Q[2] -
36       Stage3_[1] * Stage3_Q[1] -
         Stage3_A[2] * Stage3_Q[2];
38   Output_Q[3] = Stage3_B[0] * Stage3_Q[0] +
         Stage3_B[1] * Stage3_Q[1] +
40       Stage3_B[2] * Stage3_Q[2];
     Stage3_I[0] = Stage3_A[0] * Output_I[2] -
42       Stage3_A[1] * Stage3_I[1] -
         Stage3_A[2] * Stage3_I[2];
44   Output_I[3] = Stage3_B[0] * Stage3_I[0] +
         Stage3_B[1] * Stage3_I[1] +
46       Stage3_B[2] * Stage3_I[2];

48   Stage4_Q[0] = Stage4_A[0] * Output_Q[3] -
         Stage4_A[1] * Stage4_Q[1] -
50       Stage4_A[2] * Stage4_Q[2];
     Output_Q[4] = Stage4_B[0] * Stage4_Q[0] +
52       Stage4_B[1] * Stage4_Q[1] +
         Stage4_B[2] * Stage4_Q[2];
54   Stage4_I[0] = Stage4_A[0] * Output_I[3] -
         Stage4_A[1] * Stage4_I[1] -
56       Stage4_A[2] * Stage4_I[2];
     Output_I[4] = Stage4_B[0] * Stage4_I[0] +
58       Stage4_B[1] * Stage4_I[1] +
         Stage4_B[2] * Stage4_I[2];
60
     // update the filter's state
62   for ( i = 0; i < 2; i++ ) {
         Stage1_Q[2 - i] = Stage1_Q [(2 - i) - 1];
64       Stage2_Q[2 - i] = Stage2_Q [(2 - i) - 1];
         Stage3_Q[2 - i] = Stage3_Q [(2 - i) - 1];
66       Stage4_Q[2 - i] = Stage4_Q [(2 - i) - 1];

68       Stage1_I[2 - i] = Stage1_I[(2 - i) - 1];
         Stage2_I[2 - i] = Stage2_I[(2 - i) - 1];
70       Stage3_I[2 - i] = Stage3_I[(2 - i) - 1];
         Stage4_I[2 - i] = Stage4_I[(2 - i) - 1];
72   }

74   // apply the AGC gain
     I = AGCgain * Output_I[4];
76   Q = AGCgain * Output_Q[4];
```

```
78   // calculate the new AGC gain
     magnitude = sqrtf (I * I + Q * Q);
80   error = reference - magnitude;
     scaledError = alpha * error;
82   AGCgain = AGCgain + scaledError;

84   // increment the counter... 0, 1, 2, 3, ... repeat
     fourcount ++;
86   if (fourcount > 3) {
         fourcount = 0;
88   }

90   // output I and Q for a "versus" plot on an oscilloscope
     CodecDataOut.Channel[RIGHT] = I;
92   CodecDataOut.Channel[LEFT] = Q;
```

清单 21.5 解释如下:

① (第 2～5 行): 将输入信号与自由运行的振荡器值相乘。

② (第 8～59 行): 执行匹配的滤波操作。

③ (第 62～72 行): 为后续 ISR 的调用更新滤波器状态。

④ (第 75、76 行): 通过 AGC 增益的当前值对信号进行缩放。

⑤ (第 79 行): 计算信号的幅度。这在通过 AGC 的当前增益值进行缩放之后发生。

⑥ (第 80 行): 计算误差信号,它是 magnitude 和 reference 值之间的差值。

⑦ (第 81 行): 通过 AGC 的环路增益 alpha 来缩放 error。

⑧ (第 82 行): 实现累加器操作,在图 21.4 中提及。

⑨ (第 85～88 行): 增加 fourcount 变量并执行模 4 运算。

⑩ (第 91、92 行): 将 I 和 Q 变量写入输出。

## 21.4.2　一个完整的 QPSK 接收器

代码的声明部分如清单 21.6 所示。

**清单 21.6: 完整的 QPSK 接收器项目代码的声明部分**

```
     Int32 i, di, dq;
2    Int32 fourcount = 0;
     Int32 costable[4] = {1, 0, -1, 0};
4    Int32 sintable[4] = {0, 1, 0, -1};

6    float Output_Q[5] = {0, 0, 0, 0, 0};
     float Output_I[5] = {0, 0, 0, 0, 0};
```

```
8
    /* IIR-based matched filters using second order sections (SOS) */
10  float SOS_Gain = - 0.005691614547251;

12  float Stage1_B[3] = {1.0, - 0.669057621555000, - 0.505837557192856};
    float Stage2_B[3] = {1.0, - 1.636373970290336, 0.793253123708712};
14  float Stage3_B[3] = {1.0, - 2.189192793892326, 1.206129332609970};
    float Stage4_B[3] = {1.0, - 1.927309142277217, 0.981006820709641};
16
    float Stage1_A[3] = {1.0, - 1.898291587416584, 0.901843187948439};
18  float Stage2_A[3] = {1.0, - 1.898520943904540, 0.909540256532186};
    float Stage3_A[3] = {1.0, - 1.906315962519294, 0.928697673452646};
20  float Stage4_A[3] = {1.0, - 1.920806676700677, 0.957209542544347};

22  float Stage1_Q[3] = {0, 0, 0};
    float Stage2_Q[3] = {0, 0, 0};
24  float Stage3_Q[3] = {0, 0, 0};
    float Stage4_Q[3] = {0, 0, 0};
26
    float Stage1_I[3] = {0, 0, 0};
28  float Stage2_I[3] = {0, 0, 0};
    float Stage3_I[3] = {0, 0, 0};
30  float Stage4_I[3] = {0, 0, 0};

32  float I, Q;
    float Iscaled[3] = {0, 0, 0};
34  float Qscaled[3] = {0, 0, 0};
    float Isampled, Qsampled;
36  float magnitude;
    float reference = 15000.0;              // reference value
38  float error;                            // error signal
    float AGCgain = 1.0;                    // initial system gain
40  float scaledError;                      // error signal scaled by the AGC loop gain
    float alpha = 1.0 e - 7;                // approximately 0.002/reference
42
    float phase = 0.5;                      // initial phase for the timing recovery loop
44  float phaseInc = 0.314159265358979;     // phase increment (2 pi/20)
    float phaseGain = 0.2 e - 6;            // gain for the symbol timing loop
46
    float thetaGain = 1.0 e - 7;            // gain for the de-rotation loop
48  float st = 1.0;                         // sin(theta)
    float ct = 1.0;                         // cos(theta)
50  float phaseAdj = 0;                     // phase adjustment associated with theta
```

```
      float symTimingAdj [14] = {0,0,0,0,0,0,0,0,0,0,0,0,0,0};
52    float theta = 0;        // constellation de-rotation angle
      float thetaAdj;
```

清单 21.6 解释如下：

① (第 1 行)：声明 $i$ 变量,该变量用于许多 for 循环。声明 di 和 dq 变量,它们代表输出位(数字 $I$ 和数字 $Q$)。

② (第 2 行)：声明并初始化 fourcount 变量,该变量用作计数器,以…0,1,2,3,0,1,2,3,…模式循环。

③ (第 3、4 行)：声明并初始化 costable 和 sintable 变量,这些变量用作以 $12\text{ kHz}(F_s/4)$ 频率自由运行的振荡器

④ (第 6、7 行)：声明并初始化 Output_Q 和 Output_I 变量,这些变量用作 4 个基于 IIR 的二阶节(SOS)匹配滤波器级中每一个的输入和输出。

⑤ (第 10 行)：声明并初始化 SOS_Gain 变量,这是匹配滤波器的总体增益。

⑥ (第 12～20 行)：声明并初始化 SOS 滤波器系数。

⑦ (第 22～30 行)：声明并初始化 SOS 滤波器的状态。

⑧ (第 32 行)：声明并初始化 $I$ 和 $Q$ 变量,它们是该系统的输出。

⑨ (第 33、34 行)：声明并初始化需要计算 Iscaled 和 Qscaled 的导数的缓冲区。

⑩ (第 35 行)：声明去旋转(de-rotated)的 $I$ 和 $Q$ 样本点,这些点的集合形成星座图。

⑪ (第 36～41 行)：声明并初始化 AGC 控制参数中涉及的变量。magnitude 变量是接收信号的幅度。reference 变量是 AGC 试图达到的目标值。error 变量是 reference 和 magnitude 之间的误差。AGCgain 变量是 AGC 系统的当前增益。scaledError 变量是一个中间变量。最后,变量 alpha 是 AGC 控制环路的环路增益。

⑫ (第 43 行)：声明并初始化 phase 变量,用于跟踪符号定时。当 phase≥2π 时,进行符号采样。符号采样应在"最大眼图开口"处进行。

⑬ (第 44 行)：声明并初始化 phaseInc 变量为 π/10。这是与符号速率(波特率) 2 400 相关的相位增量。

⑭ (第 45 行)：声明并初始化 phaseGain 变量。该变量设置符号定时跟踪环路中的增益。

⑮ (第 47 行)：声明并初始化 thetaGain 变量。该变量设置星座去旋转控制环路中的增益。

⑯ (第 48、49 行)：声明并初始化 st 和 ct 变量。这些变量代表角度 theta 的正弦和余弦。

⑰ (第 50 行)：声明并初始化 phaseAdj 变量。该变量表示符号定时控制环路内计算的相位调整。

⑱ (第 51 行)：声明并初始化 symTimingAdj 变量。该变量基于位决策和信号

斜率的估计来计算,然后缓冲这些值并将其用于一个移动平均(MA)滤波器,以确定符号定时误差 phaseAdj。

⑲ (第 52 行)：声明并初始化 theta 变量。该变量表示星座的旋转角度。一旦知道该角度,则通过去旋转算法去除该角度。

⑳ (第 53 行)：声明并初始化 thetaAdj 变量。该变量表示星座去旋转控制环路内的相位调整。

代码的算法部分如清单 21.7 所示。

**清单 21.7：完整的 QPSK 接收器项目代码的算法部分**

```
1   Output_I[0] =
       SOS_Gain * CodecDataIn.Channel[LEFT] * sintable[fourcount];
3   Output_Q[0] =
       SOS_Gain * CodecDataIn.Channel[LEFT] * costable[fourcount];
5
    // 8th order, IIR-based matched filters
7   Stage1_Q[0] = Stage1_A[0] * Output_Q[0] -
       Stage1_A[1] * Stage1_Q[1] -
9      Stage1_A[2] * Stage1_Q[2];
    Output_Q[1] = Stage1_B[0] * Stage1_Q[0] +
11     Stage1_B[1] * Stage1_Q[1] +
       Stage1_B[2] * Stage1_Q[2];
13
    Stage1_I[0] = Stage1_A[0] * Output_I[0] -
15     Stage1_A[1] * Stage1_I[1] -
       Stage1_A[2] * Stage1_I[2];
17  Output_I[1] = Stage1_B[0] * Stage1_I[0] +
       Stage1_B[1] * Stage1_I[1] +
19     Stage1_B[2] * Stage1_I[2];

21  Stage2_Q[0] = Stage2_A[0] * Output_Q[1] -
       Stage2_A[1] * Stage2_Q[1] -
23     Stage2_A[2] * Stage2_Q[2];
    Output_Q[2] = Stage2_B[0] * Stage2_Q[0] +
25     Stage2_B[1] * Stage2_Q[1] +
       Stage2_B[2] * Stage2_Q[2];
27  Stage2_I[0] = Stage2_A[0] * Output_I[1] -
       Stage2_A[1] * Stage2_I[1] -
29     Stage2_A[2] * Stage2_I[2];
    Output_I[2] = Stage2_B[0] * Stage2_I[0] +
31     Stage2_B[1] * Stage2_I[1] +
       Stage2_B[2] * Stage2_I[2];
33
```

```
       Stage3_Q[0] = Stage3_A[0]  *  Output_Q[2] -
35         Stage3_A[1]  *  Stage3_Q[1]  -
           Stage3_A[2]  *  Stage3_Q[2];
37 Output_Q[3] = Stage3_B[0]  *  Stage3_Q[0] +
           Stage3_B[1]  *  Stage3_Q[1] +
39         Stage3_B[2]  *  Stage3_Q[2];
       Stage3_I[0] = Stage3_A[0]  *  Output_I[2] -
41         Stage3_A[1]  *  Stage3_I[1]  -
           Stage3_A[2]  *  Stage3_I[2];
43 Output_I[3] = Stage3_B[0]  *  Stage3_I[0] +
           Stage3_B[1]  *  Stage3_I[1] +
45         Stage3_B[2]  *  Stage3_I[2];

47 Stage4_Q[0] = Stage4_A[0]  *  Output_Q[3] -
           Stage4_A[1]  *  Stage4_Q[1] -
49         Stage4_A[2]  *  Stage4_Q[2];
   Output_Q[4] = Stage4_B[0]  *  Stage4_Q[0] +
51         Stage4_B[1]  *  Stage4_Q[1] +
           Stage4_B[2]  *  Stage4_Q[2];
53 Stage4_I[0] = Stage4_A[0]  *  Output_I[3] -
           Stage4_A[1]  *  Stage4_I[1] -
55         Stage4_A[2]  *  Stage4_I[2];
   Output_I[4] = Stage4_B[0]  *  Stage4_I[0] +
57         Stage4_B[1]  *  Stage4_I[1]  +
           Stage4_B[2]  *  Stage4_I[2];

59
   // update the matched filter's state
61 for (i = 0; i < 2; i++) {
           Stage1_Q[2 - i] = Stage1_Q[(2 - i) - 1];
63         Stage2_Q[2 - i] = Stage2_Q[(2 - i) - 1];
           Stage3_Q[2 - i] = Stage3_Q[(2 - i) - 1];
65         Stage4_Q[2 - i] = Stage4_Q[(2 - i) - 1];

67         Stage1_I[2 - i] = Stage1_I [(2 - i) - 1];
           Stage2_I[2 - i] = Stage2_I [(2 - i) - 1];
69         Stage3_I[2 - i] = Stage3_I [(2 - i) - 1];
           Stage4_I[2 - i] = Stage4_I [(2 - i) - 1];
71 }

73 // apply the AGC gain
   Iscaled[0] = AGCgain  *  Output_I[4];
75 Qscaled[0] = AGCgain  *  Output_Q[4];
```

```
77   // calculate the new AGC gain
     magnitude = sqrtf (Iscaled[0] * Iscaled[0] + Qscaled[0] * Qscaled[0]);
79   error = reference - magnitude;
     scaledError = alpha * error;
81   AGCgain = AGCgain + scaledError;

83   // increment the counter...0, 1, 2, 3, ...repeat
     fourcount ++;
85   if (fourcount > 3) {fourcount = 0;}


87   phase = phase + phaseInc;
     // timing recovery and de-rotation control loops
89   if (phase > 6.283185307179586) {
         // GPIO control...turn ON GPIO pin 6
91       WriteDigitalOutputs(1);
         phase -= 6.283185307179586;
93

         //de-rotation
95       st = sinf(theta);
         ct = cosf(theta);
97       Isampled = Iscaled[0] * ct - Qscaled[0] * st;
         Qsampled = Qscaled[0] * ct + Iscaled[0] * st;
99

         // slicer...bit decisions
101      if (Isampled > 0) {di = 1;}
         else {di = -1;}
103

         if (Qsampled > 0) {dq = 1;}
105      else {dq = -1;}


107      // de-rotation control...calculate the new theta
         thetaAdj = (di * Qsampled - dq * Isampled) * thetaGain;
109      theta = theta - thetaAdj;
         if (theta > 6.28318530717) {theta -= 6.28318530717;}
111

         // symbol timing adjustment
113      symTimingAdj[0] = di * (Iscaled[0] - Iscaled[2]) +
             dq * (Qscaled[0] - Qscaled[2]);
115

         // MA filter of symTimingAdj(loop filter)
```

```
117    phaseAdj = 0;
       for (i = 0; i < 14; i ++) {phaseAdj += symTimingAdj[i];}
119    phaseAdj *= phaseGain/14;
       for (i = 13; i > 0; i --) {
121        symTimingAdj[i] = symTimingAdj[i-1];
       }
123    phase -= phaseAdj;

125    // GPIO control...turn OFF GPIO pin 6
       WriteDigitalOutputs(0);
127    }

129    I = Iscaled[0] * ct - Qscaled[0] * st;
       Q = Qscaled[0] * ct + Iscaled[0] * st;
131

       // update memory
133    Iscaled[2] = Iscaled[1];
       Iscaled[1] = Iscaled[0];
135    Qscaled[2] = Qscaled[1];
       Qscaled[1] = Qscaled[0];
137

       CodecDataOut.Channel[RIGHT] = I;
139    CodecDataOut.Channel[LEFT] = Q;
```

清单 21.7 解释如下:

① (第 1～4 行):将输入信号乘以自由运行的振荡器值。

② (第 6～58 行):执行匹配的滤波操作。

③ (第 61～71 行):为后续的 ISR 的调用更新过滤器状态。

④ (第 74、75 行):通过当前 AGC 的增益对信号进行缩放。

⑤ (第 78 行):计算信号的幅度。在通过当前 AGC 的增益进行缩放**之后**发生。

⑥ (第 79 行):计算误差信号,即 magnitude 和 reference 值之间的差异。

⑦ (第 80 行):通过 AGC 的环路增益 alpha 来缩放 error。

⑧ (第 81 行):实现**累加器**操作,在图 21.4 中提及。

⑨ (第 84、85 行):增加 fourcount 变量并执行模 4 运算。

⑩ (第 87 行):将 phase 变量增加 $\pi/10$。这是与符号周期相关的相位。

⑪ (第 89～127 行):实现定时恢复和去旋转(de-rotation)控制环路。如果相位超过 $2\pi$,则控制环路**激活**。

⑫ (第 91 行):将 GPIO 引脚 6"打开(ON)"。该数字信号可用于触发示波器。

⑬ (第 92 行):执行模 $2\pi$ 运算。

⑭ (第 95～98 行):计算 theta 的正弦和余弦,然后去旋转 $I$ 和 $Q$ 样本。

⑮（第 101～105 行）：执行位决策操作(切片器)。

⑯（第 108～110 行）：计算 theta 的新值。

⑰（第 113、114 行）：计算符号时序的调整。

⑱（第 117～123 行）：实现 MA 环路滤波器并校正定时恢复环路的相位。

⑲（第 126 行）：将 GPIO 引脚 6"关闭（OFF）"。该数字脉冲**非常窄**，但应以符号速率(2 400 Hz)发生。如果您使用的是数字示波器，则请确保示波器的采样频率捕获**每个**定时脉冲。

⑳（第 129、130 行）：计算输出值 $I$ 和 $Q$。需要此代码以确保每次对 ISR 的调用都发生输出。

㉑（第 133～136 行）：缓冲值，以便计算导数。

㉒（第 138、139 行）：将 $I$ 和 $Q$ 变量写入输出。

## 21.4.3 系统测试

C6713 DSK 和 OMAP－L138 电路板均采用音频编解码器与模拟世界进行双向转换。一般而言，音频编解码器的设计假定它们仅涉及人类听觉范围内的信号处理(通常为 20 Hz～20 kHz)。尽管如此，音频编解码器中的数/模转换器(DAC)通常输出该频带之外的能量。例如，在 OMAP－L138 实验者套件(Experimenter Kit)的情况下，在音频带的上方存在扩展到大约 2.5 MHz 的显著能量，这在使用测试和测量设备评估实时项目时可能会出现问题①。使用类似于图 21.11 所示的简单电路可以显著抑制带外(out-of-band)能量，即使在应用这种类型的 RC 滤波器之后，测试和测量设备(例如示波器)显示出带有大量看似**噪声**的相位轨迹、星座图或眼图的情况也并不罕见。这些信号变化本身可能不是噪声，而是由许多非噪声现象引起的，例如接地回路和耦合电容器。

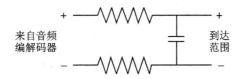

来自音频编解码器

到达范围

**图 21.11：一个用于连接测试和测量设备的低通滤波器**

使用传统的示波器，设置为"通道 1"和"通道 2"以获得 $I$ 信号和 $Q$ 信号的二维"绘图"，应该从实时运行的 QPSK 接收器项目中获得类似于图 21.12 所示的显示。如果示波器有"直方图(histogram)"选项，则可以获得类似于图 21.13 所示的显示。

注意，图 21.12 和图 21.13 取自接收器 DSK，该结果是由两个 DSK 同时工作产生的：一个 DSK 充当实时 QPSK 发射器，另一个 DSK 充当实时 QPSK 接收器。两

---

① LCDK 中存在少得多的带外能量。详细信息请参阅附录 I。

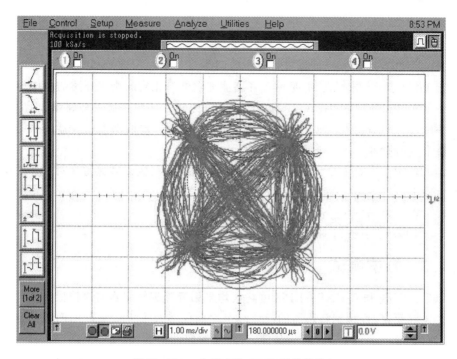

图 21. 12：一个稳定的 QPSK 相位轨迹

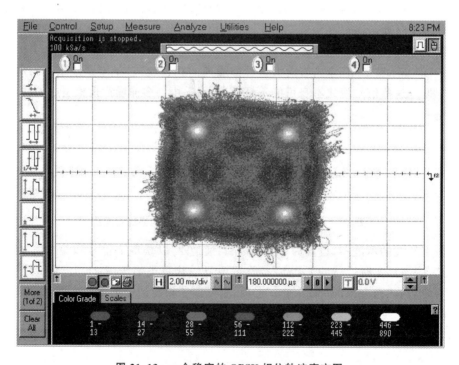

图 21. 13：一个稳定的 QPSK 相位轨迹直方图

个 DSK 仅仅通过发射器的编解码器输出和接收器的编解码器输入连接，因此 DSK 之间没有同步。所有同步都由实时代码提供。

# 21.5  后继挑战

考虑扩展您所学的知识：

① 在 ML 定时恢复环路中设计并实现自己的环路滤波器。

② 设计并实现一种算法，该算法在 AGC 环路收敛到恒定增益值时进行检测，然后向用户提供一些指示。

③ 设计并实现一种算法，该算法在去旋转（de-rotation）环路已收敛到恒定 $\theta$ 值时进行检测，然后向用户提供一些指示。

④ 设计并实现一种算法，该算法在 ML 定时恢复环路被**锁定**并跟踪符号速率时进行检测，然后向用户提供一些指示。

⑤ 请分析 ISR 代码并识别任何计算瓶颈。

⑥ 提出可能尽量减少或消除这些瓶颈的改进建议。

⑦ 实现至少一项您的改进建议并计算新代码节省的计算负荷。

⑧ 实现差分编码和解码以消除 QPSK 系统的相位模糊。

⑨ 使用基于帧的技术实现 QPSK 接收器。

# 第Ⅲ部分：附　录

# 附录 $\mathbf{A}$

# Code Composer Studio：概述

## A.1 介 绍

Code Composer Studio™（CCS）是德州仪器（Texas Instruments，TI）的集成开发环境（IDE），用于在他们的各种 DSP 上开发应用程序。在 CCS 中，编辑、代码生成和调试工具都集成在一个统一的环境中。您可以选择目标 DSP，调整优化参数，并根据需要设置用户首选项。

一个应用程序是基于项目的概念开发的，项目文件中的信息可确定使用哪些源代码文件以及如何处理它们。如果您计划使用 TI 的处理器，学习使用 Code Composer Studio 是弥合 DSP 理论与实时 DSP 之间差距的必要步骤。我们建议您花一些时间来了解 CCS。

在第 1 版中，我们在附录 A 中包含了如何将 CCS 用于典型项目的教程。本版本仍然提供了该信息（以更新过的形式），但为了在教程信息的格式化方面提供更多功能，**我们已将其几乎所有的内容移至本书网站**，可在网站上查找与诸如"New material for Appendix A，the tutorial for Code Composer Studio（CCS）"这些短语相关的链接。这些扩展教程是基于我们在各种 IEEE 和 ASEE 会议上作为实时 DSP 研讨会（Real-Time DSP Workshop）的一部分所提供的版本，并经过了许多人的"现场测试"。

**注意：**我们**强烈**推荐您访问本书网站去阅读有关 CCS 的最新信息，因为即使很小的变化也会让您感到非常沮丧。例如，由于输出文件格式的细微变化，C6713 DSK 用户现在需要指定与使用 OMAP–L138 电路板的用户不同的编译器版本来与 CCS 一起使用。

## A.2 启动 Code Composer Studio

本书假定您在运行相对较新版本的 Windows 操作系统的计算机上正确安装了 CCS。如第 1 章所述，本书还假定您的 CCS 版本为 6.1 或更高版本。如果您的版本早于 6.1，您通常可以通过 TI 来下载获得更新版本。如果尚未安装 CCS，请在继续操作之前立即安装。如果您可以在您的计算机上跟着操作,那么这个简短的概述和本书网站上的教程会更加有效。

您怎么知道 CCS 是否已安装呢? 在转到网站上的教程之前,在您的计算机上找到 CCS 的一个图标或一个开始菜单中的条目,并使用它来启动程序[①]。在程序启动时,您应该看到类似于图 A.1 的 CCS 启动画面。在启动屏幕的底部可能有一个进度条,指示程序初始化进行了多长时间。此初始化可能需要几秒钟,具体取决于您的系统。

**图 A.1:Code Composer Studio 版本 6.1 打开启动画面**

当初始化完成后,启动屏幕会消失,主项目窗口应显示在其位置上。该主项目窗口应该类似于图 A.2,其中显示了已加载到 CCS 环境中的一个典型项目。请注意,与项目关联的文件的层次结构显示在图 A.2 的最左侧窗格中,C 语言源代码显示在最大的窗格中,依次类推。如果您已经做到了这一点,那么您可以转向本书网站上的教程了。

## A.3 结　论

从本书的网站上完成 CCS 教程(CCS tutorial)后,您将更加自信地使用这个强大的开发工具,并且可能会避免一些因不熟悉 CCS 而带来的问题和挫折。我们也希望,在您刚刚熟悉了 CCS 的背景下,本书所包含的所有 CCS 项目的格式对您来说都是有意义的。

---

① 如果已为多个目标 DSP 安装了程序,则 CCS 可能有多个图标和/或多个开始菜单条目。

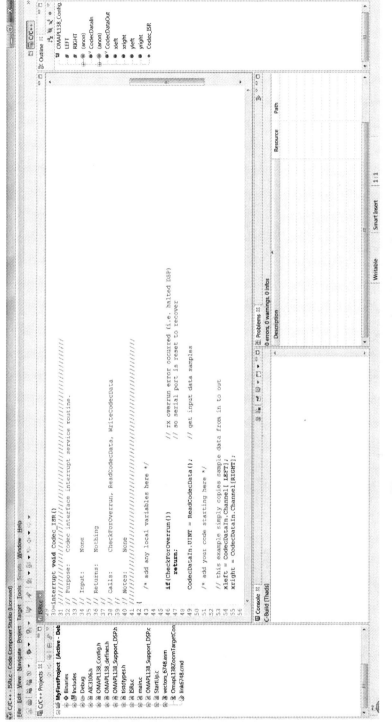

图A.2： Code Composer Studio版本6.1的主项目窗口

# 附录 **B**

# DSP/BIOS

## B.1 介 绍

一些读者对 DSP/BIOS 感到好奇，这是德州仪器（Texas Instruments）DSP 专用的实时操作系统[93-94]。本附录提供了对 DSP/BIOS 的简短描述，以及一些旨在帮助您在 DSP/BIOS 环境中入门的项目。

### B.1.1 DSP/BIOS 的主要特性

DSP/BIOS 的主要特性包括：

- 调度程序及其关联的线程类，提供一种安排和控制软件执行的机制。调度程序是抢占性的，这意味着它将定期中断当前正在执行的线程，确定准备要执行的最高优先级的线程，并启动该线程运行，其中一个 DSP 的硬件定时器被用来实现这种抢占行为。本章后面将更详细地讨论可用的线程类型。
- 内存管理器，用于控制内存/缓存体系结构的操作和内存资源的分配。
- 仪器，提供确定性、最小侵入的分析、特征收集和统计功能。
- 通信资源，包括队列、管道和流以及设备驱动机制。
- 支持库，提供标准化访问和跨多个 DSP 的硬件抽象，其中包括提供板级功能支持的板支持库（BSL）和提供 DSP 设备级支持的芯片支持库（CSL）。

### B.1.2 DSP/BIOS 线程

DSP/BIOS 提供了几类可以安排执行的线程类：

- 硬件中断（HWI）：响应硬件中断并执行，因此应该非常短且快。通常，这些线程只是简单地传输数据，并为任何进一步的处理来安排软件中断。DSP/BIOS 中断调度程序可用于允许普通 C 语言函数用作中断服务例程。
- 软件中断（SWI）：软件中断通常由 HWI 发布（调度），并处理更多所涉及的中断处理，同时允许毫无延迟地处理硬件中断。发布机制有一个邮箱变量，可用于调节 ISR 的发布（即可以倒计时发布，或使用位作为标志）。SWI 被 HWI 和更高优先级的 SWI 抢占。

- 周期函数（PRD）：周期函数是一类以规定时间间隔调度的 SWI。DSP/BIOS 自动实现用于 PRD 调度的硬件定时器 HWI 和 SWI。PRD 被 HWI 和更高优先级的 SWI 抢占。

- 任务（TSK）：任务是一旦计划后就运行至完成的功能，并且持续时间较长，在必要时必须执行更复杂的处理。TSK 被 HWI、SWI、PRD 和更高优先级的 TSK 抢占。

- 空闲功能（IDL）：当 DSP/BIOS 没有其他待处理的线程时，执行空闲功能。它们对于真正的后台任务非常有用，例如系统维护和自检。如果存在多个 IDL，则它们以轮转调度顺序运行完成。

# B.2　DSP/BIOS 示例项目

示例项目文档和完整的源代码可在附录 B 的 threads 目录中找到。

# 附录 C

# 数值表示

在数字域中,给定的数字可以以多种不同的表示形式存储和使用。一个数字可以以一种形式精确地表示,但在其他形式中却不能。数字如何表示将影响计算的准确性、对内存和总线带宽的要求以及可以实现的计算速度。

## C.1 字节序

通常,计算机存储器可以以字节寻址。如果数据元素大于 1 字节,则必须决定如何将数据元素的各个字节存储在存储器中。给定具有十六进制值 12345678h 的 32 位(4 字节)数据元素,可以以两种截然不同的方式在存储器中对数据进行排序。假设数据存储在地址 00001000h 中,则可以用下面显示的任何一种顺序来表示。

| 地　　址 | 00001000h | 00001001h | 00001002h | 00001003h |
|---|---|---|---|---|
| 大　端 | 12h | 34h | 56h | 78h |
| 小　端 | 78h | 56h | 34h | 12h |

存储方法的选择决定了通常被提到的字节序(endianness),如此命名是因为它基于数字的哪一**端**(end)存储在该数字所占用的存储空间的第一个字节中。大端(big-endian)组织将数据的最高有效字节放在第一个地址,而小端(little-endian)组织则将数据的最低有效字节放在第一个地址。相互之间没有优劣,两者都在实践中使用。实际上,TMS320C6x DSP 能够根据复位时处理器引脚的设置以任一字节序进行操作。默认情况下,DSK 配置为以小端模式运行。

要想验证 DSK 的字节序,请打开 Code Composer Studio,然后使用 View→Memory 在地址 00000000h 处打开两个存储器窗口。将一个存储器窗口的属性设置为 32 位十六进制-TI 样式(32-Bit Hex-TI Style),将另一个设置为 8 位十六进制-TI 样式(8-Bit Hex-TI Style)。然后,在 32 位窗口中,将地址 00000000h 的值设置为 12345678h,进行更改后,请观察值的字节在 8 位窗口中如何存储,以确定使用的字节序。

虽然字节序可能不会影响典型的单处理器 DSP 代码,但您应该知道它,尤其是在处理器之间传输信息、在具有共享存储器的多处理器环境中工作或直接操作多字节数据元素的单个字节时。

# C.2　整数表示

整数表示是使用多个位来表示数字的整数部分，也就是说，它们不能代表数字的任何小数部分。整数表示大体上可以分为有符号数表示和无符号（非负）数表示。

一般来说，无符号整数可以表示 $0 \sim 2^n - 1$ 范围内的任何值，其中 $n$ 是无符号整数以位为单位的宽度。例如，对于 8 位无符号整数值，最小值将为 $00000000_2 = 0_{10}$，最大值为 $11111111_2 = 255_{10} = 2^8 - 1$。

有符号表示可以同时表示正值和负值，可使用几种惯例之一。最常用的是二进制补码表示。在这种表示中，最高有效位决定数字的符号，1 表示负数。正值的确定很简单，因为它可以简单地解释为无符号数。然而，如果一个数字是负数，那么确定它的值的最容易的方法是，通过对其取反并将得到的正值解释为负值的大小。对一个二进制补码取反，只需求补码（翻转每个位的值）并加 1。如果加法的进位超过了数字中的位数，进位将被丢弃[①]。剩余的数字将被解释为无符号数，并加上负号。这用下面的 6 个不同的 8 位二进制补码数字进行说明，其中只有第一个是正数。

| 二进制值 | 补码 $a$ | $a$ 加上 1 | 十进制值 |
| --- | --- | --- | --- |
| 01100011 | 不需要 | — | 99 |
| 11100011 | 00011100 | 00011101 | $-29$ |
| 11111111 | 00000000 | 00000001 | $-1$ |
| 11111110 | 00000001 | 00000010 | $-2$ |
| 10000001 | 01111110 | 01111111 | $-127$ |
| 10000000 | 01111111 | 10000000 | $-128$ |

虽然二进制补码表示可能看起来很奇怪，但它在计算机算术硬件设计中具有优于其他表示的巨大优势。通常，二进制补码整数可以表示 $2^{n-1} \sim +2^{n-1} - 1$ 范围内的任何值，其中 $n$ 是以位为单位的二进制补码整数的宽度。例如，对于 8 位二进制补码整数值，最小值将为 $10000000_2 = -128_{10}$，最大值为 $01111111_2 = +127_{10}$。

表示有符号二进制整数的另一种相对常见的方法是使用符号数值（sign-magnitude）惯例。在这种情况下，最高有效位再次确定符号，1 表示负数，但其余位则被解释为无符号数值。这具有一个优点，即与比正值多一个负值的二进制补码表示相比，该表示是关于 0 对称的。例如，对于 8 位有符号数值的整数值，最小值将为 $11111111_2 = -127_{10}$，最大值为 $01111111_2 = +127_{10}$。值 $00000000_2$ 和 $10000000_2$ 均表示 0。

---

　① 二进制补码数字取反的一种替代方法：从最低有效位开始，向左移动，保持数字不变，直至遇到第一个"1"并包括它，然后对所有剩余的位进行补码。

请注意,对于整数表示,每个可能的位组合实际上都是一个有效值——这使得不修改其表示法就无法在硬件中进行表示或检测错误值。

# C.3 整数除法和舍入

一般来说,如果要求我们对一个除法的结果进行舍入,通常的解决方案是查看小数部分是否为 0.5 或更大;如果是这样,则将结果加 1,然后简单地截断为整数值。但是,整数除法的硬件产生整数商和余数,而不是小数值,因此,需要进行舍入。一种方法是在余数大于除数除以 2 的情况下将商加 1,但是,这需要以下额外步骤:

① 获得除数除以 2;

② 与余数进行比较;

③ 有条件地将商加 1。

更有效的方法是认识到,如果我们在除法之前将除数的一半加到被除数上,则结果将被舍入。这需要以下额外步骤:

① 获得除数除以 2(这里任何余数被截断);

② 在除法之前将其加到被除数上。

截断的结果实际上被舍入过,见如下所示的 8 位无符号整数的示例。

| 运　算 | 被除数 | 除　数 | 商 |
|---|---|---|---|
| $47 \div 3$ | $00101111_2(47)$ | $00000011_2(3)$ | $00001111_2(15)$ |
| $[47 + (3 \div 2)] \div 3$ | $00110000_2(48)$ | $00000011_2(3)$ | $00010000_2(16)$ |

当对没有硬件整数除法器(即 TMS320C6x 系列)的计算机硬件进行编程时,在算法实现中需要煞费苦心,以避免对 2 的幂之外的其他任何数做除法。对 2 的幂的除法允许使用按位移位来完成除法运算,因为每一次右移一位等于除以 2(相反,左移一位相当于乘以 2),如下所示是一个 8 位无符号整数的示例。即使在具有硬件整数除法器的机器中,通过对 2 的幂进行移位来执行除法也会快得多。

| 初始值 | 移　位 | 等效于 | 结　果 |
|---|---|---|---|
| $00101111_2(47_{10})$ | 右移 1 位 | $\div 2$ | $00010111_2(23_{10})$ |
| $00101111_2(47_{10})$ | 右移 2 位 | $\div 4$ | $00001011_2(11_{10})$ |
| $00101111_2(47_{10})$ | 右移 3 位 | $\div 8$ | $00000101_2(5_{10})$ |
| $00101111_2(47_{10})$ | 右移 4 位 | $\div 16$ | $00000010_2(2_{10})$ |
| $00101111_2(47_{10})$ | 右移 6 位 | $\div 64$ | $00000000_2(0_{10})$ |
| $00101111_2(47_{10})$ | 左移 1 位 | $\times 2$ | $01011110_2(94_{10})$ |
| $00101111_2(47_{10})$ | 左移 2 位 | $\times 4$ | $10111100_2(188_{10})$ |
| $00101111_2(47_{10})$ | 左移 3 位 | $\times 8$ | $01111000_2(120_{10})$ |

请注意,在最后一个结果中,出现溢出并且结果是错误的,这突出了使用整数表示时的可用动态范围的明显限制。浮点(floating-point)表示有助于缓解此问题,尽管它们也会受到类似问题的影响。

# C.4 浮点表示

在浮点(floating-point)表示中,数字存储为尾数和指数值,类似于我们通常使用的科学记数法。但是,浮点表示不是以"尾数$_{10} \times 10^{指数_{10}}$"形式存储的,而是以二进制格式存储为"尾数$_2 \times 2^{指数_2}$"。常用的浮点表示包括 IEEE 单精度(single-precision)和双精度(double-precision)格式[95],如图 C.1 所示。

单精度

| S | EEEEEEEE | MMMMMMMMMMMMMMMMMMMMMMM |
|---|---|---|

3130    2322                                    0

双精度

| S | EEEEEEEEEEEE | MMMMMMMMMMMMMMMMMMMM | MMMMMMMMMMMMMMMMMMMMMMMMMMMMMMMM |
|---|---|---|---|

6362     5251              3231                                              0

**图 C.1:单精度和双精度 IEEE 754 浮点表示**

以下的讨论重点关注单精度表示,双精度表示在概念上是相似的。在单精度表示中,$S$ 位确定数字的符号,其中 0 值表示正数,1 值表示负数。这可以表示为 $-1^S$。数字的 8 位指数部分被偏置 127(称为"超过 127"),使得指数值 $00000000_2$ 被解释为值 $-127$,值 $11111111_2$($255_{10}$)被解释为 $+128$,值 $01111111_2$($127_{10}$)被解释为指数 0,这导致潜在的指数项乘数为 $2^{-127} \sim 2^{+128}$,但正如我们稍后将看到的,某些指数值是为特殊情况保留的。23 位尾数部分被解释为二进制值 $1.MMM \cdots MMM$,其中小数点是二进制点,而不是十进制点。因此,每个尾数位的取值如下面所示。

$$1. \quad \underset{2^{-1}}{M} \quad \underset{2^{-2}}{M} \quad \underset{2^{-3}}{M} \quad \cdots \quad \underset{2^{-21}}{M} \quad \underset{2^{-22}}{M} \quad \underset{2^{-23}}{M}$$

通过假设前导位为 1(规范化条件),可以看出尾数的允许范围是从 1.0 的低值(其中所有 $M$ 位都是 0),到 $2.0 - 2^{-23}$ 的高值(其中所有 $M$ 位均为 1)。示例浮点值如表 C.1 所列。

正如表 C.1 中的最后一个条目所列,即使浮点数具有看似良性的值,例如 0.1,但也可能无法准确地以给定格式表示它。事实上,0.1 只能由**无限的**二进制串精确地表示,即

$$\sum_{i=1}^{\infty} \frac{1}{2^{4i}} + \frac{1}{2^{4i+1}},$$

所以在计算中使用它是不准确的。虽然差异可能看起来很小,但在重复计算中使用

该值会导致较大的累积误差,并且在结果中会发现一种形式的量化噪声。

表 C.1:IEEE 754 格式的浮点值例子

| 十六进制 | SEEE EEEE EMMM MMMM MMMM MMMM MMMM MMMM $$= -1^S \times (1.MMMMMMMMMMMMMMMMMMMMMMM_2) \times 2^{EEEEEEEE_2 - 127}$$ |
|---|---|
| 0x3F800000 | 0011 1111 1000 0000 0000 0000 0000 0000 $$= -1^0 \times (1.00000000000000000000000_2) \times 2^{127-127}$$ $$= 1 \times (1) \times 2^0 = 1.0$$ |
| 0xBF800000 | 1011 1111 1000 0000 0000 0000 0000 0000 $$= -1^1 \times (1.00000000000000000000000_2) \times 2^{127-127}$$ $$= -1 \times (1) \times 2^0 = -1.0$$ |
| 0xC2820000 | 1100 0010 1001 0011 0000 0000 0000 0000 $$= -1^1 \times (1.00100110000000000000000_2) \times 2^{133-127}$$ $$= -1 \times (1 + 2^{-3} + 2^{-6} + 2^{-7}) \times 2^6 = -73.5$$ |
| 0x7F00000 | 0111 1111 0000 0000 0000 0000 0000 0000 $$= -1^0 \times (1.00000000000000000000000_2) \times 2^{254-127}$$ $$= 1 \times (1) \times 2^{127} = 1.701\,411\,8 \times 10^{38}$$ |
| 0x3DCCCCCD | 0011 1101 1100 1100 1100 1100 1100 1101 $$= -1^0 \times (1.1001100110011001101_2) \times 2^{123-127}$$ $$= 1 \times (1 + 2^{-1} + 2^{-4} + 2^{-5} + 2^{-8} + 2^{-9} + 2^{-12} + 2^{-13} +$$ $$2^{-16} + 2^{-17} + 2^{-20} + 2^{-21} + 2^{-23}) \times 2^{-4}$$ $$= 0.100\,000\,001\,490\,12 \approx 0.1$$ |

如果假设尾数中的前导为 1,则不可能精确地表示 0.0。为了克服这个问题,指定一个特殊情况来表示 0.0,如果指数和尾数字段都是 0,那么数字的值由 IEEE 标准定义刚好为 0.0。

尽管浮点表示允许表示更宽范围的值,但是在数学计算中存在其他不准确性的可能。当将较大数字加上较小数字时,可能产生一种这样的效果。为了加上或减去两个浮点数,必须将它们转换为相同的指数值,然后才能相加尾数。在相加尾数之后,通过确定最高有效的 1 位来对结果数字进行规范化,然后调整指数使得该位成为结果数字表示中假设的 1 位。如果将两个数字加在一起,其中一个数字明显大于另一个数字,则结果可能不准确。作为说明,假设存在两个具有如下给出的值的操作数:

| | SEEE | EEEE | EMMM | MMMM | MMMM | MMMM | MMMM | MMMM | |
|---|---|---|---|---|---|---|---|---|---|
| 操作数 1 | 0100 | 1011 | 1000 | 0000 | 0000 | 0000 | 0000 | 0000 | (16 777 216.0) |
| 操作数 2 | 0011 | 1111 | 1000 | 0000 | 0000 | 0000 | 0000 | 0000 | (1.0) |

通过将操作数 2(Operand2)转换为指数 151($10010111_2$),两个数字被转换为相同的指数,此后,尾数的相加将按如下所示进行(指数未显示):

| | 1.MMM | MMMM | MMMM | MMMM | MMMM | MMMM | MMMM | MMMM | MMMM | MMMM | MMMM |
|---|---|---|---|---|---|---|---|---|---|---|---|
| 尾数 1 | 1.000 | 0000 | 0000 | 0000 | 0000 | 0000 | ---- | ---- | ---- | ---- | ---- |
| 尾数 2 | 0.000 | 0000 | 0000 | 0000 | 0000 | 0000 | 1000 | 0000 | 0000 | 0000 | 0000 |
| 和 | 1.000 | 0000 | 0000 | 0000 | 0000 | 0000 | 1000 | 0000 | 0000 | 0000 | 0000 |
| 和的尾数 | 000 | 0000 | 0000 | 0000 | 0000 | 0000 | | | | | |

为了存储结果的尾数,必须将其截断为 23 位。完成后,可以看出原始的操作数 1 (Operand1)的尾数值没有改变,因此加法运算没有效果。关于计算中数值精度的更完整的讨论可以在文献[96-97]中找到。

除了存储规范化的数字之外,在 IEEE 浮点标准中还使用特殊的表示来表达非规范化的数字,以及各种无效数字和错误条件,例如 NaN(不是数字),见表 C.2。关于这些的完整讨论可以在文献[95]中找到。

**表 C.2:IEEE 754 浮点标准中特殊数字的表示**

| 数　字 | 符　号 | 指　数 | 尾数的小数部分 |
|---|---|---|---|
| 0 | X | 全"0" | 全"0" |
| $\infty$ | 0 | 全"1" | 全"0" |
| $-\infty$ | 1 | 全"1" | 全"0" |
| NaN | X | 全"1" | 任何非"0"数字 |

注:X 代表"不关心"。

一个比较格式的 IEEE 754 附加图如图 C.2 所示。请注意,虽然标准定义了四倍精度,但硬件并未广泛支持此表示。然而,有时会在软件中实现四倍精度以满足特殊需求。

单精度:32 位

| 1 位 | 8 位 | 23 位 |
|---|---|---|
| $S$ | be$=e+127$ | $MMM\cdots$ |
| 符号 | 偏置的指数 | 尾数 $m$ 的小数部分,其中 $m=1.MMM\cdots$ |

双精度:64 位

| 1 位 | 11 位 | 52 位 |
|---|---|---|
| $S$ | be$=e+1\,023$ | $MMM\cdots$ |
| 符号 | 偏置的指数 | 尾数 $m$ 的小数部分,其中 $m=1.MMM\cdots$ |

四倍精度:128 位

| 1 位 | 15 位 | 112 位 |
|---|---|---|
| $S$ | be$=e+16\,383$ | $MMM\cdots$ |
| 符号 | 偏置的指数 | 尾数 $m$ 的小数部分,其中 $m=1.MMM\cdots$ |

(在每种情况下,表示的数字是 $(-1)^S\times(m\times2^e)$,其中 $S$、$m$ 和 $e$ 都以 2 为基数)

**图 C.2:IEEE 754 浮点表示的比较**

# C. 5　定点表示

虽然以浮点数据来表示和操作对大多数工程师来说更直观,但使用浮点并不是没有代价的。首先,浮点表示可能比所需要的更宽,从而增加了系统成本和功耗而没有任何好处。其次,整数硬件比浮点硬件更加简单,因此可以使设计运行更快、耗电更少。这些属性是浮点 DSP 通常不用于大容量便携式产品的原因,特别是在大多数蜂窝电话中。在这些商品市场环境中,成本和低功耗是支配因素,在定点(fixed-point)硬件上实现算法所需的额外编程复杂性可以分摊到大量单元上。此外,对于给定的宽度(即 32 位),定点表示将比浮点表示(假设执行了适当的缩放)具有更好的分辨率(因此噪声基底也更低),这是因为与定点数相比,浮点尾数的位数更少。定点表示允许仅仅使用整数算术运算硬件来实现小数算术运算。在定点中,假定二进制点存在于二进制补码数中的固定位置,通常为 16 位值。二进制点的位置用 Q 数(Q-number)表示法表示,这样一个 $Qn$ 数就假定在二进制点的右边有 $n$ 位。最常用的是 Q15 和 Q12 格式,说明如下。

$$Q15 \quad S.XXX\ XXXX\ XXXX\ XXXX \quad 1000000000000000_2 = -1.000\ 000\ 0$$
$$0111111111111111_2 = +0.999\ 969\ 5$$
$$Q12 \quad SXXX.XXXX\ XXXX\ XXXX \quad 1000000000000000_2 = -8.000\ 000\ 0$$
$$0111111111111111_2 = +7.999\ 755\ 9$$

要想确定定点数的十进制值,首先要确定它是正数还是负数。对于负数,符号位 S 为 1;对于正数,符号位 S 为 0。对于一个负数,将其转换为相应的正值,就像对二进制补码整数所做的那样;然后根据各个位的总和乘以它们的权重来确定该值。

| Q　数 | 二进制值 | 补　码 | 加　1 | 十进制值 |
|---|---|---|---|---|
| Q15 | 0. 110100000000000 | 不需要 | — | $\frac{1}{2}+\frac{1}{4}+\frac{1}{16}=0.812\ 5$ |
| Q12 | 0110. 100000000000 | 不需要 | — | $4+2+\frac{1}{2}=6.5$ |
| Q15 | 1. 110100000000000 | 0. 001011111111111 | 0. 001100000000000 | $-\left(\frac{1}{8}+\frac{1}{16}\right)=-0.187\ 5$ |
| Q12 | 1110. 100000000000 | 0001. 011111111111 | 0001. 100000000000 | $-\left(1+\frac{1}{2}\right)=-1.5$ |

重要的是要注意,定点运算是在标准的二进制补码整数算术运算硬件上完成的,因此必须在不进行修改的情况下产生正确的结果。使用 Q15 值 $0.375\left(\dfrac{3}{8}\right)$ 和

$-0.25\left(-\dfrac{1}{4}\right)$，并使用整数逻辑的加法说明如下。

$$
\begin{aligned}
0.375=&\ \ \ 0.011000000000000\\
+\underline{-0.250=}&\ \ \ \underline{1.110000000000000}\\
&10.001000000000000 \quad\text{但进位丢失}\\
&\ \ \ 0.001000000000000 \quad =0.125\ \checkmark
\end{aligned}
$$

两个 $n$ 位数的二进制乘法产生 $2n$ 位结果。将两个 Q15 数相乘的结果是一个 32 位数，以 Q30 表示并具有一个冗余符号位。要将结果返回到 Q15 格式，它会向右移 15 位并截断为 16 位。（请注意，乘以负数需要一个不同的算法，不在这里说明。）

$$
\begin{aligned}
0.375=&\ \ \ \ 0011\ 0000\ 0000\ 0000\\
\times\underline{0.750=}&\ \ \ \ \underline{0110\ 0000\ 0000\ 0000}\\
&0\ 0110\ 0000\ 0000\ 000\\
&\underline{00\ 1100\ 0000\ 0000\ 00}\\
&0001\ 0010\ 0000\ 0000\ 0000\ 0000\ 0000\ 0000
\end{aligned}
$$

（右移 15 位）→       0 0010 0100 0000 0000

（截断到 16 位）→     0010 0100 0000 0000 $=0.281\ 25\ \checkmark$

值得注意的是，浮点中的指数提供自动缩放，然而在定点中，必须在算法中根据需要执行缩放以防止溢出。Q15 通常用于信号处理，因为除了（$-1\times-1$）情况之外，两个 Q15 数的乘法永远不会溢出超出 Q15 数的范围。

# C.6 数值表示总结

表 C.3 中提供了各种数字表示的数值范围（numeric range）、精度（precision）和动态范围（dynamic range）的总结。有符号整数计算基于二进制补码表示。数值范围显示了可以表示的最负和最正值。精度被定义为给定表示可以用规范化形式表达的最小增量。对于浮点表示，精度数字是基于最小的尾数增量，可以在与值为 1.0 的加法/减法中使用，并且仍会影响结果的尾数值。所有表示的动态范围 $D$ 可以被计算（以分贝为单位）为 $D=20\log\left(\dfrac{\text{动态范围}}{\text{精度}}\right)$。请注意，浮点表示可以表达比尾数所能表达的精度大很多的值范围（例如，对于单精度值超过 1 600 dB 的一个范围），但是，对于任何被表示的给定值，存在一个可以被添加到当前值的相关值范围，而不会丢失计算效果。在某种意义上，浮点数的指数可以被认为是确定浮点数的当前动态范围存在于数值表示的更大值空间中的何处。

表 C.3:数值表示总结

| 位　数 | 格　式 | 数值范围 | 精　度 | 动态范围 |
|---|---|---|---|---|
| 8 | 无符号整数 | $0 \rightarrow +255$ | 1 | $\approx 48 \text{ dB}$ |
| 8 | 有符号整数 | $-128 \rightarrow +127$ | 1 | $\approx 48 \text{ dB}$ |
| 16 | 无符号整数 | $0 \rightarrow +65\ 536$ | 1 | $\approx 96 \text{ dB}$ |
| 16 | 有符号整数 | $-32\ 768 \rightarrow +32\ 767$ | 1 | $\approx 96 \text{ dB}$ |
| 16 | 定点(Q12) | $-8.0 \rightarrow \approx +7.999\ 756$ | $\approx 0.000\ 244$ | $\approx 96 \text{ dB}$ |
| 16 | 定点(Q15) | $-1.0 \rightarrow \approx +0.999\ 969\ 5$ | $\approx 0.000\ 030\ 5$ | $\approx 96 \text{ dB}$ |
| 32 | 无符号整数 | $0 \rightarrow +4\ 294\ 967\ 296$ | 1 | $\approx 193 \text{ dB}$ |
| 32 | 有符号整数 | $-2\ 147\ 483\ 648 \rightarrow +2\ 147\ 483\ 647$ | 1 | $\approx 193 \text{ dB}$ |
| 32 | 单精度 | $\approx \pm 3.402\ 823 \times 10^{38}$ | $\approx 1.19 \times 10^{-7}$ | $\approx 138 \text{ dB}$ |
| 64 | 双精度 | $\approx \pm 1.797\ 693 \times 10^{308}$ | $\approx 2.22 \times 10^{-16}$ | $\approx 314 \text{ dB}$ |

# TMS320C6x 架构

本附录的第一部分旨在作为计算机体系结构的基础入门,达到更好地理解 TMS320C6x 架构的必要程度。这里假设读者对微处理器操作有一个基本的了解。然后,第二部分详细讨论 TMS320C6x 架构。熟悉计算机体系结构的读者可能会发现,为了理解第二部分,不必阅读第一部分。有关 TMS320C6x 处理器的更多详细信息,请参阅德州仪器(Texas Instruments)的技术文档(例如文献[71,98])。

## D.1　计算机体系结构基础

计算机体系结构(computer architecture)的一个定义是"……一种在硬件和机器的最低层软件之间的抽象接口,它包含编写一个能正确运行的机器语言程序所需的所有信息,包括指令、寄存器、内存大小,等等"[99]。当选择和使用一个处理器来执行给定的任务时,处理器的底层结构将决定它什么做得好和什么做不好,并最终决定它是否满足设计要求。

一个基本的微处理器系统如图 D.1 所示。中央处理器(Central Processing Unit,CPU)包含寄存器(在本例中为 R0~R7)和功能单元(functional unit,在本例中仅为算术逻辑单元(Arithmetic-Logic Unit,ALU)),它们全部通过信令总线互连,并由定时和控制单元(timing and control unit)排序。存储器系统和输入/输出(Input/Output,I/O)子系统通过系统总线连接到 CPU。时钟发生器(clock generator)提供逻辑操作的时序,复位电路确保处理器从已知状态开始。许多外围设备通常存在于微处理器系统的 I/O 子系统中:

- 与外部设备的并行 I/O 端口的接口用于控制或感应。
- 串行端口使用各种串行协议和硬件促进与本地或远程设备的通信。
- 计数器/定时器用于建立精确的定时间隔,生成矩形波形以及对外部事件计数。

尽管 I/O 和存储器在图 D.1 中显示在 CPU 的外部,但实际上它们可以集成到实际的处理器设备上。

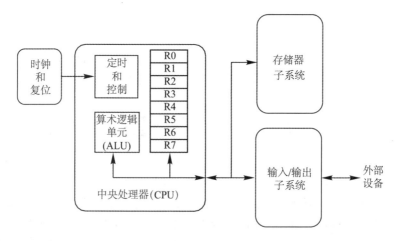

**图 D.1:基本的微处理器系统**

## D.1.1　指令集架构

区分处理器的一种方法是它们的指令集架构(Instruction Set Architecture,ISA)的组成、处理器可以执行的命令集以及执行它们所需的硬件。一方面,复杂指令集计算机(Complex Instruction Set Computer,CISC)支持可执行复杂任务的指令。例如,单个指令可以执行完整的 FIR 滤波器例程或在数组中搜索给定值。另一个极端,精简指令集计算机(Reduced Instruction Set Computer,RISC)只有有限数量的低级指令。因此,更复杂的任务必须通过一系列简单的指令来完成。特别是,RISC 指令集通常只允许对存储在处理器寄存器中的数据进行操作,并且具有在存储器和寄存器之间传输数据的非常有限数量的指令。由于 CISC 机器有效地在硬件中执行复杂的任务,因此,在一组有限的非常特定的任务集上,它应该(并且通常确实)具有性能优势。但是,复杂的指令集使得在一般意义上优化处理器性能(以及为高级语言开发高效编译器)非常困难,因此几乎所有通用微处理器现在都是 RISC。(尽管无处不在的 Intel 80x86 体系结构使用一套 CISC 指令集进行编程,但 Pentium Pro 及其后续的实现将这些指令实时转换为类似 RISC 的微操作,然后由处理器内核执行。)ARM 系列处理器,例如 OMAP-L138 多核片上系统中的 ARM926EJ-S 内核,是 RISC。

## D.1.2　寄存器架构

处理器体系结构的另一个广泛分类法是基于指令的源操作数和目标操作数的可能位置。按这种方式分类有两种常见的体系结构:

**寄存器-存储器(register-memory):**该架构允许一个或多个指令操作数位于存储器中。该体系结构通常用于 CISC 机器中。

**加载-存储(load-store)**：该架构要求所有指令操作数都在寄存器中。只有极少数指令可以访问存储器，这些指令通常只执行从存储器到寄存器(加载(load))或从寄存器到存储器(存储(store))的简单传输。TMS320C6x DSP 使用加载-存储体系结构。

## D.1.3 存储器架构

处理器存储空间的组织是系统整体操作的关键要素。存储器中的信息由两种不同的类型组成：

① 处理器将执行的指令存储在**代码空间**(code space)中；

② 处理器将作为其程序执行的一部分所访问的信息存储在**数据空间**(data space)中。

在处理器的设计中，这两个空间可以放置在物理上独立的存储器中，或者可以存在于相同的物理存储器中，如图 D.2 所示。具有分开的代码和数据空间的架构称为**哈佛**架构(Harvard architecture)。哈佛架构的主要优点是可以在代码和数据存储器中同时进行操作，从而增加内存带宽。此外，由于代码和数据空间具有到处理器的不同总线，因此它们的宽度可以不同以便各自优化，并且可以绝对地保护代码免受数据操作的无意破坏。主要缺点是代码和数据只能放在各自的空间中，因此代码空间中的任何空闲内存都不能用于数据，反之亦然。哈佛架构通常用于微控制器和专用处理器，包括德州仪器(Texas Instruments)的 TMS320C2x 和 TMS320C5x 系列 DSP。

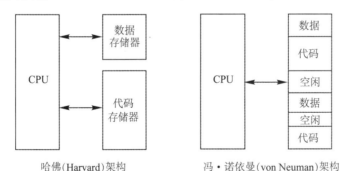

哈佛(Harvard)架构　　　　　冯·诺依曼(von Neuman)架构

**图 D.2：存储器架构**

代码和数据存在于同一存储空间中的处理器称为**冯·诺依曼**或**普林斯顿**架构(von Neumann or Princeton architecture)。主要优点是所有内存都可用于任何比例的代码或数据，从而为其提供更大的内存分配灵活性。缺点包括无法同时访问代码和数据，以及代码和数据空间之间存在损坏的可能性。这种架构也几乎被所有通用微处理器和众多专用处理器使用，主要是因为它的灵活性。德州仪器的 TMS320C6x 系列 DSP 为外部存储器采用冯·诺依曼架构。

除了它们的主存储器外，现代处理器系统通常含有**高速缓冲存储器**(cache

memories)。这些是有限大小的非常快速的本地存储器,其通常位于处理器自身内部,并且通常在没有处理器的任何明确控制的情况下操作。高速缓冲存储器的目的是保留所有指令的一个子集,希望在需要时整个指令流的很大一部分将会存在于高速缓存中,从而使处理器不必等待将它们从较慢的主存储器中读取出来。如果目标在处理器请求时位于高速缓存中,则称其为**缓存命中**(cache hit);如果它不在高速缓存中,则称其为**缓存丢失**(cache miss)。使该技术非常有效的潜在原则是程序通常显示一些可以利用的可预测行为。(请注意,如果指令流是真正随机的,那么缓存将没有用。)特别是,大多数缓存都经过优化以利用以下属性:

**时间局部性(temporal locality)**:这是一种属性,被访问的代码或数据很可能在不久的将来再次被需要。通过将最近使用的代码和数据保存在高速缓存中,重用的可能性很高。

**空间局部性(spatial locality)**:这是一种属性,与更远的其他存储单元相比,靠近被访问的存储单元的代码或数据更有可能被需要。为了利用空间局部性,当访问块中的任何位置时,大多数处理器高速缓存自动从主存储器获取更大的数据块。

由于高速缓冲存储器具有有限的大小,因此使用了各种算法去尝试维护那些只在高速缓存中最可能需要的信息。高速缓存可以提供显著的性能提升,事实上,现代通用处理器在很大程度上依赖于多级缓存层次结构来实现良好的性能。然而,高速缓存使得难以预测程序的执行时间,因为其存在概率性,即所需的指令或数据是否在高速缓存中,或者必须从较慢的主存储器中获取。这是现代计算机体系结构中的一个共同主题,其中许多用于加速通用处理器执行的技术也难以或不可能预测程序的执行时间。

## D.1.4  获取-执行模型

在最简单的形式中,处理器通过从存储器读取指令(称为获取)来操作,然后执行该指令。为了执行一条指令,处理器必须首先解码指令以确定它要做什么,读入任何所需的操作数,执行所需的操作,然后将结果写入适当的位置。虽然这种顺序行为使得设计非常简单,但性能却受到影响。例如,一旦获取到指令,代码存储器的总线将处于空闲状态,直到指令完全执行为止。类似地,实际执行操作的功能单元(即加法器或乘法器)在指令获取、指令解码期间以及在写出结果时是空闲的。显然,如果系统的所有部分都可以同时保持忙碌,那么性能将得到改善。

## D.1.5  流水线

为了改善处理器硬件的利用率,将处理过程分成几个阶段,每个阶段处理一条指令的整个处理过程的不同部分。当一条指令被流水线的一个阶段处理时,它将被传递到下一个阶段。由于流水线处理的速度只能与最慢的阶段一致,因此它被设计为在每个阶段都具有大致相同延迟的情况下进行平衡。图 D.3 显示了具有四个阶段的代表性流水线(请注意,现代处理器可能使用具有超过 20 个阶段的更深流水线)。

流水线阶段缩写为 F、D、E 和 W,定义如下:

**F(获取(fetch))**:负责从内存中读取下一条指令。

**D(解码(decode))**:对指令进行解码以确定需要哪些操作和操作数。

**E(执行(execute))**:加载操作数(如果有)并执行所需的操作。

**W(回写(write-back))**:将操作结果存储到目的地。

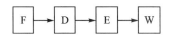

图 D.3:流水线阶段

如果我们假设流水线的每个阶段都有 10 ns 的延迟,那么如果每条指令都需要在下一条指令被取出之前完成,则每条指令需要 40 ns,处理器每秒可执行 2 500 万条指令,即 25×百万指令每秒(Million Instructions Per Second,MIPS)。由于流水线的每个阶段都能够在不同的指令上独立运行,因此一条指令完全执行仍需要 40 ns。这是一个重要的观察:通常,流水线操作不会改善系统的延迟。但是,现在一条指令每 10 ns 可完成通过流水线的过程,因此处理器现在的运行速度为 100 MIPS,吞吐量增加了 400%。在这种情况下,处理器将同时有四条指令在**飞行中**(in flight)(正被执行)。只有当流水线接收到稳定的指令流并且可以自由地访问作为指令输入和输出所需的操作数时,才能实现这种性能提升。

考虑图 D.4 中所示的示例指令流。对来自图 D.4 的指令流进行四个阶段的流水线操作如图 D.5 所示。每列代表给定处理器时钟的流水线状态,时间在图中从左向右推进。该图说明了限制管道性能的几个常见问题:

- 在执行指令 1 时,执行阶段显示为被延迟,正等待所需的操作数。这可能是由于在高速缓存丢失之后从存储器读取的延迟,或者等待上一条指令的结果变得可用(在较长的流水线中)。该延迟被称为**流水线停顿**(pipeline stall),并且导致早期阶段的所有指令也被延迟。注意,指令 2 不能前进到执行阶段,并且指令 3 不能前进到解码阶段。虽然这里没有显示,但后面的流水线阶段可以继续运行,并且其中的指令向前移动,从而产生**流水线气泡**(pipeline bubble)(空的流水线阶段)。

- 当指令 4 导致跳转或分支时,执行将不按顺序进行。在这种情况下,直到完成回写阶段才知道从中获取下一条指令的地址。必须在**流水线刷新**(pipeline flush)中丢弃当前跟随该指令的后续指令。然后管道开始重新填充,就像获取再次按顺序发生。流水线刷新在时间上非常昂贵,特别是在更深的流水线中。出于这个原因,现代高性能处理器使用**分支预测**(branch prediction)来"猜测"下一条指令将是什么,并执行该指令。如果猜测正确,则流水线保持满载,并获得最大性能。如果猜测错误,则必须丢弃这些指令并执行正确的指令。幸运的是,分支预测算法的准确度通常超过 95%。用于最小化流水线刷新的另一项技术是**预测执行**(predicated execution),其中一条指令执行的预测是基于一个指定寄存器中的值进行的。根据断言寄存器(predicate register)中的值,指令要么正常执行,要么作为无操作(NOP)指令通过流水线。这允许条件执行而不刷新流水线。另一项减轻分支负面性能影响的技术是使用**延迟分支**(delayed branch)指令。在这种情况下,当启动分支目标的获取阶段时,**不会**刷新流水线。相反,流水线中的指令继续正常移动。据说这些指令位于延迟分支指令的**延迟槽**(delay slot)中。从编程的角度来看,一条延迟分支指令必须跟随一些指令,这些指令将在程序流中的实际分支发生之前执行。如果没有可以放入延迟槽的有用指令,则必须插入 NOP,这可以减轻分支的负面性能影响,但增加了对处理器编程的复杂性。TMS320C6xxx分支指令隐式地是延迟分支指令。

| 地址 | 指令 | 操作 |
|---|---|---|
| 00001000h | 指令 1 | |
| 00001004h | 指令 2 | |
| 00001008h | 指令 3 | |
| 0000100Ch | 指令 4 | (跳至 00001040h) |
| 00001010h | 指令 5 | |
| 00001014h | 指令 6 | |
| 00001018h | 指令 7 | |
| ⋮ | ⋮ | |
| 00001040h | 指令 X | |
| 00001044h | 指令 Y | |
| 00001048h | 指令 Z | |

**图 D.4:具有无条件跳转的示例指令序列**

| | | | | | | | | | | | | | |
|---|---|---|---|---|---|---|---|---|---|---|---|---|---|
| 指令 1 | F | D | E | E | W | | | | | | | | |
| 指令 2 | | F | D | □ | E | W | | | | | | | |
| 指令 3 | | | F | □ | D | E | W | | | | | | |
| 指令 4 | | | | F | D | E | W | | | | | | |
| 指令 5 | | | | | F | D | E | | | | | | |
| 指令 6 | | | | | | F | D | | | | | | |
| 指令 7 | | | | | | | F | | | | | | |
| 指令 X | | | | | | | | | F | D | E | W | |
| 指令 Y | | | | | | | | | | F | D | E | W |
| 指令 Z | | | | | | | | | | | F | D | E | W |

**图 D.5:图 D.4 中的指令的流水线操作**

## D.1.6　单发射与多发射

到目前为止描述的处理器是**单发射处理器**(single-issue),即它们一次只执行一个操作。尽管流水线技术引入了一种并行形式,但指令的实际执行仍然是顺序的。例如,如果存在一系列的三条 ADD 指令,则实际的加法操作将在流水线的执行阶段发生,因此将按顺序发生。为了进一步加快执行速度,一个**多发射处理器**(multiple-issue)被设计出来以并行执行多个操作。多发射处理器需要评估许多注意事项:

- 显然,要执行多个操作,需要处理器具有所需硬件的多个实例。功能单元的例子通常是 ALU、专用加法器和乘法器以及加载-存储单元。

- 如果处理器要并行执行指令,则必须能够确定在任何给定时间可以安全执行哪些指令。这个问题将在 D.1.7 小节中详细讨论。

- 功能单元很可能具有不相等的延迟,因此即使按顺序执行指令,操作也可能(并且似乎)将无序完成,这使得难以确定任何时刻的处理器状态(即哪些指令被执行,哪些指令不被执行)。因此,必须有一种机制来确保操作结果以正确的顺序存储,以保持它们的相互依赖性,并允许处理器精确地挂起和恢复执行,以便服务于中断。

## D.1.7　调　度

在一个多发射处理器上,**调度**(scheduling)是必需的,用于确定可以被安全执行的指令的顺序。调度必须确保指令在执行时,它们之间的任何依赖关系被保留,并保存其结果。例如,在下面的示例中,第一条和第三条指令可以以任何顺序执行,因为它们是独立的,但是第二条指令可能只有在第一条指令的结果可用时执行。

ADD R1, R2, R3　将 R1 与 R2 相加,把结果放入 R3

MUL R1, R3, R4　将 R1 与 R3 相乘,把结果放入 R4

ADD R1, R5, R6　将 R1 与 R5 相加,把结果放入 R6

调度可以在处理器硬件上实时完成(称为动态调度),也可以通过代码生成工具提前完成(称为静态调度)。这种选择导致了基本不同的架构,每个架构都非常适合特定的环境。

**动态调度(dynamic scheduling)**:主要用于未编写为内在并行的代码。处理器尝试通过检查指令之间的相互依赖性、管理功能单元分配以及确保结果以正确的顺序存储,来尝试发现代码中的并行性(**指令级并行性**(Instruction Level Parallelism,ILP))。这为动态调度提供了很大的优势,因为它可以充分利用以非并行方式编写的代码中的并行性,并允许它在并行架构上运行未修改的串行代码(动态调度几乎用于计算机工作站中使用的所有处理器)。主要缺点是调度是一个非凡的过程,因此实时进行调度需要大量额外的硬件以及伴随的成本和功耗。由于硬件的要求,典型的动态调度硬件只能查看仅有几百条指令的窗口,限制了它找到并行性的能力。超标量(superscalar)处理器使用多个功能单元和动态调度,处理器强制执行指令之间的所有依赖关系。确切的执行顺序直到运行时才知道,但保证执行产生与代码串行执行时相同的结果。

**静态调度(static scheduling)**:消除了处理器的调度负担,然而需要明确指定可以并行执行的指令代码。在这种情况下,编译器负责确定哪些指令可以并行执行,并确保操作的结果在用于另一条指令之前实际上已经准备就绪。静态调度的主要优点是编译器可以在整个程序中寻找并行性,因此希望确定更高效的执行顺序,并且它消除了对动态调度硬件的需求——显著的功耗和成本节约。主要缺点是生成的代码非常依赖于机器,并且可能不太适应于改变系统动态。TMS320C6x 中使用的静态调度的**超长指令字**(Very-Long Instruction Word,VLIW)架构并行获取 8 条指令(一个**取指包**(fetch packet)),以同时传递到其 8 个功能单元。如果某个功能单元未被使用,则传递一条无操作(NOP)指令。高级语言编译器执行所有指令调度并强制执行依赖性。为这种架构编写汇编语言是一项挑战,但通常仅用于对时间要求非常紧迫的代码,以最大化功能单元的利用率并缩短执行时间。

有关 VLIW 处理器设计及其在嵌入式系统中使用的更详细内容,读者可参考由 Fisher、Faraboschi 和 Young 编写的优秀书籍[100]。

# D. 2  TMS320C671x 架构

TMS320C67xx DSP 是 RISC 加载-存储架构的 8 路 VLIW 实现。CPU 核心包含 32 个通用寄存器(A0~A15,B0~B15)及划分为 2 个集群的 8 个功能单位,如图 D.6 所示。每个功能单元有一个主要的专长操作,不过它们大多都支持多种操作,各功能单元的主要功能见下表。

| 单　元 | 整数运算 | 浮点运算 |
|---|---|---|
| .L | 逻辑运算 | 算术运算 |
|    | 算术/比较运算 | 整数/浮点转换 |
| .S | 移位和位运算 | 比较运算 |
|    | 逻辑运算 | 倒数运算 |
|    | 算术运算 | 平方根倒数运算 |
|    | 分支运算 | 绝对值 |
|    | 常量生成 | 单/双精度转换 |
| .M | 乘法运算 | 乘法运算 |
| .D | 加载与存储 | 加载与存储 |
|    | 地址计算 | |
|    | 加法/减法运算 | |

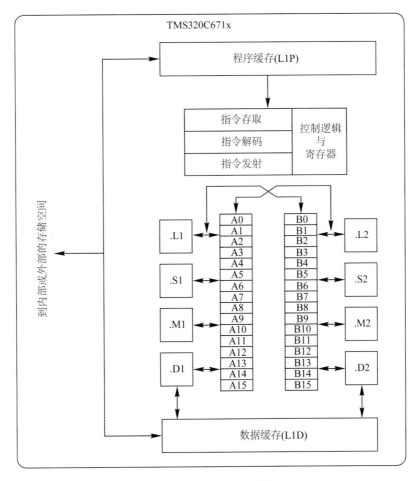

**图 D. 6:TMS320C671x 核心**

A、B 寄存器组都有数据总线,实现与关联的功能单元进行双向数据传输,以及加载与存储操作数。两条交叉线路允许采用一个 A 侧寄存器与一个 B 侧功能单元搭配,或者采用一个 B 侧寄存器与一个 A 侧功能单元搭配。大家可以想象,如何确定寄存器与功能单位的优化组合使用并进行高效的指令流调度,将会是一项艰巨的任务。

## D. 2. 1  存储器系统

TMS320C671x 处理器的存储结构总体布局如图 D.7 所示。存储系统是冯·诺依曼架构(von Neumann architecture),有一个统一的主存储空间,但缓存(cache)被分为程序与数据两个路径,这是一个常规设计,因为程序与数据流的行为非常不同(比如程序缓存从来不写入)。处理器核心必须通过两个缓存之一来访问内存,一个访问数据操作数(L1D),另一个获取指令(L1P)。带 L1 这种符号标记的表明这二者都是一级缓存,即缓存与处理器核心最近。这些缓存不出现在处理器的存储映射中,也不能由程序员直接访问。如果数据不在一级(L1)缓存中,或者正在被写入内存,那么请求会被转到二级(L2)缓存/SRAM 控制器。该控制器管理一个 64 KB 的存储块,该存储块既可以作为二级缓存,也可以作为简单存储,通过编程关联的控制寄存器,以 16 KB 大小的块来使用。对于那些存储需求小于或等于 64 KB 的程序来说,整个块都可用于存储。如果有一个更大的程序从片外存储运行,那么使用缓存可以显著缩短执行时间。或者说,让一个程序更有效率,可以通过使用部分存储作为二级(L2)缓存,剩余部分作为片内存储器来存储高频访问的数据和代码来实现。在 TMS320C6713 中,另外有一个只能作为片内存储器的 192 KB 块。

如果一个内存请求不能被二级(L2)控制器满足,即请求的数据不在二级(L2)缓存或内存中,则它将会被转给增强型直接存储器存取(Enhanced Direct Memory Access,EDMA)控制器来执行传输。EDMA 控制器是片内外围设备,可以被编程后在软件控制下自动传输数据,不过那些由二级(L2)控制器发起的请求的传输对于程序员来说是透明的。鉴于处理器可以很好地同时存取指令与传输数据,EDMA 控制器被设计成按照优先方案处理同时到达的请求。根据存储请求的地址,数据传输可能传给片内存储器、片内外围设备或是采用外部存储器接口(EMIF)的外部存储设备。

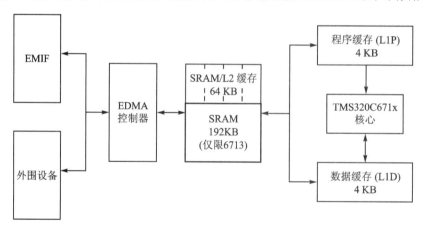

**图 D.7:TMS320C671x 存储结构**

EMIF 被设计成为大量不同的外部存储设备提供一个**无粘接**(glueless)的接口,包括各种动态存储器(如 SDRAM、SBSRAM 等)及静态存储设备(如 ROM、SRAM、FIFO 等)。"无粘接"意指处理器与存储设备可以直接连接在一起,无需任何其他逻辑设备来创建二者之间的兼容接口(这种接口实现的逻辑通常称为**胶合逻辑**(glue logic)),去除对胶合逻辑的需要可以减少对空间和电力的需求。

## D.2.2 流水线与调度

TMS320C671x 的 VLIW 架构采用静态调度。由硬件处理典型的因缓存丢失而导致的流水线停顿,但不执行任何调度。未使用分支预测,但预测的执行指令允许不强制流水线刷新的条件代码。功能单元需要不同的时间来完成各种操作,例如:ADD 指令的结果在下一时钟周期给出,但 MPY(乘法)指令的结果则需要额外延迟一个时钟周期才能给出。分支指令执行后,直到 5 个时钟周期后才能执行出现的具体分支。这些约束使得简单阅读汇编语言变得困难,也使得汇编语言编程更加复杂和乏味。因此,很多编程都采用像 C 语言的高级语言实现,只有时间要求非常严格的例程才用汇编语言编写。

既然功能单元被流水线化,因此它们也能在执行过程中包含大量指令。例如:在循环中单个执行包被重复执行时,为了执行紧凑的循环,分支单元将会有多分支指令,每一个时钟周期完成一条分支指令,直到循环结束。这样实现的流水线提升了效率。

## D.2.3　外围设备

TMS320C671x DSP 包含大量的片内外围设备。计时器常用于为 DSP 提供精确的周期性中断,为外部设备(如一个 ADC 的时钟)产生矩形波,并对外部事件进行计数。每一个计时器包含一个由 DSP 时钟或外部信号增加计数的计数寄存器、一个用于决定何时重置计数寄存器的周期寄存器和一个用于配置计时器的控制寄存器。基本上,计时器的操作是通过增加计数寄存器的值,直到与周期寄存器匹配,当匹配时计数重置为 0 并产生一个中断来实现的。这个中断提供了非常准确的时间参考。计时器中断的常规用法之一就是允许 DSP/BIOS 操作系统在规定的时间间隔对 DSP 进行控制,以便于执行抢占式多任务处理。

EDMA 控制器用于从 DSP 卸载数据。如前所述,EDMA 控制器透明处理二级(L2)缓存控制器请求的传输,也可以被显示地编程来服务于设备与内存之间数据传输的中断,或者在内存中从一个区域往另一个区域移动数据。EDMA 控制器能够进行复杂的数据移动,比如将一个大数组的二维区域移动到一个小数组,以便于抽取出的数据在内存中毗邻。

串行端口提供了采用大量的不同格式来与串行设备(如很多编解码器)进行通信的接口机制。一旦配置后,允许 DSP 简单地向串行端口写入一个让其以合适的串行格式来发送的值(或者读取一个已接收的值)。串行端口能由 DSP 直接提供服务,EDMA 控制器能被用于与内存之间自动传输串行端口数据,当一个数据帧被传输后,EDMA 控制器可以被编程来中断 DSP,这样省去了处理器执行基本的数据移动,从而将解放的处理能力用于更复杂的任务。

## D.2.4　主机端口接口

TMS320C6x DSP 都包含一个主机端口接口(HPI)。HPI 使得外部(主机)处理器访问 DSP 的整个存储空间成为可能。为了读写存储位置,主机处理器也能配置任何 DSP 的外围设备。DSP 也被设计成可以使用 HPI 端口强制启动。在这种模式下,DSP 保持自身复位,直至收到主机处理器开始执行的信号。当 DSP 复位时,主机可以加载期望的程序到 DSP 的存储器中,配置外围设备,然后产生一个主机端口中断来启动 DSP 运行。当 DSP 运行时,主机处理器还能读写 DSP 的存储空间。

主机端口接口(HPI)为中央处理器控制多个 DSP 的操作提供了高效的手段,它也被用于两个 DSP 之间或者某个 DSP 与通用处理器之间的高速通信。winDSK8 软件及其他在附录 E 中所列的软件工具都使用 HPI。

# D. 3　TMS320C674x 架构

OMAP－L138 是一个异构多核处理器,包含一个 ARM926EJ－S 型 32 位 RISC 通用微处理器、一个 TMS320C6748 DSP 和一系列外围设备[101]。关于 OMAP－L138 架构的深入探讨超越了本书的范围,在这里突出 C6748 DSP 相对于 C6713 DSP 的增强能力。请注意,既然我们以高级语言进行编程,那么我们就不直接接触这些低级别的增强能力,但编译器能够利用这些生成更紧凑、更快速的代码。C6748 的一些特别有趣的增强能力如下:

- C674x 指令集是 C67x＋浮点指令集与 C67x＋定点指令集的超集,C67x＋指令是 C671x 指令集的扩充版,C64x＋一般侧重于支持图片与视频处理操作。
- C6748 倍增了寄存器文件的大小,有两个含有 32 个寄存器的寄存器组,减少了在寄存器重负荷期间重复加载和对存储内存变量的需要,L1D 与 L1P 缓存也更大了(从 4 KB 增加到 32 KB)。
- 功能单元支持很多单指令多数据(SIMD)操作。例如:一个.M 单元能做一个 32 位与 32 位的乘法,同时做两个 16 位与 16 位的乘法,同时做四个 8 位与 8 位的乘法,同时支持复数的乘法。
- 当只有某些寄存器能够被指定时,很多指令可以被表示为压缩的 16 位指令,这增加了能够包含进一个取指包(fetch packet)中的指令数,也因此提高了性能,并减少了代码。

在本书中我们的目的是展示实时 DSP,因此,C6748 与 C6713 之间的差异就被有意忽略了。然而读者应该注意,即使它们具有相同的时钟频率,在很多场景下,相同的 C 代码在 C6748 上的运行速度比在 C6713 上的更快。

# DSK 相关工具

## E.1 介 绍

本附录包含可与 OMAP‒L138 和 TMS320C6713 DSK 一起使用的几种工具的信息(请注意,要想与 TMS320C6713 DSK 一起使用工具,电路板必须配备 Educational DSP 和 LLC HPI 子卡)。主机端口接口(host port interface)提供对 DSP 存储空间的外部访问,如附录 D 中所述。这允许工具下载并启动程序,然后读取和写入 DSP 存储单元以从 DSK 获取数据并控制程序。

## E.2 Windows 控件应用程序

要想从 Windows 应用程序控制 DSK,必须为主机和 DSK 创建程序。主机 Windows 应用程序的示例是用 Microsoft Visual C++ 编写的。主机和 DSK 之间的接口可以是串行 RS‒232 或 USB,此接口的详细信息隐藏在主机程序附带的动态链接库(DLL)文件中。若想传输数据到 DSK 和从 DSK 传出数据,主机必须知道数据存储在 DSK 上的变量地址。为了简化此过程,使用预定义的数据结构,并且接口软件能够确定数据结构在 DSK 存储空间中的位置。

主机可以执行的一些基本操作是:

- 重置 DSP。
- 将一个程序加载到 DSP 上。
- 启动 DSP 程序。
- 读写 DSP 内存。

对一个 DSP 程序的控制是通过写入 DSP 存储空间中的变量来实现的。程序状态和输出数据是通过读取 DSP 存储空间中的变量来获得的。但是,跟踪 DSP 程序中所有变量的特定地址是烦琐且容易出错的,因为每次重新编译程序时,变量的位置都会发生变化。为了简化查找变量地址的过程,DSP 软件建立了一个特殊的数据结构(主机接口数据(HostInterfaceData)),以便变量位于已知的位置。

主机软件首先将程序加载到 DSK 上;然后,通过读取嵌入在可执行文件中的符号表来确定 HostInterfaceData 结构的位置。主机应用程序可以通过将所需变量在 HostInterfaceData 结构中的偏移量加上 HostInterfaceData 符号的地址来确定变量的地址;然后,该地址用于对 DSP 内存进行访问的主机读写功能。

## E.2.1 示例 Windows 控件应用程序

附录 E 的 WIN_CONTROL_APPS 目录中提供了示例 Windows 控件应用程序的详细文档和完整源代码。基本的 Windows 控件应用程序实现一个带增益控制的简单音频 talk-through。进一步的增强功能展示了如何创建一个简单的示波器和频谱分析仪。

# E.3 MATLAB 导出

使用 MATLAB® 程序 SPTool 是设计数字滤波器的一种便捷的图形化方法[1]。为了能够在 Code Composer Studio (CCS)中使用这些设计,我们需要将它们导出为 C 语言格式。本附录中讨论了四个 MATLAB 的 M 文件,这些文件包含在本书的软件中,可用于帮助自动完成此过程(请参阅附录 E 的 MatlabExports 目录)。在所有情况下,都会创建两个文件,一个声明变量的 C 语言头文件(filename.h)和一个定义它们的 C 语言源文件(filename.c)。您可以使用您希望的任何文件名,通过在 M 文件的参数列表中去指定它,如下面的例子所示。这些文件随后可以包含在您的 CCS 项目中。在本附录中,假设读者熟悉使用 MATLAB 和 SPTool。建议您添加一个 MATLAB 路径,指向您已安装 M 文件的目录。

## E.3.1 导出直接 II 型实现

由 MATLAB SPTool 创建的 filt 结构包含直接 II 型(Direct Form II)在 filt.tf.num 中的分子系数和在 filt.tf.den 中的分母系数。如果滤波器被设计为有限冲激响应(FIR)滤波器,那么只需要导出分子系数,使用 fir_dump2c.m 导出浮点系数,或者使用 fir_dump2c_Qxx.m 导出固定点系数。

要想使用 fir_dump2c.m,应采取以下步骤:
- 将滤波器设计从 SPTool 导出到工作区。确保您已经指定一个 FIR 滤波器设计(此过程的其余部分假定滤波器设计已经使用名称 filt1 来导出)。
- 执行 MATLAB 的 cd 命令以切换到导出文件所需的目标目录。
- 通过在 MATLAB 命令行输入 fir_dump2c('coeff', 'B', filt1.tf.num, length(filt1.tf.num))来运行 M 文件。

---

① 如果在 MATLAB 中使用另一种滤波器设计方法,例如 FDATool,则只需根据需要来调整使用 M 文件的过程。M 文件仍然将消除从 MATLAB 变量转换为 C 语言所需格式的负担。

这将创建两个文件 coeff. c 和 coeff. h,它们声明一个长度为 B_SIZE 的浮点型 (float)数组 B。

要想使用 fir_dump2c_Qxx. m,应采取以下步骤:

- 将滤波器设计从 SPTool 导出到工作区。确保您已经指定一个 FIR 滤波器 设计(此过程的其余部分假定滤波器设计已经使用名称 filt1 导出)。
- 执行 MATLAB 的 cd 命令以切换到导出文件所需的目标目录。
- 通过在 MATLAB 命令行输入 fir_dump2c_Qxx('coeff', 'B', filt1. tf. num, length(filt1. tf. num),15)来运行 M 文件。

这将创建两个文件 coeff. c 和 coeff. h,它们声明一个长度为 B_SIZE 的短型 (short)数组 B。最后一个参数(Qxx)确定二进制点的位置。定点数表示已在附录 C 中讨论过。

如果滤波器设计为无限冲激响应(IIR)滤波器,则分子和分母系数可以使用上面 描述的 FIR 滤波器的方法分别单独导出,也可以使用 df2_dump2c. m 将二者同时 导出。

要想使用 df2_dump2c. m,应采取以下步骤:

- 将滤波器设计从 SPTool 导出到工作区(本程序的其余部分假定滤波器设计 已经使用名称 filt1 导出)。
- 执行 MATLAB 的 cd 命令以切换到导出文件所需的目标目录。
- 通过在 MATLAB 命令行中键入 df2_dump2c('HPF_coeff','HPF',filt1. tf) 来运行 M 文件。

这将创建两个文件 HPF_coeff. c 和 HPF_coeff. h,它们声明长度为 HPF_A_ SIZE 的浮点型(float)数组 HPF_A(分母系数)和长度为 HPF_B_SIZE 的浮点型数 组 HPF_B(分子系数)。数组长度分别由 filt1 的分子向量和分母向量的长度确定。

## E. 3. 2 导出二阶节实现

通过使用 MATLAB 函数 tf2sos,可以将 SPTool 滤波器设计从直接Ⅱ型(Direct Form Ⅱ)转换为二阶节(second-order section)(您可能想要在 MATLAB 中键入 help tf2sos 以获取更多详细信息)。运行 tf2sos 会创建一个 $L \times 6$ 矩阵,其中 $L$ 是实 现滤波器所需的二阶节的数量,该矩阵的每一行包含用于单个二阶节的系数($b_0$, $b_1$, $b_2$, $a_0$, $a_1$, $a_2$)。这些二阶节系数可以使用 sos_dump2c. m 来导出。

要想使用 sos_dump2c. m,应采取以下步骤:

- 将滤波器设计从 SPTool 导出到工作区(其余的 tf2sos 假定滤波器设计已经 使用名称 filt1 导出)。
- 通过在 MATLAB 命令行中键入 filt1. sos = tf2sos(filt1. tf. num,filt1. tf. den),将滤波器设计转换为二阶节。
- 执行 MATLAB 的 cd 命令以切换到导出文件所需的目标目录。

● 通过在 MATLAB 命令行输入 sos_dump2c('coeff','bqd_coeff',filt1. sos, size(filt1. sos,1))来运行 M 文件。

这将创建两个文件 coeff. c 和 coeff. h,它们声明大小为 bqd_coeff_SIZE-by-5 的二维浮点(float)数组 bqd_coeff。$a_0$ 系数被假设为 1 并且未在实际滤波器实现中使用,因此它在导出中被忽略。

# E. 4　MATLAB 实时接口

MATLAB 实时接口是一个软件工具,它允许 MATLAB 直接与 DSK 接口。数据可从 DSK 输入端导入到 MATLAB 变量中,变量可写入到 DSK 输出端。数据传输能力受到主机 PC 到 DSK 连接的带宽和主机速度的限制。在较低的采样频率下,可以保持实时行为。在较高的采样频率下,只有全部编解码器数据流的一部分能够被传输。

允许将实时 DSK 数据直接导入 MATLAB 中的这样一个接口可用于许多目的。最基本的方法是简单地使用 DSK 作为数据采集电路板来获取即时数据,而在 MATLAB 中进行所有的信号处理。该方法也允许与实时 DSK 数据一起使用 MATLAB 的可视化特性。这种方法的一个有趣的例子是使用 DSK 上的多通道模拟输入子卡来开发实时声学波束形成系统。这些项目的细节可在许多参考文献中找到,包括文献[40,44,50]。

MATLAB 实时接口驱动程序软件和示例的 MATLAB 脚本在本书软件附录 E 的 MatlabInterface 目录中提供。有关接口函数的详细说明请参见 MatlabInterface\Matlab_API. pdf 文档,该文档可以在本书软件的 docs 目录下的 Appendix E 子目录中找到。

附录 **F**

# 与 MATLAB 一起使用代码生成器

## F.1 介 绍

本书基于这样的前提：首先在 MATLAB 中完善 DSP 算法，然后将生成的 M 文件迁移到实时 C 语言代码，这是一项宝贵的技能。开发此技能的替代方法之一是使用称为 MATLAB Coder™ 的自动代码生成工具将 MATLAB 函数"自动神奇地"转换为 C 语言代码。使用代码生成器可以潜在地节省时间，但是用户对所创建的软件形式的控制要少得多，并且可能对生成的软件的理解较少。如果出现错误，这可能使调试变得非常困难。最终，由您决定使用哪种方法。本书作者们是第一种方法的强烈提倡者，但是，我们不想完全忽略 MATLAB Coder 选项，以顾全我们的一些读者对这种方法感兴趣。

MATLAB Coder 可从 MATLAB 代码生成独立的 C 和 C++代码。生成的源代码是可移植且可读的。MATLAB Coder 支持核心 MATLAB 语言特性的一个子集，包括程序控制结构、函数和矩阵运算。它还可以生成 MEX 函数，使您可以加速 MATLAB 代码的计算密集型部分，并验证生成的代码的行为。有关详细信息，请参阅 http://www.mathworks.com/products/matlab-coder/。

MATLAB Coder 是一个单独的 MathWorks 产品，因此需要一笔额外的费用。在其安装过程中，会提醒您还必须安装一个受支持的 C/C++编译器。对于 MATLAB Release 2016a，可以在 http://www.mathworks.com/support/compilers/R2016a/index.html 上找到支持的编译器列表。

## F.2 一个 FIR 滤波器例子

### F.2.1 使用 MATLAB Coder 之前

在第 3 章中，我们使用 MATLAB 开发了一种 FIR·滤波的暴力方法，结果代码如清单 3.2 所示。清单 F.1 中显示的代码是清单 3.2 的功能化版本。在清单 F.1 中使用的 FIR 滤波函数如清单 F.2 所示。M 脚本名称中包括的字母"fun"，表示这些文件是基于函数的这样一个事实。

清单 F.1: funFIR.m 代码(清单 3.2 的功能化版本)

```
 1  %   This m-file is used to convolve xLeft[n] and B[n] without
    %   using the MATLAB filter command. This is one of the
 3  %   first steps toward being able to implement a real-time
    %   FIR filter in DSP hardware. This m-file uses a function to
 5  %   calculate the output value, yLeft[0].
    %
 7  %   In sample-by-sample filtering, you are only trying
    %   to accomplish 2 things,
 9  %
    %   1. Calculate the current output value, yLeft[0], based on
11  %        just having received a new input sample, xLeft[0].
    %   Setup for the arrival of the next input sample.
13  %
    %   This is a BRUTE FORCE approach!
15  %
    %   written by Dr. Thad B. Welch, PE {t.b.welch@ieee.org}
17  %   copyright 2001, 2015
    %   completed on 13 December 2001 revision 1.0
19  %   updated to a function-based script on 21 July 2015 rev 1.1

21  %   Simulation inputs
    xLeft = single([1 2 3 0]);            % input vector xLeft
23  N = int16 (3);                        % order of filter = length(B) - 1
    B = single([0.25  0.25  0.25  0.25]); % FIR filter coefficients B[n]
25  yLeft = single(0);                    % declare output variable y

27  %   Calculated terms (functionalized)
    [xLeft, yLeft] = funFilter(xLeft, B, N);
29
    %   Simulation outputs
31  xLeft                                 % notice xLeft(1) = xLeft(2)
    yLeft                                 % average of last 4 input values
```

清单 F.2: funFilter.m 代码(定义了清单 F.1 中使用的函数)

```
    function [xLeft, yLeft] = funFilter(xLeft, B, N)
 2
    %   initializes the output value
 4  yLeft = single (0.0);
```

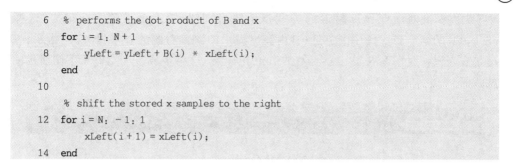

```
 6   % performs the dot product of B and x
     for i = 1: N + 1
 8       yLeft = yLeft + B(i) * xLeft(i);
     end
10
     % shift the stored x samples to the right
12   for i = N: -1: 1
         xLeft(i + 1) = xLeft(i);
14   end
```

为了便于比较清单 3.3 和清单 3.4 中的实时 C 语言代码,以及即将生成的 C 语言代码,我们进行了一些代码修改。具体而言,修改如下:

① 变量 $x$ 重命名为 xLeft,变量 $y$ 重命名为 yLeft。

② 所有变量类型均已声明,xLeft 为单精度型(single),$N$ 为 16 位整数型(int16),$B$ 为单精度型(single),yLeft 为单精度型(single)。

③ FIR 滤波器例程被制成一个单独的 MATLAB 函数,并被命名为 funFilter. m。记住,已经有了一个名为 filter 的 MATLAB 函数,您必须避免使用现有的函数或变量名来表示多个事物。如果您不确定正在考虑使用的变量或函数名是否存在,请使用 MATLAB 的 which 命令(例如 which filter)。

如果您运行 funFIR. m 脚本,则将获得与第 3 章相同的结果,如下所示。

```
xLeft =
    1    1    2    3
yLeft =
    1.5000
```

## F. 2. 2　使用 MATLAB Coder

现在可以使用 Coder 工具了。在 MATLAB 命令行中键入 coder,然后按"回车(Enter)"键,将出现类似于下图的对话框。

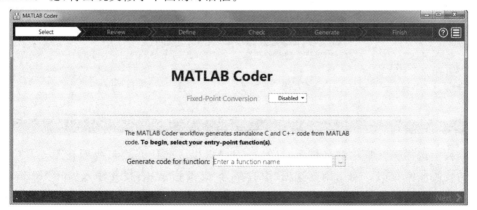

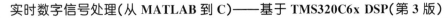

请注意此对话框顶部附近的进度指示器,目前处于六个步骤中标记为"选择(Select)"的第一步。使用浏览选项(由突出显示的窗口右侧的省略号"..."指示)查找并输入包含我们 FIR 滤波器函数的 funFilter.m,这将生成一个类似于下图所示的对话框。

由于我们已多次运行此过程,因此出现一个黄色突出显示框提醒我们该项目已存在。我们将选择"覆盖(Overwrite)"项目的选项。单击"覆盖(Overwrite)"后,黄色突出显示的信息将会消失,我们已准备好进行下一步。这通过右下角闪烁的"下一步(Next)"表示。单击"下一步(Next)"将生成一个类似于下图所示的对话框。

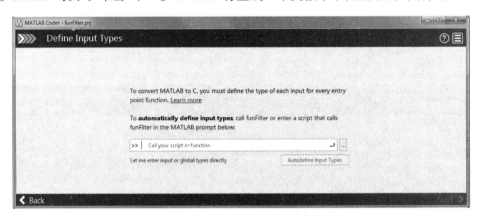

我们选择输入脚本的名称 funFIR.m,这样,生成的代码会与我们在第 3 章中创建的代码非常相似。使用浏览选项(由省略号"..."指示)查找并输入 funFIR.m,它设置了我们的滤波示例并调用了我们的 FIR 滤波器函数。单击"自动定义输入类型

（Autodefine Input Types）"按钮，将生成一个类似于下图所示的对话框。

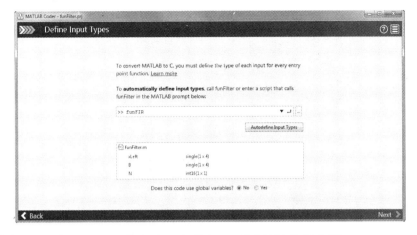

单击"下一步（Next）"，将生成一个类似于下图所示的弹出框。

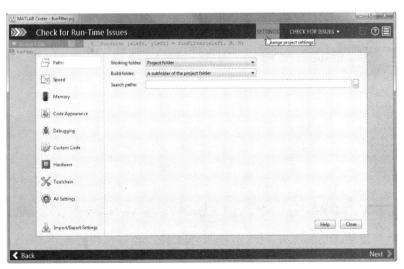

单击"检查问题（Check for Issues）"按钮，将生成一个类似于下图所示的对话框。

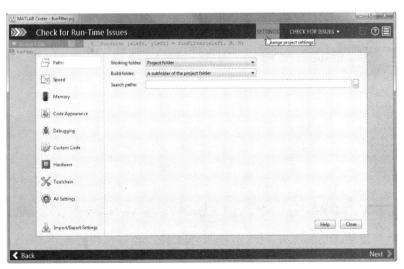

单击"设置（SETTINGS）"标签，然后单击"速度（Speed）"（在左栏中），将生成一个类似于下图所示的对话框。

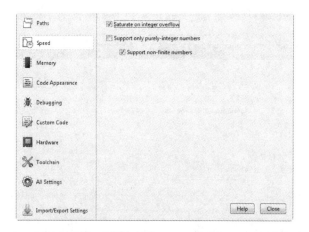

不选"在整数溢出时饱和(Saturate on integer overflow)"和"支持非有限数(Support non-finite numbers)"复选框,单击"关闭(Close)"按钮,然后单击"检查问题(CHECK FOR ISSUES )"标签,将生成一个类似于下图所示的弹出框。

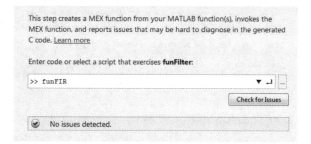

单击右下角的"下一步(Next)"按钮,将生成一个类似于下图所示的对话框。

在"生产硬件(Production Hardware)"下方,在"设备供应商(Device vendor)"下拉列表框中选择"德州仪器(Texas Instruments)",在"设备类型(Device type)"下拉列表框中选择"C6000",单击"生成(Generate)"按钮,将生成类似于下图所示的一些内容。

```
1 /*
2  * Academic License - for use in teaching, academic research, and meeting
3  * course requirements at degree granting institutions only. Not for
4  * government, commercial, or other organizational use.
5  * File: funFilter.c
6  *
7  * MATLAB Coder version            : 2.8
8  * C/C++ source code generated on  : 23-Jul-2015 18:17:32
9  */
10
11 /* Include Files */
12 #include "funFilter.h"
13
14 /* Function Definitions */
15
16 /*
17  * initializes the output value
18  * Arguments    : float xLeft[4]
19  *                const float B[4]
20  *                short N
21  * Return Type  : float
22  */
23 float funFilter(float xLeft[4], const float B[4], short N)
24 {
```

**MATLAB Coder - funFilter.prj**

**Generate Code**

GENERATE ▼

▼ Source Code
- funFilter

▼ Output Files
- funFilter_initialize.c
- funFilter_terminate.c
- funFilter.c
- main.c
- funFilter_initialize.h
- funFilter_terminate.h
- funFilter_types.h
- funFilter.h
- main.h
- rtwtypes.h
- index.html

Build Log | Variables

| Variable | Type | Size |
|---|---|---|
| ▼ Input | | |
| B | 1 × 4 single | 1 × 4 |
| N | int16 | 1 × 1 |
| ▼ Output | | |
| yLeft | single | 1 × 1 |
| ▼ Input-Output | | |
| xLeft | | 1 × 4 |

Source Code generation succeeded. View Report

**Back**        **Next**

在列表中向下滚动,重要结果如下图所示。

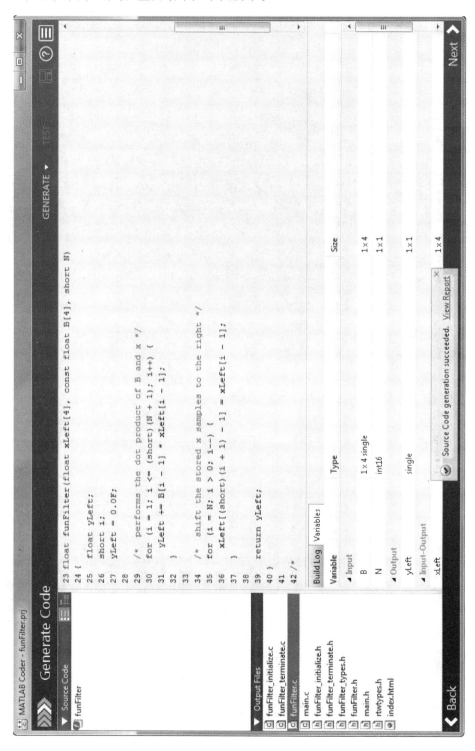

我们现在准备在 CCS 项目中使用自动生成代码的相关部分进行实时执行。

## F.2.3　转移到 CCS 项目

我们现在将上图中自动生成的代码清单的相应部分复制并粘贴到 CCS 中的实时项目中。具体来说,我们需要使用以下部分:

- 将上图中的第 25 行和第 26 行粘贴到 CCS 项目中 ISR 的变量声明部分。
- 将上图中的第 27~37 行粘贴到 CCS 项目中 ISR 的算法部分。

现在,使用通过 MATLAB Coder 生成的 C 语言代码,实时项目几乎可以运行了。

## F.2.4　观　察

在遵循这个过程之后,有一些事情需要注意:

① MATLAB Coder 创建了许多文件(按我们的计数为 11 个)。

② 我们将**不使用**这 11 个文件!

③ 我们只需要从 funFilter.c 文件中提取变量声明和算法部分。

④ 自动生成的代码中的第 25 行和第 26 行仅声明了 yLeft 和 $i$。在项目可以在 CCS 中运行之前,还需要声明变量 xLeft 和 $B$。

您可能会注意到,当将第 3 章的实时 C 语言代码与 MATLAB Coder 生成的代码进行比较时,另一个小发现是,C 语言代码中索引为零的存储单元是完全有效的,而 MATLAB 似乎无法接受这一事实。这可能源于 MATLAB 的原始 FORTRAN 遗产,这就是为什么即使在今天 MATLAB 仍只允许数组索引值从 1 开始。多年前用 C++重写 MATLAB 时,这种行为被保持以防止"破坏"任何现有的 MATLAB 代码。实际上,MATLAB 的优势之一是如何保持向后兼容性。作者们拥有超过 25 年前编写的 M 文件,这些文件在最新版本的 MATLAB 上仍然没有错误地运行,很少有软件工具可以声称做到这样。

# F.3　结　论

MATLAB Coder 适合您吗? 如果您愿意将 MATLAB 算法开发为一个函数,像使用声明性语言(比如 C 语言)一样在 MATLAB 代码中声明变量,开发一个调用该函数的脚本文件,然后将生成的 C 语言代码重新集成到实时代码的 ISR 文件中,那么这种方法可能适用于您。

正如本附录开头提到的那样,本书作者们强烈提倡首先在 MATLAB 中完善您的 DSP 算法,然后手动将生成的 M 文件迁移到实时 C 语言代码。我们认为,这可以更好地理解实时代码。

# 附录 G

# DSP 电路板的电池电源

## G.1 介 绍

一些用户可能希望用电池电源操作他们的 DSP 电路板。可能的原因当然包括便携性，以及交流电源系统（AC power system）的电气隔离。后者可能是期望的，例如，当将 DSP 电路板的输入连接到一个生物医学信号源（比如一个经由表面电极和适当的生物仪器缓冲电路提供的心电图（ECG））时可提供增强的患者安全性。我们已经证明，使用本书支持的任何 DSP 电路板和电池电源是完全可行的。

所有支持的 DSP 电路板均由交流电源（AC power supply）供电，该电源将壁装插座电源转换为约 5 V 直流电（DC）。这些电路板通过直流电源插头连接到交流电源上，直流电源插头也称为桶形连接器。筒体的外部部分直径为 5.5 mm（接地），内部支柱直径为 2.5 mm（+5 V DC）。这些电路板的近似静态电流如表 G.1 所列。当 DSP 核心执行低强度计算时，这些电流略微上升（10%～20%）。更高强度的计算会产生更大的电流，这在很大程度上取决于应用程序，因此请研究您的特定应用程序。

表 G.1：DSP 电路板的典型静态电流

| 电路板 | 静态电流 |
|---|---|
| TMS320C6713 DSK | 150 mA |
| OMAP - L138 变焦实验者套件（Zoom Experimenter Kit） | 230 mA |
| LCDK | 395 mA |

注：静态状态是电路板执行最小处理时的情形。

## G.2 方 法

如上所述，本文支持的所有 DSP 板均以 +5 V 的适度电流工作，这使得任何电路板都可以独立于交流电源轻松工作。由于所需的电流和电压在大多数基于 USB 的外部电池的能力范围内，因此一种可能的解决方案是购买或组装一条将这种外部电池连接到 DSP 电路板的电缆，将这两个选项描述如下：

购买一条电缆：查找标列为"USB 2.0 A 至 5.5/2.5mm 桶形连接器插孔直流电源线（USB 2.0 A to 5.5/2.5mm Barrel Connector Jack DC Power Cable）"的电缆或类似的电缆。

组装一条电缆：如果您希望自己制作电缆，请按照以下步骤操作。我们使用了手头的两根备用电缆，并切断了不需要的电缆部分。要组装的电缆的 USB 端如图 G.1(a)所示。**红色和黑色**线分别对应于 USB 规范的＋5 V DC 和接地连接。**绿色和白色**线用于数据传输，因此不在本应用中使用。待组装电缆的 DC 端如图 G.1(b)所示。USB 端的**红色**线需要焊接到连接到 DC 电源插头中心部分的 DC 端上的任何一根导线上，而 USB 端的**黑色**线需要焊接于 DC 端的另一根导线上。由于此类 DC 电缆上的颜色代码或条纹可能不一致，因此我们使用欧姆表来验证这两个连接的接线。在将这两个连接焊接在一起之后，暴露的导体需要适当地绝缘。我们为此目的使用电工胶带，或者可以使用热缩管。

 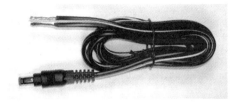

(a) 待组装电缆的USB端(此端将连接到外部电池)　　(b) 待组装电缆的DC端(此端将连接到DSP电路板)

**图 G.1：用于将 DSP 电路板连接到 USB 外部电池的电缆的两端**

# G.3　测　试

## G.3.1　初始测试

组装完成后，我们将电缆连接到 USB 电池，并使用示波器观察输出电压（也可以使用万用表）。这个步骤验证您接的极性是否正确，并且您的电池实际上提供了所需要的大约＋5 V DC。在将电缆连接到您的 DSP 电路板之前，强烈建议进行初始检查。

## G.3.2　最终测试

验证电缆后，连接 USB 电池和 DSP 电路板之间的电缆。如果您使用的是 OMAP－L138 电路板，则还需要打开滑动开关来打开系统电源。一个完全组装的且可工作的系统如图 G.2 所示。图中显示了 Hyperjuice 的 100 W・h(20 A・h)的系统，该系统应该为 OMAP－L138 电路板供电约 3 天。我们毫无困难地对系统操作了一天多！

(该电路板可以在不连接交流(AC)电源的情况下工作)

图 G. 2：连接到外部 USB 电池的 DSP 电路板例子

# G. 4　结　论

使用本附录中描述的方法,您可以提高 DSP 电路板的便携性,并将其与交流(AC)电源系统隔离。如果需要,电缆还可以从计算机的 USB(A 型)端口为 DSP 板供电,这使您可以去掉您的实时 DSP 开发站所需的一种电源线。

附录 **H**

# 编程难点与陷阱

甚至对于有经验的程序员来说,在现实环境中编程也是一项挑战,本附录旨在说明在此环境中遇到的一些常见问题,并提出避免这些问题的实用策略。

## H.1 调试构建与发布构建

当在 Code Composer Studio 中创建一个项目时,会建立两个构建配置:**调试**(Debug)和**发布**(Release)。调试配置将在目标文件中嵌入调试信息(将汇编指令链接到原始源代码的信息上),并且也不会优化生成的代码,以便于在一行源代码和一行生成的汇编语言代码之间存在直接对应关系。这些都允许符号调试,并确保汇编代码按照编写 C 语言代码的顺序执行。在开发软件时,调试配置很有用,但生成的代码通常比发布版本慢得多。在发布配置中,编译器尝试使用大量转换和算法优化生成的代码以获得最佳性能,这意味着源代码和汇编代码之间可能不再存在一对一的对应关系,当移动和重新排序功能时,在可能的情况下重用代码,并且消除冗余以便最大化执行速度和/或最小化代码长度。调试由发布构建(release build)生成的汇编代码对于经验丰富的程序员来说是一个重大挑战,所采用的优化类型和程度可以在每个项目和每个文件的基础上进行控制,有关这方面的更多信息,请参阅 CCS 文档。

## H.2 易变性(volatile)关键字

实时 DSP 编程中的两种常见情况是直接引用硬件的变量,以及用于中断服务例程和主程序之间通信的变量。这两种情况都要求使用**易变性**(volatile)关键字来控制编译器对内存引用的优化。在第一种情况下,当一个指针变量被取消引用访问硬件寄存器时,编译器的优化器将假定正在进行的传输是送到标准读/写存储单元。在第二种情况下,编译器将假定存储单元仅在被编译的函数中被写入时才会更改,并且没有其他访问与该函数的执行同时进行。例如,假设存在一个整数指针变量 mcbsp_spcr,用于读取 McBSP1 接收寄存器的状态位,如下所示,以便等待直到 McBSP 接收到数据。

```
       unsigned int * mcbsp_spcr = (unsigned int * ) McBSP1_SPCR;
2
       while (!( * mcbsp_spcr & 0 x00020000 ))   // wait for codec ready
4           ;
```

在调试构建(debug build)中,因为没有进行优化,代码按预期执行。但是在发布构建(release build)中,编译器将表达式"!( * mcbsp_spcr & 0x00020000)"标识为循环不变代码,因此将其从循环中拉出来并且仅仅从该位置读取一次。虽然这通常是对真实存储单元的非常好的优化,但在这种情况下,我们正在读取一个可能变化的外设寄存器,因此它**不是**循环不变的。为了强制编译器在每次循环迭代中读取变量所表示的实际位置,我们将限定符 volatile 添加到变量声明中,如下所示。

```
volatile unsigned int * mcbsp_spcr = (unsigned int * ) McBSP1_SPCR;
```

易变性(volatile)关键字通知编译器不会优化对该变量的任何访问,因此它会生成每次迭代中实际读取 McBSP 寄存器的代码。当使用一个变量重复写入一个硬件寄存器(在本例中为 McBSP1 的发送数据寄存器)时,会发生类似的情况,如下所示。

```
1   unsigned int * mcbsp_dxr = (unsigned int * ) McBSP1_DXR;

3   * mcbsp_dxr = 1;
    * mcbsp_dxr = 2;
5   * mcbsp_dxr = 3;
```

如果此代码是在发布构建下编译的,则只会发生单次值 3 的写入。将 mcbsp_dxr 声明为 volatile 将强制编译器执行三个单独的写操作。

当使用全局变量在主程序和中断服务例程之间(或中断服务例程之间)进行通信时,通常应该声明全局变量也是易变性(volatile)的,特别是如果它们在循环中使用;否则,编译器可能会优化变量引用,并且您将错过在中断期间对变量发生的任何更改。

# H. 3  函数原型和返回类型

如果函数在使用之前未声明,则 C 语言要求编译器假定函数的返回类型为整型(int)。这种看似良性的行为被认为是许多程序无法正常工作的原因,因为未能在 C 语言中声明一个函数并不是一个错误,因此它不会被忽略。考虑下面的代码,注意到 sinf 函数从未声明过。

```
1   float x;

3   x = sinf(0);
```

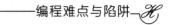

在 C6000 架构中,寄存器 A4 用于返回 32 位或更小的值。sinf 函数实际上返回在 A4 中的单精度浮点数。但是,由于函数从未声明过,因此编译器假定返回类型为整型(int)。因此,编译器假定 A4 包含一个整数,并添加代码(特别是 INTSP 指令)以将其中的值转换为浮点型(float),然后将其存储在 $x$ 中。可以想象到,采用浮点位模式并对其进行整型到浮点型的转换会产生毫无意义的值。为了防止这种情况出现,在使用之前声明所有函数是很重要的(并且是良好的编程习惯)。在下面的代码中,包含 math.h 头文件以确保正确声明 sinf 函数。

```
1  # include <math.h>
   float x;
3
   x = sinf(0);
```

现在知道 sinf 函数返回一个浮点型,编译器将获取寄存器 A4 中的返回值并将其直接传递给变量 $x$,从而得到正确的结果。始终确保在使用所有函数之前进行声明就可避免这些情况出现。这些情况可能非常难以调试,因为代码除此之外都是正确的。

# H.4　算术问题

一个高级语言编译器通常支持许多算术运算。编译器将保证正确的结果,但在实时软件中,我们还关注计算所需的时间。对于处理器中支持的操作(即加(add)),编译器将生成代码以使用硬件来执行计算。对于处理器硬件不支持的操作,编译器将生成软件以完成计算。从总体上来看,软件计算比硬件中的计算慢得多。

TMS320C6x DSP 没有除法器硬件,因此应尽可能避免除法。在下面的代码中,计算在数值上是等价的。

```
   float x = 100.0F;
2
   x = x/10.0F;      // calculation A
4  x = x * 0.1F;     // calculation B
```

计算 A(calculation A)指定一个除法,因此编译器将插入对子例程的调用以在软件中执行计算。由于处理器具有硬件乘法器,因此可以更快地完成计算 B(calculation B)。请注意,数字上的"F"表示它们是**浮点型**(float)的常量——否则它们将被解释为双精度型(double),在将计算作为双精度运算执行之前,需要将 $x$ 提升为双精度型。

当使用数组变量实现循环缓冲时,索引需要在达到缓冲区结束时被"环绕"。在下面的代码示例中,分配了一个缓冲区和一个索引变量。

```
   #define BUFFER_SIZE 100
2  float x[BUFFER_SIZE] = {0.0F};
   int index = 0;
```

在下面的例子中,我们假设索引值正在递增。递减索引将以类似的方式处理。也许最直观的方法是简单地检查索引值,并在其到达缓冲区结束时将其设置回 0,以完成索引环绕。

```
1  index ++ ;
   if (index >= BUFFER_SIZE)
3      index = 0;
```

请注意,这需要进行比较,并且仅限于比较索引增量 1。如果需要比较任意增量,我们需要另一种方法。**模运算**($\%$)提供了看似简单的解决办法。

```
1  index ++ ;
   index = index % BUFFER_SIZE;
```

然而,模运算符是计算索引值除以 BUFFER_SIZE 的余数,因此我们隐式调用除法运算。作为替代方法,注意如果增量小于 BUFFER_SIZE,我们可以通过在索引大于或等于 BUFFER_SIZE 时减去 BUFFER_SIZE 来获得余数。

```
   index ++ ;
2  if (index >= BUFFER_SIZE)
       index = index - BUFFER_SIZE;
```

这将模数计算变为了简单的减法运算,这在硬件中得到支持。但是,它仍然需要进行比较,以查看索引是否需要被"环绕"。在实时代码中,我们甚至可以发现这个操作非常昂贵。为了完全消除比较,将缓冲区大小设置为 $2^n$。然后,仅仅使用索引与 $2^n - 1$ 进行逻辑"与(AND)"运算就完成环绕。如果索引小于 BUFFER_SIZE,则"与(AND)"运算将保持不变;如果索引大于或等于 BUFFER_SIZE,则"与(AND)"运算将得到与模运算相同的结果。

```
1  #define BUFFER_SIZE 512   // must be a power of 2
   float x[BUFFER_SIZE] = 0.0F;
3  int index = 0;

5  index ++;
   index = index & (BUFFER_SIZE - 1);
```

请注意,在此实现中,缓冲区大小**必须**是 2 的幂。这是大小和速度之间的经典软件权衡,通常在生产代码中看到。

# H.5 控制内存中的变量位置

在软件中声明变量时,我们通常不关心内存中的实际变量位置。相反,我们只是通过名称来引用变量。编译器和链接器负责确保访问正确的存储单元。但是,有时我们想要去控制变量被放在内存中的位置。要想做到这一点,需要做两件事:

① 指示链接器物理内存在我们系统中的位置。

② 告诉编译器我们想要将哪些变量放在默认位置以外的位置。

当我们的代码被编译时,编译器把输出存放到许多预定义段中。通常将全局变量放到 .data 或 .bss 段中。链接器命令文件(即 lnk6748.cmd)列出了系统中可用的物理内存,并指出哪些段放在哪些内存区域中。在全书使用的链接器命令文件中,所有编译器的输出都被放入 DSP 的片内存储器(IRAM 区域)。这是一个相对较小的存储区域,因此如果我们想要拥有大数据缓冲区,我们需要将它们放到更大的片外存储器中,在链接器命令文件中,该区域被指定为 SDRAM,"CE0"段中的所有编译器的输出都将放在那里。

为了指示编译器把给定变量放入"CE0"段,我们使用一个编译器**编译指令**(pragma)。通常,编译指令是编译器特定的指令,允许对编译器操作的各个方面进行详细控制。要想控制一个变量放入哪个段,我们可以使用编译指令 DATA_SECTION,它指示编译器将名为第一个参数的变量放入名为第二个参数的段中。

```
  #pragma DATA_SECTION(buffer, "CE0");        // allocate buffer in SDRAM
2 volatile float buffer[BUFFER_LENGTH];
```

有关 Code Composer Studio 中可用的各种编译指令的更多信息,可以参见联机帮助和 C 语言编译器的用户手册。

# H.6 实时计划失败

编写实时软件最困难的挑战之一是确定软件是否实际上能够满足实时计划。特别是,对于中断驱动系统,每个中断服务例程(ISR)必须在下一个中断发生之前完成其处理,并且程序员必须允许足够的"空闲时间"来考虑中断服务开销。测量一个 ISR 所需时间的一种简单而有效的方法是在进入和离开 ISR 时改变逻辑信号的状态,然后用示波器监视该信号。WriteDigitalOutputs()函数允许通过设置 DSK 上的四个数字信号的状态轻松实现这一点,如下表所列:

| DSK 类型 | 第 3 位 | 第 2 位 | 第 1 位 | 第 0 位 |
| --- | --- | --- | --- | --- |
| C6713 | LED3 | LED2 | LED1 | LED0 |
| OMAP | J6-9 | J6-8 | J6-7 | J6-6 |

示例代码如下所示。

清单 H.1:使用 WriteDigitalOutputs( )函数检查实时计划失败

```
   interrupt void MyISR()
2  {
       WriteDigitalOutputs(1);      // set digital output bit 0 high
4      // your ISR code here
       WriteDigitalOutputs(0);      // set digital output bit 0 low
6  }
```

在 ISR 中花费的 CPU 时间的近似百分比大约是数字信号的占空比。这是近似的,因为识别中断和开始执行 ISR 所需的时间,以及在 ISR 之后恢复正常执行所需的时间,无法通过这种方式测量。

作为替代方法,可以在 ISR 结束时检查中断标志寄存器(IFR)的状态。对于本书中的大多数代码,使用硬件中断 INT12。如果在 ISR 结束时 IFR 的第 12 位为 1,则表示在完成当前中断之前另一个中断处于挂起状态,因此尚未满足实时计划。实现此方法的示例代码如下所示。

清单 H.2:使用中断标志寄存器检查实时计划失败

```
   Uint32 Overrun = 0;
2
   interrupt void MyISR()
4  {
       // your ISR code here
6      if (IFR & 0 x00001000) {    // check if INT12 is pending
           Overrun ++;    // if so, increment the count
8      }
   }
```

# H.7   变量初始化

在 C 编程语言中,声明变量不会自动将该变量初始化为已知值。通常,在 C 语言程序中对变量求值之前,必须始终将变量设置为一个值,这并不意味着它们需要在声明中初始化,只要它们在求值之前在一个赋值语句中被写入值即可。下面的代码实现了一个简单的 IIR 滤波器。在此示例中,变量 $x$ 和 $y$ 有意(并且错误地)保持未初始化。

清单 H.3:变量初始化不正确的 IIR 滤波器代码例子

```
1  // static variables
   float B[2] = {1.0, -1.0};    // numerator coefficients
3  float A[2] = {1.0, -0.9};    // denominator coefficients
```

```
    float x[2];      // input
 5  float y[2];      // output

 7  // function code
    x[0] = input;     // get input value
 9  y[0] = - A[1] * y[1] + B[0] * x[0] + B[1] * x[1];   // calc. the output
    x[1] = x[0];     // setup for the next input
11  y[1] = y[0];     // setup for the next input
    output = y[0];    // send filter output
```

对于 $x[0]$ 和 $y[0]$，这种疏忽不会导致问题。变量元素 $x[0]$ 在第 9 行和第 10 行求值之前，在第 8 行被赋予一个值。类似地，$y[0]$ 在第 11 行和第 12 行求值之前，在第 9 行被赋予一个值。但是，对于 $x[1]$ 和 $y[1]$ 是不可接受的，因为在它们被赋予一个值之前，都在第 9 行被求值。虽然这看起来是小问题，但事实上这是一个主要问题。如果任一变量随机地具有较大的数值，则这相当于一个可能需要很长时间才能衰减的大瞬态。最坏的情况是，如果 $x[1]$ 或 $y[1]$ 具有 NaN 值(不是数字)，在这种情况下，使用 NaN 计算第 9 行的结果会导致 NaN 的值被赋予 $y[0]$，然后在第 11 行将其赋予 $y[1]$，这意味着第 9 行给 $y[0]$ 赋值之后它将**始终**为 NaN，因此滤波器将永远不起作用。为了防止这种情况，应当初始化 $x$ 和 $y$ 变量，如下所示。

**清单 H.4：正确的变量初始化**

```
    float x[2] = {0.0, 0.0};     // input
 2  float y[2] = {0.0, 0.0};     // output
```

# H.8  整型数据大小

C 编程语言没有为整型数据类型(如 int、short、long 等)指定固定大小。相反，数据类型 int 被设置为特定编译器目标的机器字大小。在 C6000 DSP 中，寄存器是 32 位的，所以 int 数据类型的大小是 32 位。因为我们只为 C6000 系列创建代码，所以一旦您了解了不同数据类型的大小，就不会出现问题。但是，假设您希望在不同的架构上重用您的代码，整型数据类型的大小可能会有所不同。如果是这样，则您必须遍历您的代码，并将所有变量声明更改为正确的大小。

为了使您的代码在不同架构之间更具可移植性，常见的技术是定义一套明确指定变量大小的数据类型。C 编程语言支持使用 typedef 编译器指令定义新数据类型。下面的清单 H.5 中显示了一个例子。第 1 行的 typedef 指令告诉编译器 Uint32 是 unsigned int 数据类型的新名称。通过使用一套显式指定大小的类型(如 Uint32 和 Int16)进行编码，程序员可以轻松选择所需的变量大小。

清单 H.5: C6000 的 typedef 指令

```
   typedef unsigned int Uint32;
2  typedef short Int16;
```

我们为 typedef 指令使用的名称,希望对读者没有产生歧义。例如,Uint32 是 32 位无符号整型,Int16 是 16 位有符号整型,Uint8 是 8 位无符号整型,以此类推。

当将代码移植到不同的架构上时,唯一需要更改的是包含一套适当的 typedef 指令。例如,如果您要将代码移植到 C5000 DSP 架构上,则无符号整型(unsigned int)的大小为 16 位,但无符号长整型(unsigned long)的大小为 32 位。因此,您将使用下面清单 H.6 中所示的 typedef 指令。

清单 H.6: C5000 的 typedef 指令

```
   typedef unsigned long Uint32;
2  typedef short Int16;
```

本书中项目所需的所有必要的 typedef 指令都包含在每个项目中含有的 tistdtypes.h 文件中。使用条件编译,当您编译您的代码时,会自动选择一套正确的 typedef 指令。

# 附录 I

## DSP 电路板比较

## I.1 介　绍

我们坚信,需要将实时 DSP 的工作知识作为完整的 EE/ECE 全部课程的一部分。这样的工作知识不能只通过书籍、讲座或 MATLAB 演示来获得,学生需要使用实际的 DSP 硬件并使得实时应用成功运行,然后才能获得实时 DSP 的实际工作知识。多年来,我们为此目的在我们的实验室中使用了许多电路板,同时使用定点和浮点的德州仪器(Texas Instruments,TI)处理器,如 C50、C31、C6201、C6211、C6711、C6713 和最近的多核 OMAP－L138(同时包括一个 C6748 内核和一个 ARM926 内核)。在这些电路板中,有几个现在只有历史意义,而基于 C6713 和 OMAP－L138 的电路板仍然是我们感兴趣的主要目标。

## I.2　三种电路板

Spectrum Digital 的 C6713 DSK、Logic PD 的 OMAP－L138 变焦实验者套件(Zoom Experimemters Kit,ZEK)以及较新的德州仪器的 OMAP－L138 低成本开发套件(Low Cost Development Kit,LCDK)均可在本书中有效使用。如何比较这三块电路板呢？表 I.1 提供了最显著的比较细节。

我们在本书的最新版本中为 C6713 DSK 提供支持,主要出于历史遗留目的,因为许多大学都有配备这些电路板的实验室。对于那些刚入门,配备新实验室或想要升级现有实验室的人来说,两个 OMAP－L138 电路板之一似乎更有意义。对于使用价格和可用 I/O 等基本标准,新的 LCDK 似乎是更好的选择[①]。LCDK 唯一的微小缺点是需要一个外部 XDS100 仿真器,但这是一个小问题。在使用两块电路板后,我们现在更喜欢 LCDK。除了价格和 I/O 因素之外,如果您开始考虑更微妙的问题,那么对 OMAP 电路板的比较会更有趣。

---

① OMAP－L138 实验者套件已不再生产,但许多大学仍然使用该电路板。

**表 I.1:三种主要 DSP 电路板的比较**

|  | Spectrum Digital/TI C6713 DSK | Logic PD OMAP－L138 变焦实验者套件(ZEK) | TI OMAP－L138 低成本开发套件(LCDK) |
|---|---|---|---|
| 处理器 | C6713 DSP | OMAP－L138 双核:C6748 VLIW DSP 和 SOM 上的 ARM926 RISC GPP | OMAP－L138 双核:C6748 VLIW DSP 和 ARM926 RISC GPP |
| 处理器时钟频率 | 225 MHz(固定) | 375 MHz(最大) | 456 MHz(最大) |
| 内存 | 16 MB SDRAM | 128 MB mDDR SDRAM[a] | 128 MB DDR2 SDRAM |
| 闪存 | 512 KB | 8 MB SPI-NOR Flash | 128 MB NAND Flash |
| 音频编解码器 | TLV320AIC23 | TLV320AIC3106 (仅访问线路输入和线路输出) | TLV320AIC3106 (访问线路输入、麦克风输入和线路输出) |
| 其他 I/O | 无,但可从 eDSP 获得的 HPI 接口电路板提供并行端口、USB、串行 RS－232 端口和数字输入/输出端口,作为对 DSK 软件可用的用户可选资源 | USB、SATA、以太网(RJ－45)、MMC/SD 卡插槽、串行(RS－232)、用于可选变焦显示套件的集成(LCD、触摸和背光)连接器、JTAG。注:XDS100 仿真内置于电路板中 | USB、SATA、以太网(RJ－45)、MMC/SD 卡插槽、复合视频(NTSC/PAL)输入、VGA 输出、Leopard 成像相机传感器输入、LCD 端口(BeagleBoard XM 连接器)输出、两个用户按钮输入、JTAG[b] |
| 价格 | $395 | $495[c] | $195[d] |

[a] 较旧的电路板附带 64 MB mDDR SDRAM。

[b] 早期版本的 LCDK 包括一个 Authentec 指纹扫描传感器,但由于 Authentec 随后停止生产了这种传感器,因此较新的 LCDK 不包括指纹读取器。

[c] 不再提供。

[d] 注意:要使用 C 语言对 LCDK 编程(使用 TI 的 Code Composer Studio),您还需要一个廉价的 XDS100 仿真器,因为它不是主板的一部分。TI 的电子商店或各种第三方供应商的建议零售价为 $79。

例如,虽然两个 OMAP－L138 电路板都使用相同的音频编解码器芯片,但两个制造商选择以不同的方式将该编解码器集成到整个电路板设计中。ZEK 只提供线路输入和线路输出,而 LCDK 还提供一个放大的麦克风输入(对于常用的无电源麦克风很方便)。

此外,编解码器芯片的电源去耦在两个电路板之间是非常不同的,这对于一些应用来说是重要的。

从电路板原理图中可以看出,ZEK 上的编解码器直接连接到"噪声的"开关 DC 电源上,而 LCDK 则使用电源连接上的 LC 滤波。从设计的立场来看,更好的电路板是 LCDK,因为电源噪声没有像 ZEK 那样耦合到编解码器中。有人可能会争辩说,这种电源噪声远远高于音频编解码器的音频范围,那么为什么要"浪费"钱在滤波器组件上呢?但是,在一个对被处理的信号使用传统的测试和测量设备进行常规分析的实验室环境中,这种高频噪声仍然存在问题。在图 I.1 的屏幕截图中可以清楚地看到这种不必要的高频噪声,它显示了 ZEK 音频编解码器输出的平均频谱。

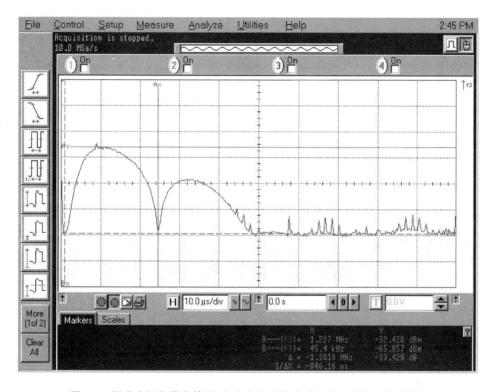

图 I.1:频谱分析仪屏幕截图(与变焦实验者套件相关的编解码器噪声)

在这个图中,Bx 标记(在显示器的最左边)被放置在靠近 45 kHz 的第一个频谱零点处,因此图 I.1 中显示的能量都远远高于音频频率,但它仍然会引起问题。通常,系统的输出由测试和测量设备(比如一个示波器、频谱分析仪或矢量信号分析仪)进行分析,这些设备通常是高速采样类型(比如一个数字采样示波器或 DSO)。这样的测试设备通常不在前端加入抗混叠滤波器,这意味着这种"音频带外噪声"的混叠可能会在音频范围内结束,并成为某些 DSP 应用的一个巨大问题。但是,这个问题可以通过更为谨慎的电路设计轻松地避免,LCDK 中使用的设计清楚地演示了这一点,这可以通过其更安静的代码输出来证明。

图 I.2 显示了 LCDK 音频编解码器输出的平均频谱。请将此图与显示 ZEK 编解码器输出的图 I.1 进行比较。LCDK 使用了与 ZEK 中使用的完全相同的 AIC3106 编解码器芯片,我们尽可能让两个图的采样频率、比例和标记接近相同。与 ZEK 相比,LCDK 的输出图清楚地表明"音频带外噪声"明显降低(大约 30 dB)。

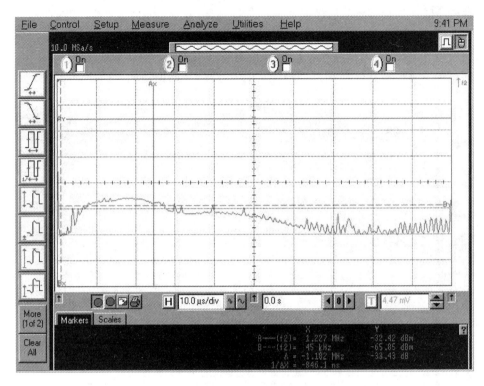

（显示低得多的噪声水平）

图 I.2：频谱分析仪屏幕截图(与 LCDK 相关的编解码器噪声)

# I.3　结　论

基于价格、可用 I/O 和编解码器输出的噪声特性,两个 OMAP-L138 板中更好的是 LCDK。话虽如此,这本书完全支持所有三种电路板：Spectrum Digital 的 C6713 DSK、Logic PD 的 OMAP-L138 变焦实验者套件(ZEK)和 OMAP-L138 低成本开发套件(LCDK)。

# 附录 J

# 缩写、首字母缩略词和符号

这是本书中使用的缩写、首字母缩略词和符号的部分列表,希望它对某些读者有所帮助。

**符号**

| | |
|---|---|
| ( ) | 用于连续函数。 |
| [ ] | 用于离散函数。 |

**希腊字母**

| | |
|---|---|
| $\alpha$ | 简单 IIR 滤波器的反馈系数,例如用于吉他特效的一种回声生成类型。 |
| $\lambda$ | 波长。 |
| $\pi$ | 圆周长与直径之比,3.141 592 653 589 793 2…。 |
| $\tau$ | 时间常数。 |
| $\omega$ | 弧度频率。 |

**A**

| | |
|---|---|
| $a$ | 与一个输出项 $y$ 有关的滤波系数。当用于转移函数时,$a$ 系数与转移函数的分母有关。 |
| $A$ | 包含所有 $a$ 项的向量或数组。 |
| ADC | 模/数转换器。 |
| AIC | 模拟接口电路(见编解码器)。 |
| AGC | 自动增益控制。 |
| AM | 振幅调制。 |
| ANC | 自适应噪声消除。 |
| ARM | 进阶精简指令集机器,由 ARM Holdings 开发的 32 位精简指令集计算机(Reduced Instruction Set Computer,RISC)指令集架构(Instruction Set architecture,ISA)。 |

AWGN　　　加性高斯白噪声。

B

$b$　　　　与一个输入项 $x$ 有关的滤波系数。当用于转移函数时, $b$ 系数与转移函数的分子有关。

$B$　　　　包含所有 $b$ 项的向量或数组。

BW　　　带通信号的带宽。

BP　　　带通。

BPF　　　带通滤波器。

BPSK　　二进制相移键控。

C

$C$　　　　电容值。

CCS　　　德州仪器的 Code Composer Studio$^{TM}$。

CD-ROM　光盘只读存储器。

CISC　　复杂指令集计算机。

codec　　编码器-解码器（coder-decoder）。一个同时包含模/数转换器（ADC）和数/模转换器(DAC)的集成电路。

CPU　　　中央处理器。

D

DAC　　数/模转换器。

DC　　　直流电(0 Hz)。

DDS　　直接数字合成器或直接数字合成。

DF-Ⅰ　　直接Ⅰ型。

DF-Ⅱ　　直接Ⅱ型。

DFT　　离散傅里叶变换。

DMA　　直接存储器存取。

DSK　　DSP 入门套件。

DSP　　数字信号处理或数字信号处理器。

DTFT　离散时间傅里叶变换。

DTMF　由电话公司定义的双音、多频信号。

## E

| | |
|---|---|
| ECG | 心电图。 |
| EDMA | 增强型直接存储器存取。 |

## F

| | |
|---|---|
| FCC | 联邦通信委员会(Federal Communications Commission)。 |
| FIR | 无限冲激响应。 |
| FFT | 快速傅里叶变换。 |
| FT | 傅里叶变换。 |
| $\mathscr{F}$ | 傅里叶变换。 |
| $\mathscr{F}^{-1}$ | 逆傅里叶变换。 |
| $f_h$ | 信号中存在的最高或最大频率。 |
| $F_s$ | 采样频率(样本/秒)$=1/T_s$。 |

## G

| | |
|---|---|
| GPP | 通用处理器。 |
| GPU | 图形处理器。 |

## H

| | |
|---|---|
| $H(e^{j\omega})$ | 离散时间频率响应。 |
| $H(j\omega)$ | 连续时间频率响应。 |
| $h[n]$ | 离散时间冲激响应或单位样本响应。 |
| $h[t]$ | 连续时间冲激响应。 |
| $H(s)$ | 连续时间转移或系统函数。 |
| $H(z)$ | 离散时间转移或系统函数。 |
| HDTV | 高清电视。 |
| HP | 高通。 |
| HPF | 高通滤波器。 |
| HPI | 主机端口接口。 |
| Hz | 赫兹(每秒周期数)。 |

## I

| | |
|---|---|
| IEEE 754 | 浮点数格式。 |
| IF | 中频。 |

| IFFT | 逆快速傅里叶变换。 |
| IIR | 无限冲激响应。 |
| ISA | 指令集架构。 |
| ISR | 中断服务例程。 |

### J

| j | $\sqrt{-1}$,标识复数的虚部。有些作者使用字母 i 而不是字母 j。 |
| JTAG | 联合测试行为组织(Joint Test Action Group),通常用作印刷电路板和集成电路芯片的调试接口的名称。在 1990 年正式成为 IEEE Std 1149.1。 |

### L

| $\mathscr{L}$ | 拉普拉斯变换。 |
| $\mathscr{L}^{-1}$ | 逆拉普拉斯变换 |
| $L$ | 电感值。 |
| LCDK | 低成本开发套件。 |
| LFSR | 线性反馈移位寄存器。 |
| LP | 低通。 |
| LPCM | 线性脉冲编码调制。 |
| LPF | 低通滤波器。 |
| LSB | 下边带,也用于最低有效位。 |

### M

| $M$ | 图形均衡器中的波段数。 |
| MA | 移动平均。 |
| McASP | 多通道音频串行端口。 |
| McBSP | 多通道缓冲串行端口。 |
| ML | 最大似然。 |

### N

| $n$ | 索引或样本号。 |
| N | 通常用作滤波器的阶数;在其他上下文中,它用于序列的长度或用于 FFT 的长度。 |
| NCO | 数控振荡器。 |

O

OMAP 开放式多媒体应用平台(Open Multimedia Application Plat-form),德州仪器(Texas Instruments)的一系列专有的多核片上系统(SoC)。

P

PC 个人计算机。
PCM 脉冲编码调制。
PLL 锁相环。
PN 伪噪声。
PSK 相移键控。

Q

$Q$ 质量因子。$Q$=BP 滤波器的带宽除以其中心频率。$Q$ 值越高,BP 滤波器的选择性越高。
QAM 正交振幅调制。
QPSK 正交相移键控。

R

$r$ 极点的幅度。这是一个测量极点离原点有多远的方法。
$R$ 电阻值。
RC 电阻器-电容器。
RISC 精简指令集计算机。
RF 射频。

S

$s$ 拉普拉斯变换自变量,$s = \sigma + j\omega$。
SoC 片上系统。
SOS 二阶节。

T

$\tau$ 卷积中常用的一种虚拟变量。
$t$ 时间。

| $T$ | 信号或函数的周期。 |
| TED | 定时误差检测器。 |
| $T_s$ | 采样周期$=1/F_s$。 |
| TI | 德州仪器(Texas Instruments)。 |

## U

| $u[n]$ | 离散时间单位阶跃函数。 |
| $u(t)$ | 单位阶跃函数。 |
| U.S. | 美国。 |
| USB | 上边带,也用于通用串行总线(Universal Serial Bus)。 |

## V

| $V$ | 以伏特为单位的电压。 |
| $V_{in}$ | 输入电压。 |
| $V_{out}$ | 输出电压。 |
| VLIW | 超长指令字,这是一种 DSP 架构。 |

## W

| winDSK | 由 Mike Morrow 为 C31 DSK 创建的基于 Windows 的初始程序。 |
| winDSK6 | 基于 Windows 的程序,即 winDSK 的后续程序,适用于 C6x DSK 系列。它是由 Mike Morrow 创建的。 |
| winDSK8 | 基于 Windows 的程序,即 winDSK6 的后续程序,同时适用于 OMAP-L138 多核电路板和 C6713 DSK。它是由 Mike Morrow 创建的。 |

## X

| $X(j\omega)$ | 傅里叶变换 $F\{x(t)\}$ 的结果,显示 $x(t)$ 的频率内容。 |
| $x[n]$ | 一个离散时间输入信号。 |
| $x(t)$ | 一个连续时间输入信号。 |

## Y

| $Y(j\omega)$ | 傅里叶变换 $F\{y(t)\}$ 的结果,显示 $y(t)$ 的频率内容。 |
| $y[n]$ | 一个离散时间输出信号。 |
| $y(t)$ | 一个连续时间输出信号。 |

Z

| | |
|---|---|
| $z$ | 离散时间信号和系统的独立变换变量。 |
| $z^{-1}$ | 延迟 1 个采样时间。 |
| $Z_c$ | 电容器的阻抗。 |
| $\mathscr{Z}$ | $z$-变换。 |
| $\mathscr{Z}^{-1}$ | 逆 $z$-变换。 |
| ZEK | 变焦实验者套件(Zoom Experimenter Kit)。 |

# 参考文献

[1] Porat B. A Course in Digital Signal Processing. John Wiley & Sons, 1997.

[2] Oppenheim A V, Schafer R W. Discrete-Time Signal Processing. 3rd ed. Prentice Hall, 2009.

[3] Proakis J G, Manolakis D G. Digital Signal Processing. 4th ed. Prentice Hall, 2007.

[4] Mitra S K. Digital Signal Processing: A Computer-Based Approach. 4th ed. McGraw-Hill, 2011.

[5] Lyons R G. Understanding Digital Signal Processing. 3rd ed. Prentice Hall, 2011.

[6] Smith S W. Digital Signal Processing: A Practical Guide for Engineers and Scientists. Newnes, 2003.

[7] Lyons R G. Streamlining Digital Signal Processing: Tricks of the Trade Guidebook. John Wiley & Sons, 2007.

[8] Marven C, Ewers G. A Simple Approach to Digital Signal Processing. John Wiley & Sons, 1996.

[9] McClellan J H, Schafer R W, Yoder M A. DSP First: A Multimedia Approach. Prentice Hall, 1998.

[10] Burrus C S. Teaching filter design using MATLAB. IEEE International Conference on Acoustics, Speech, and Signal Processing, 1993(Apr.): 20-30.

[11] McCormack C J, Ali A S, Haupt R L, et al. Computer supplements to engineering labs. ASEE Comput. Educ. J., 1993, III(Apr.): 58-62.

[12] Kubichek R F. Using MATLAB in a speech and signal processing class. ASEE Annual Conference, June 1994: 1207-1210.

[13] Jacquot R G, Hamann J C, Pierre J W, et al. Teaching digital filter design using symbolic and numeric features of MATLAB. ASEE Comput. Educ. J., 1997, VII(Jan.-Mar.): 8-11.

[14] Yoder M A, McClellan J H, Schafer R W. Experiences in teaching DSP first in the ECE curriculum. ASEE Annual Conference, June 1997. Paper 1220-06.

[15] Wright C H G, Welch T B. Teaching real-world DSP using MATLAB. ASEE Comput. Educ. J., 1999, IX(Jan.-Mar.): 1-5.

[16] Welch T B, Jenkins B, Wright C H G. Computer interfaces for teaching the Nintendo generation. ASEE Annual Conference, June 1999. Paper 3532-02.

[17] Pierre J W, Kubichek R F, Hamann J C. Reinforcing the understanding of signal processing concepts using audio exercises. IEEE International Conference on Acoustics, Speech, and Signal Processing, 1999, 6(Mar.):3577-3580.

[18] Welch T B, Wright C H G, Morrow M G. Poles and zeroes and MATLAB, oh my!. ASEE Comput. Educ. J., 2000, X(Apr.): 70-72.

[19] Welch T B, Morrow M G, Wright C H G. Teaching practical hands-on DSP with MATLAB and the C31 DSK. ASEE Annual Conference, June 2000. Paper 1320-03.

[20] Wright C H G, Welch T B, Etter D M, et al. Teaching DSP: Bridging the gap from theory to real-time hardware. ASEE Comput. Educ. J., 2003, XIII(July): 14-26.

[21] Welch T B, Wright C H G, Morrow M G. Caller ID: An opportunity to teach DSP-based demodulation. IEEE International Conference on Acoustics, Speech, and Signal Processing, 2005, V(Mar.):569-572. Paper 2887.

[22] Wright C H G, Morrow M G, Allie M C, et al. Using real-time DSP to enhance student retention and engineering outreach efforts. ASEE Comput. Educ. J., 2008, XVIII(Oct.-Dec.):64-73.

[23] Welch T B, Wright C H G, Morrow M G. The DSP of money. IEEE International Conference on Acoustics, Speech, and Signal Processing, 2009(Apr.):2309-2312.

[24] Welch T B, Wright C H G, Morrow M G. Software defined radio: In expensive hardware and software tools. IEEE International Conference on Acoustics, Speech, and Signal Processing, 2010(Mar.): 2934-2937.

[25] Morrow M G, Wright C H G, Welch T B. Real-time DSP for adaptive filters: A teaching opportunity: IEEE International Conference on Acoustics, Speech, and Signal Processing, 2013(May).

[26] Wright C H G, Welch T B, Morrow M G. Leveraging student knowledge of DSP for optical engineering. IEEE Signal Processing and Signal Processing Education Workshop, 2015 (Aug.): 148-153.

[27] Stearns S D. Digital Signal Processing with Examples in MATLAB. 2nd ed. CRC Press, 2012.

[28] Ingle V K, Proakis J G. Digital Signal Processing Using MATLAB V. 4. Bookware Companion Series, PWS Publishing, 1997.

[29] McClellan J H, Burrus C S, Oppenheim A V, et al. Computer-Based Exercises for Signal Processing Using MATLAB 5. MATLAB Curriculum Series, Prentice Hall, 1998.

[30] Ambardar A, Borghesani C. Mastering DSP Concepts Using MATLAB. Prentice Hall, 1998.

[31] Hanselman D C, Littlefield B L. Mastering MATLAB 7. Prentice Hall, 2005.

[32] Etter D M. Engineering Problem Solving with MATLAB. 2nd ed. Prentice Hall, 1997.

[33] Etter D M. Introduction to MATLAB. 2nd ed. Prentice Hall, 2011.

[34] Sorensen H V, Chen J. A Digital Signal Processing Laboratory Using the TMS320C30. Prentice Hall, 1997.

[35] Chassaing R. DSP Applications Using C and the TMS320C6x DSK. John Wiley & Sons, 2002.

[36] Kehtarnavaz N. Real-Time Digital Signal Processing Based on the TMS320C6000.

Elsevier，2005.

[37] Wright C H G，Welch T B. Teaching DSP concepts using MATLAB and the TMS320C5X. Texas Instruments DSP Educators and Third-Party Conference，August 6-8，1998.

[38] Wright C H G，Welch T B. Teaching DSP concepts using MATLAB and the TMS320C31 DSK. IEEE International Conference on Acoustics，Speech，and Signal Processing，1999 (Mar.). Paper 1778.

[39] Morrow M G，Welch T B，Wright C H G. An inexpensive software tool for teaching real-time DSP. The 1st IEEE DSP in Education Workshop，IEEE Signal Processing Society，Oct. 2000.

[40] Morrow M G，Welch T B，Wright C H G，et al. Teaching real-time beamforming with the C6211 DSK and MATLAB. Texas Instruments DSP Educators and Third-Party Conference，August 2-4，2000.

[41] Wright C H G，Welch T B，Morrow M G. Teaching transfer functions with MATLAB and real-time DSP. ASEE Annual Conference，June 2001. Session 1320.

[42] Morrow M G，Welch T B，Wright C H. An introduction to hardware-based DSP using winDSK6. ASEE Annual Conference，June 2001. Session 1320.

[43] Welch T B，Field C T，Wright C H G. A signal analyzer for teaching signals and systems. ASEE Annual Conference，June 2001. Session 2793.

[44] York G W P，Morrow M G，Welch T B，et al. Teaching real-time sonar with the C6711 DSK and MATLAB. ASEE Annual Conference，June 2001. Session 1320.

[45] Morrow M G，Welch T B，Wright C H G. A tool for real-time DSP demonstration and experimentation. The 10th IEEE Digital Signal Processing Workshop，Oct. 2002. Paper 4.8.

[46] Welch T B，Etter D M，Wright C H G，et al. Experiencing DSP hardware prior to a DSP course. The 10th IEEE Digital Signal Processing Workshop，Oct. 2002. Paper 8.5.

[47] Wright C H G，Welch T B，Etter D M，et al. A systematic model for teaching DSP. IEEE International Conference on Acoustics，Speech，and Signal Processing，2002，IV(May)：4140-4143. Paper 3243.

[48] Wright C H G，Welch T B，Etter D M，et al. Teaching hardware-based DSP：Theory to practice. IEEE International Conference on Acoustics，Speech，and Signal Processing，2002，IV(May)：4148-4151. Paper 4024.

[49] Wright C H G，Welch T B，Etter D M，et al. Teaching DSP：Bridging the gap from theory to real-time hardware. ASEE Annual Conference，June 2002.

[50] York G W P，Wright C H G，Morrow M G，et al. Teaching real-time sonar with the C6711 DSK and MATLAB. ASEE Comput. Educ. J.，2002，XII(July)：79-87.

[51] Welch T B，Ives R W，Morrow M G，et al. Using DSP hardware to teach modem design and analysis techniques. IEEE International Conference on Acoustics，Speech，and Signal Processing，2003，III(Apr.)：769-772.

[52] Welch T B，Morrow M G，Wright C H G，et al. commDSK：A tool for teaching modem design and analysis. ASEE Annual Conference，June 2003. Session 2420.

[53] Wright C H G，Welch T B，Morrow M G．An inexpensive method to teach hands-on digital communications．IEEE/ASEE Frontiers in Education Annual Conference，Nov. 2003.

[54] Welch T B，Morrow M G，Wright C H G．Using DSP hardware to control your world．IEEE International Conference on Acoustics，Speech，and Signal Processing，2004，V(May)：1041-1044．Paper 1146.

[55] Welch T B，Morrow M G，Wright C H G，et al．commDSK：A tool for teaching modem design and analysis．ASEE Comput. Educ. J.，2004，XIV(Apr. )：82-89.

[56] Morrow M G，Welch T B，Wright C H G．Enhancing the TMS320C6713 DSK for DSP education．ASEE Annual Conference，June 2005.

[57] Morrow M G，Welch T B．winDSK：A windows-based DSP demonstration and debugging program．IEEE International Conference on Acoustics，Speech，and Signal Processing，2000，6(June)：3510-3513.

[58] Morrow M G，Wright C H G，Welch T B．winDSK8：A user interface for the OMAP-L138 DSP board．IEEE International Conference on Acoustics，Speech，and Signal Processing，2011(May)：2884-2887.

[59] Morrow M G，Wright C H G，Welch T B．Old tricks for a new dog：An innovative software tool for teaching real-time DSP on a new hardware platform．ASEE Annual Conference，June 2011.

[60] Educational DSP (eDSP)，L L C．Accessible technology for education，2016．http://www. educationaldsp. com/.

[61] The MathWorks，Inc．MATLAB：The Language of Technical Computing，2016.

[62] Kuo S M，Lee B H．Real-Time Digital Signal Processing：Implementations，Applications and Experiments for the TMS320C55x．John Wiley & Sons，2001.

[63] Ziemer R E，Peterson R L．Introduction to Digital Communication．2nd ed．Prentice Hall，2001.

[64] Couch II L W．Digital and Analog Communication Systems．7th ed．Prentice Hall，2007.

[65] Sklar B．Digital Communications：Fundamentals and Applications．2nd ed．Prentice Hall，2001.

[66] Rice M．Digital Communications：A Discrete-Time Approach．Prentice Hall，2009.

[67] Proakis J G．Digital Communications．4th ed．McGraw-Hill，2001.

[68] Dixon R C．Spread Spectrum Systems with Commercial Applications．3rd ed．John Wiley & Sons，1994.

[69] New Wave Instruments．Linear feedback shift registers：Implementation，m-sequence properties，and feedback tables，2011．http://www. newwaveinstruments. com/resources/articles/m_sequence_linear_feedback_shift_register_lfsr. htm.

[70] Pohlmann K C．Principles of Digital Audio．2nd ed．Howard W. Sams & Co. ，1989.

[71] Texas Instruments，Inc．TMS320C6000 DSP Peripherals Overview Reference Guide，2009．Literature Number：SPRU190Q. http://www. ti. com/lit/ug/spru190q/spru190q. pdf.

[72] Cooley J W，Tukey J W．An algorithm for the machine computation of complex fourier

series. Mathematics of Computation, 1965, 19(Apr.): 297-301.

[73] Kay S M. Modern Spectral Analysis: Theory and Application. Prentice Hall, 1988.

[74] Kay S M. Fundmentals of Statistical Signal Processing: Estimation Theory, vol. 1. Prentice Hall, 1993.

[75] Manolakis D G, Ingle V K, Kogon S M. Statistical and Adaptive Signal Processing: Spectral Estimation, Signal Modeling, Adaptive Filtering, and Array Processing. McGraw-Hill, 2000.

[76] Schroeder M R. Natural sounding artificial reverberation. Journal of the Audio Engineering Society, 1962, 10: 219-223.

[77] Orfanidis S J. Introduction to Signal Processing. Prentice Hall, 1996.

[78] Chamberlin H. Musical Applications of Microprocessors. 2nd ed. Hayden Book Company, 1985.

[79] Rangayyan R M. Biomedical Signal Analysis: A Case-Study Approach. 2nd ed. John Wiley & Sons, 2015.

[80] Cowan C F N, Grant P M. Adaptive Filters. Prentice Hall, 1985.

[81] Haykin S. Adaptive Filter Theory. Prentice Hall, 1996.

[82] Stearns S D. Digital Signal Processing with Examples in MATLAB. CRC Press, 2003.

[83] Poularikas A D, Ramadan Z M. Adaptive Filtering Primer with MATLAB. CRC Press, 2006.

[84] Widrow B, Glover J R Jr., McCool J M. et al. Adaptive noise cancelling: Principles and applications. IEEE, 1975, 63(12): 1692-1716.

[85] Carlson A B, Crilly P B, Rutledge J C. Communication Systems. 4th ed. McGraw Hill, 2002.

[86] Frerking M E. Digital Signal Processing in Communication Systems. Van Nostrand Reinhold, 1994.

[87] Tretter S A. Communications System Design Using DSP Algorithms: With Laboratory Experiments for the TMS320C30. Plenum Press, 1995.

[88] Tretter S A. Communications System Design Using DSP Algorithms: With Laboratory Experiments for the TMS320C6701 and TMS320C6711. Kluwer Academic Publishers (Plenum Press), 2003.

[89] Mengali U, D'Andrea A N. Synchronization Techniques for Digital Receivers. Plenum Press, 1997.

[90] Mano M M, Ciletti M D. Digital Design. 4th ed. Prentice Hall, 2007.

[91] Hamming R W. Coding and Information Theory. 2nd ed. Prentice Hall, 1986.

[92] Kurzweil J. An Introduction to Digital Communications. John Wiley & Sons, 2000.

[93] Texas Instruments, Inc. TMS320 DSP/BIOS v5.42 User's Guide, 2012. Literature Number: SPRU423I. http://www.ti.com/lit/ug/spru423i/spru423i.pdf.

[94] Texas Instruments, Inc. TMS320C6000 DSP/BIOS 5.x Application Programming Interface (API) Reference Guide, 2012. Literature Number: SPRU403S. http://www.ti.com/lit/ug/

spru403s/spru403s. pdf.

[95] Institute of Electrical and Electronics Engineers (IEEE). IEEE standard for floating point arithmetic: IEEE 754-2008, 2008. Identical content international standard is ISO/IEC/IEEE 60559:2011.

[96] Hamming R W. Numerical Methods for Scientists and Engineers. 2nd ed. McGraw-Hill, 1973.

[97] Rao S S. Applied Numerical Methods for Engineers and Scientists. Prentice Hall, 2002.

[98] Texas Instruments, Inc. TMS320C6000 CPU and Instruction Set Reference Guide, 2006. Literature Number: SPRU189G. http://www.ti.com/lit/ug/spru189g/spru189g. pdf.

[99] Hennessy J L, Patterson D A. Computer Architecture: A Quantitative Approach. 4th ed. Morgan Kaufmann Publishers, 2007.

[100] Fisher J A, Faraboschi P, Young C. Embedded Computing: A VLIW Approach to Architecture, Compilers and Tools. Morgan Kaufmann Publishers, 2004.

[101] Texas Instruments, Inc. OMAP－L138 C6-Integra DSP＋ARM Processor, 2014. Literature Number: SPRS586I. http://focus.ti.com/lit/ds/symlink/omap-l138. pdf.